シュプリンガー現代理論物理学シリーズ **2**

稲見武夫・川上則雄【編集】

SPRINGER–VERLAG TOKYO MODERN THEORETICAL PHYSICS SERIES

幾何学的量子力学

倉辻比呂志……著

丸善出版

まえがき

　本書の目的は，量子力学への幾何学的（およびトポロジー的）アプローチについて，主として物理学の大学院修士課程の学生諸氏，および物理に興味のある数学研究者を対象として入門的な話題を提供することである．狙いは幾何学的なアプローチという主題に関してできるだけ読者の興味を引き立てることにある．それゆえ，これでもってなにか特定の理論を数学的技術的にマスターするというよりも，むしろ少々多岐にわたる量子現象ないし量子的構造を幾何学的観点から統制して見せようというところに主眼を置いた．

　話の骨組みとして，縦糸に経路積分の考え，横糸にトポロジーの概念をもって織り上げるように努めた．ただし，書名の中にはこれらのキーワードを取り入れなかった．それは，ひとつにはトポロジーを標榜するほどの内容を盛ることができなかったためであり，また，他の理由として経路積分に関してはすでに多数の著書がでており，それを前面にだすことを躊躇されたからである．そのかわり，"幾何学的"というよりソフトな題名でもってこの2つのキーワードが取り入れられると考えている．

　内容は2つに分けられる．前半は幾何学的量子力学の名前のもとで統制されうると期待される一般的理論の解説を行う．後半では一般理論の，量子物質系と場の理論的現象への応用をあつかう．付録では少々高度にわたる数学的事項などに関する説明を与える．序論において，取り上げる内容の詳述を与えているが，ここで，さらに圧縮してその概観を与えておこう．

　量子力学は，誕生以来ほぼ80年が経過して，その間に適用領域を拡大し，もっとも進化した場の理論の最前線においてさえ量子力学の原理は有効に機

能し，それにかわるものが見当たらないようである．原理的な問題はさておいて，定式化の仕方からみると，異なる方法が開発されてきた．ここの主題である幾何学的記述として，現今経路積分がもっとも直感的な記述を与えると思われる．第2章においてその一端を述べ，それを後の章への橋渡しとした．

　一言でいってしまえば，作用関数を与えてそれを指数関数の肩にのせて，すべての経路について和をとると量子力学はすべて構成されるというのが経路積分の考えである．状態ベクトル(波動関数)と演算子という捉えがたい抽象的な対象のかわりに，経路という幾何学的に直感的なもので量子力学があつかえるという利点があるが，その代償として，"すべての経路の経路についての和"という大変な困難がもちこまれる．しかし，演算子という抽象的な概念の困難という点は回避されていると思える．経路積分は，場の理論を含む系の量子化に対して，計算規則をあたえる．とくに，通常の摂動論が適用できない非摂動的な問題において，WKBあるいは，準古典近似といわれる近似手法が使われる．

　さて，第3, 4, 5章が本書の中核をなす部分である．第3章において，準古典展開を経路積分を用いて構成する理論を詳述した．うえでふれたように，これは場の理論でも有効であり，非アーベル・ゲージ理論で巧妙に使われている(たとえば，t'Hooftの論文)．第4章は，いわゆる，コヒーレント状態という名で知られる量子状態の表示法を，一般化された位相空間での力学という視点から記述した．これによって，"曲がった位相空間"のうえで量子力学を構成するための手段をあたえると考えられる．不思議なことに，位相空間の幾何学的構造が，数学における本来の幾何学的対象と深く関わっているらしいのである．第5章は，"幾何学的位相"の一般論とその簡単な応用を与えている．(ただし，ここでのべた以外の記述の仕方もあるが，あまり話を発散させないために，話は限定されている)．この概念が，ある意味では，幾何学的量子力学の実質的内容を象徴するともいえる．狭義の幾何学的位相であるベリーの位相は，ディラックの非可積分位相を源流とする，いわば，量子力学の鬼子といったところがある．形のうえでは驚くべき単純な形をしているのであるが，うわべの単純さから伺い知れない量子力学のしたたかさを秘めているようにみえる．たとえば，ゲージ場の理論におけるアノマリー現象を説明することが，その微妙な側面を顕示しているといえる．量子力学では，

簡単な問題で内容の豊富なものをさがすのは難しいといわれるが，幾何学的位相はその少ない例外のひとつであるといえるかもしれない．

第3,4,5章で展開された一般論の応用を，残りの章において与える．主として，量子凝縮系，場の理論の特殊な問題から派生したものを取り上げている．もちろん，ここで取り上げている問題は，非常に限定されたものであることはいうまでもない．たとえば，幾何学的というからには，量子重力の問題とかいった問題にふれるべきかもしれないが，本書の守備範囲外である．そのかわりに，主として非相対論的な量子力学の枠内で，幾何学的な記述をされうる現象に焦点をあてた議論に限定した．

本書の内容は，主として，筆者がこれまで20数年にわたって興味をいだいて研究してきたテーマをもとにさせていただいている．そこで得られたものは，もとよりわずかなものであるが，筆者の言葉でそれなりに理解はして書いたつもりである．ただし，これによって筆者独自の間違った解釈説明を与えて読者に混乱をひきおこす箇所もあるのではないかと恐れる．この点に関しては，寛大にみていただくことを願うものである．

ここで，本書を"幾何学的量子力学"という一般的な題目で著した理由をのべさせていただく．つまり，ある一般的視点からみて物理学理論の一貫した記述をしてみたいという誘惑にかられたというのがその理由である．浅学非才の筆者がこのような企てをしたところで何程の効果も期待できないであろうが，本書が理論物理の各分野への研究の一助にでもなれば著者にとって幸甚である．

予備知識として，学部課程の非相対論的量子力学のひととおり，場の量子化（第2量子化）を少々，および外積代数の初歩くらいを想定している．リー群の表現，ファイバーバンドルなどトポロジーの高度な概念などを説明しているところがあるが，そういう部分はスキップされてもさしつかえない．入門書ということの性格上平易な表現を心がけた．式の導出はできるだけ丁寧にしたつもりであるが，あるいは，冗長にすぎる，くどいと思われるかもしれない．なお，文献に関してはテキストということを考慮して，必要最小限にとどめたことを付記しておく．

本書の初稿は，2002年度立命館大学学外研究員として，パリ南大学付属オルセー固体物理学研究所に滞在中に書かれた．非常に快適な環境を与えてい

ただいた Robert Botet 博士，ならびに立命館大学関係者には心より謝意を表したい．

　本書の作成に際して，立命館大学院生の十倍大仁郎君（現東京大学博士課程）には，長期にわたり数式の検討および原稿の入力に際して全面的な協力をいただきました．おなじく大学院生の瀬戸亮平君には原稿作成の技術な面に点に対して多大の助力をいただきました．両君に対してここに厚く御礼を申し上げます．また，本書の完成には長年にわたる多くの人々との議論，共同研究，激励が重要な役割を果たしてきたことを思い，ここにお礼を申しあげる次第です．

　最後に，本書執筆の絶好の機会を与えていただきましたシリーズ編集委員の稲見武夫教授，お世話になりました編集部の方々に深く感謝いたします．

2005 年 6 月
倉辻比呂志

表記についての注意

　人名について，歴史上の人物あるいは普通名詞のように使われているものについては，カタカナ表記を，それ以外の人名はアルファベット表記を用いた．

目 次

第1章 序論 *1*

第2章 経路積分と関連する問題 *13*
　§2.1　変換関数とハミルトン-ヤコビ理論 *13*
　　§2.1.1　変換関数と変分理論 *14*
　　§2.1.2　変換関数の古典極限とハミルトン-ヤコビ理論 . . . *16*
　§2.2　経路積分の構成：有限自由度系 *21*
　§2.3　場の理論の例 *24*
　§2.4　電磁場中の荷電粒子に対する経路積分 *33*
　§2.5　強磁場中の荷電粒子系 *35*
　§2.6　準古典展開 *41*
　§2.7　ガウス型汎関数積分 *46*
　　§2.7.1　固有関数展開 *47*
　　§2.7.2　積分変換法 *48*
　§2.8　ポアソン和公式：経路積分とテータ関数 *55*

第3章 準古典量子化理論 *63*
　§3.1　Van-Vleck 行列式の導出と Keller-Maslov 指数 . . . *63*
　§3.2　Keller の量子化 *71*
　§3.3　GDHN 量子化理論 *75*
　　§3.3.1　トレースの計算 *78*

§3.4 補足 94
　§3.4.1 固有値の無限積の比の絶対値 94
　§3.4.2 軌道の偏差方程式と安定角 98
　§3.4.3 1次元ポテンシャル問題の準古典量子化 101

第4章 コヒーレント状態と量子変分原理　103

§4.1 ボソンコヒーレント状態 103
§4.2 スピンコヒーレント状態 108
§4.3 SU(1,1) コヒーレント状態 115
§4.4 リー群の表現と一般化されたコヒーレント状態 117
　§4.4.1 一般論 117
　§4.4.2 フェルミオンの行列式状態：グラスマン多様体上のコヒーレント状態 120
　§4.4.3 半単純リー群に対するコヒーレント状態 125
§4.5 経路積分 128
　§4.5.1 ボソン系の経路積分 128
　§4.5.2 スピン系の経路積分 133
§4.6 一般の場合 137
§4.7 量子変分原理 138
§4.8 一般化された位相空間における力学形式 140
§4.9 準古典量子化 148

第5章 幾何学的位相　153

§5.1 ディラック非可積分位相因子 153
§5.2 断熱定理と Berry の位相 160
§5.3 ファイバーバンドルと位相不変量 168
§5.4 経路積分とトポロジー的作用関数 171
§5.5 準古典量子化 181
§5.6 応用 183
　§5.6.1 回転子と結合する2準位模型 183

§5.6.2 磁場中の荷電粒子への応用 *186*
§5.6.3 ゼロ点エネルギーの消去と超対称量子力学 *189*
§5.7 コヒーレント状態と幾何学的位相 *193*
§5.7.1 相互作用系の経路積分 *194*
§5.7.2 変動磁場中のスピン *196*
§5.8 ノート *198*

第 6 章　位相不変量と輸送係数の量子化　　*203*

§6.1 基本のアイディア *203*
§6.2 磁場中の 2 次元 Bloch 電子 *206*
§6.3 断熱変形と一般化された輸送係数 *208*
§6.4 量子ホール効果への応用 *210*
§6.4.1 多体力のない場合 *210*
§6.4.2 多体力が存在する場合 *215*
§6.5 超流体におけるカレントの量子化 *217*
§6.6 補足 *220*

第 7 章　ゲージ場のアノマリー　　*223*

§7.1 準備事項 *223*
§7.2 カイラルアノマリー *229*
§7.3 非アーベル異常項とゲージ場の交換関係 *236*

第 8 章　量子凝縮体における位相欠陥　　*245*

§8.1 超流動渦の力学 *245*
§8.1.1 ボーズ凝縮とコヒーレント状態 *245*
§8.1.2 渦集合の運動方程式 *246*
§8.2 2 次元強磁性体のスピン渦 *254*
§8.3 He3A における渦(芯無し渦) *260*
§8.4 スピンを持つボーズ凝縮における渦 *267*
§8.5 BCS 波動関数による渦の運動方程式 *273*

第9章 量子ホール流体における素励起　　277

- §9.1　強磁場中の2次元電子系の基底状態　　277
- §9.2　素励起とその運動方程式　　281
- §9.3　分数量子化　　287
- §9.4　補足　　289

第10章 準古典量子化の非線型場への応用　　291

- §10.1　非アーベル単極子と位相不変量の効果　　291
- §10.2　(2+1)次元模型　　305
- §10.3　1次元ボース粒子系　　308
- §10.4　スピン場模型　　312
- §10.5　sin-Gordon モデル　　320
- §10.6　Gross-Neveu 模型の準古典量子化　　334

第11章 補遺　　343

- §11.1　超対称量子力学とゼロモード　　343
- §11.2　フェルミ多体系の平均場理論　　353
- §11.3　経路積分とゼータ関数　　357

付録A　リー群と等質空間　　363

付録B　リー代数と微分形式　　369

付録C　$SU(3)$ コヒーレント状態　　372

付録D　BCS理論速成コース　　379

付録E　文献　　388

索引　　393

第1章
序論

　量子力学は，行列力学と波動力学という一見異なる2つの形で登場した．これらはヒルベルト空間の2つの要素，状態ベクトルとそれに作用する1次演算子という形で統一される．これが現在の近代的量子力学の完成された姿である．このような透明な量子力学の記述も，いざ現場の問題を扱うとなると，色々とその現場に応じた記述の仕方が要求されてくる．そのひとつが経路積分である．

　量子力学は古典力学を変形したものと見られる．これは数学の"変形理論"につながるもののようであるが，平たくいえば，量子力学はプランク定数がゼロの極限において古典力学に移行するという，漸近理論の帰結である．（ちなみに，WKB法は数理的にはいまだに問題を残している部門である．）古典力学はラグランジアン形式，ハミルトニアン形式によって記述されるが，特に後者は量子力学の理論形式を整える上で決定的な役割を果たした．その母体となっているのは位相空間の概念である．この位相空間の構造が量子力学の非可換代数にマッチする．

　粒子（あるいは粒子群）の軌道は，位相空間のなかでのtrajectoryで与えられる．軌道の集合という概念でもって量子力学を捉える立場が経路積分である．軌道という幾何学的対象物によって量子力学を構成するという意味からすれば，これは幾何学的な量子化といえよう．本書ではこのような意味において幾何学的量子力学というものを想定している．ただし，この呼称が適切

なものであるかどうかは筆者も確信があるわけではない[1].

目を古典力学に転じると，軌道の長時間での振る舞いを定性的に捉えるために，ポアンカレが位相幾何学（トポロジー）を創始した．（トポロジーは現在，数学の壮大に発展した部門になっている．）素朴に考えれば，軌道群のトポロジー的構造が経路積分に反映されていることを期待するのは自然なことのように思われる．

経路積分の有用性が特に認識されたのは，1970年代から80年代の素粒子理論における非可換ゲージ場がきっかけであろう．実際，非可換ゲージ場の量子化で要の役割をする Faddeev-Popov 因子は，経路積分を用いずに導かれるような代物ではなかった．現在，この方面での最も進化した理論体系のひとつは，無限次元の Morse 理論とよぶべきものであろう．この魅力ある対象の何ものかを語る数学的知識を筆者は持ち合わせていないが，物理研究者の勘を働かせていえば，ゲージ場の配位（軌道）の集合の同値類のトポロジー的な分類を，対応する位相不変量を求めることによって実現するといって大約間違っていないのではなかろうか．このときの位相不変量が経路積分によって与えられる．インスタントンがその典型的な例である．

本書の意図しているのは，上に述べたような高度に進化した現代的数学につながる理論を紹介するものではない（全く無関係ではないかもしれないが）．主として，非相対論的な量子力学の記述を幾何学的トポロジー的アイデアによって統一的にできるのではないかという議論をすることが目的である．いわば，はるか遠方を照らす灯台というより，足元を照らす提灯のような役割を果たすものを想定している．

このような背景のもとに，本書で述べられる内容を圧縮して述べれば次のようになる：

(i) まず経路積分が具体的に"軌道の量子化"を実現するという観点から，近似手法の一つである準古典量子化理論を与える．第3章の議論はそれにあてられる．約言すれば，1970年代に発展させられた Gutzwiller および Dashen, Hasslacher と Neveu を嚆矢とする理論がその中身である．それは，数学で

---

[1] これに関係して幾何学的量子化という数学者の研究分野があるが，おそらく共通したものがあるのかもしれないが，いまのところ不明である．

は，トレース公式といわれるものに対応する．発展演算子のトレースを経路積分で表現して，それに準古典近似をすることによって，つぎのように表される：

$$K(T) = \text{Tr}(\exp[-\frac{i}{\hbar}\hat{H}T]) \sim \sum_{p.o} D(T) \exp[\frac{i}{\hbar}S(T)]$$

ここで，$\sum_{p.o}$ は，すべての周期軌道にわたる和をかぞえる．問題は，この周期軌道を数えることが一般には非常に困難なことであり，これを実現するということがひとつの研究テーマになるのであるが，とくに，運動が積分できる場合には，量子力学の形成史上で現れたボーア-ゾンマーフェルト理論のはるかな一般化を与える．特に第6章以降で与える応用編では，その観点からのアプローチを随意与えている．上の式で，因子 $D(T)$ は，いわゆる Van-Vleck 行列式からの寄与であり，量子効果をあたえる．ここにおいて，Keller-Maslov の指数なるトポロジー的な量が既に顔を出しているのが興味深い．GDHN 理論は，場の理論を含む準古典量子論の礎石となるものであり，今後も何らかの形で発展をとげていくものと思われる．

(ii) 次に表式

$$K = \int \exp[\frac{i}{\hbar}\int L dt]\mathcal{D}[x(t)]$$
$$L = \frac{1}{2}m\dot{x}^2 - V(x) + \frac{e}{c}A\dot{x}$$

を考えると，これは荷電粒子に対する経路積分量子化を与えるのであるが，標語的にいえばラグランジアンが2つの項：

$$L_d = \frac{1}{2}m\dot{x}^2 - V(x)$$

および

$$L_g = \frac{e}{c}A\dot{x}$$

からできていることが要になる．前者は運動エネルギー項で，"軌道の力学"の実質を支配するのであって，具体的にこれを種々の近似的手法を援用して求めることが(場の理論を含む)量子力学全体の主要な問題となってきた．一方，後者は一見なんの変哲もない形であるが，ベクトル-ポテンシャルに起因するトポロジー的効果を内包していると考えられる．モノポールがその典

型である．実際，これを積分して指数関数にのせた量(これは，実際，K の一部にになっている)

$$\exp[i\Gamma(C)] \equiv \exp[\frac{ie}{\hbar}\oint_C Adx]$$

が興味の対象になる．これをディラックの非可積分位相因子，あるいは単にディラック因子とよぼう．この因子にモノポール磁場に対するベクトル-ポテンシャルの特異性を考慮すると，有名なディラックの量子条件；

$$eg = \frac{n}{2}\hbar c$$

がでてくる．モノポール自体は物理的実体としてはこれまでのところ仮想的なものであるが，むしろこの位相因子自体の物理におけるトポロジカルな意味合いに興味が集中されてきた．実際，それは種々の実験事実をトポロジカルに説明する際の有効な道具として使われてきた．ディラックのアイデアは，現代的トポロジーの極めつけの概念であるファイバー-バンドルに対する物理的な先駆けを与えたといわれる所以である．さらに，ディラック因子は，現今，幾何学的位相と総称されるものの原型であり，いわゆる Berry の位相は，それの量子断熱定理に付随する特別の場合とみられる．逆に現在の観点から歴史をさかのぼって見れば，ディラック因子は幾何学的位相の特殊な場合として捉えられるという立場もとれる．

ところで上に与えたラグランジアンの 2 項で象徴される高度な例として，非アーベルゲージ場の問題があげられる：

$$K = \int \exp[-S\{F,A\}]\mathcal{D}[A]$$

ここで，

$$S\{F,A\} = \int [-\frac{1}{4}F_{\mu\nu}F_{\mu\nu} + \theta F_{\mu\nu}\tilde{F}_{\mu\nu}]d^4x$$

この第 2 項がいわゆる θ 項といわれるものであって，粒子の場合のディラック因子に相当し，場の空間中でのトポロジーを実現するものとみられる．この観点は第 10 章でのトピックスとしてとりあげる．

さらにトポロジカルな観点を極度におし進めたものに，位相的場の理論といわれるものがある．これは力学的エネルギーが欠如した exotic な場の理論ともいうべきものである．この理論における作用関数は，いわゆる Chern-Simons

項といわれるもののみで書かれる．現実の物理現象にこのようなものが出てくるかということはさておき，この特性によって量子的解は位相不変量で完全に書けてしまう．いうならば，諸々の困難の源である運動エネルギーと非線形な相互作用の錯綜から自由になった理論ともいうべきものである．

(iii) 幾何学的量子力学と銘打つものを具体化し得るいまひとつの概念は，一般化されたコヒーレント状態の概念である．ここで一般化されたという意味は，量子光学で使われてきた狭い意味でのコヒーレント状態から区別する意味で使われる．（ちなみに，コヒーレント(coherent)なる概念は，一般に"量子凝縮相"を記述するためにまさに適切なもので，通常のコヒーレント状態は光子が凝縮した状態とみられる．）これは一般化された位相空間上での量子力学を記述するものと考えられ，複素座標で表示される空間（多様体）の点でパラメトライズされる．それは，"非直交完全系"であるが，完全性関係

$$\int |z\rangle \, d\mu(z) \, \langle z| = 1$$

を満たす．これを用いることによって一般化された位相空間の中での経路積分を構成することができる．それは，

$$K = \int \exp[\frac{i}{\hbar}S] \mathcal{D}\mu[z(t)]$$

となる．ここで，作用関数は

$$S[z(t)] = \int \langle z(t)| i\hbar \frac{\partial}{\partial t} - \hat{H} |z(t)\rangle \, dt$$

の形をしている．この作用積分は2つの部分からなる．幾何学的位相の部分，もう一つはハミルトニアンである．この経路積分から，準古典極限において量子変分原理

$$\delta \int \langle z(t)| i\hbar \frac{\partial}{\partial t} - \hat{H} |z(t)\rangle \, dt = 0$$

がでてくることが重要である．この単純な観点は，不思議なことにこれまで充分に認識されてきていなかったと思われる．幾何学的位相の部分は力学的な観点からながめると，一般化された正準力学系を支配する，いわゆるシンプレクティック構造をあたえることがわかる．これは，2次の微分形式（シンプレクティック形式）

$$\Omega = \sum_{ij} g_{ij} dz_i \wedge dz_j^*$$

によって記述される．g_{ij} はコヒーレント状態のノルム，あるいは核関数 $\langle z| z \equiv K(z,z^*)$ から構成される計量である（第 4 章を参照）．コヒーレント状態を数理的な観点から見ると広範な応用がある．たとえば Kac-Moody 群の表現と関連して無限次元の行列式状態が出てくるが，それは無限次元リー群のコヒーレント状態とみられる．

以上，3 つの観点が本書の骨格を形成しているのであるが，これらを基調とした基礎理論を前半の 2 章から 5 章で与える．後半の 6 章より 10 章において基礎理論の具体的問題への応用を与える．すなわち，6, 7 章は輸送係数の量子化とゲージ場のアノマリーを幾何学的位相の応用として論じる．8, 9 章では量子凝縮系に発現する位相欠陥，主として渦の力学を量子変分原理の立場から述べられる．第 10 章では，準古典量子化のアイデアを非線型場の特殊解（ソリトン解）に応用する．

ここで，後半の議論の底流になっているアイデアを標語的にまとめると，つぎのようになる：

> 量子系の基底状態，あるいはそれに準じた状態に埋め込まれているパラメータに対する力学を構成する

という観点である．このアイデアは量子変分原理を用いて定式化される．それは以下のように述べられる：問題とする物理系を特徴づけるパラメータをふくむ基底状態をあらわす試行波動関数を用意する．これを，$\Psi(\alpha)$ とおく．α は時間に依存するパラメータである．これを量子変分原理に代入すれば

$$S[\alpha(t)] = \int \langle \Psi(\alpha) \left| i\hbar \frac{\partial}{\partial t} - \hat{H} \right| \Psi(\alpha) \rangle dt$$

をつくると，これはパラメータ α に対する作用関数になる．この作用関数から，パラメータ $\alpha(t)$ に対する力学（運動方程式）がきまる．この典型的な例として，量子渦の力学，非線型場の特殊解（いわゆるソリトン解とその類似物）の場合をとりあげた．この特殊解のなかに含まれる任意パラメータを力学変数として昇格させることにして，これを場の作用関数に代入すればパラメータに関する作用関数に帰着されてこれからパラメータの運動方程式が導かれ

ることになるのである．たとえば，非アーベル—ゲージ場の特殊解としてのモノポールの場合には，パラメータはモデュライパラメータとよばれ，モノポールの運動を特徴づけるのである．

以上が本書でのべる予定の overview をあたえたのであるが，以下では各章の内容の概要説明を行う．

第2章においては，経路積分と関連する問題の説明を後の章への準備のために与える．まず古典力学の作用原理が古典極限で帰結することを認識して，解析力学の高等な部分，すなわちハミルトン-ヤコビ理論について量子論の観点の下に述べる．つぎに経路積分を有限次元系の場合に構成し，場の理論の場合へ拡張する．特殊例としてのちの章でとりあげるゲージ場をとりあげる．具体的応用として，磁場中の荷電粒子をとりあげる．とくに，強磁場の場合，モノポール磁場の場合を考えて後の章への準備とする．経路積分は，その計算の手段としては近似に頼らざるを得ないのであるが，その基礎になるのが鞍部点法である．これを経路積分に適用することで統一的手法として経路積分の準古典表式が得られることを示して，第3章につなげる．鞍点法は，大きなパラメータの入った指数関数の積分を漸近評価をあたえる手法であって，"積分の局所化"のアイデアともつながる．準古典表式はガウス型汎関数積分の計算に帰着するので，それを積分変換法によって計算する手法をのべる．最後に多重連結空間での経路積分の例として，円周（U(1)群）上での経路積分をとりあげる．これはポアソンの和公式を通じて，テータ関数で与えられる．

第3章では経路積分にもとずく準古典量子化理論について述べる．準古典近似が経路積分理論を展開する一般的枠組みとしては，現今最も完成されたものである．それは古典軌道のまわりの2次変分から来る無限次元ガウス積分に帰着させる手法であって，第1章での直交関数展開の応用である．それによってガウス積分値は絶対値と位相の部分に分けられる．絶対値は Van-Vleck 行列式を与えることを示す．また位相が Keller-Maslov 指数を与えることをスペクトル流（spectral flow）のアイデアで証明する．この結果を用いて，まず，非分離可積分系に対する EBK 量子化について述べ，つぎに Gutzwiller-Dashen-Hasslacher-Neveu (GDHN) の準古典量子化理論を，主として Gutzwiller の

方法に従って述べる．その非線形場への応用は 9 章であたえる．最後に少々高度になるが，準古典量子化の応用の観点から，Selberg 跡公式について触れる．

第 4 章においてコヒーレント状態およびその一般化について述べる．狭い意味でのコヒーレント状態は，位置，運動量の共役演算子で書くかわりに，それらの複素 1 次結合としての昇降演算子をもとにした複素関数を与える表示法である (いわゆる Bargmann 表示)．典型的な例として磁場中の荷電粒子をとりあげる．次に非アーベルなコヒーレント状態の最初の例として，スピンコヒーレント状態についてのべる．さらに，非コンパクトリー群のもっとも簡単な場合である，$SU(1,1)$ 群に対するコヒーレント状態 (ローレンツコヒーレント状態) を与える．これら簡単な例をもとに，リー群のユニタリー表現の統一的観点から "一般化されたコヒーレント状態" を構成する．とくに，フェルミオンの Slater 行列式状態がグラスマン多様体をパラメータ空間とするコヒーレント状態を与えること，および，半単純リー群の場合のコヒーレント状態を構成する．ついで，コヒーレント状態の完全性関係が成立することを利用して，経路積分を形式的に構成することができる．この古典極限において，量子作用原理が帰結することを示し，一般化された位相空間の力学が構成されることを論じる．最後に，一般化された位相空間における準古典量子条件が，第 2 章であたえた手法を適用することによって導かれる．

第 5 章では 1980 年代になって量子力学において新たに認識された幾何学的位相を詳述する．上述のようにディラックの非可積分位相の考えが出発点になる．それが断熱定理において Berry の位相として現れることをみる．幾何学的位相は，数学的にはファイバーバンドルに導入される接続と見られることを説明する．ついで，Berry 位相は外場のもとでの断熱変化という特別な場合であるので，これを一般的相互作用系に対して経路積分を用いた構成を与える．すなわち，時間スケールのことなる 2 つの系が結合するとき，ゆっくりと進む系 (仮に，slow 系とよぶ) の自由度を断熱的に凍結することにより早い自由度 (fast 系) から生ずる Berry の位相が slow 系に，トポロジカルな作用関数として付加されるというのが主な内容である．この結果は，後の章

において種々の形で用いられる．この結果を第2章で与えた準古典量子化を援用することにより，トポロジカルに変形されたボーア-ゾンマーフェルト量子化条件が導かれる．これは磁場中の運動に対するOnsagerの量子化と実質的に同様のものである．この準古典量子条件を用いた典型的例題をいくつか与える．とくに，(1)磁場中のサイクロトロン運動と案内中心の断熱的結合の問題，(2)超対称量子力学との関連をみる．最後に，断熱変化という制約をはずした一般的な場合として，とくに，コヒーレント状態経路積分が幾何学的位相を自然に与えることを示す．

以上が基礎理論篇であって，以下の章で基礎理論が適用できる典型的問題を論じる．ただし，個々の話題に関する細部にわたる議論をすることが目的ではなくて，あくまでも本書の主題である幾何学的量子力学の観点から如何に問題が眺められ得るかという点に重きを置いている．これらに対する具体的な詳細に関しては，それぞれの分野での適切なテキストを参照されたい．

第6章において，凝縮物質系における典型的な問題である2次元系の輸送係数の量子化についてのべる．電子系に対する量子ホール効果，およびその一般化を幾何学的位相の応用という観点から述べる．まず一般理論として，トポロジカルな作用関数からtransversal（横型）カレントが自然に出てくることを示す．特に電子系の場合に，整数量子ホール効果が第1 Chern類として自然に帰結することを見る．これを，2つの場合に分けて論じる：(1) 多体力のない磁場中のBloch電子にたいして．この場合には，準運動量の空間のBrillounゾーン（2次元トーラスを形成する）のうえで定義されたChern類がホール伝導度の量子化をあたえる．(2) 多体力が存在する場合．この場合は，ゲージ不変性を用いてベクトルポテンシャルの空間がトーラスにコンパクト化され，そこでのチャーン類が量子化されたホール伝道度を与える．さらに，超流体における秩序変数の位相の断熱変化にともなうカレントの量子化についてもふれる．

第7章においては，ゲージ場とカイラルなフェルミオンとが結合した場合に生じるアノマリー現象を，幾何学的位相によって説明できることを論じる．場の理論による標準的解釈は"アノマリーとは対称性の量子効果による破れ

である"というものである．ここでは少し異なる解釈を幾何学的位相の観点から試みる．ゲージ場中のフェルミオンの真空(これは行列式バンドルと同じ概念である)において定義される断熱接続が鍵となる．この接続がカイラルアノマリーを与えることを示す．さらに(非アーベルな)ゲージアノマリーが，ゲージ場の生成子の交換関係の異常項をもたらすことを，幾何学的位相の観点から説明する．もとになるアイデアは，有限自由度系に対して幾何学的位相がシンプレクティック構造を変形させるという事実にある．これによって，ポアソン括弧が変形され，量子化によって演算子の交換関係にずれを生じさせるのである．この考えを正準力学系であるゲージ場に適用する．

第8,9章では典型的なトポロジカルな対象である渦の力学を，第3章で展開された量子変分原理を用いて述べる．量子流体における渦は2次元流体におけるトポロジー的励起モードの典型であると考えられる．第8章では，(I)超流動ヘリウム4, (II)強磁性ハイゼンベルク模型, (III)超流動 He3A, (IV)スピン自由度をもつボーズ原子凝縮, (V)超伝導BCS状態, のそれぞれの場合に発現する渦の力学について述べる．(I)〜(IV)の場合に対する出発点は，複素秩序パラメータによって記述される Landau-Ginzburg(LG)型ラグランジアンである．秩序パラメータの零点が渦の位置を与えることに注目して，その中心座標を集団座標と見て有効ラグランジアンを構成し，そこから運動方程式を導く．さらに2つの渦の系に対する準古典量子化を与える．超伝導体に対しては直接にBCSの波動関数を用いることによって渦の運動方程式を導く．第9章では量子ホール流体の場合を別に述べる．問題は2次元電子系に非常に強い磁場をかけると，電子からできた"液体的"な状態においても起こり得る．この液体状態の基底状態付近での励起が渦と同等になる．量子ホール流体の場合には秩序パラメータの概念は存在しないが，基底状態波動関数(Laughlin 波動関数)から渦状素励起を作れることを利用して，量子作用原理から渦の運動方程式が導出されること論じる．

第10章は，非線型場方程式の特殊解に対して準古典量子化理論を適用する．基本的考えは，特殊解(ソリトン解)に内在するパラメータを力学変数に読替えて，これに対する運動方程式を導いて量子化するところにある．具

体的に，非アーベルゲージ場の特異解であるモノポールの準古典量子化を，Pontryagin 項で記述される位相不変量の効果との関連において与える．それによって Witten によるダイオン(dyon)の電荷の分数量子化が帰結することを示す．また2次元の相対論的 LG 方程式における渦の解についても触れる．さらに，1次元の非線型系であるボーズ粒子系と，ハイゼンベルク模型で得られるソリトン的解の準古典量子化を，第3章で導かれたボーア-ゾンマーフェルト量子化法を適用することによって導く．とくに，ハイゼンベルク模型の場合に，運動量の定義をスピンコヒーレント状態を用いて構成する仕方について述べる．最後に相対論的場の理論の例として，Sin-Gordon 模型および Gross-Neveu 模型の量子化を Dashen-Hasslacher-Neveu に従って述べる．

第11章では本論で取り入れられなかった個別的な話題をとりあげる：(1) 超対称量子力学(第5章で例示した)と，そのモース理論への応用について触れる．(2) 第4章で与えたコヒーレント状態の準古典量子化の応用例としてフェルミ多体系の平均場に対する準古典量子化について述べる．(3) 経路積分をゼータ関数の観点から論じる．最後の話は現在のところ確定した話ではなく，いわば色物であるが，著書に興をそえるため猟奇趣味をあえて披露させていただいた．

第12章は付録である．リー群の等質空間，リー代数と微分形式，$SU(3)$ コヒーレント状態の構成，超伝導の BCS 理論の簡単な説明をあたえる．

以上のように，本書で展開される内容は，現在のトピックスを追っている院生，研究者にとって必要な up to date な知識を習得したいという欲望を満たす観点からすると，ややずれた内容であるかもしれない．まえがきでも述べたように，狙いは特定の理論を数学的技術的にマスターするというよりも，むしろ少々多岐にわたる量子現象を幾何学的観点から統制しようというところにある．さらに応用に関しても現実に密着した記述は完全に無視した．"夾雑物にまみれた現実の物理"を学ぶときに感じるであろう倦怠(boring)を払拭するという意図のためであり，いわば理論的に透明なところだけを拾い出すことをあえてしたのである．むろん，現実の研究はこうはいかないことはいうまでもない．本書においては幾何学的な量子力学への入門という当初

の目論見を実現するために，回り道をしないで直接本論への近道をとれるようにと考えたゆえのことである．それゆえ，記述は物理的に深い議論をするというより，ほとんど数式のみで展開することに終始してしまった．これは本書の趣旨からいって致し方ないところであると，読者の寛容をお願いする次第である．

ここで読者への便宜のために各章の間の関連図を与えておく．

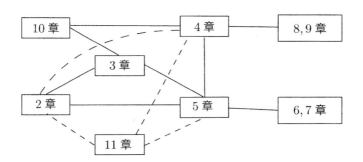

本書は必ずしも最初から最後まで通読される必要はない．以下で，いくつかのモデルケースを参考までにあげておく．

  I 2章 → 3章 → 5, 10章
  II 2章 → 4章 → 8, 9章
  III 2章 → 5章 → 6, 7章

第2章
経路積分と関連する問題

　この章では，本書の理論構成の柱の一つである経路積分と，それに関連する理論の概観を与える．既に多くのテキストにおいて，特殊的あるいは量子物理各部門固有の問題についての詳しい記述がなされているので，屋上に屋根を重ねるの感がまぬかれないが，後の章の準備の観点からまとめておく．ただしここで述べるのは，経路積分そのものの詳しい計算手法を与えるものではなく，幾何学的な量子力学としての観点に力点が置かれている．

§2.1　変換関数とハミルトン-ヤコビ理論

　量子力学は次の2つの概念から構成されている．その一つは

- 複素確率振幅

の概念．いま一つは

- 非可換代数：$[\hat{q}, \hat{p}] = i\hbar$

の概念である．これら2つの要素から力学を構成する．それがシュレーディンガー方程式であり，ハイゼンベルク運動方程式である．シュレーディンガー方程式は波動方程式の形をしているので，より直感的な描像が容易である．古典力学と波動光学の関係が波動力学を生み出すと考えられる．これは"比例式"にもとづく：

$$\frac{\text{wave optics}}{\text{geometrical optics}} = \frac{x}{\text{classical mechanics}}$$

この答は
$$x = \text{quantum mechanics}$$
となる．ドブロイのアイデアより
$$\psi = A\exp\left(\frac{i}{\hbar}S\right)$$
のようにとればよいことがわかる．ただし S は力学の作用関数である．標語的に言えば，"指数関数に古典力学を乗せると量子力学ができる．"

§2.1.1 変換関数と変分理論

さて，量子力学的状態の力学的発展の様相を記述するには，波動関数よりも伝播関数（グリーン関数）が威力を発揮することが知られている．別名，変換関数の概念である．量子力学が完成されて少し後に，ディラックは変換関数の考えから作用原理に一つの見方を与えた．さらにこの考えを発展させたのは Schwinger である[1]．変換関数とは，古典解析力学における正準変換の量子力学的類似物と言ってもよいだろう．経路積分に行く前に，この変換関数の様子を見ておこう．

量子力学の動力学的原理を支配するのは，時間発展を記述するユニタリー演算子である．つまり状態 $|\psi\rangle$ を
$$T(t)|\psi\rangle = |\psi, t\rangle$$
のように時間的に動かす．ここで $T(t)$ はユニタリー条件
$$T^\dagger T = 1$$
を満たす．ただしその具体的な形は，今は特に与えないでおく．$\hat{\xi}$ によって一般の量子力学系（場の理論を含む）の力学変数を総称し，$|\xi\rangle$ を，$\hat{\xi}$ の固有値 ξ に対応する固有状態とする．以下 ξ は連続固有値とする．ここで演算子は $\hat{a}$ のように "ハット" を上に付けておく．さて，力学変数の時間発展はユニタリー演算子 $T(t)$ によって
$$\hat{\xi}(t) = T^{-1}\hat{\xi}T$$

---
[1] J.Schwinger, Phys.Rev.**82**(1951)914.

のように与えられる．一方 $|\xi\rangle$ の時間発展は

$$|\xi, t\rangle = T^{-1} |\xi\rangle$$

で与える．すると $\hat{\xi}(t)$ の固有値はユニタリー変換によって不変になることがわかる．すなわち定義に従って

$$\hat{\xi}(t) |\xi, t\rangle = T^{-1} \hat{\xi} T T^{-1} |\xi\rangle = T^{-1} \hat{\xi} |\xi\rangle = \xi T^{-1} |\xi\rangle = \xi |\xi, t\rangle.$$

これは物体の運動を運動座標系で見たとき，座標の値が不変に保たれるのに似ている．ここで，変換関数を導入する．それは

$$\langle \xi'', t_2 | \xi', t_1 \rangle = \langle \xi'', t_1 | T_{21}^{-1} | \xi', t_1 \rangle \tag{2.1.1}$$

によって定義する．ただし $T_{21} \equiv T(t_2) T^{-1}(t_1) = T(t_2 - t_1)$ とおいた．この量子力学的意味は，時刻 t_1 において $\hat{\xi}(t_1)$ の固有値が ξ' である状態を，後の時刻 t_2 ($t_2 > t_1$) において観測したとき，固有値 ξ'' を見出す確率振幅を与える．力学的には系の時間発展を記述する関数であるから，古典力学の変分原理との形式的類似を見ておくことにする．上で導入された変換関数の変分をとると

$$\delta \langle \xi'', t_2 | \xi', t_1 \rangle = \frac{i}{\hbar} \langle \xi'', t_2 | \delta T_{21}^{-1} | \xi', t_1 \rangle$$

のように書ける（ただし，便宜的にプランク定数をいれてある）．ユニタリー条件：$T_{21} T_{21}^{-1} = 1$ より

$$T_{21} \delta T_{21}^{-1} = -\delta T_{21} T_{21}^{-1}.$$

よって $i T_{21} \delta T_{21}^{-1} \equiv \delta W_{21}$ はエルミートであることがわかる．ただし δW_{21} はある無限小演算子を表す．従って

$$\delta T_{21}^{-1} = \frac{i}{\hbar} T_{21}^{-1} \delta W_{21}$$

より

$$\delta \langle \xi'', t_2 | \xi', t_1 \rangle = \frac{i}{\hbar} \langle \xi'', t_2 | \delta W_{21} | \xi', t_1 \rangle \tag{2.1.2}$$

が出る．ここで完全性関係，

$$\int |\xi, t\rangle d\xi \langle \xi, t| = 1 \tag{2.1.3}$$

を用いると

$$\langle \xi'', t_2 \mid \xi', t_1 \rangle = \int \langle \xi'', t_2 \mid \xi, t \rangle d\xi \langle \xi, t \mid \xi', t_1 \rangle. \qquad (2.1.4)$$

これの変分をとると

$$\delta \langle \xi'', t_2 \mid \xi', t_1 \rangle = \int \delta \langle \xi'', t_2 \mid \xi, t \rangle d\xi \langle \xi, t \mid \xi', t_1 \rangle + \int \langle \xi'', t_2 \mid \xi, t \rangle d\xi \delta \langle \xi, t \mid \xi', t_1 \rangle .$$

従って

$$\langle \xi'', t_2 | \delta W_{21} | \xi', t_1 \rangle = \int \langle \xi'', t_2 | \delta W_{20} | \xi, t \rangle d\xi \langle \xi, t \mid \xi', t_1 \rangle$$
$$+ \int \langle \xi'', t_2 \mid \xi, t \rangle d\xi \langle \xi, t | \delta W_{01} | \xi', t_1 \rangle . \qquad (2.1.5)$$

これから,演算子に対する関係式

$$\delta W_{21} = \delta W_{20} + \delta W_{01}$$

が得られる.これを引き続き行えば次のように表せる:

$$\delta W_{21} = \sum_i \delta W_{i+1,i}.$$

これは W に関する関係式に置き換えられ,それは積分量となることを暗示している.そこで

$$W_{21} = \int_{t_1}^{t_2} L(t) dt \qquad (2.1.6)$$

とおく(場の理論においては,dt は時刻 t_2, t_1 で囲まれた時空領域での積分に置きかえられることを注意しておく).古典力学との類似に注意すると,上で導入した演算子 $W_{21}, L(t)$ は,各々"作用関数"と"ラグランジアン"の対応物と見ることができる.上で見た量子力学的変分原理は,ユニタリー変換に対する不変性と保存則などの議論をする際に有用であるが,実際に変換関数を演算子の形で具体的に書き下すことは,簡単な系を除いて難しい.従って以下では演算子を用いる代わりに,古典的量を用いて変換関数を記述することを考える.

§2.1.2 変換関数の古典極限とハミルトン-ヤコビ理論

ここでは,正準変数 $(\hat{q}, \hat{p})$ ($\hat{q}$ は座標演算子,$\hat{p}$ は運動量演算子)で記述さ

れる有限自由度に対する変換関数を考察する．そしてその準古典極限として，ハミルトン-ヤコビ理論が帰結することを見る[2]．ハミルトニアンを $\hat{H}(\hat{q},\hat{p})$ とすると，時間発展演算子は

$$T(t) = \exp\left[-\frac{i}{\hbar}\hat{H}t\right]$$

で与えられ，変換関数は

$$K(q,t|q',t_0) = \langle q| \exp\left[-\frac{i}{\hbar}\hat{H}(t-t_0)\right] |q'\rangle \qquad (2.1.7)$$

と書かれる．以下では変換関数を，終点 q（あるいは始点 q'）に関する波動関数と見る立場をとる．

(i) 終点 q の波動関数と見る立場から眺める．波動関数と見ることを強調するため $\psi(q,t) \equiv K(q,t|q',t_0)$ とおく．$\psi(q,t)$ は振幅と位相の部分とに分けられる：

$$\psi(q,t) = A(q,t)\exp\left[\frac{i}{\hbar}S(q,t)\right].$$

ここで $A(q,t)$，$S(q,t)$ は実関数とみなす．これをシュレーディンガー方程式

$$i\hbar\frac{\partial \psi}{\partial t} = \hat{H}\psi$$

に代入すると

$$\left(i\hbar\frac{\partial A}{\partial t} - A\frac{\partial S}{\partial t}\right)\exp\left[\frac{i}{\hbar}S\right] = \hat{H}\left(\exp\left[\frac{i}{\hbar}S\right]A\right).$$

$\exp[-\frac{i}{\hbar}S]$ を左辺からかけると

$$i\hbar\frac{\partial A}{\partial t} - A\frac{\partial S}{\partial t} = \exp\left[-\frac{i}{\hbar}S\right]\hat{H}\exp\left[\frac{i}{\hbar}S\right]A.$$

ここで関係式

$$\exp\left[-\frac{i}{\hbar}S\right]\hat{H}\exp\left[\frac{i}{\hbar}S\right] = \hat{H}\left(\hat{q},\hat{p}+\frac{\partial S}{\partial q}\right)$$

に注意すると[3]

---

[2] P.A.M.Dirac, The principle of quantum mechanics, 4-th edition, Oxford, 1957.
[3] この関係式は

$$\exp\left[-\frac{i}{\hbar}S\right]\hat{p}\exp\left[\frac{i}{\hbar}S\right] = \hat{p} + \left[\hat{p},\frac{i}{\hbar}S\right] + \frac{1}{2!}\left[\hat{p},\left[\hat{p},\frac{i}{\hbar}S\right]\right]\cdots = \hat{p} + \frac{\partial S}{\partial q}$$

から得られる．

18 第 2 章 経路積分と関連する問題

$$i\hbar \frac{\partial A}{\partial t} - A\frac{\partial S}{\partial t} = \hat{H}\Big(\hat{q}, \hat{p} + \frac{\partial S}{\partial q}\Big) A.$$

この段階で $\hbar$ の 0 次の項を拾うと

$$-\frac{\partial S}{\partial t} = H_{\rm cl}\Big(q, \frac{\partial S}{\partial q}\Big), \quad p = \frac{\partial S}{\partial q} \tag{2.1.8}$$

が得られる．これはハミルトン-ヤコビ方程式に他ならない．ここに

$$H_{\rm cl}(q,p) = H_{\rm cl}\Big(q, \frac{\partial S}{\partial q}\Big).$$

次に振幅 A に関する方程式を導こう．そのために次のような技巧を用いる．方程式 (2.1.2) の両辺に，左から Af を掛ける（ただし f は規格化された任意のテスト関数とする）：

$$i\hbar Af \frac{\partial A}{\partial t} - fA^2 \frac{\partial S}{\partial t} = Af\hat{H}\Big(q, \hat{p} + \frac{\partial S}{\partial q}\Big) A.$$

これの複素共役をとると

$$-i\hbar Af \frac{\partial A}{\partial t} - fA^2 \frac{\partial S}{\partial t} = A\hat{H}\Big(q, \hat{p} + \frac{\partial S}{\partial q}\Big) fA.$$

そして，これらの差をとって積分をすると

$$i\hbar \Big\langle \Big| f \frac{\partial A^2}{\partial t} \Big| \Big\rangle = \Big\langle \Big| A \big[f, \hat{H}\big] A \Big| \Big\rangle.$$

ただし，$\langle |X| \rangle = \int X dq$ である．交換子を次のように近似する：

$$[\hat{H}, f] = \sum_i \Big(\frac{\partial H_{\rm cl}}{\partial p_i}\Big)_{p_i = \frac{\partial S}{\partial q_i}} [\hat{p}_i, f]$$

$$= \sum_i \Big(\frac{\partial H_{\rm cl}}{\partial p_i}\Big)_{p_i = \frac{\partial S}{\partial q_i}} \Big(-i\hbar \frac{\partial f}{\partial q_i}\Big).$$

これから

$$i\hbar \Big\langle \Big| f \frac{\partial A^2}{\partial t} \Big| \Big\rangle = i\hbar \Big\langle \Big| A \sum_i v_i \frac{\partial f}{\partial q_i} A \Big| \Big\rangle,$$

$$v_i \equiv \Big(\frac{\partial H_{\rm cl}}{\partial p_i}\Big)_{p_i = \frac{\partial S}{\partial q_i}}.$$

ここで，$\Big\langle \Big| A \frac{\partial f}{\partial q_i} A \Big| \Big\rangle = \Big\langle \Big| \frac{\partial f}{\partial q_i} A^2 \Big| \Big\rangle$ は部分積分により

$$\Big\langle \Big| \frac{\partial f}{\partial q_i} v_i A^2 \Big| \Big\rangle = -\Big\langle \Big| f \frac{\partial}{\partial q_i}(v_i A^2) \Big| \Big\rangle$$

と書かれることに注意すると
$$i\hbar \left\langle \left| f \frac{\partial A^2}{\partial t} \right| \right\rangle = -i\hbar \left\langle \left| f \sum_i \frac{\partial}{\partial q_i}(v_i A^2) \right| \right\rangle.$$
f は任意であったから
$$\frac{\partial A^2}{\partial t} = -\sum_i \frac{\partial}{\partial q_i}(v_i A^2),$$
$$v_i = \frac{dq_i}{dt} = \frac{\partial H_{\text{cl}}}{\partial p_i} \tag{2.1.9}$$
が得られる．すなわち $\rho = A^2$ を確率密度とみなせば，第1式は確率の流れに関する連続方程式に他ならない．古典力学では Liouville 方程式に対応する．

(ii) 今度は変換関数を，始点 (q', t_0) に関する波動関数とみなす立場から見てみる．
$$\psi(q', t_0) = \langle q, t | q', t_0 \rangle.$$
複素共役をとれば，
$$\psi^*(q', t_0) = \langle q', t_0 | q, t \rangle = A(q', t_0) \exp\left[-\frac{i}{\hbar} S(q', t_0)\right].$$
ここで改めて
$$\tilde{\psi}(q', t_0) = \psi^*(q, t)$$
と定義すると，(i) における議論がそのまま適用できる．従って
$$\frac{\partial S}{\partial t_0} = H_{\text{cl}}\left(q', -\frac{\partial S}{\partial q'}\right), \quad p' = -\frac{\partial S}{\partial q'}. \tag{2.1.10}$$
以上から，Liouville 方程式の対応，ハミルトン-ヤコビ方程式と正準方程式の一つが導かれたのであるが，正準運動方程式のもう一つは次のように得られる．すなわち
$$\frac{dp_i}{dt} = \frac{d}{dt}\left(\frac{\partial S}{\partial q_i}\right)$$
$$= \frac{\partial}{\partial t}\left(\frac{\partial S}{\partial q_i}\right) + \sum_j \frac{\partial S^2}{\partial q_i \partial q_j} \dot{q}_j$$
より
$$\frac{\partial}{\partial t}\left(\frac{\partial S}{\partial q_i}\right) = \frac{\partial}{\partial q_i}\left(\frac{\partial S}{\partial t}\right) = -\frac{\partial H_{\text{cl}}}{\partial q_i}.$$

さらに $H_{\mathrm{cl}}(q,p)$ において，p が q の関数であることを考慮して

$$\frac{\partial H_{\mathrm{cl}}}{\partial q_i} = \frac{\partial H_{\mathrm{cl}}}{\partial q_i} + \sum_j \frac{\partial H_{\mathrm{cl}}}{\partial p_j}\frac{\partial p_j}{\partial q_i}$$

および

$$\sum_j \frac{\partial S^2}{\partial q_i \partial q_j}\dot{q}_j = \sum_j \frac{\partial p_j}{\partial q_i}\frac{\partial H_{\mathrm{cl}}}{\partial p_j}$$

に注意すると，結局

$$\frac{dp_i}{dt} = -\frac{\partial H_{\mathrm{cl}}}{\partial q_i} \tag{2.1.11}$$

が得られる．

以上から，古典的な作用関数は

$$S_{\mathrm{cl}} = \int_{t_0}^{t} \sum_i (p_i \dot{q}_i - H_{\mathrm{cl}}) dt$$

によって与えられることがわかる．ここで 1 次微分形式を導入する：

$$\omega = \sum_i p_i \dot{q}_i dt \equiv \sum_i p_i dq_i.$$

また，外微分をとることにより 2 次の微分形式が得られる：

$$d\omega = \Omega = \sum_i dp_i \wedge dq_i.$$

($\wedge$ は外積をあらわす)．これはシンプレクティック形式といわれる．シンプレクティック形式からポアソン括弧は次のように定義される．

$$\sum \left(\frac{\partial F}{\partial q_i}\frac{\partial G}{\partial p_i} - [q \leftrightarrow p]\right) = \{F, G\}$$

伝播関数からホイヘンスの原理を用いると，波動関数の時間発展が記述できる．

$$\psi(q,t) = \int K(q,t|q',t_0)\psi(q',t_0)dq'.$$

これに古典極限を代入して，波動関数の 1 価性の条件を課すと

$$\exp\left[\frac{i}{\hbar}\oint \sum_i p_i dq_i\right] = 1$$

となり，これから
$$W(C) = \int_C \sum_i p_i dq_i = \iint \sum_i dp_i \wedge dq_i = 2n\pi\hbar.$$
ただし C は位相空間中の閉曲線を表す．これがボーア-ゾンマーフェルト量子条件に他ならない．位相因子
$$\Gamma \equiv \exp[iW/\hbar]$$
はボーア-ゾンマーフェルト位相因子と呼ぶべきものである．

§2.2　経路積分の構成：有限自由度系

　前節において，量子力学的変換関数が古典的な作用関数で近似できることを見たが，変換関数の具体的な形を決定する問題は残っている．これを実現したものが経路積分である．経路積分は一言で言うと次のようなものである：空間の 2 点間の変換関数(以下では遷移振幅とも呼ぶ)を考えると，それは 2 点間を結ぶ経路に対して質点の作用関数を指数関数の肩に乗せたもの(位相因子)を，全ての経路について足し上げたものによって与えられる．標語的に表せば
$$K(P_2, P_1) = \sum_C \exp\left[\frac{i}{\hbar} S(C)\right]. \tag{2.2.1}$$
この式から波動関数と古典作用関数の間の関係を見ることができる．経路に関する和(積分)という概念は，現在のところ，数学的に申し分のない定義ができているとは言えない状態であるが，物理学者は直感のみに頼って興味ある結論を引き出してきた．

　経路積分の構成の仕方はいくつかあるが，ここでは一番簡単なやり方を述べる．第 4 章においては，一般化されたコヒーレント状態表示で構成されるものを別に取り上げる．

　前節で導入した伝播関数を，有限自由度の量子力学系 — 具体的にはポテンシャル問題 — を念頭において，その経路積分表示を与える．ここで記号の約束をしておく．$\hat{q} = (\hat{q}_1, \cdots, \hat{q}_n), \hat{p} = (\hat{p}_1, \cdots, \hat{p}_n)$ は正準共役な演算子で，交換関係 $[\hat{q}_i, \hat{p}_j] = i\hbar\delta_{ij}$ etc. を満たす．q, p はそれぞれ n 次元ベクトル

のようにみなして，$p \cdot p' = \sum_i p_i p'_i$ 等とする．ただし必要な場合は成分をあらわに記す．さて，伝播関数

$$K(q'',t'|q',t') = \langle q''| \exp\left[-\frac{i}{\hbar}\hat{H}(t''-t')\right]|q'\rangle \tag{2.2.2}$$

の具体的な形を書き下そう．初めに，ハミルトニアンとして，通常の運動エネルギーとポテンシャルエネルギーで与えられるものを考える（後に一般の場合を考える）：

$$\hat{H} = \frac{\hat{p}^2}{2m} + \hat{V}(\hat{q}). \tag{2.2.3}$$

まず時間間隔を N 個の微小間隔 $\epsilon = (t''-t')/N$ に分割して $N \to \infty$ とし，各時点に完全性関係

$$\int |q_k\rangle dq_k \langle q_k| = 1. \tag{2.2.4}$$

を挿入すると，K は無限次元積分で書かれる：

$$K(q'',t''|q',t') = \lim_{N\to\infty} \int \cdots \int \prod_{k=1}^{N-1} dq_k \prod_{k=1}^{N} \langle q_k| \exp\left[-\frac{i}{\hbar}\hat{H}\epsilon\right]|q_{k-1}\rangle. \tag{2.2.5}$$

さらに運動量表示に対する完全性関係

$$\int |p_k\rangle dp_k \langle p_k| = 1 \tag{2.2.6}$$

を用い，ϵ が微小であるから

$$\exp\left[-\frac{i}{\hbar}\hat{H}\epsilon\right] \simeq \exp\left[-\frac{i}{\hbar}\frac{\hat{p}^2}{2m}\epsilon\right] \exp\left[-\frac{i}{\hbar}\hat{V}\epsilon\right] \tag{2.2.7}$$

と近似されることに注意すると

$$\langle q_k| \exp\left[-\frac{i}{\hbar}\hat{H}\epsilon\right]|q_{k-1}\rangle$$
$$= \int \langle q_k| \exp\left[-\frac{i}{\hbar}\frac{\hat{p}^2}{2m}\epsilon\right]|p_k\rangle\langle p_k|q_{k-1}\rangle \exp\left[-\frac{i}{\hbar}V(q_{k-1})\epsilon\right] dp_k$$
$$= \int \exp\left[\frac{i}{\hbar}p_k(q_k-q_{k-1}) - \frac{i}{\hbar}\left(\frac{p_k^2}{2m}+V(q_{k-1})\right)\epsilon\right] \frac{dp_k}{(2\pi\hbar)^n}$$

となり，最終的に $K(q'',t''|q',t')$ は

$$\lim_{N\to\infty} \int \cdots \int \exp\left[\frac{i}{\hbar}\sum_k \left\{p_k(q_k-q_{k-1}) - \left(\frac{p_k^2}{2m}+V(q_k)\right)\epsilon\right\}\right] \prod_{k=1}^{N-1} dq_k \prod_{k=1}^{N} \frac{dp_k}{(2\pi\hbar)^n}$$

と書かれる．これは形式的に

$$K(q'',t''|q',t') = \int \exp\left[\frac{i}{\hbar}S\right] \prod \mathcal{D}\left[q(t),p(t)\right] \tag{2.2.8}$$

と表せる．指数関数の肩は作用関数を与える：

$$S = \int \left\{p\dot{q} - \left(\frac{p^2}{2m} + V(q)\right)\right\}dt \tag{2.2.9}$$

$\prod \mathcal{D}\left[q(t),p(t)\right]$ は経路の "測度" (measure) を表し，

$$\prod \mathcal{D}\left[q(t),p(t)\right] \equiv \lim_{N\to\infty} \prod_{k=1}^{N-1} dq_k \prod_{k=1}^{N} dp_k \times \left(\frac{1}{2\pi\hbar}\right)^{nN}. \tag{2.2.10}$$

で与えられる．ただし $dq \equiv dq^1 \cdots dq^n$, $dp \equiv dp^1 \cdots dp^n$ で，それぞれ n 次元の配位空間，運動量空間の体積要素である．運動量の積分が一つ多いことに注意．(2.2.8) が位相空間表示での経路積分である．

上の議論は，ハミルトニアンが $\hat{p}$ のみで書かれる運動エネルギーの部分と，$\hat{q}$ のみで与えられるポテンシャル部分が分離している場合であるが，一般にはこの両者が積の形で与えられるような場合が出てくる．このような場合，非可換な演算子の積に関しては順序の問題を処理しなければならないが，ここでは積のうち "運動量演算子を左にもってくる" というルールを設けておく．すると伝播関数の無限小部分は，運動量の完全性関係を挿入する際に

$$\langle q_k|\exp\left[-\frac{i}{\hbar}\hat{H}(\hat{p},\hat{q})\epsilon\right]|q_{k-1}\rangle = \int \langle q_k|p_k\rangle\langle p_k|q_{k-1}\rangle \exp\left[-\frac{i}{\hbar}\hat{H}(p_k,q_{k-1})\epsilon\right]dp_k$$

のように表される．ここで

$$\langle p|\hat{p}^k\hat{q}^l|q\rangle = p^k q^l \langle p|q\rangle$$

等を使う．これで一般のハミルトニアンの場合に対する位相空間における経路積分が得られる：

$$K(q'',t''|q'.t') = \lim_{N\to\infty}\int\cdots\int \exp\left[\frac{i}{\hbar}\sum_k p_k(q_k-q_{k-1}) - H(p_k,q_{k-1})\epsilon\right]$$
$$\times \prod_{k=1}^{N-1} dq_k \prod_{k=1}^{N} \frac{dp_k}{(2\pi\hbar)^n}$$
$$\longrightarrow \int \exp\left[\frac{i}{\hbar}\int \{p\dot q - H(q,p)\}dt\right]\prod \mathcal{D}[q(t),p(t)] \quad (2.2.11)$$

ここで，ハミルトニアンが運動量の2次で書かれる場合には，運動量に関する積分はガウス積分であるから遂行してしまえる．すなわち

$$\int \exp\left[\frac{i}{\hbar}(q_{k+1}-q_k)p_k\right]\exp\left[-\frac{i\epsilon}{2m\hbar}p_k^2\right]\frac{dp_k}{(2\pi\hbar)^n}$$
$$= \left(\frac{m}{2\pi i\hbar\epsilon}\right)^{\frac{n}{2}}\exp\left[\frac{i}{\hbar}\epsilon\frac{m}{2}\left(\frac{q_{k+1}-q_k}{\epsilon}\right)^2\right].$$

これから配位空間でのラグランジアン経路積分が導かれる．

$$K(q'',t''|q',t') = \int\exp\left[\frac{i}{\hbar}\int\left(\frac{m\dot q^2}{2}-V(q)\right)dt\right]\times\mathcal{N}\prod_t dq(t). \quad (2.2.12)$$

ただし $\mathcal{N}$ は規格化の定数で

$$\mathcal{N} = \lim_{N\to\infty}\left(\frac{m}{2\pi i\hbar\epsilon}\right)^{\frac{nN}{2}} \quad (2.2.13)$$

によって与えられ，これは発散する因子である．この発散因子は位相空間の経路積分においては現れないものである．

注意：ここで考察した量子力学系は，座標変数 $q=(q_1\cdots q_n)$ がデカルト座標である場合を想定している．極座標，一般に曲線座標に対する経路積分は別の工夫が必要であるのでここでは述べない．ただし曲線座標の一番簡単な例として，円周上の経路積分を最後に取り上げる．

§2.3 場の理論の例

場の理論を無限自由度系と見れば，多自由度系の形式的拡張で経路積分は構成できる．ここでは一番簡単なスカラー場，および電磁場の拡張であるゲージ場の場合を取り上げる．

スカラー場

1. 中性スカラー場　中性スカラー場は，1 成分の実関数 $\phi(x)$ で記述される．これに対する量子化された場の演算子を $\hat{\phi}(x)$, 共役な運動量演算子を $\hat{\pi}(x)$ とする．これらは同時刻の交換関係：

$$\left[\hat{\phi}(x), \hat{\pi}(x)\right] = i\hbar \delta(x-y)$$

を満たす．ハミルトニアンとして次の形をとる．

$$\hat{H} = \int \hat{h} d^3 x, \tag{2.3.1}$$

$$\hat{h} = \frac{1}{2} c^2 \hat{\pi}^2(x) + \frac{1}{2}(\nabla \hat{\phi})^2 + \frac{1}{2}\left(\frac{mc}{\hbar}\right)^2 \hat{\phi}^2 + \hat{V}(\hat{\phi}). \tag{2.3.2}$$

ここで $V(\phi)$ はスカラー場自身の相互作用を表す．離散化した空間点 x_i での場の値 $\phi(x_i)$ を固有値に持つ固有状態 $|\phi(x_i)\rangle$ の直積をとり，極限をとった

$$\prod_{i=1} |\phi(x_i)\rangle \equiv |\{\phi(x)\}\rangle \tag{2.3.3}$$

が，有限系でのシュレーディンガー表示 $|q\rangle \equiv |q_1, \cdots, q_n\rangle$ に対応する．ここで $\{\phi(x)\}$ は，場の配置 $\phi(x)$ の汎関数という意味である．完全性関係は，

$$\int |\{\phi(x)\}\rangle \langle \{\phi(x)\}| \prod_x d\phi(x) = 1 \tag{2.3.4}$$

となる．ここで，伝播関数

$$K(\{\phi'(x)\}, t|\{\phi(x)\}, 0) \equiv \langle \{\phi'(x)\}| \exp\left[-\frac{i}{\hbar}\hat{H}dt\right]|\{\phi(x)\}\rangle \tag{2.3.5}$$

に対して，有限次元系と同じく，時間 t を N 等分して $N \to \infty$ の極限をとり，各時間分点で完全性関係を挿入した後，置き換え

$$\sum_i p_i \dot{q}_i \quad \longrightarrow \quad \int \pi(x,t) \dot{\phi}(x,t) d^3 x$$

を行うと

$$K(\{\phi'(x)\}, t|\{\phi(x)\}, 0) = \int \exp\left[\frac{i}{\hbar} S(\phi, \pi)\right] \mathcal{D}[\phi(x,t), \pi(x,t)] \tag{2.3.6}$$

を得る．ここで作用関数は

$$S = \int \left[\pi\dot{\phi} - h(\phi,\pi)\right]d^3xdt, \quad (2.3.7)$$

$$h(\phi,\pi) = \frac{1}{2}c^2\pi^2(x) + \frac{1}{2}(\nabla\phi)^2 + \frac{1}{2}\left(\frac{mc}{\hbar}\right)^2\phi^2 + V(\phi). \quad (2.3.8)$$

さらに運動量 $\pi(x)$ についてガウス積分を行なうと

$$K(\{\phi'(x)\},t|\{\phi(x)\},0) = \int \exp\left[\frac{i}{\hbar}\int L(\phi)d^3xdt\right]\mathcal{D}\left[\phi(x,t)\right]. \quad (2.3.9)$$

となり，ラグランジアン密度 $L(\phi)$ は

$$L(\phi) = \frac{1}{2c^2}\dot{\phi}^2 - \left(\frac{1}{2}(\nabla\phi)^2 + \frac{1}{2}\left(\frac{mc}{\hbar}\right)^2\phi^2 + V(\phi)\right) \quad (2.3.10)$$

で与えられる．相対論的形式を用いて表せば

$$L(\phi) = \frac{1}{2}\partial_\mu\phi\partial^\mu\phi - \frac{1}{2}\left(\frac{mc}{\hbar}\right)^2\phi^2 - V(\phi). \quad (2.3.11)$$

ただし $\mu = 0, 1, 2, 3$ である．結局，場の経路積分は，有限系での軌道に相当して，場の配置に対する作用関数値を指数関数の肩に乗せ，全ての場の配置について和をとるという形になる．

2. 複素スカラー場 複素スカラー場は，2つの独立な1成分スカラー場の複素結合

$$\hat{\phi} = \hat{\phi}_1 + i\hat{\phi}_2$$

の形で与えられる．物理的には，複素の場は"荷電した"場を表す(ただし荷電の意味は広い意味に解釈すべきである．文字通りの電気的な荷を担うとは限らない)．ϕ に位相変換 $\phi \to e^{i\alpha}\phi$ を施したものはゲージ変換を与える．複素場に対する経路積分の表式は，次のような置き換えによって得られる：

$$(\nabla\phi)^2 \quad \longrightarrow \quad \nabla\phi^*\nabla\phi = (\nabla\phi_1)^2 + (\nabla\phi_2)^2$$
$$\phi^2 \quad \longrightarrow \quad \phi^*\phi$$
$$V(\phi) \quad \longrightarrow \quad V(|\phi|) \equiv V\left(\sqrt{\phi_1^2 + \phi_2^2}\right)$$
$$\mathcal{D}[\phi(x,t)] \quad \longrightarrow \quad \mathcal{D}[\phi_1(x,t), \phi_2(x,t)]$$

従って，伝播関数の経路積分表示は

$$K(\{\phi'^*(x)\}, t|\{\phi(x)\}, 0)$$
$$= \int \exp\left[\frac{i}{\hbar} \int L(\phi, \partial_\mu \phi; \phi^*, \partial_\mu \phi^*) d^3x dt\right] \mathcal{D}[\phi(x,t), \phi^*(x,t)]$$

で与えられ，ラグランジアン密度は

$$L(\phi, \partial_\mu\phi; \phi^*, \partial_\mu\phi^*) = \frac{1}{2}\partial_\mu\phi^*\partial^\mu\phi - \frac{1}{2}\left(\frac{mc}{\hbar}\right)^2 \phi^*\phi - V(|\phi|) \quad (2.3.12)$$

となる．

ここで，相対論的な複素スカラー場から非相対論的近似を導こう．それは複素場を，静止質量を振動数とする振動因子によって変調された形に表すことで実現される：

$$\phi(x,t) = \exp\left[-i\frac{mc^2}{\hbar}t\right]\psi(x,t). \quad (2.3.13)$$

ここで，変調された場 ψ の時間的変化の，それ自身に対する変化率は静止質量に比べて非常に小さいという近似

$$\frac{1}{|\psi|}\frac{\partial|\psi|}{\partial t} \equiv \frac{\partial \log|\psi|}{\partial t} \ll \frac{mc^2}{\hbar} \quad (2.3.14)$$

の下では，$\dot{\phi}^*\dot{\phi}$ の項の中で 2 次の項は

$$\left|\frac{\partial|\psi|}{\partial t}\right|^2 \ll \frac{(mc^2)^2|\psi|^2}{\hbar^2} \quad (2.3.15)$$

故に無視できる．よってラグランジアンの中の運動エネルギー項は

$$\frac{1}{2}\left|\frac{\partial\phi}{\partial t}\right|^2 \simeq \left[\frac{imc^2}{2\hbar}\left(\psi^*\frac{\partial\psi}{\partial t} - c\cdot c\right) + \frac{m^2c^4}{2\hbar^2}|\psi|^2\right]. \quad (2.3.16)$$

と近似される．非相対論的ラグランジアン（密度）は

$$L(\phi, \partial_\mu\phi; \phi^*, \partial_\mu\phi) \simeq L(\psi^*, \psi) = \frac{i\hbar}{2}\left(\psi^*\frac{\partial\psi}{\partial t} - c\cdot c\right) - \left(\frac{\hbar^2}{2m}\nabla\psi^*\nabla\psi + V(|\psi|)\right) \quad (2.3.17)$$

によって与えられ，経路積分は

$$K(\{\psi'^*(x)\}, t|\{\psi(x)\}, 0) = \int \exp\left[\frac{i}{\hbar}\int L(\psi, \psi^*)d^3x dt\right] \mathcal{D}[\psi(x,t), \psi^*(x,t)] \quad (2.3.18)$$

と書かれる．古典極限から帰結する作用原理 $\delta \int L d^3x dt = 0$ より

$$ih\frac{\partial \psi}{\partial t} = -\frac{\hbar^2}{2m}\nabla^2\psi + \frac{\partial \tilde{V}}{\partial \psi} \quad (2.3.19)$$

が導かれるが，これはいわゆる非線型シュレーディンガー方程式に他ならない．

ゲージ場

次に，ゲージ場に対する経路積分を見てみる．特に非アーベルゲージ場に注目する．これに対する詳細は第7章以降で与えるが，ここでは経路積分の特殊な場合として考察する[4]．ゲージ場の概念は，電磁場におけるゲージ変換の概念を一般化し，局所ゲージ変換に対する不変性の成立を要求することで導入される．特に非アーベルゲージ場においては，対称性が非アーベル群によって記述される．最も典型的なものは $SU(2)$（アイソスピン群）で記述される場合である．そのゲージ変換は次で与えられる：

$$\psi'(x) = U^{-1}(x)\psi(x), \qquad U(x) \in SU(2). \quad (2.3.20)$$

ここで，$\psi(x)$ は ${}^t\psi = (\psi_1, \psi_2)$ で与えられる2成分場を表わす．ゲージ場(接続の場) A_μ を用いて共変微分を

$$D_\mu = \partial_\mu - igA_\mu \quad (2.3.21)$$

によって定義すると(g はゲージ場と粒子の結合定数)，ゲージ変換は電磁場の拡張として

$$\begin{aligned} D'_\mu &= \partial_\mu - igA'_\mu, \\ A'_\mu &= U^{-1}A_\mu U + \frac{i}{g}U^{-1}\partial_\mu U \end{aligned} \quad (2.3.22)$$

によって与えられる．A_μ は 2×2 行列で

$$A_\mu = A_\mu^a \tau_a$$

とかかれ．τ_a はパウリスピンを用いてかくと

$$\tau_1 = \frac{1}{2}\begin{pmatrix} 0 & 1 \\ 1 & 0 \end{pmatrix}, \quad \tau_2 = \frac{1}{2}\begin{pmatrix} 0 & -i \\ i & 0 \end{pmatrix}, \quad \tau_3 = \frac{1}{2}\begin{pmatrix} 1 & 0 \\ 0 & -1 \end{pmatrix}$$

---

[4] 以下では連続群(リー群)に関する若干の知識を使うが，不慣れな読者はこの節はとばして差し支えない．

で与えられる．これから電磁場 (E, B) に相当する場の強さは，4元形式で

$$F_{\mu\nu} = \frac{\partial A_\nu}{\partial x_\mu} - \frac{\partial A_\mu}{\partial x_\nu} - ig\,[A_\mu, A_\nu] \tag{2.3.23}$$

と書かれる．これは幾何学的に言えば"接続" A_μ に付随する"曲率"になる．この $F_{\mu\nu}$ はゲージ変換に対して次のように変換する：

$$F'_{\mu\nu} = U^{-1} F_{\mu\nu} U.$$

さて，上のスカラー場の場合に見たように，経路積分を構成するには場の配置に対する作用関数を与える必要がある．これは電磁場の場合との類推で，場の強さを用いて

$$S = \int \mathrm{Tr}\Big(-\frac{1}{2}F_{\mu\nu}F^{\mu\nu}\Big) d^4x \tag{2.3.24}$$

で与えられる．ここでトレース演算はアイソスピンに対してとられる（第7章を参照）．従って経路積分として

$$K = \int \exp\left[\frac{i}{\hbar}S\right][A]\,\mathcal{D}(A_\mu) \tag{2.3.25}$$

の形に書けると予想される．しかしここでゲージ場特有の事情を考慮する必要がある．すなわち，ゲージ変換による余分の自由度（"redundancy"）を取り除く必要がある．この余分の自由度を制限するために拘束条件というものを課さなければならないのであるが，これは"拘束条件つきの力学系の量子化"という一般的な枠組みで定式化されることが知られている[5]．しかしこのような一般的なアプローチは他書で詳しく議論されているので，ここではゲージ変換群の"群測度（あるいはハール測度）"という超越的な概念を用いる．一見高度な概念を用いるという代償を払う代りに，拘束条件が非常にコンパクトに扱えるという利点がある．

さて，一つのゲージ場の配置 A_μ を与えて，それをゲージ変換したものを A_μ^U と記す．この A_μ^U は，U を変化させると A を代表とする"族"ができる（概念図2.4を参照）．しかし A^U の全てが物理的に必要なわけではない．つまり数えすぎるのであって，A^U の一部だけを拾い出す必要がある．この拾

---

[5] L.D.Faddeev, Theor.Math.Phys(1969)1.

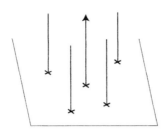

図 2.1：垂直線の各々がゲージ場を表わす．この直線上の位置がゲージ変換の自由度を表わす．

い出す条件をゲージ固定と呼ぶ．それには状況によっていくつかの場合が考えられるが，一般的に

$$F(A^U) = 0 \tag{2.3.26}$$

と表せる．あるいはゲージ群の要素は時空の関数であることから，この拘束条件は $\{U(x)\}$ の汎関数的関係式と見るべきものである．それを

$$F(A, \{U(x)\}) = 0 \tag{2.3.27}$$

と書こう．この拘束条件を満たすように経路積分を構成しなければならない．

ここで無限自由度の経路積分をやる前に，有限自由度の積分に拘束条件がついた場合を考察して，それをゲージ場の場合に転用してみよう．n 変数の関数 $F(x_1 \cdots x_n)$ を考え，n 個の拘束条件

$$f_i(x_1, \cdots, x_n) = 0 \qquad (i = 1 \sim n) \tag{2.3.28}$$

の根 $x_i = x_i^0$ における値 $F(x_1^0, \cdots x_n^0)$ を，直接根を求めず間接的に表すことを考える．まずデルタ関数を用いて

$$F(x_1^0, \cdots, x_n^0) = \int \cdots \int F(x_1, \cdots, x_n) \prod_{i=1}^{n} \delta(x_i - x_i^0) dx_i \tag{2.3.29}$$

と書ける．ここでデルタ関数の関係式

$$\delta[f_1, \cdots, f_n] = \left| \frac{\partial(f_1, \cdots, f_n)}{\partial(x_1, \cdots, x_n)} \right|^{-1} \prod_{i=1}^{n} \delta(x_i - x_i^0) \tag{2.3.30}$$

に注意すると

2.3 場の理論の例　**31**

$$F(x_1^0,\cdots,x_n^0) = \int\cdots\int \delta[f_1,\cdots,f_n]\left|\frac{\partial(f_1,\cdots,f_n)}{\partial(x_1,\cdots,x_n)}\right|F(x_1,\cdots,x_n)\prod_{i=1}^n dx_i \tag{2.3.31}$$

あるいは

$$F(x_1^0,\cdots,x_n^0) = \int\cdots\int F(x_1,\cdots,x_n)\delta[f_1,\cdots,f_n]\prod_{i=1}^n df_i$$

と書ける．つまり形式的に

$$\int \delta[f_1,\cdots,f_n]\,df_1\cdots df_n = 1 \tag{2.3.32}$$

をかけることにより，$f_i = 0$ $(i = 1\sim n)$ の下での値を拾い出すと言ってもよい．

さて，この有限次元の拘束条件の下での関数値を求める問題を，汎関数積分の場合に転用しよう．ゲージ固定条件 $F[A,\{U(x)\}] = 0$ を満たす"物理的"配位 A_μ^U を拾い出すために，経路積分を拡張して

$$K = \int \exp\left[\frac{i}{\hbar}S(A^U)\right]\mathcal{D}\left[A^U\right] \tag{2.3.33}$$

と書こう．こうしてもゲージ不変性より経路積分の値自体は変化が無いことに注意する．ここで拘束条件 $F[A,\{U(x)\}] = 0$ を汎関数デルタ関数

$$\int \delta[F(A,\{U(x)\})]\,\mathcal{D}\left[F(A,\{U(x)\}\right] = 1 \tag{2.3.34}$$

によって取り入れよう．これはもちろん $\int\delta[f_1,\cdots,f_n]\,df_1\cdots df_n = 1$ の類似である．すると，

$$K = \int \exp\left[\frac{i}{\hbar}S(A^U)\right]\mathcal{D}\left[A^U\right]\delta[F(A,\{U(x)\}]\mathcal{D}[F[A,\{U(x)\}]] \tag{2.3.35}$$

を得る．ここで汎関数測度 $\mathcal{D}[F[A,\{U(x)\}]]$ はヤコビアンを用いて

$$\mathcal{D}[F[A,\{U(x)\}]] = \det\left(\frac{\delta F[A,\{U(x)\}]}{\delta U(x)}\right)\mathcal{D}U(x) \tag{2.3.36}$$

と書ける．ただし $\mathcal{D}U \equiv \prod_x dU(x)$（$dU(x)$ は空間の点 x における群のハール測度である（付録参照））．これから

$$K = \int \exp\left[\frac{i}{\hbar}S(A^U)\right]\delta[F(A,\{U(x)\})]\det\left(\frac{\delta F[A,\{U(x)\}]}{\delta U(x)}\right)\mathcal{D}(A^U)\mathcal{D}U(x) \tag{2.3.37}$$

となる．この時点で再びゲージ不変性に注意して A^U を A に戻すと

$$K = \int \exp\left[\frac{i}{\hbar}S(A)\right]\delta\left[F(A)\right]\det\left(\frac{\delta F[A,\{U(x)\}]}{\delta U(x)}\right)\mathcal{D}(A) \times \int \mathcal{D}U(x) \tag{2.3.38}$$

のようにゲージ変換による測度を分離できる．$\int \mathcal{D}U$ なる量は当然のことながら無限大であるが，これはゲージ場の力学には無関係ないわば"見かけ"の量にすぎないので無視してよい．結局

$$K = \int \exp\left[\frac{i}{\hbar}S(A)\right]\delta\left[F(A)\right]\det\left(\frac{\delta F[A,\{U(x)\}]}{\delta U(x)}\right)\mathcal{D}(A) \tag{2.3.39}$$

がゲージ固定条件を取り入れた経路積分の表式である．ここに出てくるヤコビアンが，いわゆる Faddeev-Popov (FP) 行列式と言われるものである．

FP 行列式の具体形

ゲージ固定条件としてローレンツ条件を考える：

$$F(A, \{U(x)\}) = \partial_\mu A_\mu^U = 0.$$

特にゲージ変換として単位元(恒等変換に対応)近傍に限ると，$U \simeq 1 + \omega$ と表せるので

$$A_\mu^U = A_\mu + \partial_\mu \omega + ig[\omega, A_\mu].$$

と書ける．アイソベクトルをあらわに表示すると

$$A_\mu^a(\omega) = A_\mu^a + \partial_\mu \omega^a + g\epsilon_{abc} A_\mu^b \omega^c.$$

これから

$$\partial_\mu A_\mu^a = \partial_\mu A_\mu^a + \partial_\mu (D_\mu \omega)^a.$$

となる．従って

$$\det\left(\frac{\delta(\partial_\mu A_\mu^a(x))}{\delta \omega_b(y)}\right) = \det(\delta_{ab}\partial_\mu D_\mu^a \delta(x-y)) \tag{2.3.40}$$

が得られる[6].

§2.4　電磁場中の荷電粒子に対する経路積分

電磁場が存在する物理系，特に磁場が存在する場合には，原理的な問題とともに実際の現象と関係して大変興味深い．電磁場中の荷電粒子に対する量子力学的ハミルトニアンから出発する：

$$\hat{H} = \frac{1}{2m}\left(\hat{p} - \frac{e}{c}\hat{\boldsymbol{A}}(q)\right)^2 + \hat{V}(q). \tag{2.4.1}$$

微小時間間隔 ϵ に対して

$$\exp\left[-\frac{i}{\hbar}\hat{H}\epsilon\right] \simeq \exp\left[-\frac{i\epsilon}{2m\hbar}\left(\hat{p} - \frac{e}{c}\hat{\boldsymbol{A}}(q)\right)^2\right]\exp\left[-\frac{i}{\hbar}\hat{V}(q)\epsilon\right] \tag{2.4.2}$$

となる．従って微小時間間隔での伝播関数は

$$\begin{aligned}&\langle q_{k+1}|\exp\left[-\frac{i}{\hbar}\hat{H}\epsilon\right]|q_k\rangle \\ &\simeq \langle q_{k+1}|\exp\left[-\frac{i\epsilon}{2m\hbar}\left(\hat{p} - \frac{e}{c}\hat{\boldsymbol{A}}(q)\right)^2\right]|q_k\rangle\exp\left[-\frac{i}{\hbar}V(q_k)\epsilon\right]\end{aligned}$$

と近似できる．第2項のポテンシャル $V(q)$ の部分は，$\hat{\boldsymbol{A}} = 0$ の場合と同じである．従って第1項だけを考える．交換関係

$$\left[\hat{p}_i, \hat{A}_i(q)\right] = -i\hbar\frac{\partial \hat{A}_i}{\partial q_i}$$

---

[6] この行列式の中は次のようにテスト関数を用いて計算される：

$$\frac{\delta}{\delta\omega^b(y)}\int[\partial_\mu D_\mu \omega^a(x)]f^a(x)dx$$

において部分積分を2回施すことにより

$$\int[\partial_\mu D_\mu f^a(x)]\frac{\delta\omega^a(x)}{\delta\omega^b(y)}dx = \int[\partial_\mu D_\mu f^a(x)]\delta_{ab}\delta(x-y)dx,$$

もう一度，部分積分をすることで

$$\int[\partial_\mu D_\mu f^a(x)]\delta_{ab}\delta(x-y)dx = \int[\partial_\mu D_\mu \delta_{ab}\delta(x-y)]f^a(x)dx.$$

これから

$$\frac{\delta}{\delta\omega^b(y)}(\partial_\mu D_\mu \omega^a(x)) = \partial_\mu D_\mu \delta_{ab}\delta(x-y)$$

を得る．

34　第 2 章　経路積分と関連する問題

に注意すると

$$\frac{1}{2m}\left(\hat{p}-\frac{e}{c}\hat{\boldsymbol{A}}(q)\right)^2 = \frac{\hat{p}^2}{2m} - \frac{e}{2mc}\left(2\hat{p}\cdot\hat{\boldsymbol{A}} + i\hbar\nabla\cdot\hat{\boldsymbol{A}}\right) + \frac{e^2}{2mc^2}\hat{\boldsymbol{A}}^2$$

と展開される．これから

$$\langle q_{k+1}|\exp\left[-\frac{i}{\hbar}\hat{H}\epsilon\right]|q_k\rangle \simeq$$
$$\langle q_{k+1}|\exp\left[-\frac{i\epsilon}{2m\hbar}\hat{p}^2\right]\exp\left[\frac{i\epsilon e}{mc\hbar}\hat{p}\hat{\boldsymbol{A}}\right]\exp\left[-\frac{ie^2\epsilon}{2mc^2\hbar}\hat{\boldsymbol{A}}^2\right]|q_k\rangle\exp\left[\frac{e\epsilon}{2mc}\nabla\cdot\boldsymbol{A}(q_k)\right]$$

となり，運動量表示の完全性関係を挿入すると

$$\langle q_{k+1}|\exp\left[-\frac{i\epsilon}{2m\hbar}\hat{p}^2\right]\exp\left[\frac{i\epsilon e}{mc\hbar}\hat{p}\hat{\boldsymbol{A}}\right]\exp\left[-\frac{ie^2\epsilon}{2mc^2\hbar}\hat{\boldsymbol{A}}^2\right]|q_k\rangle \simeq$$
$$\int \langle q_{k+1}|\exp\left[-\frac{i\epsilon}{2m\hbar}\hat{p}^2\right]|p_{k+1}\rangle dp_{k+1}\langle p_{k+1}|\exp\left[\frac{i\epsilon e}{mc\hbar}\hat{p}\hat{\boldsymbol{A}}\right]\exp\left[-\frac{ie^2\epsilon}{2mc^2\hbar}\hat{\boldsymbol{A}}^2\right]|q_k\rangle.$$

さらに，これは

$$= \left(\frac{1}{2\pi\hbar}\right)^3 \int dp_{k+1}\exp\left[-\frac{i\epsilon}{2m\hbar}p_{k+1}^2\right]\exp\left[\frac{i\epsilon e}{mc\hbar}p_{k+1}\boldsymbol{A}(q_k)\right]$$
$$\times \exp\left[-\frac{ie^2\epsilon}{2mc^2\hbar}\boldsymbol{A}(q_k)^2\right]\exp\left[\frac{i}{\hbar}p_{k+1}(q_{k+1}-q_k)\right]$$

$$(2.4.3)$$

と変形できる．ここで $\nabla\cdot\boldsymbol{A}=0$ と選ぶと，電磁場中の荷電粒子に対する経路積分が次の形で得られる：

$$K(q'',t;q',0) = \lim_{N\to\infty}\left(\frac{1}{2\pi\hbar}\right)^{3N}\int\cdots\int\exp\left[\frac{i}{\hbar}\sum_{k=0}^{N-1}\epsilon\{p_{k+1}\frac{(q_{k+1}-q_k)}{\epsilon}\right.$$
$$\left. -\left(\frac{1}{2m}\left(p_{k+1}-\frac{e}{c}\boldsymbol{A}(q_k)\right)^2+V(q_k)\right)\}\right]\prod_{k=0}^{N-1}dp_{k+1}\prod_{k=1}^{N-1}dq_k$$
$$\to \int\exp\left[\frac{i}{\hbar}\int p\dot{q}-H(p,q)dt\right]\mathcal{D}[q(t),p(t)].$$

$$(2.4.4)$$

ここで

$$H(p,q) = \frac{1}{2m}\left(p-\frac{e}{c}A(q)^2\right) + V(q).$$

さらに p_{k+1} に関する完全平方式

$$\frac{1}{2m}\left[\left\{p_{k+1}-\left(\frac{m\Delta q_k}{\epsilon}+\frac{e}{c}A(q_k)\right)\right\}^2-\left(\frac{m\Delta q_k}{\epsilon}+\frac{e}{c}A(q_k)\right)^2\right]$$

に注意して p 積分を処理すると

$$K(q'',t''|q',t')=\int\exp\left[\frac{i}{\hbar}\int(\frac{1}{2}m\dot{q}^2+\frac{e}{c}\dot{q}\cdot A-V(q))dt\right]\times\mathcal{N}\prod_t dq(t) \tag{2.4.5}$$

が得られる．これからラグランジアンはよく知られた形

$$L=\frac{1}{2}m\left(\frac{dq}{dt}\right)^2+\frac{e}{c}\frac{dq}{dt}\cdot\boldsymbol{A}-V(q) \tag{2.4.6}$$

として出てくることがわかる．

§2.5　強磁場中の荷電粒子系

前節で述べた電磁場中の荷電粒子の特別な場合として，一様磁場中の粒子を考えてみる．特に強磁場中の荷電粒子系が独特の様相をもっていることを見る．物理的に詳しい議論は第 4 章および応用編における量子ホール流体の所で議論するが，ここでは経路積分の観点から眺める．

磁場中の荷電粒子の運動は特徴的な様相を持っている．それは一言で言えば，ローレンツ力の特性に由来する．すなわち仕事をしない力であるという事実である．磁場中の運動は，量子力学において Landau 準位として量子化される．

2 次元電子系の典型的な現象である量子ホール効果に関する基本的な道具立てを与える．以下，一様磁場（z 軸方向を向く）$\boldsymbol{B}=(0,0,B)$ 中での荷電粒子の 2 次元運動を考える．ベクトルポテンシャルは

$$A_x=-\frac{1}{2}By,\quad A_y=\frac{1}{2}Bx \tag{2.5.1}$$

と選ぶ．さて運動方程式は，速度 $\boldsymbol{v}=\frac{d\boldsymbol{x}}{dt}$ として，ローレンツ力の作用の下で

$$m\frac{d\boldsymbol{v}}{dt}=\frac{e}{c}(\boldsymbol{v}\times\boldsymbol{B}) \tag{2.5.2}$$

となる．成分を用いて表せば

$$m\frac{dv_x}{dt}=\frac{eB}{c}v_y,\qquad m\frac{dv_y}{dt}=-\frac{eB}{c}v_x. \tag{2.5.3}$$

これを複素座標
$$\xi = v_x + iv_y \tag{2.5.4}$$
を用いて書けば
$$\frac{d\xi}{dt} = -i\omega\xi. \tag{2.5.5}$$
と書ける．ここで ω はサイクロトロン振動数を表わす：
$$\omega \equiv \frac{eB}{mc}$$
これから解は次のように求められる：
$$\xi = v^0 \exp[-i\omega t] = (v_x^0 + iv_y^0)(\cos\omega t - i\sin\omega t). \tag{2.5.6}$$
実部と虚部を比較して
$$\begin{aligned} v_x &= v_x^0 \cos\omega t + v_y^0 \sin\omega t, \\ v_y &= -v_x^0 \sin\omega t + v_y^0 \cos\omega t \end{aligned}$$
を得る．軌道は $\dot{x} = v_x$，$\dot{y} = v_y$ より
$$\begin{aligned} x(t) &= X + \frac{1}{\omega}(v_x^0 \sin\omega t - v_y^0 \cos\omega t), \\ y(t) &= Y + \frac{1}{\omega}(v_x^0 \cos\omega t + v_y^0 \sin\omega t). \end{aligned} \tag{2.5.7}$$
と求められる．ここで (X, Y) は積分定数であるが，物理的には，いわゆる "案内中心"(guiding center, 以下 GC と略記することもある)の座標を与える．実際
$$(x - X)^2 + (y - Y)^2 = \frac{v_0^2}{\omega^2}$$
となり，これは荷電粒子の軌道が点 (X, Y) を中心とする円であることを示している．電場がかけられていると，案内中心も電場によって駆動されることになる．上式はまた
$$x(t) = X - \frac{1}{\omega}v_y, \qquad y(t) = Y + \frac{1}{\omega}v_x \tag{2.5.8}$$
と表せることに注意する．

以上をハミルトン形式で書き直そう．正準運動量は

$$p_x = \frac{\partial L}{\partial v_x} = mv_x - \frac{eB}{2c}y,$$
$$p_y = \frac{\partial L}{\partial v_y} = mv_y + \frac{eB}{2c}x. \tag{2.5.9}$$

ここで
$$\boldsymbol{\pi} \equiv (\pi_x, \pi_y) = (mv_x, mv_y) \tag{2.5.10}$$
を導入しておく．これを逆に正準変数 $(x, p_x), (y, p_y)$ で表すと
$$\pi_x = p_x + \frac{eB}{2c}y, \qquad \pi_y = p_y - \frac{eB}{2c}x. \tag{2.5.11}$$
ポアソン括弧式 $\{x, p_x\} = 1, \{y, p_y\} = 1$ を使うと
$$\{\pi_x, \pi_y\} = \left\{p_x + \frac{eB}{2c}y, p_y - \frac{eB}{2c}x\right\}$$
$$= \frac{eB}{2c}\{y, p_y\} - \frac{eB}{2c}\{p_x, x\} = \frac{eB}{c} \tag{2.5.12}$$
を満たすことがわかる．

以上は磁場だけがかけられた場合であったが，電場あるいはその他の力（これを $V(x,y)$ と置く）も存在する場合を考えよう．ラグランジアンは
$$L = p_x \dot{x} + p_y \dot{y} - \left(\frac{1}{2m}\left[\left(p_x + \frac{eB}{2c}y\right)^2 + \left(p_y - \frac{eB}{2c}x\right)^2\right] + V(x,y)\right). \tag{2.5.13}$$

GC 座標を正準形式で表すと次のようになる．
$$X = x + \frac{\pi_y}{m\omega}, \qquad Y = y - \frac{\pi_x}{m\omega}. \tag{2.5.14}$$
これから (X, Y) は括弧式
$$\{X, Y\} = -\frac{c}{eB} \tag{2.5.15}$$
を満たすことがわかる．特に磁場が非常に強い場合を考えてみよう．このとき $|mv| \ll |\frac{eB}{c}|$ とみなせるので，あらっぽく
$$(p_x, p_y) \sim \left(-\frac{eB}{2c}y, \frac{eB}{2c}x\right) \tag{2.5.16}$$
とおける．さらに GC 座標は
$$X \simeq x, \qquad Y \simeq y$$

と近似できる．従ってラグランジアンは GC 座標でもって

$$L \simeq \frac{eB}{2c}\left(X\dot{Y} - Y\dot{X}\right) - V(X,Y) \tag{2.5.17}$$

と表すことができる．

最後に (X,Y) が互いに正準共役であることに注意して，経路積分は

$$\int \exp\left[\frac{i}{\hbar}\int\{\frac{eB}{2c}(X\dot{Y} - Y\dot{X}) - V(X,Y)\}dt\right]\mathcal{D}(X,Y) \tag{2.5.18}$$

で与えられる．つまり位相空間での経路積分の形で与えられる．ポテンシャルがちょうどハミルトニアンの役割をしている．古典極限でGCの運動方程式は

$$\frac{eB}{2c}\frac{dX}{dt} = -\frac{\partial V}{\partial Y}, \qquad \frac{eB}{2c}\frac{dY}{dt} = \frac{\partial V}{\partial X} \tag{2.5.19}$$

で与えられるが，これはまさに正準方程式に他ならない．

磁気単極(モノポール)磁場中での荷電粒子

一様磁場が2次元平面に垂直に加えられた場合を考えたが，今度は閉じた面，具体的には2次元球面に一様に加えられた磁場中で，荷電粒子が球面上を運動する場合を考えよう．球面上に一様磁場を作るには，球の中心に仮想的なモノポールを置けばよい．すなわち磁気的クーロンの法則によって，磁場は中心からの距離の2乗に反比例する形で与えられる．モノポールの強さを g とすれば，半径 r の球面上での磁場の強さは $\boldsymbol{B} = \frac{g}{r^3}\boldsymbol{r}$ であり，ベクトルポテンシャルの定義式 $\boldsymbol{B} = \nabla \times \boldsymbol{A}$ によって，$\boldsymbol{A}$ に関する1階の偏微分方程式が得られる：

$$\nabla \times \boldsymbol{A} = \frac{g}{r^3}\boldsymbol{r}.$$

ここで注意すべきは，解として得られるベクトルポテンシャルが非常に特異な関数であることである．何故なら，もし通常の解析的な関数であるとすれば，ベクトル解析の公式から $\nabla \cdot \boldsymbol{B} = 0$ になるはずだが，ここでは $\nabla \cdot \boldsymbol{B} = 4\pi g \delta(\boldsymbol{r})$ である．このような関数をまともな関数として取り上げることができるのかという数学的な問題が提起されそうであるが，とりあえず見つけることを考える．$\boldsymbol{A}$ を極座標表示 (r,θ,ϕ) で表わすと

$$\boldsymbol{A} = A_r \hat{r} + A_\theta \hat{\theta} + A_\phi \hat{\phi}.$$

これから成分に関する1階の微分方程式が得られる：

$$(\nabla \times \boldsymbol{A})_r = \frac{1}{r\sin\theta}\left\{\frac{\partial}{\partial\theta}(\sin\theta A_\phi) - \frac{\partial A_\theta}{\partial\phi}\right\} = \frac{g}{r^2},$$

$$(\nabla \times \boldsymbol{A})_\theta = \frac{1}{r\sin\theta}\left\{\frac{\partial A_r}{\partial\phi} - \sin\theta\frac{\partial}{\partial r}(rA_\phi)\right\} = 0,$$

$$(\nabla \times \boldsymbol{A})_\phi = \frac{1}{r}\left\{\frac{\partial}{\partial r}(rA_\theta) - \frac{\partial A_r}{\partial\theta}\right\} = 0. \quad (2.5.20)$$

このままでは非常に複雑で手に負えないように見えるが，次のようにして特解を探す．すなわち次のようなものを選ぶ：

$$A_r = A_\theta = 0. \quad (2.5.21)$$

すると

$$\frac{\partial}{\partial\theta}(\sin\theta A_\phi) = \frac{g\sin\theta}{r}, \quad \frac{\partial}{\partial r}(rA_\phi) = 0.$$

第2式から A_ϕ は

$$A_\phi = \frac{C(\theta,\phi)}{r}$$

の形を持つことがわかる．この形を第1式に代入すると $C(\theta,\phi)$ に関する方程式が出てくる：

$$\frac{\partial}{\partial\theta}\left(\sin\theta\ C(\theta,\phi)\right) = g\sin\theta. \quad (2.5.22)$$

これから

$$C\sin\theta = -g\cos\theta + \tilde{K}(\phi). \quad (2.5.23)$$

ここで $\tilde{K}(\phi)$ は経度 ϕ の任意関数であって，物理的な要請から決められる．この任意性はいわゆるゲージ変換と関係してくるものである．仮に $\tilde{K} = Kg$ ($K =$ 定数) とおくと

$$C(\theta,\phi) = \frac{g}{\sin\theta}(K - \cos\theta). \quad (2.5.24)$$

従ってベクトルポテンシャルは

$$(A_r, A_\theta, A_\phi) = \left(0, 0, \frac{g}{r\sin\theta}(K - \cos\theta)\right) \quad (2.5.25)$$

となる．この形から $\boldsymbol{A}$ の特異的様相は，$\sin\theta = 0$ となる場所（原点から北極を貫いて無限に伸びる線）で無限大になるということから見て取れる．しかし

この特異性は K の取り方によって変ってくる. 実際, $K=1$ に選べば
$$\lim_{\theta \to 0} \frac{1-\cos\theta}{\sin\theta} = 0$$
となって, $\theta=0$ の表す無限に伸びる線は特異ではなくなる. その代りに $\theta=\pi$ の表す, 原点から南極を貫いて無限に伸びる線上で無限大に発散する. このような K の選び方を量子的に取り扱うと, いわゆるディラック量子化の話につながる(第5章). ここで半径 a の球面上での磁場の強さを B とすれば

$$g = 4\pi a^2 B \tag{2.5.26}$$

の関係がある.

モノポールによるベクトルポテンシャル中の荷電粒子に対する経路積分を求めよう. 特に半径 $r=a$ の球面上に粒子が拘束されている場合を考える. $A_x = -A_\phi \sin\phi, A_y = A_\phi \cos\phi$ より, 球面上では

$$A_x = \frac{-g(K-\cos\theta)\sin\phi}{a\sin\theta}, \quad A_y = \frac{g(K-\cos\theta)\cos\phi}{a\sin\theta}. \tag{2.5.27}$$

また
$$\begin{aligned}\dot{x} &= a(\cos\theta\cos\phi\dot\theta - \sin\theta\sin\phi\dot\phi),\\ \dot{y} &= a(\cos\theta\sin\phi\dot\theta + \sin\theta\cos\phi\dot\phi)\end{aligned}$$

を用いると, ラグランジアンの中で磁場に起因する項(これを正準項と呼ぼう)は

$$L_C = \frac{e}{c}(A_x\dot{x} + A_y\dot{y}) = \frac{eg}{c}(K-\cos\theta)\dot\phi \tag{2.5.28}$$

と得られる. 強磁場の極限では, 運動エネルギー項は正準項に比べて無視できるので, ポテンシャルエネルギー項だけが残る. 従って経路積分は

$$K = \int \exp\left[\frac{i}{\hbar}\int\left\{\frac{eg}{c}(K-\cos\theta)\dot\phi - V(\theta,\phi)\right\}dt\right] \mathcal{D}[\theta(t),\phi(t)] \tag{2.5.29}$$

と与えられる. 経路の測度は球面の面積から

$$\mathcal{D}[\theta(t),\phi(t)] = \lim_{N\to\infty} \left(\frac{1}{2\pi\hbar}\right)^{3N} \prod_{k=1}^{N} a^2 \sin\theta(k) d\theta(k) d\phi(k) \tag{2.5.30}$$

のように構成できる.

古典極限では

$$K \sim \exp\left[\frac{i}{\hbar}\int_C g(K-\cos\theta)\dot\phi dt\right] \times \exp\left[-\frac{i}{\hbar}\int_C V(\theta,\phi)dt\right] \quad (2.5.31)$$

となり，ここに古典軌道 C は運動方程式

$$\dot\theta = -\frac{1}{g\sin\theta}\frac{\partial V}{\partial \phi}, \qquad \dot\phi = \frac{1}{g\sin\theta}\frac{\partial V}{\partial \theta}, \quad (2.5.32)$$

の解である．また(2.5.31)式の最初の因子は，ストークスの定理を使えば

$$\exp\left[\frac{i}{\hbar}\int g\sin\theta d\theta d\phi\right] \equiv \exp\left[\frac{i}{\hbar}\Phi\right] \quad (2.5.33)$$

となり，指数関数の肩はちょうど磁気フラックスを与えている．

§2.6 準古典展開

経路積分を具体的に計算することは，一見して大変困難であることがわかる．特殊なポテンシャルについては，それぞれの場合に応じた工夫がなされ計算されているが，系統的な計算手法としては，近似に頼らざるを得ない．量子力学の近似法としては，摂動論，変分法，WKB法(準古典論)が知られている．広い意味での摂動論であるが，特に準古典近似が有効である．

量子力学はプランク定数がゼロとみなせる極限において古典力学に移行するというのが，ボーアの対応原理の意味するところである．経路積分では，これはいわゆる停留位相によって記述される．つまり経路積分においてプランク定数がゼロに近づくと，指数関数の肩が激しく振動するので，積分をするとほとんど打ち消しあってゼロになってしまう．ところが例外的な所があって，それは作用関数が停留値(あるいはもっと直接的にいえば極値)をとる所である．この停留値をとる点(停留点)のまわりの積分を評価できるというのが基本の考えである．これは有限次元の場合には鞍部点法として知られているものである．そこでまず鞍部点法の復習をしておこう．以下の議論は，厳密には複素関数論によってなされるものであるが，簡単のため実関数の積分として扱う．

まず $\lambda \gg 1$ のとき，

$$I = \int \exp[i\lambda f(x)]dx$$

の形の積分を評価する．このとき $f(x)$ の少しの変化によって，被積分関数は激しく振動するので，その積分への寄与はプラスマイナス打消しあう．しかし例外があって，$f(x)$ が変化しない，つまり極値をとるときには，積分は生き残る．そこで $f(x)$ を極値の周りに展開すると，

$$I = \int \exp[i\lambda f(x)]dx$$
$$\sim \exp[i\lambda f(x_0)] \times \int \exp[i\frac{1}{2}\lambda f''(x_0)\xi^2]d\xi$$
$$= \exp[i\lambda f(x_0)]\sqrt{-\frac{2\pi}{\lambda f''(x_0)i}}$$

と近似できる．

例としてガンマ関数に対するスターリングの公式を導く．

$$\int e^{-x}x^s dx = \Gamma(s+1) = s!.$$

$s \to$ 大 のとき，

$$\int \exp[-x]x^s dx = \int_0^\infty \exp[s(\log x - \frac{x}{s})]dx$$
$$= \int_0^\infty \exp[sf(x)]dx.$$

ここで $\log x - \frac{x}{s} \equiv f(x)$ の極値付近の積分で，近似極値は $f'(x_0) = \frac{1}{x_0} - \frac{1}{s}$ より $x_0 = s$．よって

$$I \cong e^{sf(x_0)} \int \exp[\frac{1}{2}sf''(x_0)\xi^2]d\xi$$
$$= e^{sf(x_0)} \times \sqrt{-\frac{2\pi}{sf''(x_0)}}$$
$$= \sqrt{2\pi}\, e^{-s}s^{s+\frac{1}{2}}.$$

これがスターリングの公式である．

多変数の場合も全く同様である．鞍部点法のアイデアを無限次元空間での積分である経路積分に転用できる．以下では具体的には 1 次元ポテンシャル問題の場合を扱うが，多次元系への形式的拡張は容易である．作用関数は

$$S = \int_0^t \{\frac{1}{2}m\dot{x}^2 - V(x)\}dt$$

となり，伝播関数 $K(x',t;x,0)$ の $\hbar \to 0$ における漸近形は以下のように与えられる．

$$K(x',t:x,0) \sim \exp[\frac{i}{\hbar}S_{\text{cl}}] \times \int \exp[\frac{i}{\hbar}S^{(2)}]\mathcal{D}\xi(t)$$

ここで $S = S_{\text{cl}} + S^{(2)}$ のように展開できて，S_{cl} は，極値条件（停留条件）$\delta S = 0$ より決まる古典軌道 $x_{\text{cl}}(t)$ に対する値である．$S^{(2)}$ を"第2変分"と呼ぶ．これは関数の極小値まわりでの展開の拡張に他ならない：

$$V(x) = V(x_0) + \frac{1}{2}V''(x_0)(x-x_0)^2.$$

従って作用関数の展開は

$$S^{(2)} = \int_0^t \left[\frac{1}{2}m\dot{\xi}^2 - \frac{1}{2}V''(x_{\text{cl}})\xi^2\right]dt$$

で与えられる．ここで

$$\xi(t) = x - x_{\text{cl}}, \qquad V''(x_{\text{cl}}) = \left.\frac{d^2V}{dx^2}\right|_{x=x_{\text{cl}}}$$

は古典軌道からのずれを与える．古典軌道では始めと終わりの時刻における位置があらかじめ与えられているとすれば，$\xi(0) = 0, \xi(t) = 0$ と設定してよい．つまり両端固定の条件である．これを考慮すると，部分積分を用いて

$$S^{(2)} = \frac{1}{2}\int_0^t \xi\Lambda\xi dt, \qquad \left(\Lambda = -m\frac{d^2}{dt^2} - V''(x_{\text{cl}})\right). \tag{2.6.1}$$

従って第2変分からの寄与は無限次元のガウス積分で与えられる：

$$K^{(2)} = \int \exp[\frac{i}{\hbar}S^{(2)}]\mathcal{D}\xi(t) = \int \exp\left[\frac{i}{2\hbar}\int_0^t \xi(t)\Lambda(t)\xi(t)dt\right]\mathcal{D}\xi(t) \tag{2.6.2}$$

この具体的計算の詳細は第3章で議論する．

鞍部点法と積分の局所化

　準古典近似は，プランク定数がゼロにちかづくときに経路積分が作用関数の極値のまわりに，いわば局在するということが要になっている．有限次元

の積分の場合には，これは鞍部点法である．ここで鞍部点の考えを別の観点からながめてみよう．扱う問題は直接に経路積分とは関係ないが，ある多様体上で定義された関数の極値付近の情報を鞍部点の考えを用いて抽出できるという点で非常に興味深いものである[7]．

つぎのようなパラメータ t をふくむ積分を考える．

$$I = \int_{-\infty}^{\infty} \frac{1}{\sqrt{2\pi}} \exp[-\frac{1}{2}t^2 f(x)^2] \frac{tdf}{dx} dx \tag{2.6.3}$$

$tf(x) \to f(x)$ とおきかえても，積分は値は変わらない：

$$I' = \int_{-\infty}^{\infty} \frac{1}{\sqrt{2\pi}} \exp[-\frac{1}{2}f(x)^2] \frac{df}{dx} dx$$

そこで，はじめに I' をみてみる．これは置換積分によって容易に積分できるが，$f(x)$ の振る舞いに注意する必要がある．いま，$x \to \pm\infty$ において，$f(x) \to \pm\infty$ とする．図 (a) のように，$f(x)$ が単調増大であれば，

$$I' = \int_{-\infty}^{\infty} \exp[-\frac{1}{2}f^2] \frac{df}{\sqrt{2\pi}} = 1$$

となり，$f(x)$ が単調減少であれば，$I' = -1$ となる．一方，$f(x)$ が図 (b) のように，$x \to \pm\infty$ で，$f(x) \to \infty$ であれば，

$$I' = \int_{\infty}^{\infty} \exp[-\frac{1}{2}f^2] \frac{df}{\sqrt{2\pi}} = 0$$

となる．すなわち，関数 $f(x)$ の形が，

$$f(x) \sim ax^n + \cdots$$

となって，冪 n の偶奇によって，それぞれ $I' = 0, \pm 1$ となる．

つぎに，もとのパラメータの入った積分 I をみる．これは積分値としては I' とおなじものを与えるが，つぎのような様相をもつ：すなわち，パラメータ t を非常に大きくしてみると，$f(x)$ の具体的な形にかかわらず，積分は $f(x) = 0$ のところからの寄与だけになることがわかる．つまり，積分は局所化する．そして，$f(x) = 0$ となる点，$x = x_i^0$ での微分係数の傾き $\frac{df}{dx}$ の符合

---

[7] ここでのべたモデルは，江口徹氏による解説にもとづく：数理科学，No.398, サイエンス社，1996. これは Witten の位相的場の理論と関連して提案されたものである．

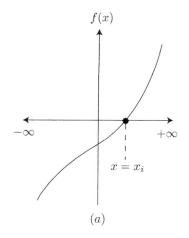 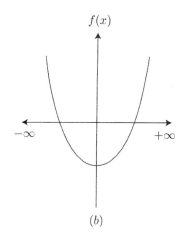

図 2.2：$f(x)$ のグラフ

だけが効いてくることがわかる：

$$I = \sum_i \text{sign}(\left.\frac{df}{dx}\right|_{x=x_i^0}) = \sum_i \pm 1 \qquad (2.6.4)$$

つぎに，多変数の場合に拡張しよう．つぎのような n 変数の積分を考える：

$$I = \int_{-\infty}^{\infty} \cdots \int_{-\infty}^{\infty} \exp[-\frac{1}{2}\sum_i (\frac{\partial W(x)}{\partial x_j})^2] \det \frac{\partial^2 W}{\partial x_i \partial x_j} \prod_i \frac{dx_i}{\sqrt{2\pi}} \qquad (2.6.5)$$

$W(x_1,\cdots,x_n)$ は n 変数関数である．$n=1, f(x)=\frac{dW}{dx}$ とおけば，うえの 1 変数の場合になる．この積分を，$W \to tW$ とおきかえて，$t \to \infty$ とおくと，1 変数の場合と同様，$\frac{\partial W}{\partial x_i}=0$ のところ，すなわち，W の極値に積分は局所化される．ここで，極値での W の 2 次偏微分係数

$$H_{ij} \equiv \left.\frac{\partial^2 W}{\partial x_i \partial x_j}\right|_{x=x^0} \qquad (2.6.6)$$

はヘシアンとよばれる．積分の値は 1 変数の場合の類似からヘシアンの行列式の符合になると予想される．実際，ヘシアンは適当な変換で対角化されるが，その固有値のうちで負のものの個数をモース指数とよぶ．それを M とおくと，

$$I = \sum_k \text{sign}(\det \left.\frac{\partial^2 W}{\partial x_i \partial x_j}\right|_{x=x_k^0}) = \sum_k (-1)^{M_k} \qquad (2.6.7)$$

となることがわかる．ここで，和はすべての極値 x_k^0 にわたる．この右辺の和は関数 W によって記述される多様体の高さの関数に付随するオイラー標数となることが知られている（この式は，第 11 章において，超対称量子力学のもとで再びとりあげる）．このように，積分の値が局所化するという考えは，位

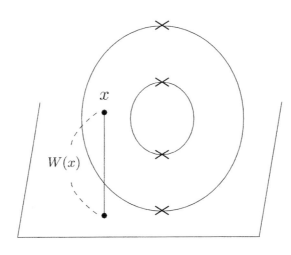

図 2.3：× は $W(x)$ の極値を表わす．

相的場といわれるもので有効性が認識された．鞍部点法を特殊な問題に巧みに適用したものといえる．

§2.7　ガウス型汎関数積分

　経路積分は，作用関数（ラグランジアン）を勝手に与えて計算できるものではない．それぞれの場合に応じて，特殊な工夫をこらして計算を行わねばならない．しかし一般的な枠組みの中で定式化できる場合もあり，現在これが可能なのはガウス型汎関数積分である．前節で見たように，経路積分の準古典近似はガウス型汎関数積分の計算に帰着される．そこでこの節では，ガウス型経路積分の計算法を 2 通り与える．

§2.7.1　固有関数展開

ガウス型経路積分は，有限次元の場合の 2 次形式の対角化を無限次元に拡張して，ユニタリー変換による対角化をすることでなされる．すなわち有限次元の場合，2 次形式

$$^t\boldsymbol{y}A\boldsymbol{y} = \sum_{ij} A_{ij} y_i y_j$$

（$A_{ij} = A_{ji}$）に対して，ガウス積分はよく知られた形

$$\int \cdots \int \exp[-\sum_{ij} y_i A_{ij} y_j] \prod_i dy_i = \prod_i^n \sqrt{\frac{\pi}{\lambda_i}} \propto (\det A)^{-\frac{1}{2}}$$

で与えられる．ただし λ_i は A の固有値である．この形を今注目しているガウス型汎関数積分の場合に適用すると

$$K^{(2)} = \prod_i^\infty \sqrt{\frac{2\pi\hbar i}{\lambda_i}} \propto [\det \Lambda]^{-\frac{1}{2}} \tag{2.7.1}$$

のように形式的に書ける．ここで固有値は次の境界値問題から決定される：

$$\Lambda \phi_i = \lambda_i \phi_i. \qquad (\phi_i(0) = 0, \quad \phi_i(T) = 0.) \tag{2.7.2}$$

特別な場合として調和振動子 $V(x) = \frac{1}{2} m\omega^2 x^2$ の場合を取り上げよう．簡単のため質量を $m = 1$ とおく．Λ は次の微分作用素で与えられる：

$$\Lambda = -\frac{d^2}{dt^2} - \omega^2$$

従って，固有値問題は

$$\frac{d^2}{dt^2} \phi_n = -(\lambda_n + \omega^2) \phi_n$$

と与えられる．これを解けば

$$\begin{aligned}
\phi_n(t) &= A \cos\sqrt{\lambda_n + \omega^2}\, t + B \sin\sqrt{\lambda_n + \omega^2}\, t, \\
\phi_n(0) &= A = 0, \\
\phi_n(T) &= B \sin\sqrt{\lambda_n + \omega^2}\, T = 0
\end{aligned}$$

が得られ，これから

$$\sqrt{\lambda_n + \omega^2}\, T = n\pi \qquad (n = 1, 2, \cdots, \infty)$$

従って

$$\lambda_n = \left(\frac{n\pi}{T}\right)^2 - \omega^2$$

が得られる．この固有値の無限積をとると発散するので，以下のように自由粒子の場合を参照する．自由粒子に対しては $\omega = 0$ の場合であるので

$$\prod_{n=1}^{\infty} \lambda_n^{(0)} = \prod_{n=1}^{\infty} \left(\frac{n\pi}{T}\right)^2.$$

自由粒子に対する $K^{(2)}$ を $K^{(2)}_{free}$ とおいて両者の比をとると

$$\frac{K^{(2)}}{K^{(2)}_{free}} = \left[\prod_{n=1}^{\infty}\left(1 - \left(\frac{\omega T}{n\pi}\right)^2\right)\right]^{-\frac{1}{2}}$$

$$= \left(\frac{1}{\omega T}\sin\omega T\right)^{-\frac{1}{2}}. \qquad \left(\because \frac{\sin x}{x} = \prod_{n=1}^{\infty}\left[1 - \left(\frac{x}{n\pi}\right)^2\right]\right) \tag{2.7.3}$$

となる．一方自由粒子に対しては

$$K^{(2)}_{free} = \sqrt{\frac{1}{2\pi i\hbar T}} \tag{2.7.4}$$

で与えられるので，結局

$$K^{(2)} = \sqrt{\frac{\omega}{2\pi i\hbar \sin\omega T}} \tag{2.7.5}$$

のように求められる．この式は調和振動子に対する経路積分の厳密な結果と一致する．

上に述べた経路展開法は，一般の 2 階の Sturm-Liouville 型微分作用素の固有値問題に帰着する．これに関しては，次章で準古典量子化理論の一環として改めて取り上げることにする．

§2.7.2 積分変換法

1 次元の場合

経路展開法とは別に，ガウス型汎関数積分の計算に対する別の計算手法を

述べる[8]. それは積分変換によって自由粒子の経路積分に帰着させるもので, "ずらし法" (shifiting method) とでも呼ぶべきものである. これはガウス型汎関数に特有の手法であるが, 方法的な興味もある. 問題とする経路積分は

$$K^{(2)} = \int \exp\left[\frac{i}{\hbar}S^{(2)}\right]\mathcal{D}\xi(t) \tag{2.7.6}$$

の形である. 作用関数は調和振動子の形

$$S^{(2)} = \int_0^T \left[\frac{1}{2}\dot{\xi}^2 - \frac{1}{2}M(t)\xi^2\right]dt \tag{2.7.7}$$

で, 係数 $M(t)$ が一般の時間の関数であることが重要である. これを境界条件 $\xi(0) = \xi(T) = 0$ の下で計算することを考える. 上述した2次変分の場合には, $K(t)$ は古典軌道の関数を通じて時間依存性を持つ特別な場合である. この汎関数からポテンシャル項を消去するため, 次の積分変換を考える:

$$\eta(t) = \xi(t) - \int_0^t f(\tau)\xi(\tau)d\tau. \tag{2.7.8}$$

ここで $f(\tau)$ は以下のように決められる適当な関数である. すなわち η で書かれた作用関数が"自由粒子"のそれになるように決める. つまり

$$S^{(2)} = \int_0^T \frac{1}{2}\dot{\eta}^2 dt \tag{2.7.9}$$

となるように決める. 上の変換式を代入すると

$$\int_0^T \frac{1}{2}\dot{\eta}^2 dt = \int_0^T \left(\frac{1}{2}\dot{\xi}^2 - \frac{1}{2}f(t)\frac{d}{dt}(\xi^2) + \frac{1}{2}f^2\xi^2\right)dt.$$

ここで第2項は部分積分より

$$\int_0^T f(t)\frac{d}{dt}(\xi^2)dt = -\int_0^T \frac{df}{dt}\xi^2 dt$$

($\xi(0) = \xi(T) = 0$ より $\left[f\xi^2\right]_0^T = 0$ に注意) となって

$$\int_0^T \frac{1}{2}\dot{\eta}^2 dt = \int_0^T \left[\frac{1}{2}\dot{\xi}^2 + \frac{1}{2}\left(f^2 + \frac{df}{dt}\right)\xi^2\right]dt. \tag{2.7.10}$$

これを元の作用関数と比較すれば f に関する微分方程式が得られる:

$$\frac{df}{dt} + f^2 = -M(t) \tag{2.7.11}$$

---

[8] R.Dashen, B.Hasslacher and A.Neveu, Phys.Rev.**D10**(1974)4144.

この方程式はいわゆるリカッチ型と言われるもので，変換

$$f = \frac{d}{dt}\log N = \frac{\dot{N}}{N} \tag{2.7.12}$$

によって線形化される：

$$\frac{df}{dt} + f^2 = -\left(\frac{\dot{N}}{N}\right)^2 + \frac{\ddot{N}}{N} + \left(\frac{\dot{N}}{N}\right)^2 = -M.$$

これから

$$\frac{d^2 N}{dt^2} = -M(t)N. \tag{2.7.13}$$

すなわち関数 N に関する2階の線型微分方程式を求めることに帰着された．

さて自由粒子の経路積分に帰着されたが，経路積分の計算のためには，通常の積分の場合と同じく $\xi(t)$ から $\eta(t)$ へのヤコビアンが必要になる．このために ξ を η で表す逆変換が必要になるが，これは積分方程式を微分方程式に直すことによって求められる．もとの積分変換式の両辺を微分すれば，ξ に関する微分方程式

$$\dot{\xi} - f(t)\xi = \dot{\eta} \tag{2.7.14}$$

が得られる．これは非斉次方程式であるから，定数変化法を用いて解くことができる．斉次解は

$$\xi(t) = k \exp\left[\int_0^t f(\tau)d\tau\right]$$

であるので，定数 k を $k(t)$ と置き換えて元の微分方程式に代入すれば，$k(t)$ に関する微分方程式

$$\dot{k}(t) = \dot{\eta}(t)\exp\left[-\int_0^t f(\tau)d\tau\right]$$

が得られる．これから

$$k(t) = \int_0^t \exp\left[-\int_0^{t'} f(\tau)d\tau\right]\dot{\eta}(t')dt'$$

さらに $f(t) = \frac{d\log N}{dt}$ を代入すると

$$\xi(t) = N(t)\int_0^t \frac{1}{N(\tau)}\dot{\eta}(\tau)d\tau. \tag{2.7.15}$$

さらに部分積分

$$\int_0^t \frac{1}{N(\tau)}\dot{\eta}(\tau)d\tau = \left[\frac{1}{N(\tau)}\eta(\tau)\right]_0^t - \int_0^t \left(\frac{d}{d\tau}\frac{1}{N}\right)\eta(\tau)d\tau$$
$$= \frac{1}{N(t)}\eta(t) + \int_0^t \frac{\dot{N}}{N^2}\eta(\tau)d\tau$$

を使うと次のようにも書ける：

$$\xi(t) = \eta(t) + N(t)\int_0^t \frac{\dot{N}}{N^2}\eta(\tau)d\tau. \tag{2.7.16}$$

次にヤコビアンを計算する．そのためにステップ関数を用いて，上の積分を書き直しておく：

$$\xi(t) = \eta(t) + N(t)\int_0^T \theta(t-\tau)\frac{\dot{N}}{N^2}\eta(\tau)d\tau. \tag{2.7.17}$$

これは区分求積の手法で離散化することにより

$$\xi(t_i) = \eta(t_i) + N(t_i)\lim_{M\to\infty}\sum_{j=1}^M \theta(t_i-\tau_j)\frac{\dot{N}(\tau_j)}{N^2(\tau_j)}\eta(\tau_j)\epsilon \tag{2.7.18}$$

となる．そこで通常の微分を行って

$$\frac{\partial \xi(t_i)}{\partial \eta(t_k)} = \frac{\partial \eta(t_i)}{\partial \eta(t_k)} + N(t_i)\lim_{M\to\infty}\sum_{j=1}^M \theta_{ij}\frac{\dot{N}(\tau_j)}{N^2(\tau_j)}\frac{\partial \eta(\tau_j)}{\partial \eta(t_k)}\epsilon. \tag{2.7.19}$$

これから

$$\frac{\partial \xi(t_i)}{\partial \eta(t_k)} = \delta_{ik} + \frac{N(t_i)\theta_{ik}\dot{N}(t_k)}{N^2(t_k)}\epsilon. \tag{2.7.20}$$

ただし $\theta_{jk} \equiv \theta(t_j - \tau_k)$ とおいた．ここで θ_{jk} の不連続因子としての特性

$$\theta_{jk} = \begin{cases} 0 & (t_j < \tau_k) \\ \frac{1}{2} & (t_j = \tau_k) \\ 1 & (t_j > \tau_k) \end{cases} \tag{2.7.21}$$

を用いると，ヤコビアンは

$$J = \lim_{M\to\infty}\prod_{i=1}^M \left[1 + \frac{1}{2}\frac{\dot{N}(t_i)}{N(t_i)}\epsilon\right] \tag{2.7.22}$$

となり，

$$\det\left(\frac{\partial \xi(t)}{\partial \eta(t')}\right) = \exp\left[\frac{1}{2}\int_0^T \frac{\dot{N}(t)}{N(t)}dt\right]$$
$$= \exp\left[\frac{1}{2}\{\log|N(T)| - \log|N(0)|\}\right] = \left|\frac{N(T)}{N(0)}\right|^{\frac{1}{2}} \quad (2.7.23)$$

が得られる．

n 次元の場合

1次元の場合の形式的拡張であるが，行列方程式を扱うので少し注意を必要とする．まず

$$^t\xi = (\xi_1 \cdots \xi_n), \qquad ^t\eta = (\eta_1 \cdots \eta_n) \quad (2.7.24)$$

とおいて作用関数は

$$S^{(2)} = \int_0^T \left[\frac{1}{2}{}^t\dot{\xi}\dot{\xi} - \frac{1}{2}{}^t\xi M(t)\xi\right]dt. \quad (2.7.25)$$

と書かれて，$M(t)$ は $n \times n$ の対称行列である．積分変換は

$$\eta(t) = \xi(t) - \int_0^t F(\tau)\xi(\tau)d\tau,$$
$$^t\eta(t) = {}^t\xi(t) - \int_0^t {}^t\xi(\tau){}^tF(\tau)d\tau \quad (2.7.26)$$

で与えられる．1次元の場合同様，部分積分を行って，端の境界条件 $\xi(0) = \xi(T) = 0$ に注意すると

$$\int_0^T \frac{1}{2}{}^t\dot{\eta}\dot{\eta}dt = \int_0^T \left[(\frac{1}{2}{}^t\dot{\xi}\dot{\xi} - \frac{1}{2}({}^t\xi F(t)\dot{\xi} + {}^t\dot{\xi}F\xi) + \frac{1}{2}{}^t\xi F^2\xi\right]dt$$
$$= \int_0^T \frac{1}{2}\left\{{}^t\dot{\xi}\dot{\xi} + {}^t\xi\left(\frac{dF}{dt} + F^2\right)\xi\right\}dt.$$

元の作用関数と比較すれば，行列関数 F は同じくリカッチ型方程式を満たすことがわかる：

$$\frac{dF}{dt} + F^2 = -M. \quad (2.7.27)$$

そして

$$F = \dot{N} \cdot N^{-1} \quad (2.7.28)$$

とおけば，
$$\frac{dF}{dt} + F^2 = \frac{d^2N}{dt^2}N^{-1}$$
より N は
$$\frac{d^2N}{dt^2} = -M(t)N \tag{2.7.29}$$
を満たす．次に逆変換であるが，行列形式の非斉次微分方程式 $\dot{\xi} - F\xi = \dot{\eta}$ を解いて求められることも 1 次元の場合と同様である．結果は

$$\xi(t) = \eta(t) + N(t)\int_0^t N^{-1}(\tau)\frac{dN}{d\tau}N^{-1}(\tau)\eta(\tau)d\tau \tag{2.7.30}$$

と与えられる．

次に ξ から η へのヤコビアンを求める．1 次元同様に区分求積の考えを用いるが，ベクトルの成分に注意する．

$$\xi_\alpha(t_i) = \eta_\alpha(t_i) + \lim_{M\to\infty}\sum_{j=1}^M \epsilon\,\theta_{ij}\Big(N(t_i)N^{-1}(\tau_j)\dot{N}(\tau_j)N^{-1}(\tau_j)\Big)_{\alpha\gamma}\eta_\gamma(\tau_j). \tag{2.7.31}$$

これから
$$\frac{\partial \xi_\alpha(t_i)}{\partial \eta_\beta(t_j)} = \delta_{\alpha\beta}\delta_{ij} + \epsilon\,\theta_{ij}\Big(N(t_i)N^{-1}(t_j)\dot{N}(t_j)N^{-1}(t_j)\Big)_{\alpha\beta}. \tag{2.7.32}$$
この行列式は行列の直積を用いて
$$\det\Big(\frac{\partial \xi_\alpha(t_i)}{\partial \eta_\beta(t_j)}\Big) = \det(\boldsymbol{I} + \epsilon\boldsymbol{B}) \tag{2.7.33}$$
と書ける．ここで
$$\delta_{\alpha\beta}\delta_{ij} \equiv I_{\alpha i\beta j}, \quad \theta_{ij}\Big(N(t_i)N^{-1}(t_j)\dot{N}(t_j)N^{-1}(t_j)\Big)_{\alpha\beta} \equiv B_{\alpha i\beta j} \tag{2.7.34}$$
と定義する．$\boldsymbol{B}$ は微小であることから
$$\det(\boldsymbol{I} + \epsilon\boldsymbol{B}) = \exp\Big[\mathrm{Tr}\log(\boldsymbol{I} + \epsilon\boldsymbol{B})\Big], \tag{2.7.35}$$

第 2 章　経路積分と関連する問題

$$\operatorname{Tr}\log(\boldsymbol{I}+\epsilon\boldsymbol{B}) = \frac{1}{2}\sum_i \epsilon \operatorname{Tr}\left[\dot{N}(t_i)N^{-1}(t_i)\right]$$

$$= \frac{1}{2}\int_0^T \operatorname{Tr}(\dot{N}N^{-1})dt, \quad (2.7.36)$$

$$\det\left(\frac{\delta\xi(t)}{\delta\eta(t')}\right) = \exp\left[\frac{1}{2}\int_0^T \operatorname{Tr}\left(\dot{N}N^{-1}\right)dt\right] \quad (2.7.37)$$

かつ

$$\int_0^T \operatorname{Tr}(\dot{N}N^{-1})dt = \operatorname{Tr}\int_0^T \frac{d}{dt}\left(\log|N|\right)dt = \operatorname{Tr}\left(\log|N(T)| - \log|N(0)|\right). \quad (2.7.38)$$

従って det は次のように与えられる：

$$\det\left(\frac{\delta\xi(T)}{\delta\eta(T)}\right) = \exp\left(\operatorname{Tr}\log\left|\frac{N(T)}{N(0)}\right|^{\frac{1}{2}}\right) = \left|\frac{\det N(T)}{\det N(0)}\right|^{\frac{1}{2}}. \quad (2.7.39)$$

最後に経路積分自体の計算を行う．n 次元の場合のみについて行う．ここで境界条件 $\xi(0)=0$, $\xi(T)=0$ が，η に変数変換した後も成立することを要求しておく必要がある．$\xi(0)=0$ については自動的に満たされるが，

$$\xi_\rho(T) = N(T)_{\rho\sigma}\int_0^T \left(N^{-1}\right)_{\sigma\tau}\dot{\eta}_\tau dt \quad (2.7.40)$$

の方は満たされないので

$$N(T)_{\rho\sigma}\int_0^T \left(N^{-1}\right)_{\sigma\tau}\dot{\eta}_\tau dt = 0 \quad (2.7.41)$$

を拘束条件として課しておく（ここで同じ添え字が出てきたときには和をとると約束する）．すなわちデルタ関数

$$\delta\left[f(x)\right] = \frac{1}{2\pi}\int \exp[i\alpha f(x)]d\alpha \quad (2.7.42)$$

を用いて

$$K_2(T) = \left|\frac{\det N(T)}{\det N(0)}\right|^{\frac{1}{2}} \prod_\rho \int \exp\left[\frac{i}{\hbar}\int_0^T \frac{1}{2}\dot{\eta}_\rho^2 dt\right]\mathcal{D}(\eta_\rho)$$

$$\times \prod_\rho \frac{1}{2\pi}\int_{-\infty}^{+\infty} \exp\left[i\alpha_\rho(N(T)_{\rho\sigma}\int_0^T (N^{-1})_{\sigma\tau}\dot{\eta}_\tau dt\right]d\alpha_\rho. \quad (2.7.43)$$

完全平方を用いると

$$\int \exp\left[-\frac{i\hbar}{2}\alpha_\rho\alpha_{\rho'}\int_0^T N(T)_{\rho\sigma}N(T)_{\rho'\sigma'}\left(N^{-1}(t)\right)_{\sigma\tau}\left(N^{-1}(t)\right)_{\sigma'\tau}dt\right]\prod_{\rho,\rho'}\frac{d\alpha_\rho d\alpha_{\rho'}}{2\pi}$$
$$\times\prod_\rho\int\exp\left[\frac{i}{\hbar}\int_0^T\frac{1}{2}\left(\dot\eta_\rho+\hbar\alpha_\rho(N(T)N^{-1})_{\rho\sigma}\right)^2 dt\right]\mathcal{D}(\eta_\rho). \qquad (2.7.44)$$

第1項は

$$\left(\frac{1}{\sqrt{2\pi i\hbar}}\right)^n \left(\det\left[\int_0^T N(T)_{\rho\sigma}N(T)_{\rho'\sigma'}\left(N^{-1}(t)\right)_{\sigma\tau}\left(N^{-1}(t)\right)_{\sigma'\tau}dt\right]\right)^{-\frac{1}{2}}.$$

一方第2項は自由粒子の経路積分の座標を平行移動させただけであるから，自由粒子そのものである．よってそれは規格化因子を適当にとれば

$$\int \exp\left[\frac{i}{\hbar}\int_0^T\frac{1}{2}\left(\dot\eta_\rho+\hbar\alpha_\rho(N(T)N^{-1})_{\rho\sigma}\right)^2\right]\prod_\rho\mathcal{D}(\eta_\rho)=1$$

となる．従って最終的に次の形が得られる：

$$K^{(2)}(T)=\left(\frac{1}{\sqrt{2\pi i\hbar}}\right)^n\left|\det(N(T)N(0))\right|^{-\frac{1}{2}}\left|\int_0^T (N^{-1}(t))_{\sigma\tau}(N^{-1}(t))_{\sigma'\tau})dt\right|^{-\frac{1}{2}}. \qquad (2.7.45)$$

§2.8　ポアソン和公式：経路積分とテータ関数

　経路積分を計算手段と見る観点に立てば，その手法は限られているが，ここではまた異なる観点から見てみよう．円周上を自由に運動する粒子に対する伝播関数を考える．ハミルトニアンは

$$\hat{H}=\frac{\hat{p}_\theta^2}{2I}. \qquad (2.8.1)$$

ここで $\hat{p}_\theta=-i\hbar\frac{\partial}{\partial\theta}$ は中心角 θ に共役な角運動量であって，固有関数(固有値)は

$$\begin{aligned}\hat{p}_\theta\psi_n &= n\hbar\psi_n,\\ \psi_n(\theta)&=\frac{1}{\sqrt{2\pi}}\exp[in\theta]. \quad (n:\text{integers})\end{aligned}$$

で与えられる．円周上の2点を中心角 θ, θ' として，これらを結ぶ伝播関数は次のようになる：

$$K(\theta',t|\theta,0) = \langle\theta'|\exp\left[-\frac{i}{\hbar}\hat{H}t\right]|\theta\rangle$$
$$= \frac{1}{2\pi}\sum_{n=-\infty}^{+\infty}\exp\left[-\frac{in^2\hbar t}{2I}\right]\times\exp[in(\theta-\theta')]. \quad (2.8.2)$$

この形はガウス積分を離散的にした形であるが，これを見ている限りでは行き止まりの感がある．しかしこの形の無限和については，直線上の自由粒子に対するガウス積分に相当する計算手法があり，ポアソンの和公式として知られている．

それは次のようなものである．$f(x)$ を適当な関数（2乗可積分）として

$$F(x) = \sum_{n=-\infty}^{+\infty} f(x+n) \quad (2.8.3)$$

を考える．これは明らかに周期 1 を持つ：$F(x+1) = F(x)$. 従ってフーリエ展開できる．

$$F(x) = \sum_{m=-\infty}^{+\infty} \tilde{f}(m)\exp[2\pi imx]. \quad (2.8.4)$$

展開係数は

$$\tilde{f}(m) = \int_0^1 F(x)\exp[-2\pi imx]dx = \sum_{n=-\infty}^{+\infty}\int_0^1 f(x+n)\exp[-2\pi imx]dx.$$

ここで，$y = x + n$ と置くと

$$\tilde{f}(m) = \sum_{n=-\infty}^{\infty}\int_n^{n+1} f(y)e^{-2\pi imy}dy$$

となり，

$$\sum_{n=-\infty}^{+\infty}\int_n^{n+1} = \int_{-\infty}^{+\infty}$$

に注意すると

$$\tilde{f}(m) = \int_{-\infty}^{\infty} f(y)\exp[-2\pi imy]dy \quad (2.8.5)$$

と書かれる．これを (2.8.4) に代入することにより，次の等式が得られる：

$$\sum_{n=-\infty}^{+\infty} f(x+n) = \sum_{m=-\infty}^{\infty} \tilde{f}(m)\exp[2\pi imx]. \quad (2.8.6)$$

2.8 ポアソン和公式:経路積分とテータ関数

これがポアソン和公式である[9]. この公式を上で求めた伝播関数に適用すると

$$K(\theta',t|\theta,0) = \frac{1}{2\pi}\sum_{m=-\infty}^{+\infty}\exp\left[-i\left(\frac{m^2\hbar t}{2I}-m\Theta\right)\right]$$

$$= \frac{1}{2\pi}\exp\left[\frac{iI\Theta^2}{2\hbar t}\right]\sum_{m=-\infty}^{+\infty}\exp\left[-\frac{i\hbar t}{2I}\left(m-\frac{I\Theta}{\hbar t}\right)^2\right] \quad (2.8.7)$$

となる.ただし $\Theta = \theta - \theta'$. ここで一般公式と比較すると,$f(x)$ としてガウス関数

$$f(\Theta) = \exp\left[-\frac{i\hbar t}{2I}\times\left(\frac{I\Theta}{\hbar t}\right)^2\right] = \exp\left[-\frac{iI\Theta^2}{2\hbar t}\right] \quad (2.8.8)$$

をとればよい.ただし周期を 1 に合わせるために $x = \frac{I\Theta}{\hbar t}$ とおく.ポアソン和公式を適用すれば

$$K(\theta',t|\theta,0) =$$
$$\frac{1}{2\pi}\exp\left[\frac{iI\Theta^2}{2\hbar t}\right]\sum_{m=-\infty}^{\infty}\left(\int_{-\infty}^{\infty}\exp\left[-\frac{i\hbar t y^2}{2I}\right]\exp\left[-2\pi imy\right]dy\right)\exp\left[\frac{2\pi imI\Theta}{\hbar t}\right]. \quad (2.8.9)$$

と表わされ,y に関する積分は,ガウス積分を実行すると次のようになる:

$$K(\theta',t|\theta,0) = \frac{1}{2\pi}\sqrt{\frac{2\pi I}{\hbar t i}}\exp\left[\frac{iI\Theta^2}{2\hbar t}\right]\sum_{m=-\infty}^{+\infty}\exp\left[i\frac{2\pi^2 m^2 I}{\hbar t}\right]\exp\left[\frac{2\pi imI\Theta}{\hbar t}\right]. \quad (2.8.10)$$

指数関数の肩を整理すると最終的に

$$K(\theta',t|\theta,0) = \frac{1}{2\pi}\sum_{n=-\infty}^{+\infty}\exp\left[-\frac{in^2\hbar t}{2I}\right]\times\exp[in(\theta-\theta')]$$

$$= \sqrt{\frac{I}{2\pi\hbar t i}}\sum_{n=-\infty}^{+\infty}\exp\left[\frac{iI}{2\hbar t}(\theta-\theta'+2n\pi)^2\right]. \quad (2.8.11)$$

が得られる.特に $\theta = \theta'$ の場合

$$\frac{1}{2\pi}\sum_{n=-\infty}^{\infty}\exp\left[-\frac{in^2\hbar t}{2I}\right] = \sqrt{\frac{I}{2\pi\hbar t i}}\sum_{n=-\infty}^{\infty}\exp\left[\frac{iI}{2\hbar t}(2n\pi)^2\right] \quad (2.8.12)$$

---
[9] クーラン-ヒルベルト,"数理物理学の方法"(東京図書)を参照.

となるが，これはテータ関数の反転公式と言われるものになる．

ここでテータ関数について説明しておこう．それは次で定義される関数である．

$$\Theta(x,t) = \sum_{n=-\infty}^{\infty} \exp\bigl(-t(x+n)^2\bigr). \tag{2.8.13}$$

特に $x=0$ とおいたものを

$$\Theta_0(t) = \sum_{n=-\infty}^{\infty} \exp(-tn^2) \tag{2.8.14}$$

と書き，テータ・ゼロ値と呼ぶ．これに対して

$$\begin{aligned}\Theta_0(t) &= \sqrt{\frac{\pi}{t}} \sum_{m=-\infty}^{\infty} \exp\Bigl(-\frac{\pi^2 m^2}{t}\Bigr) \\ &= \sqrt{\frac{\pi}{t}}\, \Theta_0\Bigl(\frac{\pi^2}{t}\Bigr)\end{aligned} \tag{2.8.15}$$

が成立する．これが反転公式である．故に，上の伝播関数に対する等式はテータ関数の反転公式を変形したものと言える．

(2.8.12)を見ると，直線 $(-\infty, +\infty)$ 上の自由粒子に対する伝播関数

$$K(x',t|x,0) = \sqrt{\frac{m}{2\pi\hbar ti}} \exp\Bigl[\frac{im}{2\hbar}(x'-x)^2\Bigr]$$

において $x \to \theta$ なる置き換えで対応することが見て取れるが，経路を定義する空間のトポロジーが反映されていることが重要である．円周は多重連結空間(実際は無限多重連結，概念図2.4を参照)であって，$\theta' \to \theta$ の経路には何回まわるかという情報が入ってくる．すなわち n 回まわった経路は

$$\theta' - \theta \quad \longrightarrow \quad \theta' - \theta + 2n\pi \quad (n = -\infty \cdots +\infty) \tag{2.8.16}$$

で与えられ，n ごとの経路は全て異なるので，これらの寄与を全て足しあげる必要がある．これが無限和の意味である．このようにポアソンの和公式は，機械的に和をつくって周期関数に延長したように見えるが，円周のトポロジーが自然に取り入れられることになっている．

2.8 ポアソン和公式：経路積分とテータ関数

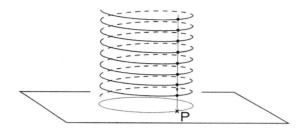

図 2.4：多重連結空間のイメージ

中心にソレノイド磁場がある自由粒子

原点にデルタ関数型磁場($\boldsymbol{B} = \hat{z}\delta(r)$)が貫通している円運動を考える．$\theta$ を極角 $\theta = \tan^{-1}\left(\frac{y}{x}\right)$ とすると，ベクトルポテンシャルは

$$\boldsymbol{A} = \nabla\theta$$

によって与えられる($\nabla \times (\nabla\theta) = \nabla^2 \log r = \delta(r)$ に注意)．故に古典的ラグランジアンは

$$L = \frac{1}{2}I\dot{\theta}^2 + k\dot{\theta}$$

で与えられる[10]．これからハミルトニアン演算子は

$$\hat{H} = \frac{1}{2I}(\hat{p} - k)^2. \tag{2.8.17}$$

固有値と固有関数は

$$E_n = \frac{1}{2I}(n\hbar - k)^2, \quad \phi_n(\theta) = \frac{1}{\sqrt{2\pi}}\exp[in\theta] \quad (n = \text{integer})$$

となるので，伝播関数は次のようになる：

$$K(\theta', t|\theta, 0) = \frac{1}{2\pi}\exp\left[-i\frac{k^2 t}{2\hbar I}\right]\sum_{n=-\infty}^{+\infty}\exp\left[-i\frac{n^2\hbar t}{2I} + i\left(\theta - \theta' + \frac{k}{I}t\right)n\right]. \tag{2.8.18}$$

---

[10] 第 2 項は

$$\frac{e}{c}\boldsymbol{A}\cdot\dot{\boldsymbol{x}} = \frac{e}{c}\nabla\theta\cdot\dot{\boldsymbol{x}} = \frac{e}{c}\left[\frac{\partial\theta}{\partial x}\dot{x} + \frac{\partial\theta}{\partial y}\dot{y}\right] = \frac{e}{c}\dot{\theta}$$

より出てくる．

この形は (2.8.2) において, $\theta - \theta' \to \theta - \theta' + \frac{kt}{I}$ に置き換えたものであるから

$$K(\theta', t|\theta, 0) = \exp\left[-i\frac{k^2 t}{2\hbar I}\right]\sqrt{\frac{I}{2\pi\hbar t i}} \sum_{n=-\infty}^{+\infty} \exp\left[\frac{iI}{2\hbar t}\left(\theta - \theta' + \frac{kt}{I} + 2n\pi\right)^2\right] \tag{2.8.19}$$

と変形できる.

テータ関数の変換公式

上の 1 次元の場合を多次元に拡張する[11]. これは n 次元トーラス上の自由粒子の運動を考えることになる. このような物理系は現実には存在しないが, 数理的には興味がある. ハミルトニアンは

$$\hat{H} = \frac{1}{2}\sum_{ij} Z_{ij}\hat{p}_i\hat{p}_j \tag{2.8.20}$$

によって与えられる. ここに $\hat{p}_i = -i\hbar\frac{\partial}{\partial \theta_i}$. Z_{ij} は正値定符号対称行列で, 質量テンソルの逆行列を与える. 固有関数と固有値はそれぞれ

$$\psi(\theta_1, \cdots, \theta_n) = \frac{1}{\sqrt{(2\pi)^n}}\exp\left[i\sum_{i=1}^n k_i\theta_i\right],$$

$$E_{k_1\cdots k_n} = \frac{\hbar^2}{2}\sum_{ij} Z_{ij}k_ik_j$$

で与えられる. ここで k_i は整数をとる. 明らかに ψ は周期性を満たす:

$$\psi(\theta_1 + 2\pi, \cdots, \theta_n + 2\pi) = \psi(\theta_1, \cdots, \theta_n).$$

伝播関数は

$$K(\theta'_1, \cdots, \theta'_n; t|\theta_1, \cdots, \theta_n; 0) = \langle \theta'_1 \cdots \theta'_n | \exp\left[-\frac{i}{\hbar}\hat{H}t\right] |\theta_1 \cdots \theta_n\rangle \tag{2.8.21}$$

$$= \frac{1}{(2\pi)^n}\sum_{k_1\cdots k_n} \exp\left[-\frac{i\hbar t}{2}\sum_{ij} Z_{ij}k_ik_j\right]\exp\left[i\sum_{i=1}^n k_i(\theta_i - \theta'_i)\right]. \tag{2.8.22}$$

---

[11] 清水英男, 保形関数 II, 岩波講座, 基礎数学, 1977.

2.8 ポアソン和公式：経路積分とテータ関数

ここで

$$\theta_i - \theta'_i \equiv 2\pi\alpha_i, \qquad \frac{\hbar t}{2\pi}Z_{ij} \equiv P_{ij}$$

とおき，次のような級数を定義する．

$$\Theta(x_1,\cdots,x_n;Z) = \sum_{k_1\cdots k_n} \exp\Big[2\pi i\Big\{\sum_{ij}-\frac{P_{ij}}{2}(k_i+x_i)(k_j+x_j)+\sum_{i=1}^n (k_i+x_i)\alpha_i\Big\}\Big].$$

これが多次元のテータ関数である．この級数で $x_i = 0$ とおき，$\frac{1}{(2\pi)^2}$ の因子を付ければ伝播関数が得られる．周期境界条件：$\Theta(x_1,\cdots,x_n:Z) = \Theta(x_1+1,\cdots,x_n+1:Z)$ を満たすことから，フーリエ級数に展開できる．

$$\Theta(x_1,\cdots,x_n;Z) = \sum_{m_1\cdots m_n} \tilde{\Theta}(m_1,\cdots,m_n;Z)\exp[2\pi i \sum_i m_i x_i]. \tag{2.8.23}$$

展開係数は

$$\tilde{\Theta}(m_1,\cdots,m_n;Z) = \int_{\boldsymbol{R}^n/\boldsymbol{Z}_n} \Theta(x_1\cdots x_n;Z)\exp\Big[-2\pi i\sum_i m_i x_i\Big] \prod_{i=1}^n dx_i.$$

ここで $\boldsymbol{R}^n/\boldsymbol{Z}_n$ は n 次元トーラスを表す．周期性を考慮するとこの積分は次のように書かれる：

$$\begin{aligned}
\tilde{\Theta}(m_1,\cdots,m_n;Z) &= \int_{-\infty}^{+\infty}\cdots\int_{-\infty}^{+\infty} \exp\Big[2\pi i\Big\{\sum_{ij}-\frac{P_{ij}}{2}x_i x_j + \sum_{i=1}^n x_i\alpha_i\Big\}\Big]\\
&\quad \times \exp[-2\pi i\sum_i m_i x_i]\prod_{i=1}^n dx_i\\
&= \det(iP_{ij})^{-1/2}\exp\Big[-\pi i\sum_{ij}(\alpha_i-m_i)(P^{-1})_{ij}(\alpha_j-m_j)\Big].
\end{aligned} \tag{2.8.24}$$

従って

$$\sum_{k_1\cdots k_n}\exp\Big[2\pi i\Big\{\sum_{ij}-\frac{\hbar t}{4\pi}(k_i+x_i)Z_{ij}(k_j+x_j)+\sum_{i=1}^n(k_i+x_i)\alpha_i\Big\}\Big]$$
$$=\sum_{m_1\cdots m_n}\sqrt{\det\Big(-i\frac{2\pi}{\hbar t}M\Big)}\exp\Big[-\frac{i}{\hbar}\frac{2\pi^2}{t}\sum_{ij}(\alpha_i-m_i)M_{ij}(\alpha_j-m_j)+2\pi i\sum_i m_i x_i\Big].$$

ここで $M = Z^{-1}$ は質量テンソルを表す．特に $\alpha_i = 0$ のときには

$$\sum_{k_1 \cdots k_n} \exp\Big[2\pi i\Big\{\sum_{ij} -\frac{\hbar t}{4\pi}(k_i + x_i)Z_{ij}(k_j + x_j)\Big\}\Big]$$
$$= \sum_{m_1 \cdots m_n} \sqrt{\det\Big(-i\frac{2\pi}{\hbar t}M\Big)} \exp\Big[-\frac{i}{\hbar}\frac{2\pi^2}{t}\sum_{ij} m_i M_{ij} m_j + 2\pi i \sum_i m_i x_i\Big]. \quad (2.8.25)$$

さらに $x_i = 0$ とおくと，次の等式が得られる：

$$\sum_{k_1 \cdots k_n} \exp\Big[2\pi i\Big\{\sum_{ij} -\frac{\hbar t}{4\pi} k_i Z_{ij} k_j\Big\}\Big]$$
$$= \sum_{m_1 \cdots m_n} \sqrt{\det\Big(-i\frac{2\pi}{\hbar t}M\Big)} \exp\Big[-\frac{i}{\hbar}\frac{2\pi^2}{t}\sum_{ij} m_i M_{ij} m_j\Big]. \quad (2.8.26)$$

これは (2.8.12) の一般化になっており，テータ関数の反転公式の一般形を与えている．

第 3 章

準古典量子化理論

　この章では，量子力学系の束縛状態の準古典量子化に対する Gutzwiller-Dashen-Hasslacher-Neveu(GDHN) 理論について述べる．これは発展演算子に対するトレースの経路積分表示を，準古典近似によって求めるものである．これは，非変数分離系の量子化を与えるものである．非分離可積分系に対する準古典量子化として Keller 量子化があるが，それについても簡単にふれる．GDHN 理論は Keller 理論をはるかに拡張したものとみられる．

§3.1　Van-Vleck 行列式の導出と Keller-Maslov 指数

　始めに，第 2 章の続きとして，2 次変分からくる $K^{(2)}$ の具体形を求めておこう．これは閉じた形で書けることが知られている．結論は Van-Vleck 行列式及び Keller-Maslov 指数としてまとめられる[1]．第 2 章で与えておいた形を少し一般化して扱うことにする．位相空間経路積分に対しても同様な手法が可能であるが，ここでは配位空間での経路積分を扱う．一般のラグランジアンに対して考える．作用関数は一般の n 次元に対して次で与えられる：

$$S = \int_0^t L(q, \dot{q}) dt. \tag{3.1.1}$$

ここで $q = (q_1 \cdots q_n)$ である．時間の端点を $t = t'$, $t = t''$ とおき，古典軌道を $q_{\rm cl}(t)$ として，$q_{\rm cl}(t') = q'$, $q_{\rm cl}(t'') = q''$ とおく．古典軌道からの変分を

---

[1] 以下の議論は主として S.Levit and W.Smilansky, Ann.Phys.(New York) **103**(1977) 198 に基づいている．

$\xi = q - q_{\rm cl}$ とおけば，端点での境界条件は $\xi(t') = \xi(t'') = 0$ となり，これから作用関数の第 2 変分は

$$S^{(2)} = \int_{t'}^{t''} \sum_{ij} \left[\left(\frac{\partial^2 L}{\partial q_i \partial q_j} \right)_{\rm cl} \xi_i \xi_j + 2 \left(\frac{\partial^2 L}{\partial q_i \partial \dot{q}_j} \right)_{\rm cl} \xi_i \dot{\xi}_j + \left(\frac{\partial^2 L}{\partial \dot{q}_i \partial \dot{q}_j} \right)_{\rm cl} \dot{\xi}_i \dot{\xi}_j \right] dt. \tag{3.1.2}$$

ここで，添え字 cl は古典軌道の上での値を表す．この被積分関数を

$$\Omega = \sum_{ij} \left[P_{ij}(t) \dot{\xi}_i \dot{\xi}_j + 2 Q_{ij} \xi_i \dot{\xi}_j + R_{ij}(t) \xi_i \xi_j \right] \tag{3.1.3}$$

とおく．ここに

$$P_{ij}(t) = \left(\frac{\partial^2 L}{\partial \dot{q}_i \partial \dot{q}_j} \right)_{\rm cl},$$

$$Q_{ij}(t) = \left(\frac{\partial^2 L}{\partial q_i \partial \dot{q}_j} \right)_{\rm cl},$$

$$R_{ij}(t) = \left(\frac{\partial^2 L}{\partial q_i \partial q_j} \right)_{\rm cl}. \tag{3.1.4}$$

定義から P, R は対称テンソル（行列）になる．すなわち $P_{ij} = P_{ji}$, $R_{ij} = R_{ji}$. 特に P は質量テンソルを表すが，それは正定値と仮定する．ここで少し制限をしておく．質量テンソルは時間依存性を許すが，古典軌道 $q_{\rm cl}, \dot{q}_{\rm cl}$ にはよらないとする．時間依存性は例えば外場の作用から来るとする．

2 次変分を表す作用汎関数を改めて $I[\xi(t)]$ と書いておく．これで簡約化された伝播関数は $\xi(t)$ のガウス型汎関数積分で与えられる．

$$K^{(2)} = \int \exp\left[\frac{i}{2\hbar} I[\xi(t)] \right] \mathcal{D}[\xi(t)]. \tag{3.1.5}$$

汎関数 $I[\xi(t)]$ は部分積分を使い，端の境界条件 $\xi(t') = \xi(t'') = 0$ に注意すると

$$I[\xi(t)] = \int_{t'}^{t''} \xi_i(t) \Lambda_{ij} \xi_j(t) dt \equiv \int_{t'}^{t''} {}^t\xi(t) \Lambda \xi(t) dt \tag{3.1.6}$$

と書き直される．ここで演算子 Λ は

$$\Lambda_{ij} = -\frac{d}{dt}\left\{ P_{ij}(t) \frac{d}{dt} + Q_{ji} \right\} + Q_{ij}(t) \frac{d}{dt} + R_{ij} \tag{3.1.7}$$

と表される $n \times n$ 行列の 2 階微分演算子で，いわゆる Sturm-Liouville 型演

算子である．この微分演算子によって $I[\xi(t)]$ は Λ に付随する 2 次形式と見られるので，Sturm-Liouville 固有値問題を解くことによって対角化できる．

$$\Lambda\Phi = \lambda\Phi, \qquad \Phi(t') = 0, \quad \Phi(t'') = 0. \tag{3.1.8}$$

ただし $\Phi = (\phi_1 \cdots \phi_n)$．この固有関数と固有値の組 $(\Phi^\alpha, \lambda_\alpha)$ は直交関数系を形成する．すなわち

$$(\Phi^\alpha, \Phi^\beta) = \int_{t'}^{t''} \sum_i \phi_i^\alpha \phi_i^\beta dt = \delta_{\alpha\beta} \tag{3.1.9}$$

この固有関数系を使って ξ を展開できる：

$$\xi(t) = \sum_\alpha a_\alpha \Phi^\alpha. \tag{3.1.10}$$

これによって 2 次変分は展開係数 a_α の 2 次形式に書き直される．

$$I[\xi(t)] = \sum_\alpha \lambda_\alpha (a_\alpha)^2. \tag{3.1.11}$$

これでガウス汎関数積分は，展開係数に関する通常のガウス積分(無限次元であるが)で書かれる：

$$K^{(2)} = \int_{-\infty}^{+\infty} \cdots \int_{-\infty}^{+\infty} \exp\left[\frac{i}{2\hbar} \sum_\alpha \lambda_\alpha (a_\alpha)^2\right] J \prod_\alpha da_\alpha \tag{3.1.12}$$

ここで因子 J は $\xi(t)$ から a_α への変換のヤコビアンである．すなわち経路の測度の変換

$$\mathcal{D}[\xi(t)] = J \prod_\alpha da_\alpha \tag{3.1.13}$$

に付随する因子である．この因子は直交関数系の取り方によらないことが言える．つまり他の直交系 $\{\tilde{\Phi}^\alpha\}$ を持ってくると

$$\mathcal{D}[\xi(t)] = J' \prod_\alpha db_\alpha \tag{3.1.14}$$

とおけるが，直交関数系の間の変換(直交変換)から，展開係数は直交変換 $b_\gamma = \sum_\alpha T_{\gamma\alpha} a_\alpha$ によって関係付けられる．従って $J' = \det T \times J$ となり，$\det T = 1$ より $J' = J$ が出てくる．(ただし以上の説明は数学的に厳密なも

のでないことは言うまでもない.) 以上よりガウス積分は直ちにできて

$$K^{(2)} = J \prod_\alpha \left(\frac{2i\pi\hbar}{\lambda_\alpha}\right)^{\frac{1}{2}}. \tag{3.1.15}$$

問題はヤコビアン因子であるが，これは直接求めずに済ませることができる．それは上で注意した J の直交関数の選び方に関する不変性から出てくる．このために，既知の簡単なガウス汎関数を参照し，それの比をとることで間接的に求められるのである．

ヤコビアン因子を除いて，固有値の無限積の処理をする問題が残される．またその平方根をとる際に負の固有値が位相を生じさせることも問題となる．このためにまず固有値の無限積について，その絶対値と位相とを別々に議論することにする．

絶対値

さて，参照する簡単なガウス積分としては，$Q = R = 0$ の場合をとるのが最も自然である．すなわち

$$\Lambda_{ij} = -\frac{d}{dt}\left\{P_{ij}(t)\frac{d}{dt}\right\} \tag{3.1.16}$$

をとる．これに対する簡約された伝播関数を $K^{(2)}_{\text{free}}$ とすれば

$$K^{(2)} = K^{(2)}_{\text{free}} \times \left|\frac{\prod_\alpha \lambda^{\text{free}}_\alpha}{\prod_\alpha \lambda_\alpha}\right|^{\frac{1}{2}}. \tag{3.1.17}$$

ここに，$K^{(2)}_{\text{free}}$ は次で与えられる．

$$K^{(2)}_{\text{free}} = (2\pi\hbar i)^{-\frac{n}{2}}\left(\det\left[\int_{t'}^{t''} P_{ij}^{-1}(t)dt\right]\right)^{-\frac{1}{2}}. \tag{3.1.18}$$

(この計算は自由粒子の経路積分を直接計算するのではなく，シュレーディンガー方程式を初期値問題として解くことで得られる.) 上の固有値の積の絶対値に関して，一見では予想のつきにくい次の公式が成り立つ(証明は技術的であるので補足にまわす).

$$\left|\frac{\prod_\alpha \lambda^{\text{free}}_\alpha}{\prod_\alpha \lambda_\alpha}\right| = \left|\prod_\alpha \frac{\lambda^{\text{free}}_\alpha}{\lambda_\alpha}\right| = \left|\frac{\det\bar{\xi}^{(j)}_i(t'')}{\det\xi^{(j)}_i(t'')}\right|. \tag{3.1.19}$$

ここで，$\xi_i^{(j)}(t)$, $\bar{\xi}_i^{(j)}(t)$ は次の初期値問題の解である：

$$\Lambda_{ij}\xi_j^{(k)} = 0, \qquad \xi_j^{(k)}(t') = 0, \quad \dot{\xi}_j^{(k)}(t') = \delta_{jk} \tag{3.1.20}$$

及び自由粒子に対するもの

$$\Lambda_{ij}^{\text{free}}\bar{\xi}_j^{(k)} = 0, \qquad \bar{\xi}_j^{(k)}(t') = 0, \quad \dot{\bar{\xi}}_j^{(k)}(t') = \delta_{jk} \tag{3.1.21}$$

($k = 1 \cdots n$). $\xi^{(k)}(t)$ ($\bar{\xi}^{(k)}(t)$) は n 個の独立な解である．この初期値問題の解は，変分理論では "ヤコビ場" と呼ばれているものである．ここでの物理的な目的のためには，古典軌道を用いて以下のように簡単に構成できる．

まず初期位置 q' を与えたときの古典軌道の "族" を考える．それは，n 個の任意パラメータ $\mu = (\mu_1, \cdots, \mu_n)$ を用意して

$$q_{cl}(t) = f(q', t; \mu) \tag{3.1.22}$$

と構成できる．ここで $\mu = \dot{q}'$ と選べば，$q' = f(q', t'; \dot{q}'), q'' = f(q', t'' : \dot{q}')$ を満たす．そこで μ を変化させて，それに対する族の変化率をつくると $\frac{\partial q_{cl.i}(q', t; \mu)}{\partial \mu_j}$, 特に $\mu = \dot{q}'$ に選ぶと

$$\xi_i^{(j)}(t) = \frac{\partial q_{cl.i}(t)}{\partial \dot{q}_j(t')} \tag{3.1.23}$$

となり，$t = t''$ にとると上の初期値問題の解となることがわかる．同じく "自由粒子" に対しても

$$\bar{\xi}_i^{(j)}(t) = \frac{\partial \bar{q}_{cl.j}(t)}{\partial \dot{\bar{q}}_j(t')}. \tag{3.1.24}$$

これらから

$$\left|K^{(2)}\right| = \left|K_{\text{free}}^{(2)}\right| \times \left|\frac{F_{\text{free}}(t'', t')}{F(t'', t')}\right|^{\frac{1}{2}} \tag{3.1.25}$$

が得られる．ここで

$$F(t, t') = \det\left[\frac{\partial q_{cl.j}(t)}{\partial \dot{q}_j(t')}\right],$$

$$F_{\text{free}}(t, t') = \det\left[\frac{\partial \bar{q}_{cl.j}(t)}{\partial \dot{\bar{q}}_j(t')}\right] \tag{3.1.26}$$

一方 $K_{\text{free}}^{(2)}$ は

$$(2\pi\hbar i)^{-\frac{n}{2}}\left(\frac{\det P(t')}{F_{\text{free}}(t'', t')}\right)^{\frac{1}{2}} \tag{3.1.27}$$

と変形されることに注意し,

$$F(t'',t') = \det\left[\frac{\partial q_i^{cl}(t'')}{\partial p_j(t')}\right] \cdot \det P(t') \tag{3.1.28}$$

を用いれば

$$|K^{(2)}(t'',t')| = (2\pi\hbar i)^{-\frac{n}{2}} \left|\det\left[\frac{\partial q_i^{cl}(t'')}{\partial p_j(t')}\right]\right|^{-\frac{1}{2}} \tag{3.1.29}$$

となる．ここで p_i は q_i に共役な運動量で

$$p_i(t) = \frac{\partial L}{\partial \dot{q}_i}. \tag{3.1.30}$$

最終的に $K^{(2)}$ は Van-Vleck 行列式の形に帰着される．

$$K^{(2)} \propto \left|\det\left[-\frac{\partial^2 S_{cl}}{\partial q_i'' \partial q_j'}\right]\right|^{\frac{1}{2}}. \tag{3.1.31}$$

位相

次に，固有値の無限積の平方根から来る位相を考える．いわゆる Keller-Maslov 指数である．これに対して自家製の簡単な証明を与える[2]．以下では固有値問題に関して少し形を制限しておく．それによって一般性は失われない．すなわち次のような固有値問題を考える．

$$\Lambda(t)\phi_n \equiv \left[-\frac{d^2}{dt^2} - M(t)\right]\phi_n = \lambda_n \phi_n, \tag{3.1.32}$$

$$M(t) \equiv \frac{\partial^2 V}{\partial x_i \partial x_j}. \tag{3.1.33}$$

ここで境界条件 $\phi(0) = \phi(T) = 0$ を課す．これによってガウス積分 $K^{(2)}$ は

$$K^{(2)} \propto \frac{1}{\sqrt{\det \Lambda}} \tag{3.1.34}$$

と形式的に書かれる．$\sqrt{\det \Lambda}$ の位相は次のように定義される．

$$\sqrt{\det \Lambda} = |\det \Lambda|^{\frac{1}{2}} \times \exp[i\pi\alpha]. \tag{3.1.35}$$

---

[2] H.Kuratsuji, Proceedings of "International Conference on Feynman Path Integrals", World Scientific, 1999.

3.1 Van-Vleck 行列式の導出と Keller-Maslov 指数   **69**

ν はちょうど Λ の負の固有値の数で, $\alpha = \frac{\nu}{2}$ はいわゆる Morse 指数と呼ばれるものである. 準古典理論に限ると, これは Keller-Maslov 指数と呼ばれる.

Keller-Maslov 指数の性質を見るために, 次のような"同伴演算子"を導入する.

$$D_\tau = i\frac{\partial}{\partial \tau} - \Lambda_\tau. \tag{3.1.36}$$

ここで τ は, "余分な時間次元(extra time)"とでも呼ぶべきもので, $-\infty < \tau < +\infty$ の値をとる. Λ_τ は Λ を次のように変形した演算子である.

$$\Lambda_\tau = -\frac{d^2}{dt^2} - M(t, \tau) \tag{3.1.37}$$

ここに $M(t,\tau)$ は

$$M(t,\tau) \equiv f(\tau) M\big(\sqrt{f(\tau)}\,t\big) \tag{3.1.38}$$

で定義される. $f(\tau)$ は τ の単調増加関数で

$$f(-\infty) = 0, \qquad f(+\infty) = 1 \tag{3.1.39}$$

を満たすものとする. $\tau = +\infty$ において $\Lambda_{+\infty} = \Lambda$ を満たす. 次の固有値問題を考える.

$$D_\tau \psi_i = \epsilon_i \psi_i. \tag{3.1.40}$$

特にゼロ固有値 $D_\tau \psi_0 = 0$,

$$i\frac{\partial \psi}{\partial \tau} = \Lambda_\tau \psi \tag{3.1.41}$$

に注目する. これはちょうど τ を時間として Λ_τ をハミルトニアンと見たときの, 時間に依存するシュレーディンガー方程式そのものである. これに Born-Oppenheimer 近似(断熱定理)を適用する(断熱定理に関しては後の章でもう一度詳しい形で登場する). つまり τ に関する変化を一時的に止め, 定常的な解を求めると

$$\psi(\tau) = \exp\Big[-i\int_{\tau_0}^{\tau} \lambda_i(\tau) d\tau\Big]\phi_i \tag{3.1.42}$$

が得られる. ただし τ_0 は適当な初期値である. これから $\lambda_i(\tau)$ が τ の関数となるが, これを"スペクトル流(spectral flow)"と呼ぼう. スペクトル流は次のような振る舞いをすることがわかる.

(1) τ の変化に対して連続的に変動する．これは当たり前のようであるが，このことから τ の初期値 τ_0 を与えたとき，そのときのスペクトル $\lambda(\tau_0)$ から後の時刻 τ のスペクトルが予測される（図を参照）．特に $\tau = -\infty$ から出発

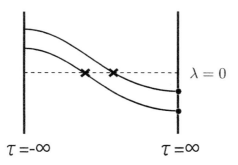

図 3.1：$\lambda = 0$ の個数と負の固有値の個数が等しいことを示す．

したときに最終的な $\tau = +\infty$ でのスペクトルの情報が得られる．$\tau = -\infty$ において $f(-\infty) = 0$ と選んだので，それは"ポテンシャル"項がないものになるので，そのスペクトルは

$$\lambda_n = \left(\frac{n\pi}{T}\right)^2 \tag{3.1.43}$$

となる．これらは"全て正の値"をとる．$\tau = +\infty$ においては，これはもとの固有値問題であったので負の固有値を取りうる．そこで $\tau = -\infty$ での正の固有値は，$\tau = +\infty$ において負の固有値につながらなければならない．スペクトル変化の連続性から，その途中で必ずゼロを横切るはずである．問題は変形された演算子 Λ_τ のゼロ固有値の数を数えることに帰着される．$\tau = \tau_k$ でゼロ固有値をとる点を表わし，その数を ξ_k で表す（縮退している可能性も含む）．結局もとの固有値問題 $\Lambda \phi = \lambda \phi$ における負の固有値の数は，変形された演算子 Λ_τ に対して，$\tau = -\infty$ と $\tau = +\infty$ の間で取りうるゼロ固有値の総数に等しくなることがわかる：

$$\sum_k \xi_k \equiv \mu. \tag{3.1.44}$$

(2) 次に $\tau = \tau_k$ におけるゼロ固有値の方程式

$$\left(-\frac{d^2}{dt^2} - f(\tau_k)M\bigl(\sqrt{f(\tau_k)}\,t\bigr)\right)\phi_n = 0 \tag{3.1.45}$$

において，本来の時間 t にスケール変換

$$t' = \sqrt{f(\tau_k)}\,t \tag{3.1.46}$$

を施すと，上の方程式は

$$\left(-\frac{d^2}{dt'^2} - M(t')\right)\phi = 0 \tag{3.1.47}$$

と書き換えられる．この方程式は境界条件が

$$\phi(0) = 0, \qquad \phi\bigl(\sqrt{f(\tau_k)}T\bigr) = 0 \tag{3.1.48}$$

のゼロ固有値問題とみなされる．これはヤコビ方程式の観点からすれば次のように解釈される．スケールされた時間の原点 $t' = 0$ において，$\phi(0) = 0$, $\frac{d\phi_{ij}}{dt}(0) = \delta_{ij}$ を満たす解が，$t' = \sqrt{f(\tau)}T \equiv T'$ において $\phi(T') = 0$ をとるものとすると，軌道上でこれら2つの時刻に対応する2点は，互いに"共役(conjugate)"になる．そこで共役点の個数を ν とすれば，それは明らかに上で与えられたゼロ固有値の次元に等しいことがわかる．従って最終的に

$$\mu = \nu \tag{3.1.49}$$

という結果が得られる．これが Morse-Maslov の指数定理である．

§3.2 Keller の量子化

Van-Vleck 行列式と Keller-Maslov 指数を導いたところで，その意味を準古典量子化の下で直観的に考える．後でやるように GDHN 量子化はボーア-ゾンマーフェルト量子化の拡張であるから，周期軌道が要の概念になっている．しかし周期軌道を実際に構成することは非常に困難である．そこで周期軌道を直接求めず量子化できるような場合がないかを考えてみる．それがアインシュタインのアイデアを拡張した Keller の準古典量子化の基本的アイデアである[3]．準古典量子化の基本になるのは，特定の条件を満足する閉じ

---

[3] J.B.Keller, Ann.Phys.(New York) **4** (1958) 180.

た軌道を見いだすことである．1次元のポテンシャル問題では，これは2次元位相空間でのエネルギー一定の曲線そのものになるから，求めるのに困難はない．しかし2次元以上になると問題は格段に複雑になる．一般的な議論は非常に難しくなるが，ともかく1次元ポテンシャル問題での軌道に相当する，位相空間の中での基本閉曲線（サイクルと呼ぶ）を如何に構成するかが問題である．これを一般に実行する手順を示したのがいわゆるアインシュタインの量子化であるが，波動関数に対する準古典近似に基づいて定式化したのは Keller である．Keller 理論は経路積分を使わないが，後で見る周期軌道に基づく GDHN 量子化との対比という意味がある．以下ではごく大雑把なスケッチを与えてみよう．

自由度が n の力学系の，位相空間での座標を $(q_1,\cdots,q_n;p_1,\cdots,p_n)$ とする．いまこの系が自由度と同じだけの積分（運動の恒量）を持つと仮定して，それを

$$F_k(q_1,\cdots,q_n;p_1,\cdots,p_n) = \alpha_k, \qquad (k=1,\cdots,n)$$

とおこう．これらは $2n$ 次元位相空間の中で n 次元の曲面を形成し，n 次元トーラス（輪体）と呼ばれる．（これは1次元系でのエネルギー曲線の拡張である．）n 次元トーラスは1次元トーラスの n 個の直積と考えられるので，その上で独立な n 個のサイクルをとれる．このサイクルに沿って n 個の作用積分を作る．

$$J_k = \frac{1}{2\pi} \oint_{C_k} \sum_{i=1}^n p_i dq_i$$

ここでサイクル C_k が仮に "仮想的な座標" (Q_k) を用いて表されるとすると，この積分は

$$J_k = \oint_{C_i} P_i dQ_i$$

と表される．ここで P_k は Q_k の共役な運動量である．またこの積分はサイクルの形を通じて，運動の恒量 $(\alpha_1,\cdots,\alpha_n)$ の関数となることがわかる：$J_k = J_k(\alpha_1,\cdots,\alpha_n)$．さて C_k はトーラス上の閉曲線であるから，同じ J_k を与える閉曲線達は一つの族を形成する．言い換えれば

$$\oint_{C_k} \sum_i p_i dq_i = \oint_{C'_k} \sum_i p_i dq_i$$

であれば，C_k と C_k' は同値と呼ばれる．従って J_k は C_k を代表元とするクラスの関数となる．このことから J_k は一種のトポロジー的不変量と言える．エネルギー E は $(\alpha_1,\cdots,\alpha_n)$ の関数であること，また $(\alpha_1,\cdots,\alpha_n)$ を $(J_1,\cdots,J_n)$ で逆に表すことにより，エネルギーは $(J_1,\cdots,J_n)$ の関数で書かれる．

次に準古典方程式を多次元に拡張した式は次で与えられる：

$$\frac{\partial D}{\partial t} + \sum_k \frac{\partial}{\partial q_k}(v_k D) = 0, \qquad v_k = \frac{\partial H}{\partial p_k}.$$

これは第2章で導かれたものである．ここで $D = A^2$．第1式は N 次元空間における連続方程式(確率保存の式)であるが，これを次のように軌道を流線とみなし，流線でできた管(流管)を考えることによって D を求めてみる[4]．流管の微少部分の体積は断面積を dS とすると，"粒子"の速度を v として $dq = vdS$ と書ける．確率保存(連続方程式から来る)より，体積要素 dq に存在する確率 Ddq は一定であることが出てくる．一方この確率は，点 q_0 から出る運動量空間での大きさ dp_0 の円錐状微少体積中に粒子が存在する確率に等しくなる（図を参照）．これは dp_0 に比例するがこの比例係数を1にとることができる．以上のことから

$$dp_0 = A^2 dq \tag{3.2.1}$$

という関係式が出てくる．これから

$$A = \sqrt{\frac{dp_0}{dq}} \tag{3.2.2}$$

が得られる．根号の中身は次のようにヤコビアンとなる：

$$\frac{dp^0}{dq} = \frac{\partial(p_1^0,\cdots,p_n^0)}{\partial(q_1,\cdots,q_n)}. \tag{3.2.3}$$

この表式はハミルトン-ヤコビ理論を使って作用積分で表すと

$$\det\left[-\frac{\partial^2 S_{cl}}{\partial q_i^0 \partial q_j}\right] \tag{3.2.4}$$

---

[4] M.Berry and Mount, Report in Progress of Physics, **35** (1972) 315.

となり，これは第2変分という大層なものを用いて導いた Van-Vleck 行列式に他ならない．（逆に言うと，経路積分という複雑な計算の背後に物理的に単純な解釈があるということを意味している）．ここで注意すべきは，$dq = 0$ となる点で A は発散する事実である．体積要素がゼロになる点とは，軌道が一点に収束する点であり，光学の類似で言えば焦点になる所で発散するのである．この点では速度(運動量)はゼロになっている．1次元の場合での折

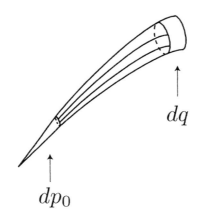

図 3.2：一点から出る軌道群の描くチューブ

り返し点に相当して，その点で速度は向きを変える．1次元の場合にはこの折り返し点は作用関数の分岐点(つまり符号を変える点)になっている．多次元の場合の分岐点では単に符号を変えるというように単純にはいかないが，$p = \pm\sqrt{2m(E - V(q))}$ の2つの枝が張り合わされる点での類似から，いくつかの枝が接続する点とみなされる．そこで符号を変える回数を m とすると，位相の "跳び(jump)" は

$$X = -\frac{m\pi}{2}. \tag{3.2.5}$$

光学において，焦点では振幅 A は，位相が

$$Y = -\frac{m'\pi}{2} \tag{3.2.6}$$

だけの跳びを持つことが知られている．ただし m' は，上で得られたヤコビ

アンに表われる行列式がゼロになるときの"行列のランク"の減少と捉えられる．すなわち A の位相の跳び Y を与える．

最後に振幅関数に対する上の事実を使って，多次元の場合のボーア-ゾンマーフェルト量子条件を導くことができる．まず1次元の場合との類似から

$$\oint_{C_k} \sum_k p_k dq_k = \left(n + \frac{i}{2\pi} \oint_{C_k} \nabla_k \log A \, dq_k\right) 2\pi\hbar \tag{3.2.7}$$

となり，右辺の第2項は C_k が A の特異点(焦点)を通過するときの跳び

$$\Delta \log A = -i\frac{M\pi}{2} \tag{3.2.8}$$

$(M = m + m')$ によって与えられるから，結局

$$\oint_{C_k} \sum_i p_i dq_i = \left(n + \frac{M}{4}\right) 2\pi\hbar \tag{3.2.9}$$

を得る．これが通常 EBK (Einstein-Brilloun-Keller) 量子条件と呼ばれているものである．

§3.3 GDHN 量子化理論

Keller 理論では不変トーラスというトポロジー的対象物によって量子条件が決まるのであるが，現実の古典軌道は力学法則によっている．この場合1次元の例からわかるように周期軌道が要の概念になる．これに対して，GDHN 理論は本質的に変数分離できない系を扱う．場の理論の用語を使えば，このような非分離の場合は強結合(strong coupling)と呼ばれる．例えばソリトン解を持つような非自明な可積分系がその典型である．一方，変数分離ができる場合は弱結合(weak coupling)と呼ばれる．この場合は1自由度の集まりとして扱うことができる．Gutzwiller は非分離系の準古典量子化を，Van-Vleck 行列式を用いて巧みに行った[5]．DHN 理論は，素粒子模型を非線型場の特殊解であるソリトンによって構成しようという目論見から派生してきたもののようである．その過程で Gutzwiller 理論が Dashen-Hasslacher-Neveu による場の理論の WKB 法へと発展したものと考えられる[6]．ここでは主にあまり

---

[5] M.C.Gutzwiller, J.Math.Phys.**12**(1971)343.

[6] R.Dashen, B.Hasslacher and A.Neveu, Phys.Rev.**D10**(1974)4114.

ポピュラーでないと思われる Gutzwiller のオリジナルのアイデアを紹介し，それに DHN 流のやり方を補足する．

基本のアイディアは発展演算子のトレースをとる算法である．出発点の式は単純で，

$$K(T) = \text{Tr}(\exp[-i\hat{H}T/\hbar]) \tag{3.3.1}$$

とそれをフーリエ変換したものである：

$$\begin{aligned} K(E) &= \int_0^\infty \text{Tr}(\exp[-i\hat{H}T/\hbar])\exp[iET/\hbar]dT \\ &= i\hbar\,\text{Tr}\left(\frac{1}{E-\hat{H}}\right) \\ &= i\hbar\sum_\alpha \frac{1}{E-E_\alpha}. \end{aligned} \tag{3.3.2}$$

ここで E は $+i\epsilon$ の収束因子が含まれているものとする．この $K(E)$ の極 $E=E_\alpha$ が束縛状態を与える．従ってこのトレースを算出するのが主な作業となる．トレースとは行列の対角和であるから，今の場合

$$\begin{aligned} \text{Tr}\exp[-i\hat{H}T/\hbar] &= \int\langle q|e^{-i\frac{\hat{H}}{\hbar}T}|q\rangle dq \\ &= \int\exp\left[\frac{i}{\hbar}S\right]\mathcal{D}q(t) \end{aligned} \tag{3.3.3}$$

となり，$q \to q$ に戻る閉じた経路について積分し，その後に q について積分するのである．つまり"トレース演算が束縛状態を与える"という所が要になる．以下では一般の多自由度の場合を取り扱うことにし，特に1次元の場合についてはそれ自身興味があるので付録で別に取り上げる．

最終結果のまとめ

以下の議論はかなり込み入っているので先に最終目標の式を述べておこう．それは次の式にまとめられる[7]．

$$K^{sc}(E) = \sum_{p.p.o}\sum_{n=1}^\infty \tau(E)\prod_{k=1}^{N-1}\left(\frac{1}{\sin[\frac{n}{2}\alpha_k(\tau(E))]}\right)\exp\left[\frac{in}{\hbar}W(E)\right]e^{i(Maslov)}.$$

---

[7] この公式は保存量がエネルギー積分1つだけの場合を与えている．

ここでこの式の中身について説明しておく．(1) p.p.o は "素" なる周期軌道を意味し，$\tau(E)$ はその周期を表す．(2) $W(E)$ は N 次元空間での周期軌道に沿った作用積分である：

$$W(E) = \oint_C \sum_{i=1}^{N} p_i dq_i.$$

(3) $\alpha_k(\tau)$ はゼロでない安定角 (stability angle) を表す．安定角は周期軌道からずれ $\xi_i(t)$ の満たす偏差方程式 (Hill の方程式) の解から次のように定義される：

$$\begin{aligned}\xi(t+T) &= e^{i\alpha_k(T)}\xi(t) \\ {}^t\xi &= (\xi_1,\cdots,\xi_N).\end{aligned}$$

これは Hill-Bloch 定理である．この $K^{sc}(E)$ の表式を $\sin x = \frac{1}{2i}(e^{ix} - e^{-ix})$ などを用いて無限級数に展開することにより，次のような形に帰着される．

$$K^{sc}(E) = \sum_{p.p.o}\sum_{k=1}^{N-1}\tau(E) \times \sum_{m_1}\cdots\sum_{m_{N-1}}\exp\left[\frac{i}{\hbar}\hat{W}_k(E)\right].$$

ここに

$$\hat{W}_k(E) = \oint\sum_{i=1}^{N}p_i dq_i + \sum_{k=1}^{N-1}\left(m_k + \frac{1}{2}\right)\alpha_k(E) + \text{Maslov-phase}.$$

また M は Maslov 指数の個数を与える．($\xi(t+T) = \xi(t) = e^0\xi(t)$ から安定角がゼロである個数と結びつくことに注意)．この式は，一見変数が分離できそうにない多自由度系でも，幸運にも周期軌道が見つかればその周りで "近似的に" 変数分離できることを示している．すなわち第 1 項は周期軌道に沿った作用積分であり，第 2 項は周期軌道の周りの揺らぎで調和振動子の場合の拡張になっている．K^{sc} の無限級数の極の位置から準古典量子条件が得られる：

$$\hat{W}_k(E) = 2n_k\pi\hbar.$$

§3.3.1 トレースの計算

さて $K^{sc}(E)$ を導こう．以下の道程は長く冗長な面もあるので，いくつかの段階に分ける．前章で与えた Van-Vleck 公式が出発点になる：

$$K^{sc}(q'', T|q', 0) \sim \sum \sqrt{D} \exp\left[\frac{i}{\hbar} S_{cl}(q'', q')\right] \times \exp[i(\text{Maslov index})]. \tag{3.3.4}$$

ここで数因子は省略している．また D は Van-Vleck 行列式を表す：

$$D \equiv \det\left(-\frac{\partial^2 S_{cl}}{\partial q' \partial q''}\right). \tag{3.3.5}$$

一般の次元を想定しているが，以下では具体的計算を空間 3 次元の場合に行う．最初に上の表式をフーリエ変換して，T- 積分を停留位相近似で行うと次のようになる．

$$\begin{aligned}
K^{sc}(q'', q', E) &= \int \sum \sqrt{D} \exp\left[\frac{i}{\hbar}(S_{cl} + ET)\right] dT \\
&= \sum \sqrt{D_S} \exp\left[\frac{i}{\hbar} W(q'', q', E)\right] e^{i(Maslov)}. \tag{3.3.6}
\end{aligned}$$

ここで D_S は次式で与えられる．

$$D_S = \begin{vmatrix} \frac{\partial^2 W}{\partial q' \partial q''} & \frac{\partial^2 W}{\partial q'' \partial E} \\ \frac{\partial^2 W}{\partial E \partial q'} & \frac{\partial^2 W}{\partial E^2} \end{vmatrix}. \tag{3.3.7}$$

(3.3.6) は以下のように示される．まず停留位相条件

$$\frac{\partial}{\partial T}(S_{cl} + ET) = 0$$

により，エネルギー保存 $H = E$ が出てくる．これから $W(q'', q', E)$ はルジャンドル変換によって次のように得られる．

$$\begin{aligned}
W(q'', q', E) &= S + ET \\
&= \int_0^T (p\dot{q} - H) dt + \int_0^T E dt = \int_{q'}^{q''} p \, dq.
\end{aligned}$$

D_S の表式は熱力学での手法を用いて導くことができる．すなわち，

$$\left(\frac{\partial u}{\partial x}\right)_y = \frac{\partial(u, y)}{\partial(x, y)}$$

を用いて独立変数を時間からエネルギーに変換する．まず

3.3 GDHN 量子化理論

$$\det\Bigl(-\frac{\partial^2 S_{cl}}{\partial q' \partial q''}\Bigr) = \det\Bigl(\frac{\partial p'}{\partial q''}\Bigr)$$

と書いて熱力学でのヤコビアンの表式

$$\det\Bigl(\frac{\partial p'}{\partial q''}\Bigr) = \frac{\partial(p', T)}{\partial(q'', T)}$$

に書き換える. かつ

$$\frac{\partial(p', T)}{\partial(q'', T)} = \frac{\frac{\partial(p', T)}{\partial(q'', E)}}{\frac{\partial(q'', T)}{\partial(q'', E)}}.$$

ここで q, p はそれぞれ 3 次元ベクトルを表す. さらに

$$\frac{\partial(q'', T)}{\partial(q'', E)} = \frac{\partial T}{\partial E}$$

に注意すると

$$\det\Bigl(-\frac{\partial S^2}{\partial q' \partial q''}\Bigr) = \begin{vmatrix} \frac{\partial p'}{\partial q''} & \frac{\partial T}{\partial q''} \\ \frac{\partial p'}{\partial E} & \frac{\partial T}{\partial E} \end{vmatrix} \times \frac{1}{\frac{\partial T}{\partial E}}. \tag{3.3.8}$$

ここでルジャンドル変換 $W = S + ET$ によって作用関数 W に書き直し, かつ

$$p' = -\frac{\partial W}{\partial q'}, \quad T = \frac{\partial W}{\partial E}$$

に注意すると, (3.3.8) は

$$-\frac{dE}{dT} \times \begin{vmatrix} \frac{\partial^2 W}{\partial q'' \partial q'} & \frac{\partial^2 W}{\partial q'' \partial E} \\ \frac{\partial^2 W}{\partial E \partial q'} & \frac{\partial^2 W}{\partial^2 E} \end{vmatrix} \tag{3.3.9}$$

となる. 次にトレースの表式を

$$\int K^{sc}(q, q; E) dq = \lim_{q' \to q''} \int K^{sc}(q', q''; E) dq' dq''$$
$$= \int \sqrt{D_S} \exp\Bigl[\frac{i}{\hbar} W(q'', q'; E)\Bigr] dq' dq'' \tag{3.3.10}$$

のように, q', q'' に分けて考える. この積分を停留位相法で評価する. まず次の式に注意する:

$$\frac{\partial S_{cl}(q, q, E)}{\partial q} \Rightarrow \frac{\partial S_{cl}(q'', q', E)}{\partial q'}\bigg|_{q'=q''=q} + \frac{\partial S_{cl}(q'', q', E)}{\partial q''}\bigg|_{q'=q''=q} = 0 \tag{3.3.11}$$

ハミルトン-ヤコビ理論を援用すると

$$\frac{\partial S_{cl}}{\partial q'} = -p', \quad \frac{\partial S_{cl}}{\partial q''} = p''.$$

故に $-p' + p'' = 0 \to p'' = p'$. すなわち周期軌道をピックアップすることがわかる. そこで $W(q'', q', E)$ をこの周期軌道の周りで展開する. このために軌道上で局所的な座標系の設定をする. q_1 を軌道の接線方向に, q_2, q_3 はそれに垂直な方向に選ぶ. つまり

$$\tilde{K}(E) \cong \int K^{sc}(q, q, E) \, dq_1 dq_2 dq_3. \tag{3.3.12}$$

この積分は q_1 の部分と (q_2, q_3) の部分に分離できる. 従って $W(q, q, E)$ を展開すれば

$$W(q, q, E) = W(\bar{q}, \bar{q}, E) + \left(\frac{\partial W}{\partial q'} + \frac{\partial W}{\partial q''}\right)_{q'=q''=\bar{q}} \delta q$$
$$+ \frac{1}{2}\left(\frac{\partial^2 W}{\partial q'^2} + 2\frac{\partial^2 W}{\partial q'\partial q''} + \frac{\partial^2 W}{\partial q''^2}\right)_{q'=q''=\bar{q}} \delta q \delta q. \tag{3.3.13}$$

ただし

$$\delta q = (q_2 - \bar{q}_2, q_3 - \bar{q}_3).$$

ここで第 2 項は停留位相の条件よりゼロになる. バーをつけたのは周期軌道を表す. q_1 の成分が無いという事実はゼロモードの存在と関係していて, それは軌道方向の積分に吸収される. また第 3 項は次で与えられる:

$$3'rd = \frac{1}{2}\left(\frac{\partial^2 W}{\partial q'_i \partial q'_j} + 2\frac{\partial^2 W}{\partial q'_i \partial q''_j} + \frac{\partial^2 W}{\partial q''_i \partial q''_j}\right)\bigg|_{q'=q''} \delta q_i \delta q_j. \tag{3.3.14}$$

ここで $i, j = 2, 3$ にとる. 例えば (2.2) 成分を計算すると

$$\frac{1}{2}\left(\frac{\partial^2 W}{\partial q'_2 \partial q'_2} + 2\frac{\partial^2 W}{\partial q'_2 \partial q''_2} + \frac{\partial^2 W}{\partial q''_2 \partial q''_2}\right).$$

これより (3.3.12) のガウス積分は次の形で与えられる.

$$\tilde{K}^{sc}(E) \cong -\frac{1}{\hbar}\oint d\bar{q}\sqrt{D_S}e^{\frac{i}{\hbar}W(\bar{q},\bar{q},E)} \times \int dq_2 dq_3 \exp\left[\frac{i}{\hbar}\delta^{(2)}W\right]. \tag{3.3.15}$$

ここで

$$\int dq_1 \quad \to \quad \int d\bar{q}$$

に注意．上の積分の意味は q_1 を軌道上の局所変数に選んで，それに関する積分を軌道方向の積分にとり，残りの自由度 q_2, q_3 を軌道に"直角"な自由度に選ぶということである．故に

$$\int dq_2 dq_3 \exp\left[\frac{i}{\hbar}\delta^{(2)}W\right] = \left\{\det\left(\frac{\partial^2 W}{\partial q' \partial q'} + 2\frac{\partial^2 W}{\partial q' \partial q''} + \frac{\partial^2 W}{\partial q'' \partial q''}\right)_{q'=q''=\bar{q}}\right\}^{-\frac{1}{2}}. \tag{3.3.16}$$

これから

$$\bar{K}^{sc}(E) \propto \int \left\{ D_S / \det\left(\frac{\partial^2 W}{\partial q' \partial q'} + 2\frac{\partial^2 W}{\partial q' \partial q''} + \frac{\partial^2 W}{\partial q'' \partial q''}\right)_{q'=q''=\bar{q}}\right\}^{1/2}$$
$$\times \exp\left[\frac{i}{\hbar}W(\bar{q},\bar{q},E)\right] d\bar{q}. \tag{3.3.17}$$

次に，D_S の変形をハミルトン-ヤコビ理論を用いて行う．エネルギー保存 $H(p',q') = E, H(p'',q'') = E$ に注意すると

$$H\left(q', -\frac{\partial W}{\partial q'}\right) = E, \qquad H\left(q'', -\frac{\partial W}{\partial q''}\right) = E. \tag{3.3.18}$$

この両辺を E で微分すると

$$-\sum \frac{\partial H}{\partial p'_i} \frac{\partial^2 W}{\partial E \partial q'_i} = 1, \qquad \sum \frac{\partial H}{\partial p''_i} \frac{\partial^2 W}{\partial E \partial q''_i} = 1.$$

今考えている座標系においては $\frac{\partial H}{\partial p_i} = (|\dot{q}|, 0, 0)$ すなわち q_1 方向のみであるから

$$\frac{1}{|\dot{q}|} = -\frac{\partial^2 W}{\partial E \partial q'_1}, \qquad \frac{1}{|\dot{q}|} = \frac{\partial^2 W}{\partial E \partial q''_1}$$

が出てくる．次に (3.3.18) のそれぞれを q'', q' で微分すると

$$-\sum_j \frac{\partial H}{\partial p'_j} \frac{\partial^2 W}{\partial q''_i \partial q'_j} = 0, \qquad \sum_j \frac{\partial H}{\partial p''_j} \frac{\partial^2 W}{\partial q'_i \partial q''_j} = 0.$$

ここで $\frac{\partial H}{\partial p} = (|\dot{q}|, 0, 0)$ より

$$\frac{\partial^2 W}{\partial q''_i \partial q'_1} = 0, \qquad \frac{\partial^2 W}{\partial q'_i \partial q''_1} = 0.$$

以上より D_S は

$$D_S = \begin{vmatrix} 0 & 0 & 0 & \frac{\partial^2 W}{\partial q'_1 \partial E} \\ 0 & \frac{\partial^2 W}{\partial q'_2 \partial q''_2} & \frac{\partial^2 W}{\partial q'_2 \partial q''_3} & 0 \\ 0 & \frac{\partial^2 W}{\partial q'_3 \partial q''_2} & \frac{\partial^2 W}{\partial q'_3 \partial q''_3} & 0 \\ \frac{\partial^2 W}{\partial q''_1 \partial E} & 0 & 0 & \frac{\partial^2 W}{\partial E^2} \end{vmatrix}$$

$$= \begin{vmatrix} \frac{\partial^2 W}{\partial q'_2 \partial q''_2} & \frac{\partial^2 W}{\partial q'_2 \partial q''_3} \\ \frac{\partial^2 W}{\partial q'_3 \partial q''_2} & \frac{\partial^2 W}{\partial q'_3 \partial q''_3} \end{vmatrix} \left(\frac{\partial^2 W}{\partial q''_1 \partial E} \right) \left(\frac{\partial^2 W}{\partial q'_1 \partial E} \right) \quad (3.3.19)$$

と書き直される．ここで

$$\left(\frac{\partial^2 W}{\partial q''_1 \partial E} \right) \left(\frac{\partial^2 W}{\partial q'_1 \partial E} \right) = -\frac{1}{\dot{\bar{q}}^2} \quad (3.3.20)$$

に注意すると (3.3.17) 式の $d\bar{q}$ 積分は

$$\int d\bar{q} \frac{1}{|\dot{\bar{q}}|} = \int \frac{d\bar{q}}{|d\bar{q}/dt|} = \int dt = T \quad (3.3.21)$$

となる．これは周期に他ならない．残りの部分は $\det\left[\frac{X}{Y}\right]$ の形をしている．

$$X = \begin{pmatrix} \frac{\partial^2 W}{\partial q'_2 \partial q''_2} & \frac{\partial^2 W}{\partial q'_2 \partial q''_3} \\ \frac{\partial^2 W}{\partial q'_3 \partial q''_2} & \frac{\partial^2 W}{\partial q'_3 \partial q''_3} \end{pmatrix}, \quad (3.3.22)$$

$$Y_{ij} = \left(\frac{\partial^2 W}{\partial q'_i \partial q'_j} + 2\frac{\partial^2 W}{\partial q'_i \partial q''_j} + \frac{\partial^2 W}{\partial q''_i \partial q''_j} \right). \quad (i,j = 2,3) \quad (3.3.23)$$

以下 $\det[X/Y]$ の中味を吟味する．

(1) $p'_i = -\frac{\partial W(q'',q')}{\partial q'_i}, p''_i = \frac{\partial W(q'',q')}{\partial q''_i}$ を $\bar{q}$ の周りで $\bar{q}$ に垂直な方向変分をとる：

$$\begin{aligned} \delta p'_i &= -\sum_{j=2}^{3} \frac{\partial^2 W}{\partial q'_i \partial q'_j} \delta q'_j - \sum_{j=2}^{3} \frac{\partial^2 W}{\partial q'_i \partial q''_j} \delta q''_j, \\ \delta p''_i &= \sum_{j=2}^{3} \frac{\partial^2 W}{\partial q''_i \partial q'_j} \delta q'_j + \sum_{j=2}^{3} \frac{\partial^2 W}{\partial q''_i \partial q''_j} \delta q''_j. \end{aligned} \quad (3.3.24)$$

ここで

$$a_{ij} = \left(\frac{\partial^2 W}{\partial q'_i \partial q'_j} \right), \quad b_{ij} = \left(\frac{\partial^2 W}{\partial q'_i \partial q''_j} \right), \quad c_{ij} = \left(\frac{\partial^2 W}{\partial q''_i \partial q''_j} \right) \quad (3.3.25)$$

とおき，行列の形で書くと

$$\begin{aligned} \delta p' &= -a\delta q' - b\delta q'', \\ \delta p'' &= {}^t b\delta q' + c\delta q'' \end{aligned} \quad (3.3.26)$$

となり，これは，いわゆる"マップ(map)"の形

$$\begin{pmatrix} \delta q'' \\ \delta p'' \end{pmatrix} = \begin{pmatrix} A & B \\ C & D \end{pmatrix} \begin{pmatrix} \delta q' \\ \delta p' \end{pmatrix} \quad (3.3.27)$$

に書かれる．このマップは 4×4 行列で"モノドロミー行列"と呼び，以下では M と記す．A, B, C, D はそれぞれ 2×2 行列で書ける．その形は次のようになる：

$$\begin{cases} A = -b^{-1}a & , B = -b^{-1}, \\ C = {}^t b - cb^{-1}a & , D = -cb^{-1}. \end{cases} \quad (3.3.28)$$

(2) モノドロミー行列に対する永年方程式 $(\det(T - \lambda I) = 0)$ を考える (I は単位行列である)．これは λ の 4 次方程式になる．

$$\begin{aligned} F(\lambda) &= \begin{vmatrix} A - \lambda I & B \\ C & D - \lambda I \end{vmatrix} \\ &= \begin{vmatrix} -b^{-1}a - \lambda I & -b^{-1} \\ {}^t b + \lambda c & -\lambda I \end{vmatrix} \\ &= \frac{1}{|b|} \begin{vmatrix} -a - \lambda b & -I \\ {}^t b + \lambda a + \lambda c + \lambda^2 b & 0 \end{vmatrix} \\ &= \frac{\det |{}^t b + \lambda a + \lambda c + \lambda^2 b|}{\det b}. \end{aligned} \quad (3.3.29)$$

(3) ここで $\lambda = 1$ を代入すると

$$F(1) = \frac{\det({}^t b + a + c + b)}{\det b} = \frac{\det Y}{\det X} \quad (3.3.30)$$

となる．以上から (3.3.17) 式は，次のようないくつかの周期軌道の和で書かれる：

$$\tilde{K}^{sc}(E) \propto \sum \frac{T}{\sqrt{F(1)}} \exp\left[\frac{i}{\hbar} W(\bar{q}, \bar{q}, E)\right]. \quad (3.3.31)$$

(4) $F(1)$ を安定角で表そう．簡単のために 2 次元の場合を考えると a, b, c は (1×1) 行列でただの数になるので

$$a = \frac{\partial^2 W}{\partial q'^2}, \quad b = \frac{\partial^2 W}{\partial q' \partial q''} \quad {}^t b = \frac{\partial^2 W}{\partial q'' \partial q'}, \quad c = \frac{\partial^2 W}{\partial q''^2}. \tag{3.3.32}$$

故に $F(\lambda)$ は次のように計算される：

$$F(\lambda) = \frac{b + \lambda a + \lambda c + \lambda^2 b^\dagger (= b)}{|b|} = \lambda^2 + \left(\frac{a+c}{b}\right)\lambda + 1. \tag{3.3.33}$$

($F(1) = 2 + \left(\frac{a+c}{b}\right)$ に注意．) $F(\lambda) = 0$ の根を λ_1, λ_2 とすると

$$\lambda_1 + \lambda_2 = -\left(\frac{a+c}{b}\right), \quad \lambda_1 \lambda_2 = 1. \tag{3.3.34}$$

を満たす．$\lambda = e^\gamma$ によって安定角（補足参照）γ を導入すれば

$$\lambda_1 = e^\gamma, \quad \lambda_2 = e^{-\gamma} \tag{3.3.35}$$

とおける．γ を純虚数にとると $\gamma \equiv i\alpha$，すなわち $\lambda_1 = e^{i\alpha}, \lambda_2 = e^{-i\alpha}$ となるので，$F(1)$ は α によって次のように表わすことができる：

$$\begin{aligned} F(1) &= 2 - (\lambda_1 + \lambda_2) \\ &= 2(1 - \cos\alpha) \\ &= 4 \sin^2 \frac{\alpha}{2}. \end{aligned} \tag{3.3.36}$$

これより

$$\tilde{K}(E) \propto \sum_{p.p.o} \frac{T(E)}{2 \sin \frac{\alpha}{2}} \exp\left[\frac{i}{\hbar} W(\bar{q}, \bar{q}, E)\right]. \tag{3.3.37}$$

となる．ここで $\sum_{p.p.o}$ はいくつかの "素な (primitive)" 周期軌道に対する和をとることを意味している．この素な周期軌道というものをどのように決めるかという一般的な手段はわからないが，ともかくこのような基本の軌道が求められたとすれば，それの倍軌道，つまり素の軌道を何回かまわるということを考慮する必要がある．n 回周る場合 ($n = 1, 2, \cdots$)，$\alpha \to n\alpha$, $W \to nW$ とおいて $n = 1$ から ∞ までの和をとると

$$\tilde{K}(E) = \sum_{p.p.o} \sum_{n=1}^\infty \frac{T(E)}{2 \sin\left(\frac{n\alpha}{2}\right)} \exp\left[\frac{i}{\hbar} nW\right] \tag{3.3.38}$$

となる．また公式

$$\frac{1}{2\sin\frac{n\alpha}{2}} = i\sum_{m=0}^{\infty}\exp\left[-i\left(m+\frac{1}{2}\right)n\alpha\right] \qquad (3.3.39)$$

に注意して Maslov 指数 Γ を考慮すると，最終的に $\tilde{K}$ は次のようになる：

$$\begin{aligned}
\tilde{K}(E) &= \sum_{p.p.o}\sum_{n=0}^{\infty}\sum_{m=0}^{\infty}iT(E)\exp\left[\frac{i}{\hbar}n\left\{W-\left(m+\frac{1}{2}\right)\alpha\hbar-\Gamma\right\}\right] \\
&= \sum_{p.p.o}\sum_{m=0}^{\infty}iT(E)\frac{\exp[i\tilde{W}_m/\hbar]}{1-\exp[i\tilde{W}_m/\hbar]}.
\end{aligned} \qquad (3.3.40)$$

ここで $\tilde{W}_m = W - (m+\frac{1}{2})\alpha\hbar - \Gamma$ とおいた．ここでかなり冗長な計算の末トレースの準古典表式が得られた．$\tilde{K}(E)$ の極の位置 $\exp[\frac{i}{\hbar}\tilde{W}_m] = 1$ より $\tilde{W}_m = 2n\pi\hbar$ となり，これは

$$\begin{aligned}
W &= \oint\sum_{k=1}^{2}p_k dq_k \\
&= 2n\pi\hbar + \left(m+\frac{1}{2}\right)\hbar\alpha + 2\pi\Gamma
\end{aligned} \qquad (3.3.41)$$

と書かれる．すなわちボーア-ゾンマーフェルト量子化条件の一般形が出てくる．この内訳は (1) n は周期軌道方向の主量子数，(2) $m+\frac{1}{2}$；周期軌道の周りの調和振動，(3) $2\pi\Gamma$；トポロジカルな効果 (Maslov 指数) となる．

DHN の方法

上の Gutzwiller の手法は 3 次元 (2 次元) の場合の特殊性を用いているので，場の理論のような系に拡張するための一般化が望まれる．以下これについて述べる[8]．

$$K^{sc}(T) = \int \det^{\frac{1}{2}}\left(\frac{\partial^2 S_{cl}}{\partial q'_i \partial q_j}\right)\exp\left[\frac{i}{\hbar}S_{cl}(q,q)\right]dq. \qquad (3.3.42)$$

この積分を GDHN 積分と呼ぶ[9]．ここで，積分は Van-Vleck 行列式で，initial と final を偏微分した後に $q' = q$ とおく．この積分を停留位相近似 (SPA) に

---

[8] R..Dashen, B.Hasslacher and A.Neveu, Phys.Rev.**D11** (1975) 3424.
[9] $\det^{\frac{1}{2}}$ は $\sqrt{\det}$ を意味する．

よって評価する．やり方は"局所的な変数分離"とでも呼ぶべきトリックを用いる．

まず上で用いたように $S_{cl}(q,q')$ を q と q' の 2 変数関数と見て，ハミルトン-ヤコビの関係式に注意して S_{cl} の極値条件を書き直すと，

$$\frac{\partial S'_{cl}}{\partial q} + \frac{\partial S_{cl}}{\partial q'} = p - p' = 0 \tag{3.3.43}$$

これは 3 次元の場合と同様である．つまり両端及び運動量が等しくなるので，停留条件から周期軌道が得られる．周期軌道上の点を q^* で表す．ここで $S_{cl}(q,q')$ を $q = q' = q^*$ の周りで 2 次まで展開すると

$$\begin{aligned} S_{cl}(q,q') &= S_{cl}(q^*,q^*) + \frac{1}{4}(q_i + q'_i - 2q_i^*)(q_j + q'_j - 2q_j^*)G_{ij} \\ &\quad + \frac{1}{4}(q_i - q'_i)(q_j - q'_j)H_{ij}. \end{aligned} \tag{3.3.44}$$

のように書ける[10]．この 2 次形式により，停留位相条件に従って $q_i = q'_i, q_j = q'_j$ の所を拾うと，GDHN 積分は

$$I = e^{\frac{i}{\hbar}S_{cl}(q^*,q^*)} \int \det^{\frac{1}{2}}\left[\frac{1}{2}(G-H)\right] \exp\left[\frac{i}{\hbar}\sum G_{ij}(q_i - q_i^*)(q_j - q_j^*)\right] dq \tag{3.3.45}$$

となる．ここで

$$\frac{\partial^2 S_{cl}}{\partial q_i \partial q_j} = \frac{1}{2}(G_{ij} - H_{ij}). \tag{3.3.46}$$

これが第 1 ステップである．次に I のガウス積分を評価するのであるが，行列 G_{ij} (対称行列) の特性を利用して積分を 2 つの部分に分割する．結果を先に示すと

$$I = e^{\frac{i}{\hbar}S_{cl}(q^*,q^*)} \int \det^{\frac{1}{2}}\left|\frac{\partial^2 S_{cl}}{\partial Q_i \partial Q_j}\right| dQ \cdot \int \det^{\frac{1}{2}}(\tilde{G}-\tilde{H}) \exp[i\sum \tilde{G}_{ij}X_i X_j] dX. \tag{3.3.47}$$

つまり (Q,X) の 2 つの自由度の部分に分割できる．この表式を直観的な仕

---

[10] この展開は重心と相対座標

$$S = \frac{q+q'}{2}, \qquad T = q - q'$$

を導入することで得られる．

方で導こう．まず行列 G が "ゼロ固有値" を持つかどうかに注目する．ゼロ固有値を持つとしてその個数を M とする．勿論 $M \leq N$ (系の自由度)．ここで周期軌道上の点 q^* の周りで局所的座標変数を行えば，G を次の形に出来る．

$$G_{ij} = 0, \qquad i = 1 \sim M, \quad j = 1 \sim N. \tag{3.3.48}$$

つまりブロック対角形である．この変換された新しい座標(t_i とする)に対応する運動量を Π_i とすると，G_{ij} の性質より

$$\Pi_i - \Pi'_i = \frac{\partial S_{cl}}{\partial t_i} + \frac{\partial S_{cl}}{\partial t'_i} = \sum_j G_{ij}(t_j + t'_j - 2q^*_j) = 0 \tag{3.3.49}$$

となる．すなわち Π_i は保存量となる．一般に M 個の保存量が存在すれば G の固有値のうち M 個がゼロになる．これは安定角の観点からは，G のゼロ固有値はゼロ安定角と見られる．既に定義した安定角の別の定義は次の通りである．位相空間中の周期軌道 $g_{cl}(t+T) = g_{cl}(t)$, $p_{cl}(t+T) = p_{cl}(t)$ の周りの "揺らぎ" の方程式

$$\left(\frac{d}{dt} - M\right)\Phi = 0 \tag{3.3.50}$$

$\Phi = (\xi(t), \eta(t)) \equiv (q - q_{cl}(t), p - p_{cl}(t))$, $M(t) = M(t+T)$ の解に対して

$$\Phi_\alpha(t+T) = e^{i\nu_\alpha}\Phi_\alpha(t) \tag{3.3.51}$$

で与えられる指数 ν_α のことである．ポアンカレの定理によれば，保存量が M 個存在するとき，それに共役な座標(周期的)のその方向への変位(揺らぎ)はゼロ安定角を持つことがわかる．例えば $\dot{q}_{cl}$ はヤコビ方程式の解で $\dot{q}_{cl}(t+T) = \dot{q}_{cl}(t)$ を満たすことは直ちにわかる．対応する保存量はハミルトニアンである．さて保存量は

$$\begin{aligned}\Pi_i = \frac{\partial S_{cl}}{\partial t_i} &= \frac{1}{2}\left(\frac{\partial S_{cl}}{\partial t_i} - \frac{\partial S_{cl}}{\partial t'_i}\right) \\ &= \frac{1}{2}\sum_j H_{ij}(t_j - t'_j)\end{aligned} \tag{3.3.52}$$

と表せる．Π_i の変分をみると

$$\delta\Pi_i = \sum_j \left(\frac{\partial \Pi_i}{\partial t_j}\delta t_j + \frac{\partial \Pi_i}{\partial t_j}\delta t'_j\right) = \sum_j H_{ij}(\delta t_j - \delta t'_j). \tag{3.3.53}$$

任意の変分 $\delta t_i, \delta t'_i$ に対して $\delta \Pi_i = 0$ であるためには

$$H_{ij} = 0, \quad i = 1 \sim M, \quad j = 1 \sim N \tag{3.3.54}$$

でなければならない．すなわち G と同じく H もブロック対角形をしている．従って

$$G - H = \begin{pmatrix} \overbrace{0}^{M \times M} & 0 \\ \hline 0 & * \end{pmatrix} \tag{3.3.55}$$

で $*$ の部分は $(N-M) \times (N-M)$ 正方行列である．この部分を $\tilde{G} - \tilde{H}$ と表せば，非ゼロの安定角を与える部分行列になる．揺らぎの座標を $X_i = q_i - q_0^*$ で表し，ゼロ安定角（固有値）に附随する自由度を改めて $Q_i (i = 1 \sim M)$ と書けば，目標としていた GDHN 積分の表式が得られる．

要約すれば，「GDHN 積分は保存量に附随する周期軌道の方向（"ゼロ空間"）と，それに直交する空間の 2 つの部分に分割できる」ということになる．すなわち

$$\left[\text{Tr}(\exp[-i\hat{H}t/\hbar]) \right]_{sc} = \sum_{p.o} \exp\left[\frac{i}{\hbar}(S_{cl} + \nu)\right] \triangle_1 \triangle_2. \tag{3.3.56}$$

ここで

$$\triangle_1 = \int \det^{\frac{1}{2}} \left(\frac{\partial^2 S_{cl}}{\partial Q \partial Q'} \right) d^M Q \tag{3.3.57}$$

かつ

$$\triangle_2 = \prod_{\alpha_k \geq 0} \frac{1}{1 - \exp[-i\alpha_k]} \tag{3.3.58}$$

$$\alpha = -\frac{1}{2} \sum_{\alpha_k \geq 0} \alpha_k. \tag{3.3.59}$$

非ゼロ安定角からの寄与の表式 $\triangle_2$ を求めるために $\tilde{G}, \tilde{H}$ の具体形は一般に非常に複雑であるので別ルートをとる．もともとの準古典表式でのガウス型経路積分において，偏差（揺らぎ）を周期軌道の周りでとった場合を考えればよい．そこで

$$J = \int \det^{\frac{1}{2}} |\tilde{G} - \tilde{H}| \exp[i \sum_j G_{ij} X_i X_j] dX = \exp[i\nu] \Delta_2 \tag{3.3.60}$$

とおくと，それは周期軌道の周りの量子的な揺らぎに帰着される．すなわち

$$J = \tilde{K}^{(2)} = \int \exp[iS^{(2)}]\mathcal{D}[\xi,\eta]. \tag{3.3.61}$$

ここで偏差を

$$\xi = q - q^{cl}, \qquad \eta = p - p^{cl}$$

とすると，これから

$$\begin{aligned}S^{(2)} &= \int_0^T \left(\sum_{i=1}^N \eta_i \dot{\xi}_i dt - \mathcal{H}^{(2)}(\xi,\eta)\right) dt \\ &= \frac{1}{2}\int_0^T {}^t X \left(J\frac{d}{dt} - \mathcal{H}^{(2)}\right) X dt\end{aligned} \tag{3.3.62}$$

と書かれる．ここで

$$\mathcal{H}^{(2)} = \begin{pmatrix} -\frac{\partial^2 H}{\partial p^{cl}\partial q^{cl}} & -\frac{\partial^2 H}{\partial p^{cl}\partial p^{cl}} \\ \frac{\partial^2 H}{\partial q^{cl}\partial q^{cl}} & \frac{\partial^2 H}{\partial q^{cl}\partial p^{cl}} \end{pmatrix} \tag{3.3.63}$$

かつ

$$J\frac{d}{dt} = \begin{pmatrix} 0 & -I\frac{d}{dt} \\ I\frac{d}{dt} & 0 \end{pmatrix}. \tag{3.3.64}$$

これより

$$\tilde{K}^{(2)} = \int \exp\left[\frac{i}{\hbar}\int_0^T X^t \Lambda X dt\right] DX(t) = [\det \Lambda]^{-\frac{1}{2}} \tag{3.3.65}$$

Λ の固有値問題

$$\Lambda \phi_n = \lambda_n \phi_n$$

は周期境界条件 $\phi_n(t+T) = \phi_n(t)$ を課すことによって解かれる．固有値は

$$\lambda_{n,k} = (\alpha_k + 2\pi n)/T \qquad (n = \pm 1, \pm 2, \cdots)$$

によって与えられることがわかる．ここで $\lambda_{n,k}$ において k が異なると n も異なることに注意する．つまりそれぞれの k について n があるということである．安定角 α_k に関しては $\alpha_{-k} = -\alpha_k$ なる関係がある（以下の補足参照）．これらの事実より

90　第3章　準古典量子化理論

$$\tilde{K}^{(2)} \propto [\det \Lambda]^{-1/2}$$
$$= \Big(\prod_k \prod_{n=-\infty}^{+\infty} \lambda_{n,k}\Big)^{-\frac{1}{2}}$$
$$= \prod_k \prod_n \Big(\frac{\alpha_k}{T} + \frac{2\pi n}{T}\Big)^{-\frac{1}{2}}.$$

ここで公式

$$\sin x = x \prod_{n=1}^{\infty}\Big(1 - \frac{x^2}{n^2 \pi^2}\Big)$$

を用いると $\tilde{K}^{(2)}$ は次のように求められる：

$$\tilde{K}^{(2)} = C \prod_k \Big(1/2 \sin\Big(\frac{\alpha_k}{2}\Big)\Big). \tag{3.3.66}$$

C は発散因子であるが適当に規格化すると 1 とおける．ただしゼロ安定角は除いてある．

まとめ：以上で見たように $K(E) = \operatorname{Tr}\frac{1}{E-H}$ の準古典表式を導くことは，かなり厄介な手順を践まなければならない．変数分離の場合にこんな面倒はいらないことは言うまでもないが，非分離系の場合にはどうしてもこの手続きが必要である．この具体的な応用として，第 10 章において sin-Gordon 系でのソリトン解に対して威力を発揮することを示す．

GDHM 準古典公式に対するコメント

　GDHN 理論は面倒な計算をやった割には，出てきた結果の意味づけが乏しいという感を読者は持たれるかもしれない．実際，筆者が昔勉強したときも同じような感想をもった．そこで以下では，このような欲求不満を多少なりとも解消するための事実を述べてみる．

　さて GDHN 理論は数学で Selberg 跡公式と言われるものと密接に関係している．これは数学においては極めて重要な対象物であって，このようなものが経路積分を通じて量子力学に登場するのは神秘的の感がある．この関係は発展演算子のトレースを量子力学的なスペクトルにわたる和，及び周期軌

道の和という 2 通りの異なるやり方で表現できるという事実に基づいている．数学では，この 2 通りの計算の仕方が，実は神秘的対象であるゼータ関数の振る舞いを記述するということで非常なる興味が持たれているようである．本書は物理のテキストであるので深入りはできないが，量子力学的アプローチが数学理論においても適用できることを示唆する典型例と思えるので，間違いを覚悟で紹介する[11]．

複素上半平面をリーマン空間(多様体)と考えたとき，そこでの自由粒子に対する量子力学を考えて，$K(T) = \text{Tr}\exp[-\frac{i}{\hbar}\hat{H}T]$ を計算することを試みる．$\hat{H}$ はこの空間におけるラプラシアンで，

$$\hat{H} = y^2 \Big(\frac{\partial^2}{\partial x^2} + \frac{\partial^2}{\partial y^2}\Big) \tag{3.3.67}$$

で与えられる．これが Selberg 跡公式の特別な場合である．古典力学で考えた場合の運動エネルギーは

$$L = \frac{1}{2y^2}(\dot{x}^2 + \dot{y}^2). \tag{3.3.68}$$

ここで質量は $m=1$ にとる．上のトレースを準古典論の側から周期軌道によって表すことを考える．そのために以下のような準備をしておく．

1. $G = SL(2R)$ を 2 次元特殊線形群で，上半面の点を分数変換によって

$$z' = \frac{az+b}{cz+d} \tag{3.3.69}$$

と変換する．G の要素の間で符合が異なる変換は同一視できるので，$PSL(2R) = SL(2R)/\pm I$ のように商群を考えることにする．

2. $PSL(2R)$ の離散部分群 Γ を考える．これによって H を"割った"空間 H/Γ を考える．これは n 次元ユークリッド空間 R^n を整数格子 Z^n で割った剰余類の空間との類似である．

3. Γ のうちで

---

[11] 岩波数学辞典 "ゼータ関数" の項目，及び数理科学，特集：跡公式，サイエンス社，1999 年 3 月号を参照．

$$\begin{pmatrix} a & 0 \\ 0 & a^{-1} \end{pmatrix} \tag{3.3.70}$$

の形のものと共役な，つまり $g\gamma g^{-1}$ (g は G の元) と表されるもの全体からなるものに注目する．このような元を双曲元と呼ぶ．さらに Γ の元は "素元" とそのベキで書かれるもので表されるとする．ここで素元とは，それを他の元のベキで書かれないものをいう．素元とその共役でないものとそのベキからなるものを Γ_0 とおく．すなわち

$$\Gamma_0 = \{\gamma^n\} \qquad (n = 1, \cdots, \infty). \tag{3.3.71}$$

素元の個数は無限個である．これは (不安的な) 周期軌道が無限個存在することと同値である．

4. γ に対して長さ $l(\gamma)$ を定義する．それは

$$a(\gamma) = \exp[l(\gamma)] \tag{3.3.72}$$

によって与えられる．従って n 乗元に対しては

$$a^n(\gamma) = \exp[nl(\gamma)] \tag{3.3.73}$$

となる．

以上のもとで跡公式の主要部を素元 (軌道) で書き表すと次のようになる．

$$K(E) = \sum_\gamma \sum_{n=1}^\infty \frac{l(\gamma)}{\sinh nl(\gamma)} \exp\left[\frac{i}{\hbar} nW(E)\right]. \tag{3.3.74}$$

主要部と言ったのは，この項以外に積分で書かれる部分があるがそれは省略したということである．この式の導出に関しては独特の技巧が必要であるが，以下では GDHN の考えを使って解釈しよう．そのために軌道の偏差を与えるモノドロミー行列を見てみる．

$$T = \begin{pmatrix} A & B \\ C & D \end{pmatrix}.$$

これは $SL(2R)$ の元と見られる．その定義からわかるように，これは (エネルギーが一定面上にある) 周期軌道を 1 周したときの偏差を与えるものであ

る．これは跡公式において $SL(2R)$ の双曲元 γ に対応するものと見られる．一方，上半平面(ロバチェフスキー空間と同相)の周期軌道は全て不安定軌道である．(これは負の曲率の空間における軌道が不安的軌道であることから直観的に推測できる.) 従ってモノドロミー行列の固有値は実数で与えられる．$\lambda_1 \lambda_2 = 1$ を満たすことから，それは一つの素の軌道が与えられたとき

$$\lambda_1 = \exp[l(p)], \qquad \lambda_2 = \exp[-l(p)] \tag{3.3.75}$$

と表されるであろう．故に

$$F(1) = 2 - (\lambda_1 + \lambda_2) = -\left(\exp\left[\frac{l(p)}{2}\right] - \exp\left[-\frac{l(p)}{2}\right]\right)^2 \tag{3.3.76}$$

となる．従って，平方根をとると

$$\sqrt{F(1)} = 2i \sinh \frac{l(p)}{2} \tag{3.3.77}$$

と書かれる．ここで虚数単位が出てくるがこれは特に問題はない．さらに素軌道の周期は粒子速度 $v = \sqrt{2E}$ を用いて

$$T(E) = \frac{l(p)}{v} \equiv \frac{l(p)}{\sqrt{2E}} \tag{3.3.78}$$

と表わせる．また作用積分は

$$W(E) = \frac{l(p)^2}{2T(E)} \tag{3.3.79}$$

によって与えられる．最後に n 倍素軌道については $l(p) \to nl(p)$ と置き換えて n について和をとれば

$$K(E) \simeq \sum_{p.p.o} \sum_{n=1}^{\infty} \frac{l(p)}{2\sinh\{\frac{nl(p)}{2}\}} \exp\left[\frac{i}{\hbar}\frac{(nl(p))^2}{T(E)}\right] \tag{3.3.80}$$

となって跡公式に対応するものが導かれた．

上の跡公式の意味はゼータ関数の対数微分と関係している．Selberg の元々の着想はリーマン予想の類似物を構成することから動機づけられたものであった．

§3.4 補足
§3.4.1 固有値の無限積の比の絶対値[12]

Van-Vleck 行列式を導く際に用いた，固有値の無限積の比の絶対値に対する表式を導こう．微分作用素

$$\Lambda(\alpha) = \frac{d}{dt}\left(p(t)\frac{d}{dt}\right) + \alpha q(t) \tag{3.4.1}$$

を考える．ただし α は，$0 \leq \alpha \leq 1$ なるパラメータである．固有値問題

$$\Lambda(\alpha)\phi_k(\alpha, t) + \lambda_k(\alpha)\phi_k(\alpha, t) = 0 \tag{3.4.2}$$

の固有値の無限積に関して次の等式が成立する．

$$\left|\prod_n \frac{\lambda_k(\alpha)}{\lambda_k(0)}\right| = \left|\frac{x(\alpha, T)}{x(0, T)}\right|. \tag{3.4.3}$$

ここで $x(\alpha, T)$ は次の初期値問題の解の $t = T$ での値である．

$$\Lambda(\alpha)x(\alpha, t) = 0, \quad x(\alpha, 0) = 0, \quad \left.\frac{dx(\alpha, t)}{dt}\right|_{t=0} = 1. \tag{3.4.4}$$

この証明は次の通り．

$$f(\alpha) = \prod_n \frac{\lambda_k(\alpha)}{\lambda_k}, \quad \tilde{f}(\alpha) = \frac{x(\alpha, T)}{x(0, T)}$$

とおいてその対数微分

$$\frac{1}{f(\alpha)}\frac{df}{d\alpha} = \frac{1}{\tilde{f}(\alpha)}\frac{d\tilde{f}}{d\alpha}$$

が全ての α に対して成立することを示せばよい．まず

$$\frac{1}{f(\alpha)}\frac{df}{d\alpha} = \sum_{k=0} \frac{d\lambda_k(\alpha)}{d\alpha}\frac{1}{\lambda_k(\alpha)}$$

が出てくる．これはさらに

$$\frac{d\lambda_k(\alpha)}{d\alpha} = -\int_0^T \left[\phi_k(\alpha, t)\right]^2 q(t)dt$$

---

[12] 以下の議論は S.Levit and W.Smilansky, Proceedings of the American Mathematical Society, **65**(1977)299 に基づく．

となることが直接計算すれば確かめられる．ここで規格化 $\int_0^T [\phi_k(\alpha,t)]^2 dt = 1$ は仮定する．この右辺の和はグリーン関数に対するスペクトル分解(例えばクーラン-ヒルベルトを見よ)

$$G_\lambda(t,t';\alpha) = \sum_k \frac{\phi_k(\alpha,t)\phi_k(\alpha,t')}{\lambda(\alpha) - \lambda_k(\alpha)} \tag{3.4.5}$$

を用いて

$$\frac{1}{f(\alpha)}\frac{df}{d\alpha} = \int_0^T G_{\lambda=0}(t,t,\alpha)q(t)dt \tag{3.4.6}$$

に帰着する．右辺がこれと同じ表式に辿り着ければ証明は終わる．そこで

$$y(\alpha,t) = \frac{dx}{d\alpha}$$

を作るとこれは上の初期値問題を α で微分したものである：

$$\lambda(\alpha,t)y(\alpha,t) = -q(t)y(\alpha,t), \qquad y(\alpha,0) = 0, \quad \frac{dy(\alpha,0)}{dt} = 0.$$

この非斉次方程式の解は，

$$\Lambda(\alpha,t)x(\alpha,t) = 0, \qquad x(\alpha,0) = 0, \quad \frac{d\tilde{x}(\alpha,0)}{dt} = 1 \tag{3.4.7}$$

と，それに共役な方程式

$$\Lambda(\alpha,t)\tilde{x}(\alpha,t) = 0, \qquad \tilde{x}(\alpha,T) = 0, \quad \frac{d\tilde{x}(\alpha,T)}{dt} = 1 \tag{3.4.8}$$

の解 $\tilde{x}(\alpha,t)$ を用いて構成される．これは定数変化法によってなされる．すなわち $\Lambda(\alpha)f = 0$ の独立な解 $x(\alpha,t), \tilde{x}(\alpha,t)$ を用いて

$$y(\alpha,t) = \frac{1}{W}\left[x(\alpha,t)\int_0^t x(\alpha,t')\tilde{x}(\alpha,t')q(t')dt' - \tilde{x}(\alpha,t)\int_0^t x(\alpha,t')x(\alpha,t')q(t')dt'\right]$$

で与えられる[13]．ここで

$$W(t) = p(t)\left[x\frac{d\tilde{x}}{dt} - \tilde{x}\frac{dx}{dt}\right]$$

---

[13] この解は

$$y(\alpha,t) = c_1(t)x(\alpha,t) + c_2(t)\tilde{x}(\alpha,t)$$

とおいて係数 c_1, c_2 に対する 1 階連立微分方程式を作ることで導かれる．

はロンスキアンで一定になる($\because \frac{dW}{dt} = 0$)のでこれを $W = 1$ に選ぶ．これから $y(\alpha, t)$ に対する初期条件に注意すると

$$y(\alpha, t) = \frac{dx}{dt} = x(\alpha, T) \int_0^T \tilde{x}(\alpha, t) x(\alpha, t) q(t) dt \tag{3.4.9}$$

或いは

$$\frac{1}{x(\alpha, T)} \frac{dx(\alpha, t)}{d\alpha} = \int_0^T \tilde{x}(\alpha, t) x(\alpha, t) q(t) dt$$

が得られる．この右辺の被積分関数は境界値問題

$$\Lambda(\alpha) x(\alpha, t) = 0 \qquad x(\alpha, 0) = 0, \quad x(\alpha, T) \tag{3.4.10}$$

に対する2つの独立な解 $x(\alpha, t), \tilde{x}(\alpha, t)$ から構成されるグリーン関数

$$G(\alpha, t, t') = \begin{cases} x(\alpha, t) \tilde{x}(\alpha, t') & t \geq t' \\ \tilde{x}(\alpha, t) x(\alpha, t') & t \leq t' \end{cases} \tag{3.4.11}$$

に注意すると，

$$\frac{1}{x(\alpha, T)} \frac{dx(\alpha, T)}{d\alpha} = \int_0^T G_{\lambda=0}(\alpha, t, t') q(t) dt \tag{3.4.12}$$

となり，これから上に導いた $\frac{1}{f} \frac{df}{d\alpha}$ の表式と一致することがわかる．すなわち

$$\frac{1}{x(\alpha, T)} \frac{dx(\alpha, T)}{d\alpha} = \frac{1}{\tilde{f}} \frac{d\tilde{f}}{d\alpha} = \frac{1}{f} \frac{df}{d\alpha}.$$

そこで元の問題に戻ると，伝播関数 $K^{(2)}$ は，

$$|K^{(2)}(\alpha)| = \left| \prod_k \frac{\lambda_k(\alpha)}{\lambda_k(0)} \right|^{1/2} \times |K^{(2)}(0)|$$

より

$$|K^{(2)}(\alpha)| = \left| \frac{x(0, T)}{x(\alpha, T)} \right|^{1/2} \times |K^{(2)}(0)| \tag{3.4.13}$$

のように計算される．

上の議論は1自由度の場合であったが，多自由度系に形式的に拡張できる．N 次元の場合の微分作用素 $\Lambda(\alpha.t)$ は，1次元の場合の $p(t), q(t)$ を $N \times N$

対称行列 $P(t), Q(t)$ に置き換えたもの

$$\Lambda(\alpha,t) = \frac{d}{dt}\left(P(t)\frac{d}{dt}\right) + \alpha Q(t) \tag{3.4.14}$$

にとればよい．ここで境界条件 $\boldsymbol{\phi}^{(n)}(\alpha,0) = \boldsymbol{\phi}^{(n)}(\alpha,T) = 0$ のもとでの固有値問題

$$\Lambda(\alpha,t)\boldsymbol{\phi}^{(n)} + \lambda_n(\alpha)\boldsymbol{\phi}^{(n)} = 0 \tag{3.4.15}$$

および，初期条件

$$X_i^{(k)}(\alpha,0) = 0, \qquad \frac{d}{dt}X_i^{(k)}(\alpha,0) = \delta_{ki}.$$

($\boldsymbol{X}^{(k)} = (x_1^{(k)}, \cdots, x_N^{(k)}) : i = 1 \sim N$ は N 個の独立な解)のもとでの初期値問題

$$\Lambda(\alpha,t)X^{(k)} = 0 \tag{3.4.16}$$

を考える．この解より次の行列式を定義する．

$$D(\alpha) = \det(x_i^{(k)}(\alpha)). \tag{3.4.17}$$

そこで次の定理

$$\left|\prod_{k=1}^{\infty} \frac{\lambda_k(\alpha)}{\lambda_k(0)}\right| = \left|\frac{D(\alpha)}{D(0)}\right| \tag{3.4.18}$$

が全ての α に対して成立する．証明の方針は 1 次元の場合と同様であるので，最終的結果だけを記すと

$$\frac{1}{f(\alpha)}\frac{df}{d\alpha} = \sum_{ik}^{N}\int_0^T G_{ik}^{\lambda=0}(t,t;\alpha)Q_{ki}(t)dt = \frac{1}{\tilde{f}(\alpha)}\frac{d\tilde{f}}{d\alpha}.$$

ここでグリーン関数 $G_{ik}^\lambda(t,t';\alpha)$ は次で定義される行列

$$G_{ij}^\lambda(t,t';\alpha) = \sum_{k=1}^{\infty} \frac{\phi_i^{(k)}(\alpha,t)\phi_j^{(k)}(\alpha,t')}{\lambda(\alpha) - \lambda_k(\alpha)} \tag{3.4.19}$$

で与えられる．他方，これが $t=0$ と $t=T$ において互いに共役関係にある初期値問題の解から構成されたものと一致することが示せる．

§3.4.2 軌道の偏差方程式と安定角[14]

ここで安定角について説明する．第 2 変分は古典軌道の周りの量子的な揺動を支配するものと見られる．この揺らぎは古典力学において既に知られていたものである．つまり一つの古典軌道があって，それに初期条件なり外部からの摂動が加わるなりしてそれからずれたとき，そのずれ（偏差）に対する方程式が作れる．これが第 2 変分に対応している．まず正準方程式

$$\frac{dq_i}{dt} = \frac{\partial H}{\partial p_i}, \quad \frac{dp_i}{dt} = -\frac{\partial H}{\partial q_i}$$

の解（軌道）を

$$X_{cl} = \begin{pmatrix} q_{cl}(t) \\ p_{cl}(t) \end{pmatrix}$$

とする．ただし q, p は，位相空間の点の座標，運動量を $n \times 1$ 列ベクトルで表したものである．このとき古典的軌道からの偏差は

$$Y = (X - X^{cl}) = \begin{pmatrix} \xi \\ \eta \end{pmatrix}.$$

この古典軌道の周りで Y について 1 次まで展開することにより，次の偏差方程式が得られる．

$$\begin{aligned}
\frac{d\xi_i}{dt} &= \sum_j \frac{\partial^2 H}{\partial p_i^{cl} \partial q_j^{cl}} \xi_j + \sum_j \frac{\partial^2 H}{\partial p_i^{cl} \partial p_j^{cl}} \eta_j \\
\frac{d\eta_i}{dt} &= -\sum_j \frac{\partial^2 H}{\partial q_i^{cl} \partial q_j^{cl}} \xi_j - \sum_j \frac{\partial^2 H}{\partial q_i^{cl} \partial p_j^{cl}} \eta_j.
\end{aligned} \quad (3.4.20)$$

あるいはまとめて書くと

$$\frac{dY}{dt} = \tilde{H} Y. \quad (3.4.21)$$

ここで

$$\tilde{H} = \begin{pmatrix} \frac{\partial^2 H}{\partial p_i^{cl} \partial q_j^{cl}} & \frac{\partial^2 H}{\partial p_i^{cl} \partial p_j^{cl}} \\ -\frac{\partial^2 H}{\partial q_i^{cl} \partial q_j^{cl}} & -\frac{\partial^2 H}{\partial q_i^{cl} \partial p_j^{cl}} \end{pmatrix}.$$

これはポアンカレ方程式と呼ばれる．特にいま関心のある周期軌道の場合には $(q_{cl}(t+T), p_{cl}(t+T)) = (q_{cl}(t), p_{cl}(t))$ より $\tilde{H}(t+T) = \tilde{H}(t)$ が成り

---

[14] E.T.Whittaker, Analytical Dynamics, Paperback edition, Cambridge,1989.

立つ．この周期性を考慮すれば，この解 $Y(t)$ は

$$Y(t+T) = \exp[\alpha_k]Y(t) \tag{3.4.22}$$

を満たすことが容易にわかる[15]．これが Hill-Bloch の定理である．この α_k が安定角を与える．

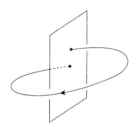

図 3.3：安定角の概念図：一周したときの古典軌道からのズレ

ただし α_k は T の関数である．ここで $k = \pm 1, \pm 2, \cdots, \pm n$ と番号を付けると次の定理が証明される．

定理：この番号付けに従って $\alpha_{-k} = -\alpha_k$ が成立する．

証明：この証明の前に次の準備をしておく．偏差方程式の解を 2 組考えて $Y = (\xi, \eta), Y' = (\xi', \eta')$ とおく．このとき

$$\frac{d}{dt}\sum_i (\eta_i \xi'_i - \xi_i \eta'_i) = 0$$

となることが簡単にわかる．従って

$$\sum_i (\eta_i \xi'_i - \xi_i \eta'_i) = (\xi', \eta')\begin{pmatrix} 0 & I \\ -I & 0 \end{pmatrix}\begin{pmatrix} \xi \\ \eta \end{pmatrix} \equiv {}^t Y J Y$$

が一定値に保たれる．ここで

$$J = \begin{pmatrix} 0 & I \\ -I & 0 \end{pmatrix} \tag{3.4.23}$$

---

[15] この事実は次のようにしてわかる．$\tilde{H}(t+T) = \tilde{H}(t)$ より $Y(t+T)$ がもとの偏差方程式を満たす．このことから解 $Y(t)$ の 1 次結合で与えられる．すなわち $Y(t+T) = R(T)Y(t)$ と書ける．さらに $R(T)$ を指数関数で表わせば得られる．

である.さて周期軌道の場合には Bloch 定理により

$$Y(t+T) = R(T)Y(t), \qquad Y'(t+T) = R(T)Y'(t). \tag{3.4.24}$$

ここで $R(T)$ は周期に依存する $2n \times 2n$ 行列である.この関係を上の保存則に適用すると

$$(\xi'(t+T), \eta'(t+T)) \begin{pmatrix} 0 & I \\ -I & 0 \end{pmatrix} \begin{pmatrix} \xi(t+T) \\ \eta(t+T) \end{pmatrix} = (\xi'(t), \eta'(t)) \begin{pmatrix} 0 & I \\ -I & 0 \end{pmatrix} \begin{pmatrix} \xi(t) \\ \eta(t) \end{pmatrix}$$

より

$$(\xi'(t), \eta'(t))\,{}^t R J R \begin{pmatrix} \xi(t) \\ \eta(t) \end{pmatrix} = (\xi'(t), \eta'(t)) J \begin{pmatrix} \xi(t) \\ \eta(t) \end{pmatrix}.$$

故に R は次の関係式を満たすことがわかる.

$$\,{}^t R J R = J. \tag{3.4.25}$$

すなわち R はシンプレクティック行列と呼ばれるものになる.この R の固有値から定理が証明できる.すなわち "R の $2n$ 個の固有値は $(\lambda_i, \lambda_i^{-1})$ ($i=1,\cdots,n$) で与えられる".証明はシンプレクティック行列の性質を使えばよい.固有値方程式を

$$\det(R - \lambda \mathrm{I}) = 0 \tag{3.4.26}$$

とすると $\det(R - \lambda \mathrm{I}) = \det(JR - \lambda J) = 0$ となって,この転置をとると $\det({}^t(JR) - \lambda{}^t J) = 0$ かつ ${}^t(JR) = -R^{-1}J$ ($\because\ {}^t J = -J$) より

$$\det(-R^{-1}J + \lambda J) = \det(R^{-1} - \lambda \mathrm{I}) \det J. \tag{3.4.27}$$

これから $\det J \neq 0$ に注意して

$$\det(R - \lambda^{-1} \mathrm{I}) = 0 \tag{3.4.28}$$

が出てくる.すなわち $\frac{1}{\lambda}$ も元の固有値方程式の根になっている.$\lambda = \exp\alpha_k$, $\lambda^{-1} = \exp[\alpha_{-k}]$ によって安定角 α を定義すれば $\alpha_{-k} = -\alpha_k$ となる(証明終).

§3.4.3　1次元ポテンシャル問題の準古典量子化[16]

周期軌道の周りで展開したトレースの準古典表式は

$$K_{sc}(T) \simeq \exp\left[\frac{i}{\hbar}S_{cl}(T)\right]K^{(2)}(T)$$

によって与えられる．まず第2変分からの寄与を求める．ここでのガウス積分の計算は第2章の積分変換による結果を用いる．すなわち今の場合 $M(t) = V''(x_{cl}(t))$ という特別の場合である．

(i) まずヤコビアンは

$$J = \exp\left[\frac{1}{2}\int_0^T \frac{\dot{N}(t)}{N(t)}dt\right] = \sqrt{\frac{N(T)}{N(0)}}$$

で与えられるので

$$K^{(2)}(T) = \sqrt{\frac{-i}{2\pi\hbar}}\left[N(T)N(0)\int_0^T \frac{dt}{N^2(t)}\right]^{-\frac{1}{2}}.$$

ここで $N(t)$ の具体的形として $N(t) = \dot{x}_{cl}(t)$ をとることができる．これは

$$\left[\frac{d^2}{dt^2} + V''(x_{cl})\right]N(t) = 0$$

を満たしていることからわかる．また

$$\frac{dt}{\dot{x}_{cl}^2} = \frac{\dot{x}_{cl}dt}{\dot{x}_{cl}^3} = \frac{dx_{cl}}{\dot{x}_{cl}^3}$$

に注意すると

$$\int_0^T \frac{dt}{N^2(t)} = 2\int_{x_1}^{x_2} \frac{dx}{\{\sqrt{2(E-V)}\}^3}$$

となる．周期 T は

$$T = 2\int_{x_1}^{x_2} \frac{dx}{\sqrt{2(E-V(x))}}.$$

これから

$$\int_0^T \frac{dt}{N^2(t)} = -\frac{dT}{dE}.$$

---

[16] R.Dashen, B.Hasslacher and A.Neveu, Phys.Rev.**D10**(1974)4114.

以上により
$$K^{(2)}(T) = \int dx_0 \sqrt{\frac{i}{2\pi\hbar}} \exp[-i\pi] \frac{1}{\dot{x}_{cl}(0)} \sqrt{\frac{dE_{cl}}{dT}}. \quad (3.4.29)$$
ここで $\int dx_0 \frac{1}{\dot{x}_0} = T$ となることに注意．ここで $\exp[-i\pi]$ は Maslov 指数であって，$\dot{x} = 0$ になる 2 つの転回点において $K^{(2)}$ の位相がそれぞれ $\frac{\pi}{2}$ ずつずれることから来る．

(ii) 次にエネルギー表示に直す．
$$K^{sc}(E) = \int_0^\infty K^{sc}(T) \exp\left[\frac{iET}{\hbar}\right] dT$$
$$= \int_0^\infty \exp[\frac{i}{\hbar}(S_{cl}(T) + ET - \pi)] T \sqrt{\frac{dE_{cl}}{dT}} \sqrt{-\frac{i}{2\pi\hbar}} dT. \quad (3.4.30)$$
そこで T 積分を停留位相近似によって評価する．停留条件
$$\frac{\partial}{\partial T}(S_{cl}(T) + ET) = 0 \quad \to \quad \frac{\partial S}{\partial T} + E = 0$$
を逆解きすると $T = T(E)$．作用積分 $W(E) = S_{cl}(T(E)) + ET(E))$ より，
$$\frac{\partial^2 W}{\partial T^2} = \frac{\partial^2}{\partial T^2}(S_{cl} + ET) = \frac{\partial^2 S_{cl}}{\partial T^2}$$
に注意して 2 次のガウス積分をし，
$$\frac{\partial^2 S_{cl}}{\partial T^2} = \frac{\partial}{\partial T}\left(\frac{\partial S}{\partial T}\right) = \frac{\partial E}{\partial T}$$
を用いると
$$K^{sc}(E) \sim \sqrt{\frac{-i}{2\pi\hbar}} T(E)(-1) \exp\left[i\frac{W(E)}{\hbar}\right]. \quad (3.4.31)$$
最後に n 倍軌道の寄与を全て考慮する．すなわち $W(E) \to nW(E)$ なる置き換えをして $n = 1, \cdots, \infty$ について和をとると
$$K^{sc}(E) \sim \sqrt{\frac{-i}{2\pi\hbar}} T(E) \sum_{n=1}^\infty \exp\left[in(\frac{W(E)}{\hbar}\right](-1)^n$$
$$= \sqrt{\frac{-i}{2\pi\hbar}} T(E) \frac{\exp[iW(E)/\hbar]}{1 + \exp[iW(E)/\hbar]}. \quad (3.4.32)$$
($\exp[-n\pi i] = (-1)^n$ に注意．) これが 1 次元の場合のトレース公式である．$K^{sc(E)}$ の極の位置から，Maslov 指数による補正が入ったボーア-ゾンマーフェルト量子条件が得られる．

第4章
コヒーレント状態と量子変分原理

　この章ではコヒーレント状態とそれを表示とする経路積分，および量子変分原理について述べる．初めに一般化されたコヒーレント状態について述べる．一般化されたコヒーレント状態を構成すると，これから経路積分を作ることができる．準古典極限として，量子作用原理が帰結することを見る．さらに経路積分から，一般化された位相空間における周期軌道に対する準古典量子化が帰結することを示す．

§4.1　ボソンコヒーレント状態

　コヒーレント状態の概念は，標語的に言えば，古典力学の位相空間の概念を"量子化"したものといえよう．量子力学で学ぶ表示は座標表示と運動量表示であるが，それらは不確定関係によって互いに相補的である．つまり同時の固有状態は定義できない．しかしそれを"近似したような"状態はできる．つまり最小波束の状態で位置と運動量の不確定性を一番小さくできる状態が実現される．これは調和振動子における消滅演算子の固有状態として定義できる．次のような推進演算子を考える．

$$T(z) = \exp[z\hat{a}^\dagger - z^*\hat{a}]. \tag{4.1.1}$$

z は複素パラメータである．z の実数表示

$$z = \frac{1}{\sqrt{2\hbar}}(q+ip)$$
$$\hat{a}^\dagger = \frac{1}{\sqrt{2\hbar}}(\hat{q}-i\hat{p})$$

を用いて表すと

$$T(q,p) = \exp\left[\frac{i}{\hbar}(p\hat{q}-q\hat{p})\right].$$

これは位相空間の点 (q,p) の移動を引き起こす．$|0\rangle$ を真空状態として推進演算子を作用させることにより，ボソンコヒーレント状態は定義される．

$$|z\rangle = \exp[z\hat{a}^\dagger - z^*\hat{a}]|0\rangle. \tag{4.1.2}$$

Cambell-Hausdorff 公式を用いると $T(z)$ は次のように書かれる．

$$T(z) = \exp\left[-\frac{|z|^2}{2}\right]\exp[z\hat{a}^\dagger]\exp[-z^*\hat{a}]. \tag{4.1.3}$$

これは"ノーマル形"である．こうして

$$|z\rangle = \exp\left[-\frac{|z|^2}{2}\right]\exp[z\hat{a}^\dagger]|0\rangle. \tag{4.1.4}$$

これから，次の不等式が成立することはすぐにわかる．

$$|\langle z' | z \rangle| \leq 1$$

ここで等式は $z'=z$ のときに成立する．このことは，コヒーレント状態は規格化されているが非直交系であることを示す．非直交状態：

$$|\tilde{z}\rangle = \exp[z\hat{a}^\dagger]|0\rangle \tag{4.1.5}$$

に対するノルムは

$$\langle \tilde{z}|\tilde{z}\rangle = \exp[z^*z]$$

と計算される．これから規格化された状態(4.1.4)が得られる．(4.1.5)の形から

$$\hat{a}|\tilde{z}\rangle = z|\tilde{z}\rangle,$$

すなわちボソンコヒーレント状態は消滅演算子の固有状態であることがわかる．このように消滅演算子の固有状態であると初めから宣言してしまえば，ず

らしのユニタリー演算子による回り道をしなくて済むが，この方法は一般化されたコヒーレント状態の構成に必要になってくる．$|z\rangle$ に対して完全性関係

$$\int |z\rangle d\mu(z)\langle z| = 1 \tag{4.1.6}$$

が成立する．ここで $d\mu(z)$ は複素平面 C の測度（面積要素）である．

$$d\mu(z) = \frac{1}{\pi}dxdy, z = x+iy. \tag{4.1.7}$$

この関係式は後で出てくる一般化されたコヒーレント状態に対しても成立する要となる性質である．証明はフォック表示に直せば簡単に示せるので，読者の練習問題として残しておく．

多数の振動子が存在する場合を考えよう．$(a_i, a_i^\dagger)$, $i=1,\cdots,n$ を考えると，これらが互いに独立であれば

$$[\hat{a}_i, \hat{a}_j^\dagger] = \delta_{ij}.$$

この系に対するコヒーレント状態は個々のコヒーレント状態の直積をとって

$$\prod_{i=1}^{n}|z_i\rangle = |z_1\cdots z_n\rangle = \exp\left[-\sum_{i=1}^{n}\frac{|z_i|^2}{2}\right] \times \exp\left[\sum_{i=1}^{n}z_i\hat{a}_i^\dagger\right]|0\rangle$$

と構成できる．完全性関係は

$$\int\cdots\int |z_1\cdots z_n\rangle\langle z_1\cdots z_n|\prod_{i=1}^{n}d\mu(z_i) = 1$$

によって与えられる．

例：強磁場中での荷電粒子に対する応用[1]

2章であたえた古典力学議論より，一様磁場中の荷電粒子（電子）[2]のハミルトニアンは

$$H = \frac{1}{2\mu}\mathbf{\Pi}^2. \tag{4.1.8}$$

で与えられる（μ は質量を表す）．ここで

$$\mathbf{\Pi} = \mathbf{p} + \frac{e}{c}\mathbf{A} \tag{4.1.9}$$

---

[1] c.f. A.Feldman and A.Kahn, Phys. Rev. **B1** (1970) 4584.
[2] この例のみ荷電粒子として電子を扱ことにする

とおいて，"案内中心 (guiding center, GC)" 座標の演算子を導入する：

$$X = x - \Pi_y/\mu\omega, \qquad Y = y + \Pi_x/\mu\omega. \tag{4.1.10}$$

これは交換関係

$$[X, Y] = \frac{i\hbar}{\mu\omega} \tag{4.1.11}$$

を満たす．また，Π_x, Π_y は交換関係

$$[\Pi_x, \Pi_y] = -\frac{ie\hbar}{c}B \tag{4.1.12}$$

を満たす．これから次の演算子を定義する．

$$a = \frac{1}{\sqrt{2\mu\omega\hbar}}(\Pi_x - i\Pi_y), \qquad a^\dagger = \frac{1}{\sqrt{2\mu\omega\hbar}}(\Pi_x + i\Pi_y) \tag{4.1.13}$$

および

$$b = \frac{1}{\sqrt{2l^2}}(X + iY), \qquad b^\dagger = \frac{1}{\sqrt{2l^2}}(X - iY). \tag{4.1.14}$$

ここで $\ell \equiv \sqrt{\frac{\hbar}{\mu\omega}}$（磁気長と呼ばれる）．これらは交換関係

$$[a, a^\dagger] = 1, \qquad [a, a] = [a^\dagger, a^\dagger] = 0$$

および

$$[b, b^\dagger] = 1, \qquad [b, b] = [b^\dagger, b^\dagger] = 0$$

さらに

$$[a, b^\dagger] = [a^\dagger, b] = 0, \quad [a, b] = [a^\dagger, b^\dagger] = 0$$

を満たすことがわかる．すなわち (a, b) は，2 つの独立な調和振動子の昇降演算子である．これを用いるとハミルトニアンは

$$H = \left(a^\dagger a + \frac{1}{2}\right)\hbar\omega \tag{4.1.15}$$

と表せる．これが Landau 準位を与える．さらに角運動量演算子が次のように書けることもわかる：

$$L_z = xp_y - yp_x = (a^\dagger a - b^\dagger b)\hbar. \tag{4.1.16}$$

ここで，$a^\dagger a$ と $b^\dagger b$ を使って $|N, m\rangle$ を次のように定義する：

$$\left(a^\dagger a + \frac{1}{2}\right)\hbar\omega |N, m\rangle = \left(N + \frac{1}{2}\right)\hbar\omega |N, m\rangle$$
$$L_z |N, m\rangle = m\hbar |N, m\rangle. \quad (4.1.17)$$

これは

$$a^\dagger |N, m\rangle = (N+1)^{\frac{1}{2}} |N+1, m+1\rangle$$
$$a |N, m\rangle = N^{\frac{1}{2}} |N-1, m-1\rangle$$
$$b^\dagger |N, m\rangle = (N-m+1)^{\frac{1}{2}} |N, m-1\rangle$$
$$b |N, m\rangle = (N-m)^{\frac{1}{2}} |N, m+1\rangle \quad (4.1.18)$$

を満たす．ここで N, m のとり得る値は次のようになる：

$$N = 0, 1, 2, \cdots\cdots, \infty$$
$$m = -\infty, \cdots, 0, 1, 2, \cdots, N-1, N \quad (4.1.19)$$

$a, a^\dagger, b, b^\dagger$ と $|N, m\rangle$ の間の関係を使うと $|N, m\rangle$ は

$$|N, m\rangle = \frac{(b^+)^{N-m}(a^+)^N}{N!(N-m)!} |0, 0\rangle \quad (4.1.20)$$

と書かれる．以上の準備でコヒーレント状態 $|\xi, z\rangle$ が構成できる：

$$a |\xi, z\rangle = \xi |\xi, z\rangle,$$
$$b |\xi, z\rangle = z |\xi, z\rangle \quad (4.1.21)$$

ここで ξ, z は複素座標を表す．$|\xi, z\rangle$ は

$$|\xi, z\rangle = \exp\left(\xi a^\dagger + z b^\dagger\right) |0, 0\rangle \quad (4.1.22)$$

と表わすことができる．2つのコヒーレント状態間の重なりは

$$\langle \xi', z' | \xi, z\rangle = \exp(\xi'^* \xi + z'^* z) \quad (4.1.23)$$

で与えられる．完全性関係は

$$\int |\xi, z\rangle \, d\mu[\xi, z] \, \langle \xi, z| = 1 \quad (4.1.24)$$

となる．ここで，"測度"（体積要素）$d\mu(\xi, z)$ は

$$d\mu[\xi, z] = \frac{d\xi^r d\xi^i}{\pi} \frac{dz^r dz^i}{\pi}$$

によって与えられる．コヒーレント状態表示での波動関数は

$$\begin{aligned}\psi_{\xi,z}(x,y) &\equiv \langle x, y \mid \xi, z \rangle \\ &= \frac{1}{\sqrt{2\pi}l} \exp\left\{-\frac{1}{4l^2}\left[x - \sqrt{2}l(iz + \xi)\right]^2 \right. \\ &\quad \left. -\frac{1}{4l^2}\left[y + \sqrt{2}l(z + i\xi)\right]^2 + i\xi z\right\}\end{aligned}$$

となる．ここで与えたコヒーレント状態は，後章で取りあげる量子ホール状態の基礎となる重要な状態である．

§4.2 スピンコヒーレント状態

次に重要な状態であるスピンコヒーレント状態について説明する[3]．これはスピン（一般の角運動量）に付随するものであって，ボソンに比べると構成が複雑であるが，その要はスピンの代数にある．角運動量の固有状態を $\{|J, M\rangle; |M| \leq J\}$ とおく．これは群論の表現で言えばウェイトが J の既約表現を与える．J の取り得る値は

$$0, \frac{\hbar}{2}, \hbar, \frac{3}{2}\hbar, \cdots$$

となる[4]．これはフォック表示に対応する．基底状態に対応するものは $M = -J$ をもつ要素 $|J, -J\rangle$ で，これから"昇"演算子を作用させていくと

$$|J, M\rangle = \frac{1}{(J+M)!}\binom{2J}{J+M}^{-\frac{1}{2}} (\hat{J}_+)^{J+M} |J, -J\rangle$$

ただし $M = -J \sim J$．基底状態 $|J, -J\rangle$ は

$$\hat{J}_- |J, -J\rangle = 0$$

---

[3] F.T.Arecchi, E.Courtens, R.Gilmore, H.Thomas Phys. Rev. **A6**(1972) 2211.
[4] 以下 $\hbar$ を単位としていることに注意．

4.2 スピンコヒーレント状態

を満たす.方向余弦 $\boldsymbol{n} = (\sin\phi, -\cos\phi, 0)$ で与えられる軸のまわり角度 θ だけの回転演算子を考えよう:

$$T(\theta,\phi) = \exp[-i\theta \hat{J}_n] = \exp[-i\theta(\hat{J}_x \sin\phi - \hat{J}_y \cos\phi)]. \quad (4.2.1)$$

それは複素表示で書くと,次のようになる:

$$T(\xi) = \exp[\xi \hat{J}_+ - \xi^* \hat{J}_-]. \quad (4.2.2)$$

ここで

$$\xi = \frac{1}{2}\theta \exp[-i\phi].$$

回転演算子はスピン演算子に対して変換を引き起こす.

$$\begin{cases} T(\theta,\phi)\hat{J}_n T(\theta,\phi)^{-1} = \hat{J}_n, \\ T(\theta,\phi)\hat{J}_t T(\theta,\phi)^{-1} = \hat{J}_t \cos\theta + \hat{J}_z \sin\theta, \\ T(\theta,\phi)\hat{J}_z T(\theta,\phi)^{-1} = -\hat{J}_t \sin\theta + \hat{J}_z \cos\theta. \end{cases} \quad (4.2.3)$$

ここで

$$\begin{cases} \hat{J}_n = \hat{J}_x \sin\phi - \hat{J}_y \cos\phi, \\ \hat{J}_t = \hat{J}_x \cos\phi + \hat{J}_y \sin\phi. \end{cases} \quad (4.2.4)$$

これらの関係から

$$\begin{cases} T(\theta,\phi)\hat{J}_- T(\theta,\phi)^{-1} = (\cos^2\frac{\theta}{2} e^{i\phi}\hat{J}_- - \sin^2\frac{\theta}{2} e^{-i\phi}\hat{J}_+ + \hat{J}_z \sin\theta)e^{-i\phi}, \\ T(\theta,\phi)\hat{J}_+ T(\theta,\phi)^{-1} = (\cos^2\frac{\theta}{2} e^{-i\phi}\hat{J}_+ - \sin^2\frac{\theta}{2} e^{i\phi}\hat{J}_- + \hat{J}_z \sin\theta)e^{i\phi}, \\ T(\theta,\phi)\hat{J}_z T(\theta,\phi)^{-1} = \cos\theta \hat{J}_z - \frac{1}{2}\sin\theta(e^{i\phi}\hat{J}_- + e^{-i\phi}\hat{J}_+) \end{cases} \quad (4.2.5)$$

が得られる.ボソンの場合との対応で,SU(2)コヒーレント状態は基底状態に $T(\theta,\phi)$ 演算子を作用させることによって得られる.

$$|\theta,\phi\rangle = T(\theta,\phi)|J,-J\rangle. \quad (4.2.6)$$

上の関係式から SU(2) コヒーレント状態に対して

$$\begin{aligned} \left[\cos^2\frac{\theta}{2} e^{i\phi}\hat{J}_- - \sin^2\frac{\theta}{2} e^{-i\phi}\hat{J}_+ + \hat{J}_z \sin\theta\right]|\theta,\phi\rangle &= 0, \\ \left[\cos\theta \hat{J}_z - \frac{1}{2}\sin\theta(e^{-i\phi}\hat{J}_+ + e^{i\phi}\hat{J}_-)\right]|\theta,\phi\rangle &= -J|\theta,\phi\rangle \end{aligned} \quad (4.2.7)$$

が成り立つ．ただし $T(\theta,\phi)\hat{J}_z T(\theta,\phi)^{-1}|\theta,\phi\rangle = -J|\theta,\phi\rangle$ を使った．ここで，ユニタリー演算子を "disentangling formula"（適当な訳語がない）を用いて書き直す．すなわち[5]

$$\begin{aligned} T(\theta,\phi) &= \exp[z\hat{J}_+]\exp[\log(1+|z|^2)\hat{J}_z] \\ &\quad \times \exp[-z^*\hat{J}_-]. \end{aligned} \quad (4.2.8)$$

z は "ステレオ座標" を表わす：

$$z = \frac{\xi}{|\xi|}\tan|\xi| = \tan\frac{\theta}{2}e^{-i\phi}. \quad (4.2.9)$$

これからコヒーレント状態は

$$|\theta,\phi\rangle = |z\rangle = (1+|z|^2)^{-J}\exp[z\hat{J}_+]|J,-J\rangle \quad (4.2.10)$$

と表わすことができる．これは既約表現の各部分状態によって展開される．

$$\langle J,M\mid z\rangle = \binom{2J}{J+M}^{\frac{1}{2}}\frac{(z)^{J+M}}{(1+|z|^2)^J}. \quad (4.2.11)$$

2つの複素パラメータ ξ, z の間の関係 (4.2.9) は，ステレオ投影と呼ばれるものになっている．つまり2次元球面 S^2 を，複素平面に無限遠点を付加した $C\cup\infty$ 面に射影する．これが "1点コンパクト化" と呼ばれるものである．つまり南極が無限遠方に写される．2つのコヒーレント状態の間の重なりは次のように計算できる．

$$\begin{aligned} \langle z'|z\rangle &= \sum_{M=-J}^{J}\langle z'\mid J,M\rangle\langle J,M\mid z\rangle \\ &= \frac{(1+z'^*z)^{2J}}{(1+|z'|^2)^J(1+|z|^2)^J}. \end{aligned} \quad (4.2.12)$$

これから不等式 $|\langle z'\mid z\rangle|\leq 1$ の成立が直ちにわかる．等号は $z'=z$ のときに成立する．ボソンコヒーレント状態の場合と同じく，スピンコヒーレント

---

[5] disentangling formula の証明は，一般のスピンが $J=\frac{1}{2}\hbar$ の合成によって得られることを考えれば，$J=\frac{1}{2}\hbar$ の場合に証明しておけばよい．この場合，スピンは 2×2 行列によって表されるから，指数関数を直接展開することによって確かめられる．

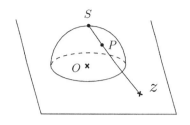 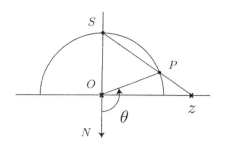

図 4.1：ステレオ投影

状態も "overcomplete set" を形成する．規格化されないコヒーレント状態は次のように与えられる．

$$\begin{aligned}|\tilde{z}\rangle &= \exp[z\hat{J}_+]|J,-J\rangle \\ &= \sum_{M=-J}^{J}\binom{2J}{J+M}^{\frac{1}{2}}z^{J+M}|J,M\rangle.\end{aligned} \quad (4.2.13)$$

これから展開係数は

$$\langle JM \mid \tilde{z}\rangle = \binom{2J}{J+M}^{\frac{1}{2}}z^{J+M}. \quad (4.2.14)$$

となり，従ってノルムは

$$F \equiv \langle \tilde{z} \mid \tilde{z}\rangle = (1+|z|^2)^{2J} \quad (4.2.15)$$

で与えられる．Bolch 状態の場合にも完全性関係が成立することがわかる．すなわち

$$\int |z\rangle\, d\mu(z)\, \langle z| = 1. \quad (4.2.16)$$

ここで測度は 2 次元球面（Bolch 球と呼ぶ）の面積要素で与えられ，

$$d\mu(z) = \frac{(2J+1)}{4\pi}\frac{dz \wedge dz^*}{(1+|z|^2)^2} \quad (4.2.17)$$

あるいは極座標を使えば

$$d\mu(\theta,\phi) = \frac{(2J+1)}{4\pi}\sin\theta d\theta \wedge \phi. \quad (4.2.18)$$

この関係は，スピンの大きさが J で与えられる既約表現ごとに決まる．この

証明は次の展開

$$\int \frac{(z^*)^{J+M} z^{J-N}}{(1+|z|^2)^{2J}} d\mu(z) = \frac{(J+M)!(J+N)!}{(2J)!} \delta_{M,-N} \qquad (4.2.19)$$

を用いて，既約表現 $\{|JM\rangle\}$ の完全性

$$\sum_{M=-J}^{J} |J,M\rangle \langle J,M| = 1 \qquad (4.2.20)$$

を用いることによってなされる．積分の計算は練習問題として残しておく．完全性関係を用いると

$$\begin{aligned} |f\rangle &\equiv \sum_M C_M |J,M\rangle \\ &= \int d\mu(z) \frac{f(z^*)}{(1+|z|^2)^J} |z\rangle \end{aligned}$$

と書ける．ここで

$$\begin{aligned} f(z^*) &= (1+|z|^2)^J \langle z | f \rangle \\ &= \sum_M C_M \binom{2J}{J+M}^{\frac{1}{2}} (z^*)^{J+M} \end{aligned}$$

となり，次数が $2J$ の多項式になる．さらに規格化されていない表示を使うと $f(z^*) = \langle \tilde{z} | f \rangle$ と表わせ，$f(z^*)$ は z^* の解析関数である．つまり z^* のみの関数で z は含まれない．コヒーレント状態の内積は

$$\langle f | g \rangle = \int \frac{d\mu(z)}{(1+|z|^2)^{2J}} (f(z^*))^* g(z^*)$$

となる．$f_M(z^*) = \binom{2J}{J+M}^{\frac{1}{2}} (z^*)^{J+M}$ に注意すると

$$\int (f_M(z^*))^* f_N(z^*) (1+|z|^2)^{-2J} d\mu(z) = \delta_{M,-N}.$$

これは単項式 $f_M(z^*)$ が S^2（2次元複素射影空間）上で定義された直交関数系を形成することを示している．

多数の独立なスピンの場合に拡張するのは形式的にできる．実際上重要な系は全てスピンの大きさが等しい場合であるから，以下その場合を考える．n 個のスピン J^i を考えると，交換関係

$$[\hat{J}_+^i, \hat{J}_-^j] = i\delta_{ij}\hat{J}_z^i$$

を満たし，それぞれのスピンに対するコヒーレント状態

$$|z_i\rangle = (1+|z|^2)^{-J}\exp[z_i\hat{J}_+^i]|J, -J\rangle$$

より，スピンの自由度に関する直積をとれば

$$\prod_{i=1}^n \otimes |z_i\rangle \equiv |z_1, \cdots, z_n\rangle = \prod_{i=1}^n (1+|z_i|^2)^{-J} \exp\left[\sum_{i=1}^n z_i\hat{J}_+^i\right]|J, -J\rangle \tag{4.2.21}$$

が得られる．完全性関係は次のようになる：

$$\int \cdots \int |z_1, \cdots, z_n\rangle\langle z_1, \cdots, z_n| \prod_{i=1}^n d\mu(z_i) = 1. \tag{4.2.22}$$

例：モノポール磁場中の荷電粒子

スピンコヒーレント状態の例として，モノポールの周りの荷電粒子を考える．まず次の注意をする．モノポールの波動関数は，通常の関数を拡張した概念である，球面上の"ファイバーバンドル"によって与えられる．（ファイバーバンドルについては次章で説明する．）これは球面上ではグローバルな1価関数は構成できないため，拡張の必要があることに起因している．そこで球面を北と南の2つの半球に分け，それぞれの領域で正則な関数（複素関数の意味ではない）として定義された関数（切断）を貼り付けるという操作で，特異点のない波動関数を球面全体で定義できる[6]．モノポール磁場中の荷電粒子のハミルトニアンは $\boldsymbol{A}$ をモノポール・ベクトルポテンシャルとして

$$\hat{H} = \frac{1}{2m}(\boldsymbol{p} - \frac{e}{c}\boldsymbol{A})^2$$

で与えられる．これは極座標を用いると

$$\hat{H} = \frac{\hbar^2}{2m}\left[-\frac{1}{r^2}\frac{\partial}{\partial r}\left(r^2\frac{\partial}{\partial r}\right) + \frac{1}{r^2}(\boldsymbol{r}\times(\boldsymbol{p}-\frac{e}{c}\boldsymbol{A}))^2\right] \tag{4.2.23}$$

と書かれる．ここで $\boldsymbol{J}$ は全角運動量であって

$$\boldsymbol{J} = \boldsymbol{L} + \kappa\hat{r} \tag{4.2.24}$$

---

[6] C.N.Yang and T.T.Wu, Nucl.Phys.**107**(1976)365.

で書かれる[7]．ここで κ は

$$\kappa\hbar = \frac{eg}{c}$$

と与えられて，かつ

$$\boldsymbol{L} = \boldsymbol{r} \times (\boldsymbol{p} - \frac{e}{c}\boldsymbol{A})$$

は通常の角運動量の形をしている．かつ $\hat{r} = \frac{\boldsymbol{r}}{r}$ は動径方向の単位ベクトルを表わす．$\boldsymbol{J}$ はハミルトニアンと可換になる．

$$[\hat{H}, \boldsymbol{J}] = 0. \tag{4.2.25}$$

従って $\boldsymbol{L} \cdot \hat{r} = 0$ に注意すれば，$\boldsymbol{L}^2$ は次のようになる：

$$\boldsymbol{L}^2 = \boldsymbol{J}^2\hbar^2 - \kappa^2\hbar^2. \tag{4.2.26}$$

$\boldsymbol{J}^2$ の固有関数はいわゆるモノポール調和関数で与えられる．これに関する詳細は文献に譲って結果のみを記す．$\boldsymbol{J}^2$ の固有値は

$$J(J+1)\hbar^2 \tag{4.2.27}$$

で与えられ，J は

$$J\hbar = \kappa\hbar, \ (\kappa+1)\hbar, \cdots \tag{4.2.28}$$

を満たす．さらに $\kappa\hbar$ はディラックの量子条件[8]から

$$\kappa\hbar = \frac{n}{2}\hbar \tag{4.2.29}$$

となる．ただし n は正の整数である．ハミルトニアンの第2項は

$$\frac{1}{r^2}\boldsymbol{L}^2 \tag{4.2.30}$$

となり，球面上では r は一定であるから，

$$H = c\boldsymbol{L}^2 = c(J(J+1) - \kappa^2)\hbar^2 \tag{4.2.31}$$

---

[7] この関係式はモノポール磁場中の運動方程式の積分として得られる．すなわち

$$\frac{d\boldsymbol{L}}{dt} + \frac{eg}{c}\frac{d}{dt}\hat{r} = 0 \qquad \left(\hat{r} \equiv \frac{\boldsymbol{r}}{r}\right)$$

から出てくる．たとえば，伏見康治著 "古典力学"（岩波書店）を参照．

[8] ディラックの量子条件に関しては第5章で論じる．

となり，従って固有値は

$$c\{J(J+1)-\kappa^2\}\hbar^2 = (\kappa+N)(\kappa+(N+1))\hbar^2 - \kappa^2\hbar^2 \quad (4.2.32)$$

で与えられる．ただし N は正整数である．各々の $J = \kappa, \kappa+1 \cdots$ が Landau 準位に相当していて，縮退度が案内中心(2.5節参照)の自由度を担っていると解釈できる．ただし平面の場合の振動子とは異なり，各 J 間の遷移を記述する演算子に相当するものはこの場合には明らかではない．特に基底状態の縮退度は $2\kappa + 1$ となる．基底状態 κ からコヒーレント状態を作ることができる．

$$|z\rangle = \exp[z\hat{J}_+]|-\kappa\rangle. \quad (4.2.33)$$

複素座標 $z = \tan\frac{\theta}{2}\exp[-i\phi]$ で，(θ, ϕ) は球面上の案内中心の座標を表わす．コヒーレント状態の表示によって基底状態を表すと

$$\langle z|m\rangle = \bar{z}^m \quad (4.2.34)$$

となる．ここで $m = 0, \cdots, 2\kappa$ で与えられる．

§4.3 SU(1,1) コヒーレント状態

典型的かつ最も簡単な非コンパクト群である SU(1,1) 群のコヒーレント状態を構成する[9]．これを別名 "ローレンツコヒーレント状態" と呼ぶ．

この群の生成子の初等的表現として，調和振動子の昇降演算子の双 1 次形式によって与えることができる．

$$\hat{K}_+ = \frac{1}{2}(\hat{a}^\dagger)^2, \qquad \hat{K}_- = \frac{1}{2}\hat{a}^2, \qquad \hat{K}_0 = \frac{1}{4}(\hat{a}\hat{a}^\dagger + \hat{a}^\dagger\hat{a}). \quad (4.3.1)$$

これらは交換関係

$$[\hat{K}_0, \hat{K}_1] = i\hat{K}_2, \qquad [\hat{K}_1, \hat{K}_2] = -i\hat{K}_0, \qquad [\hat{K}_2, \hat{K}_0] = i\hat{K}_1 \quad (4.3.2)$$

を満たす．ここで "昇降" 演算子 $\hat{K}_\pm = i(\hat{K}_1 \pm i\hat{K}_2)$ に対するそれは

$$[\hat{K}_0, \hat{K}_\pm] = \pm\hat{K}_\pm, \qquad [\hat{K}_-, \hat{K}_+] = 2\hat{K}_0$$

---

[9] A.Barut and L.Girardello, Comm.Math.Phys.**21**(1971)41.

で与えられる．K_0 の固有状態は 2 つのラベル (k,m) で記述され，

$$\hat{K}_0 |k,m\rangle = (k+m) |k,m\rangle \tag{4.3.3}$$

を満たす．k は任意の実数を表し m は負でない整数である．$|k,m\rangle$ は真空状態 $|0\rangle$ から

$$|k,m\rangle = \left[\frac{\Gamma(2k)}{m!\Gamma(m+2k)}\right]^{1/2} (\hat{K}_+)^m |0\rangle \tag{4.3.4}$$

のように構成できる．特に $|0\rangle \equiv |k, m=0\rangle$ を基底の状態 (starting state) にとると，これは表現論の言葉では "離散表現" と呼ばれるものに相当している (連続表現と呼ばれるものもあるがここでは触れない)．k の値によって 2 つの場合が取られることがわかっている．(i) $k=\frac{1}{2}$，(ii) $k=\frac{3}{4}$．量子光学の用語を使えば，これら 2 つの場合は "フォトン数がゼロ" (つまりボソンの真空)，"フォトン数が 1" の場合に相当する．次の "squeezing operator" を定義する．

$$S(\zeta) = e^{\zeta \hat{K}_+ - \zeta^* \hat{K}_-} = e^{\frac{1}{2}(\zeta(\hat{a}^\dagger)^2 - \zeta^* \hat{a}^2)}. \tag{4.3.5}$$

ここで squeezing parameter, $\tanh|\zeta|$ と，回転角 $\phi/2$ を定義する．$S(\zeta)$ を真空に作用させることにより SU(1,1) コヒーレント状態を得る．

$$|z\rangle = e^{\zeta \hat{K}_+ - \zeta^* \hat{K}_-} |0\rangle = \left(1 - |z|^2\right)^k e^{z\hat{K}_+} |0\rangle. \tag{4.3.6}$$

z のべき級数で展開することにより

$$|z\rangle = \left(1 - |z|^2\right)^k \sum_{m=0}^{\infty} \left[\frac{\Gamma(m+2k)}{m!\Gamma(2k)}\right]^{1/2} z^m |m\rangle \tag{4.3.7}$$

となる．ここで $|m\rangle$ の直交性より，非規格化されたコヒーレント状態間の重なりは

$$\langle z_1 | z_2 \rangle = \frac{\left[(1-|z_1|^2)(1-|z_2|^2)\right]^k}{(1 - z_1^* z_2)^{2k}} \tag{4.3.8}$$

で与えられる．

以上で構成された 3 つの典型的なコヒーレント状態の対比を表の形でまとめておく．

群	SU(2)	SU(1,1)	HW
リー代数	$J_z, J_\pm$	$K_z, K_\pm$	$1, a^\dagger, a$
$\|\Phi_0\rangle$	$\|J, -J\rangle$	$\|k, m\rangle$	$\|0\rangle$

§4.4 リー群の表現と一般化されたコヒーレント状態

これまで特別の場合のコヒーレント状態を個別に構成してきたが，ここでこれらの状態に共通する点を抜き出し，一般のコヒーレント状態を構成する．これはリー群の表現（ユニタリー表現）の観点の下になされる[10]．

§4.4.1 一般論

リー群 G とそのユニタリー表現を $T(g)$ $(g \in G)$ としよう．それは既約である，すなわち行列表現をしたとき2つ以上の部分行列に分けられないとする．この $T(g)$ を用いて一般化コヒーレント状態を次のように定義する．

(i) ある出発点の状態（starting state）$|0\rangle$ に対して $\{|g\rangle = T(g)|0\rangle\}$ を作る．

(ii) 次のような G の部分集合 H を考える．ここで H は $|0\rangle$ を "位相因子" を除いて不変にするようなもので，$T(h)|0\rangle = (phase)|0\rangle$．このような部分集合 H は G の部分群をなすことがわかる．この特別な部分群は "アイソトロピー部分群" と呼ばれる．H の下での不変性から

$$T(gh)|0\rangle = T(g)T(h)|0\rangle = (phase)T(g)|0\rangle \tag{4.4.1}$$

が出てくる．これは状態 $|g\rangle$ が，G の要素 g を固定して H の元を全てを走らせたときの "(左)剰余類" gH のみによって決まることを意味している．

(iii) ステップ (ii) より一般化コヒーレント状態の定義を次のように与える．

$$|x\rangle \equiv |g(x)\rangle \equiv T(g)|0\rangle. \tag{4.4.2}$$

ここで x は剰余類を表す空間（多様体）G/H（等質空間と呼ぶ；付録を参照）の点を表す．このようにして構成された一般化コヒーレント状態の性質を見てみよう．

(a) 元の群 G に対する変換：

---

[10] A.Perelomov; Comm.Math.Phys.**26**(1972)222.

$$T(g)\ket{x} = e^{i\alpha(x,g)}\ket{g\cdot x}. \tag{4.4.3}$$

ここで $g\cdot x$ は点 x の変換を表わす．位相 α は x および g に複雑に依存する関数である．

(b) 完全性関係の成立：

$$\int \ket{x} d\mu(x) \bra{x} = 1. \tag{4.4.4}$$

ここで $d\mu(x)$ は剰余類の空間（等質空間）の不変測度で

$$d\mu(x) = d\mu(g\cdot x) \tag{4.4.5}$$

が成立する．完全性関係式の証明にはユニタリー表現の既約性が鍵になる．次のような射影演算子を導入する．

$$P = \int \ket{x} d\mu(x) \bra{x}. \tag{4.4.6}$$

これから

$$\begin{aligned}
T(g)PT(g)^{-1} &= \int T(g)\ket{x} d\mu(x) \bra{x} T(g)^{-1} \\
&= \int \ket{g\cdot x} d\mu(g\cdot x) \bra{g\cdot x}.
\end{aligned} \tag{4.4.7}$$

つまり

$$T(g)PT(g)^{-1} = P, \tag{4.4.8}$$

あるいは $T(g)P = PT(g)$．ここで $T(g)$ が既約であることから Schur の補題により $P = d\times I$．つまり P は単位行列の定数倍となる[11]．これから

$$\frac{1}{d}\int \ket{x} d\mu(x) \bra{x} = 1 \tag{4.4.9}$$

が導かれ，定数 d は

$$d = \bra{y} P \ket{y} = \int |\braket{y|x}|^2 d\mu(x) \tag{4.4.10}$$

によって決定される．完全性関係から

$$f(x) = \int K(x,y) f(y) d\mu(y). \tag{4.4.11}$$

---

[11] Schur の補題とは次のようなものである．全ての g の表現 $T(g)$ と可換な 1 次変換 A はスカラー行列である．すなわち全ての g に対して $T(g)A = AT(g)$ となるとき $A = aI$ となる．

4.4 リー群の表現と一般化されたコヒーレント状態

ここで $f(x) = \langle x \mid f \rangle$, $K(x,y) = \langle x \mid y \rangle$. 積分方程式の形をしたこの式は"再帰関係式"(reproducing relation)とでも呼ぶべきものである.

以上の一般的構成からながめると,SU(2)コヒーレント状態は次のように構成される. $G = SU(2)$ として $|0\rangle$ を $|0\rangle \equiv |J, -J\rangle$ にとる.アイソトロピー群は $|0\rangle$ を不変にする.つまり $H = U(1) : T(h)|0\rangle = \exp[im\phi]|0\rangle$. 等質空間は $SU(2)/U(1) = P_1(C) \simeq S^2$ (リーマン球面)となり,変換は複素座標の1次分数変換によって与えられる.

$$z' = \frac{az+b}{cz+d}.$$

ここで

$$\begin{pmatrix} a & b \\ c & d \end{pmatrix} = g$$

はSU(2)行列である.さらにボソンコヒーレント状態は,いわゆるハイゼンベルク-ワイル群から構成される.すなわち次のような群を定義する.

$$G_{HW} = \{g\} \ : \ g = (t, \alpha). \tag{4.4.12}$$

ここで t は実数,かつ α は複素平面の点を表わす.群演算は

$$(t, \alpha)(s, \beta) = (t + s + \mathrm{Im}(\alpha\beta^*), \alpha + \beta) \tag{4.4.13}$$

を満たすようにする.これは実際 G_{HW} に対する表現を

$$T(g) = \exp[itI]T(\alpha) \tag{4.4.14}$$

によって与えると実現できる(ここで $T(\alpha) = \exp[(\alpha a^\dagger - h.c.)]$ であった).上の群演算が成立することは

$$T(\alpha)T(\beta) = \exp[i\mathrm{Im}(\alpha\beta^*)]T(\alpha + \beta) \tag{4.4.15}$$

の事実を使えばよい.部分群 H に相等するのは $(t, 0) \simeq \exp[itI]$ であることは容易にわかる.

注意 一般化コヒーレント状態のクラスとして特別なものがある.それは剰余類の空間(等質空間) G/H が,いわゆる複素多様体によって与えられる場

合である．複素多様体の厳密な定義を述べることはできないが，例を挙げることで一般的な特徴を述べる．スピンコヒーレント状態の場合には，G/H は 1 次元の複素射影空間 $P_1(C) \simeq SU(2)/U(1)$ となり，これは典型的な 1 次元複素多様体である．一般の次元の場合，その上の点は n 個の複素座標 $z = (z_1, \ldots, z_n)$ で指定される．例えば後で例示する複素グラスマン多様体の場合，この座標は複素数行列となる．完全性関係は

$$\int |Z\rangle\, d\mu(Z) \langle Z| = 1 \tag{4.4.16}$$

のように書かれる．$d\mu(Z)$ は不変測度であって

$$d\mu(z) = \det(g) \prod_k dz_k \wedge dz_k^*. \tag{4.4.17}$$

この式は複素多様体の計量テンソル(エルミート計量と呼ばれる)

$$ds^2 = \sum_{ij} g_{i\bar{j}} dz_i dz_j^* \tag{4.4.18}$$

から導かれる．最後に，規格化されたコヒーレント状態と非規格化状態の関連を与える．後者を $|\tilde{Z}\rangle$ とすると

$$|\tilde{Z}\rangle = \exp\left[\sum Z_k X_k\right] |0\rangle.$$

X_k はリー群 G の生成子(generator)である．これから

$$|Z\rangle = \frac{|\tilde{Z}\rangle}{\sqrt{\langle \tilde{Z}|\tilde{Z}\rangle}}.$$

と書かれる．

§4.4.2 フェルミオンの行列式状態：グラスマン多様体上のコヒーレント状態

一般化されたコヒーレント状態の応用として，多フェルミ粒子系状態をとりあげる．ここではスレーター行列式の状態が，ユニタリー群のコヒーレント状態によって実現されることを示す[12]．これは後で見るように，ゲージ場

---

[12] H.Kuratsuji and T.Suzuki, Phys.Lett.**92B**(1980)19.

4.4 リー群の表現と一般化されたコヒーレント状態

におけるアノマリー現象の解釈の基礎になる．

フェルミオンの生成消滅演算子を $\hat{\Psi}^\dagger_\alpha(x)$, $\hat{\Psi}_\alpha(x)$ とおく．ここで添字 α は内部自由度(例えば"カラー"あるいは"フレーバー")を表し，$\alpha = 1 \sim N$ とする．フェルミ場で記述される基底状態を構成するため1粒子状態を導入し，それによって Ψ_α を展開する：

$$\hat{\Psi}_\alpha(x) = \sum_i \phi_{\alpha i}(x) a_{\alpha i} + \sum_f \phi_{\alpha f}(x) a_{\alpha f}. \qquad (4.4.19)$$

ここで粒子がすべて占められた基底状態を

$$|\Phi_0\rangle = \prod_{\alpha f} a^\dagger_{\alpha f} |0\rangle \qquad (4.4.20)$$

とおく．$|0\rangle$ は粒子の無い状態を表す．以下において1粒子状態のラベルを次のように約束する．(f,g) はフェルミ準位以下の(占有)状態を表し，(i,j) はフェルミ準位以上の(非占有)状態を表すものとする．ただし $i,j = 1, \cdots m$ をとるものとし，また $f,g = 1, \cdots n$ をとるものとする．この規約に従って $|\Phi_0\rangle$ を基準とすると，生成演算子は"空孔"を生成する演算子となるので

$$a_{\alpha f} = b^\dagger_{\alpha f} \qquad (4.4.21)$$

と読み替える．さて，上で定義した基底状態を基準にして，これから僅かに変形された状態を記述しよう．はじめにこのフェルミオン状態の基礎となる群の構造を見てみると，それはユニタリー群の直積 $U(N) \times U(m+n)$ によって与えられる．前者はフェルミオンの内部自由度(対称性)に関するもので，後者は $(m+n)$ 個の1粒子状態に関するものである．つまりこれらの状態を混ぜることによって，別の1粒子状態ができることを意味する．そこで次のような双一次演算子を定義する．

$$X_{kl}(\alpha\beta) = a^\dagger_{\alpha k} a_{\beta l}. \qquad (4.4.22)$$

これは直積群 $U(N) \times U(m+n)$ の生成子(generator)を与える．特に $U(N)$ に関して"1重項"演算子

$$X_{kl} = \sum_\alpha a^\dagger_{\alpha k} a_{\alpha l} \qquad (4.4.23)$$

に限定してみる．これはユニタリー群 $U(m+n)$ の生成子となり交換関係

$$[X_{kl}, X_{k'l'}] = \delta_{kl'} X_{k'l} - \delta_{k'l} X_{kl'} \tag{4.4.24}$$

を満たす．$U(m+n)$ はさらに部分群 $U(m) \times U(n)$ を持っている．これは次の生成子を指数関数の肩に乗せることで得られる．

$$\{X_{ij}, X_{fg}\}, \quad i,j = 1 \sim m, \quad f,g = 1 \sim n. \tag{4.4.25}$$

ここで重要なのは "真空" $|\Phi_0\rangle$ が部分群 $U(m) \times U(n)$ の下で不変なことである．すなわち

$$T(U(m) \times U(n))|\Phi_0\rangle = (phase) \times |\Phi_0\rangle \tag{4.4.26}$$

が成立する．この準備の下にコヒーレント状態の一般的構成の手順に従って

$$|Z\rangle = \exp\left[\sum_{if} \mu_{if} X_{if}^\dagger - h.c\right] |\Phi_0\rangle \tag{4.4.27}$$

が構成できる．ここで SU(2) の場合と同様 "disentangling formula" を適用すると

$$|Z\rangle = \left[\det\left(I^{(m+n)} + Z^\dagger Z\right)\right]^{-\frac{N}{2}} \exp\left[\sum_{af} z_{af} X_{af}^\dagger\right] |\Phi_0\rangle \tag{4.4.28}$$

と書き直される．パラメーター空間は複素グラスマン空間となり，記号で

$$G_{m,n}(C) = U(m+n)/U(m) \times U(n) \tag{4.4.29}$$

と書かれる．この上の点は $m \times n$ 複素行列 Z によって表現される．この空間の不変測度(体積要素)はちょっと複雑であるが

$$d\mu(z) = \text{const} \times \left[\det\left(I^{m+n} + Z^\dagger Z\right)\right]^{-(m+n)} \prod dz_{if} dz_{if}^*. \tag{4.4.30}$$

で与えられることが知られている．2つのコヒーレント状態間の重なりは

$$\begin{aligned}\langle Z | Z' \rangle &= \left[\det\left(I^{(m+n)} + Z^\dagger Z'\right)\right]^N \left[\det\left(I^{(m+n)} + Z^\dagger Z\right)\right]^{-\frac{N}{2}} \\ &\quad \times \left[\det\left(I^{(m+n)} + Z'^\dagger Z'\right)\right]^{-\frac{N}{2}}\end{aligned} \tag{4.4.31}$$

と計算できる．これは本質的に行列式状態の積という初等的な手法で計算さ

4.4 リー群の表現と一般化されたコヒーレント状態

れる．これを説明しよう．ここで内部自由度 α は無視してよい．というのは $N=1$ の場合を考え，一般の N に関しては単に N 個の積をとればよいからである．まず上の形式的な構成法が初等的な行列式状態（スレーター行列式）と等価であることを示そう．真空にユニタリー変換を施すと，

$$|g\rangle = T(g)|\Phi_0\rangle. \tag{4.4.32}$$

ここで $T(g)$ は次のように定義される．

$$\begin{aligned}
\tilde{a}_i &= T(g)a_i T(g)^{-1} = \sum_{j=1}^{m} A_{ij} a_j + \sum_{f=1}^{n} B_{if} b_f^\dagger, \\
\tilde{b}_g^\dagger &= T(g) b_g^\dagger T(g)^{-1} = \sum_{j=1}^{m} C_{gj} a_j + \sum_{f=1}^{n} D_{gf} b_f^\dagger.
\end{aligned} \tag{4.4.33}$$

これを行列の形で書くと

$$\begin{pmatrix} \tilde{a} \\ \tilde{b}^\dagger \end{pmatrix} = T(g) \begin{pmatrix} a \\ b^\dagger \end{pmatrix} T(g)^{-1} = \begin{pmatrix} A & B \\ C & D \end{pmatrix} \begin{pmatrix} a \\ b^\dagger \end{pmatrix}. \tag{4.4.34}$$

$|g\rangle$ は $\tilde{a}, \tilde{b}$ によって記述されるフェルミオン状態の真空を表すことがわかる（問題：この事実を確かめよ）．上の変換は正準変換であるからフェルミオンの反交換関係は保存される．これから

$$\begin{aligned}
AA^\dagger + BB^\dagger &= I^m, \\
CC^\dagger + DD^\dagger &= I^n, \\
CA^\dagger + DB^\dagger &= 0, \\
AC^\dagger + BD^\dagger &= 0.
\end{aligned} \tag{4.4.35}$$

まとめて書くと $gg^\dagger = I^{m+n}$ となり，g は $(m+n)$ 正方行列である．

$$g = \begin{pmatrix} A & B \\ C & D \end{pmatrix}.$$

ここで $|g\rangle$ が $\tilde{b}$ の真空であることに注意すると，

$$|g\rangle = T(g)|\Phi_0\rangle = \prod_{f=1}^{n} \tilde{b}_f(g)|0\rangle \tag{4.4.36}$$

となる. $\tilde{b}_f(g)$ は $G = U(m+n)$ の関数とみなされ,これから $|g\rangle$ は行列式状態の空間を構成することがわかる. 実際,

$$T(g) \prod_{f=1}^{n} b_f |0\rangle = \prod T(g) b_f T(g)^{-1} T(g) |0\rangle = \prod_{f=1}^{n} \tilde{b}_f |0\rangle. \quad (4.4.37)$$

特に $n = n,\ m = 1$ の場合は $G(n,m) = P_n(C)$ となる.

以上の構成法からスレーター行列式状態間の重なりが簡単に計算できる.すなわち

$$\langle g \mid g' \rangle = \langle 0| \prod_{f=1}^{n} \tilde{b}'^{\dagger}_f \prod_{f}^{n} \tilde{b}_f |0\rangle = \det(\langle \tilde{\phi}'_f \mid \tilde{\phi}_g \rangle) \quad (4.4.38)$$

を用いればよい.ここで使ったのは行列式の積の公式である. ϕ_f etc. は $\tilde{b}_f$ に対応する1粒子波動関数で,次のように変換する.

$$\begin{aligned}
\tilde{\phi}_f &= \sum_{j=1}^{m} C_{fj} \phi_j + \sum_{g=1}^{n} D_{fg} \phi_g^*, \\
\tilde{\phi}_f^* &= \sum_{j=1}^{m} C'_{fj} \phi_j + \sum_{g=1}^{n} D'_{gf} \phi_g^*.
\end{aligned} \quad (4.4.39)$$

この関係から

$$\langle g \mid g' \rangle = \det(C'C^{\dagger} + D'D^{\dagger}) \quad (4.4.40)$$

を得る.最後に $Z = C/D$ よりグラスマン多様体の点 Z と同定することで Z に書きなおされ,(4.4.31) が導かれる.

$|\Phi_0\rangle$ が $T(h) \equiv T(m) \times T(n)$ に関して不変であること,すなわち

$$T(h) |\Phi_0\rangle = (\text{phase}) |\Phi_0\rangle \quad (4.4.41)$$

を示そう.ここで $|\Phi_0\rangle = \prod_{f=1}^{n} b_f |0\rangle$ である. $T(h) = T(A)T(B)$ に注意すると

$$\begin{aligned}
T(A) &= \exp[\sum_{ij} z_{ij} a_i^{\dagger} a_j], \\
T(B) &= \exp[\sum_{fg} z_{fg} b_f^{\dagger} b_g].
\end{aligned}$$

明らかに $T(A) |\Phi_0\rangle = |\Phi_0\rangle$. そして

$$T(B)|\Phi_0\rangle = T(B)\prod_{f=1}^n b_f |0\rangle$$
$$= \prod_{f=1}^n T(B) b_f T(B)^{-1} T(B) |0\rangle$$
$$= \det D \prod_{f=1}^n b_f |0\rangle.$$

ただし $\det D = \exp[i\alpha]$ (これは $\det DD^\dagger = 1$ より出る). ここで次の関係を使った.

$$\exp[\sum_{fg} z_{fg} b_f^\dagger b_g] b_f \exp[\sum_{fg} z_{fg} b_f^\dagger b_g] = \sum_{g=1}^n D_{fg} b_g$$

及び

$$\prod_{f=1}^n (\sum_{g=1}^n D_{fg} b_g) = \det D \prod_{f=1}^n b_f.$$

§4.4.3 半単純リー群に対するコヒーレント状態

一般化コヒーレント状態のうち,コンパクト半単純リー群に付随するものに対する一般的構成を述べる[13]. 付録において特別な場合 SU(3) コヒーレント状態の構成を与える. この群を G で記す. また, G のリー代数を G で記す. 数学的な言い方をすると G は実数上でベクトル空間をなす. すなわちリー代数の要素がベクトル空間の要素になる. これの "正準基底"(canonical basis) を

$$\{E_\alpha, E_{-\alpha}, H_j\} \tag{4.4.42}$$

とする. 集合 H_j ($j=1,\ldots,r$) は G の中で互いに交換する (可換な) 要素の最大の集合を表し,それを "カルタン部分代数" と呼ぶ. つまり

$$[H_i, H_j] = 0 \tag{4.4.43}$$

を満たす. r はランクと呼ばれる. ラベル α は "ルートベクトル"(root vector) と呼ばれるもので, r 次元ベクトル空間のベクトルで $\alpha = (\alpha_1 \cdots \alpha_r)$ のよう

---

[13] この節は,半単純リー群の表現に馴染みのない読者はとばして差し支えない.

に表される.これはカルタン部分代数の双対(dual)ベクトルと見られる.カルタン部分代数に対応するリー部分群は最大トーラス(Maximal torus)と呼ばれ,$U(1) \times \cdots \times U(1) = T^r$ と記す.上の3つの組 $\{E_\pm, H\}$ は次の交換関係を満たすことが知られている.

$$[H, E_\alpha] = \alpha(H)E_\alpha,$$
$$[E_\alpha, E_\beta] = N(\alpha, \beta)E_{\alpha+\beta}, (\text{for } \alpha + \beta \neq \text{root})$$
$$[E_{-\alpha}, E_\alpha] = H_\alpha. \qquad (4.4.44)$$

ただし $\alpha(H)$ はカルタン部分代数に双対な1次形式である.

ここで次の事実を引用しておこう.G は H によって $G = H + \sum_\alpha G_\alpha$ のように"分解"され,次の事実が成り立つ.(1) H は可換であり,$\alpha \neq 0$ ならば $\dim G_\alpha = 1$. ただし dim は次元を意味する.(2) α がルートならば $-\alpha$ もルート,整数 m に対して $m\alpha$ がルートならば $m = 0, \pm 1$. (3) $\dim H = r$ ならば r 個の1次独立なルートが存在する.上の交換関係を見るとこれら3つの組はちょうど角運動量の昇降演算子 $(J_\pm, J_z)$ の間の交換関係,

$$[J_z, J_\pm] = \pm J_\pm, \qquad [J_+, J_-] = 2J_z$$

の拡張になっていると見ることができる.角運動量の固有状態の構成の仕方を拡張しよう.μ をカルタン部分代数の同時固有値とする.これを"ウェイト"(weight)と呼ぶ.これは J_z の固有値に対応する.

$$H_i |\mu_1 \cdots \mu_r\rangle = \mu_i |\mu_1 \cdots \mu_r\rangle. \qquad (4.4.45)$$

対応する固有ベクトル $|\mu_1 \cdots \mu_r\rangle$ のことをウェイトベクトルと呼ぶ.これは上の交換関係を用いれば

$$H_j E_{\pm\alpha} |\mu_1 \cdots \mu_r\rangle = (\mu_j \pm \alpha) E_{\pm\alpha} |\mu_1 \cdots \mu_r\rangle \qquad (4.4.46)$$

を満たす.ここで最高(あるいは最低)ウェイトの概念が重要である.これは角運動量の場合の J_z の最大(最小)固有値に相当する.それを $|\pm\lambda\rangle$ と表そう.これは

$$E_\alpha |\lambda\rangle = 0, \quad (あるいは, E_{-\alpha} |-\lambda\rangle = 0) \qquad (4.4.47)$$

によって特徴づけられる.次にコヒーレント状態を構成するためにリー群の

複素化という概念が要になる．これは純粋に数学的な概念であって，物理として捕らえにくい概念であるが，ここを超えないとコヒーレント状態の構成はできない．必要なことは数体の拡大の概念である．基礎の数体を拡大することによって，もとの対象を詳細に見るという戦略である．実数で定義されていたリー群を複素リー群の中に"埋め込み"，これを G^c と記す．次に必要なのはガウス分解の概念である[14]． G^c の要素 g に対して

$$g = \zeta h \eta \tag{4.4.48}$$

と分解する．ここで $\zeta \in G_+, h \in H, \eta \in G_-$ で， $G_\pm, H$ はそれぞれ上(下)三角行列群，及び対角行列群であって， G^c の部分群になっている．また G^c の要素は

$$g = \zeta b_-, \text{あるいは } b_+ \eta. \tag{4.4.49}$$

ここで $b_\pm \epsilon B_\pm$ であって， $B_\pm$ は G^c の Borel 部分群と呼ばれる．ここで次の同型関係がある．

$$G/H \simeq G^c/B_-. \tag{4.4.50}$$

さらに

$$G/H \simeq Z_+ \tag{4.4.51}$$

の成り立つことが決定的である．これでコヒーレント状態の一般構成における等質空間 G/H が複素リー群によって実現される．つまり G/H の点は複素空間 Z_+ の点によって表される．

ここで一般構成に従いコヒーレント状態を定義する[15]．最低ウェイトベクトル $|-\lambda\rangle \equiv |0\rangle$ から出発して Borel 分解を使うと

$$|\zeta\rangle = T(g)|0\rangle = T(\zeta)T(b_-)|0\rangle = NT(\zeta)|0\rangle \tag{4.4.52}$$

となり，さらに $T(\zeta)|0\rangle = \exp[\sum_\alpha \zeta_\alpha E_\alpha]|0\rangle$ となる（ここで $\alpha \in R_+$ は正のルートをとる）．これはスピンコヒーレント状態の拡張になっていることがわ

---

[14] たとえば，高度な微分幾何学のテキストであるが，S.Helgason, "Differential Geometry and Symmetric Spaces" (Academic Press, New York, 1978).

[15] A.M.Perelomov, "Generalized Coherent State", (Springer Verlag, Berlin, 1985).

かる．これが半単純リー群のコヒーレント状態の一般的な形で，これ以上の簡約化は具体的なリー群を与えてなされる(以下を参照)．$\zeta \in Z_+$ に注意すると，2つのコヒーレント状態間の重なりは

$$\langle \zeta_1 | \zeta_2 \rangle = N_1 N_2 \langle 0 | T(\zeta_1) T(\zeta_2) | 0 \rangle \tag{4.4.53}$$

となり，$T(\zeta_1)T(\zeta_2) = T(\zeta_1 \zeta_2)$ に注意すると

$$\langle \zeta_1 | \zeta_2 \rangle = N_1 N_2 \langle 0 | T(\zeta_1 \zeta_2) | 0 \rangle \tag{4.4.54}$$

と書ける．さらにガウス分解 $\zeta_1^\dagger \zeta_2 = xhy, x \in Z_+, y \in Z_-$ を用いて，$Z_0 |0\rangle = |0\rangle$ ($E_\alpha |0\rangle = 0$ に注意)を使うと，規格化されない核関数

$$F = \langle 0 | T(\zeta_1^\dagger \zeta_2) | 0 \rangle = \exp[\sum_l \lambda_l f_l] \tag{4.4.55}$$

が得られる．上で与えた一般的構成から特にユニタリー群の場合を考えると，この群はアーベル群 $U(1)$ の n 個の直積を部分群として持っていることが特徴である．これは極大トーラスと呼ばれる．この部分群による剰余類は $SU(n)/U(1) \times \cdots \times U(1)$ で，これは旗多様体と呼ばれるものである．$SU(3)$ の場合の具体的構成は付録で与えてある．

§4.5 経路積分

上で導入された一般化コヒーレント状態を用いて経路積分を構成しよう[16]．

§4.5.1 ボソン系の経路積分

コヒーレント状態は，複素数でパラメトライズされた非直交系を表す．これに完全性関係が成立するため，複素パラメータ空間内で経路の概念が構成できて，経路積分が定義できる．第2章において経路積分は，ユニタリー推進演算子を微小時間で区切り，その間に完全性関係を挟みこんでいくことで構成された．そこで用いた座標表示の完全性関係の代わりに，ボソンコヒー

---

[16] コヒーレント状態経路積分の全般的な文献に関しては，J.Klauder and B.Skergerstam, "Coherent States", repring volume, World Scientific, Singapore, 1984. を参照．

レントの完全性関係を用いることで，形式的に経路積分が構成されるのである．まず2つのボソンコヒーレント状態間の遷移振幅は，次で与えられる：

$$K(z'',t''|z',t') = \langle z''|\exp[-\frac{i}{\hbar}\hat{H}(t''-t')]|z'\rangle. \quad (4.5.1)$$

一般にハミルトニアンは時間によるのであるが，ここでは議論を簡単にするため時間によらない場合に話を限ろう．時間間隔をN等分し($\epsilon = (t''-t')/N$)，$N \to \infty$に持っていく．時間の分点において完全性関係

$$\int |z_k\rangle d\mu(z_k)\langle z_k| = 1$$

を挿みこむと

$$K(z'',t''|z',t') = \lim_{N\to\infty}\int\cdots\int\prod_{k=1}^{N-1}d\mu(z_k)\prod_{k=1}^{N}\langle z_k|\exp[-\frac{i}{\hbar}\hat{H}\epsilon]|z_{k-1}\rangle. \quad (4.5.2)$$

ここでϵが微小であるから

$$\langle z_k|\exp[-\frac{i}{\hbar}\hat{H}\epsilon]|z_{k-1}\rangle \simeq \langle z_k|(1-\frac{i}{\hbar}\hat{H}\epsilon)|z_{k-1}\rangle = \langle z_k|z_{k-1}\rangle(1-\frac{i}{\hbar}\frac{\langle z_k|\hat{H}|z_{k-1}\rangle}{\langle z_k|z_{k-1}\rangle}\epsilon)$$

と展開される．重なり積分は

$$\langle z_k|z_{k-1}\rangle = \exp[z_k^*z_{k-1} - \frac{z_kz_k^*}{2} - \frac{z_{k-1}z_{k-1}^*}{2}]$$

によって与えられ，指数の部分を

$$z_k^*z_{k-1} - \frac{z_kz_k^*}{2} - \frac{z_{k-1}z_{k-1}^*}{2} = -\frac{1}{2}\{z_k^*(z_k - z_{k-1}) - (z_k^* - z_{k-1}^*)z_{k-1})\}$$

と変形し，さらに

$$(1 - \frac{i}{\hbar}\frac{\langle z_k|\hat{H}|z_{k-1}\rangle}{\langle z_k|z_{k-1}\rangle}\epsilon) \simeq \exp[-\frac{i}{\hbar}\frac{\langle z_k|\hat{H}|z_{k-1}\rangle}{\langle z_k|z_{k-1}\rangle}\epsilon]$$

のように指数関数の形に戻すと，

$$\langle z_k|\exp[-\frac{i}{\hbar}\hat{H}\epsilon]|z_{k-1}\rangle$$
$$\simeq \exp[\frac{i}{\hbar}\Big(\frac{i\hbar}{2}\{z_k^*(z_k - z_{k-1}) - (z_k^* - z_{k-1}^*)z_{k-1}\} - \frac{\langle z_k|\hat{H}|z_{k-1}\rangle}{\langle z_k|z_{k-1}\rangle}\epsilon\Big)].$$

が得られる．ここでプランク定数$\hbar$を入れておいた．これから，(4.5.2)は次のように書かれる：

$$K(z'',t''|z',t') = \lim_{N\to\infty} \int \cdots \int \prod_{k=1}^{N-1} d\mu(z_k) \prod_{k=1}^{N} \langle z_k| \exp[-\frac{i}{\hbar}\hat{H}\epsilon]|z_{k-1}\rangle$$

$$= \lim_{N\to\infty} \int \cdots \int \exp[\frac{i}{\hbar} \sum_{k=1}^{N} (\frac{i\hbar}{2}\{z_k^* \frac{z_k - z_{k-1}}{\epsilon} - \frac{z_k^* - z_{k-1}^*}{\epsilon} z_{k-1}\}$$

$$-H(z_k^*, z_k; z_{k-1}^*, z_{k-1}))\epsilon] \times \prod_{k=1}^{N-1} d\mu(z_k). \qquad (4.5.3)$$

ここで

$$H(z_k^*, z_k; z_{k-1}^*, z_{k-1}) = \frac{\langle z_k|\hat{H}|z_{k-1}\rangle}{\langle z_k|z_{k-1}\rangle}$$

とおいた．特にハミルトニアンとして，生成演算子 $a^\dagger$ が消滅演算子 a の左に来るように順序が定められていると仮定する．最も簡単な例は調和振動子 $\hat{H} = \hbar(a^\dagger a + \frac{1}{2})$ である．これから

$$\langle z_k|\hat{H}(a^\dagger, a)|z_{k-1}\rangle = H(z_k^*, z_{k-1})\langle z_k|z_{k-1}\rangle$$

より

$$\frac{\langle z_k|\hat{H}|z_{k-1}\rangle}{\langle z_k|z_{k-1}\rangle} = H(z_k^*, z_{k-1})$$

となることに注意する．無限次元多重積分(4.5.3)は形式的に

$$K(z'',t''|z',t') = \int \exp[\frac{i}{\hbar} \int \{\frac{i\hbar}{2}(z^*\frac{dz}{dt} - c.c) - H(z^*, z)\}dt]\mathcal{D}[\mu(z(t))] \qquad (4.5.4)$$

と表わすことができる．ただし経路測度を次のように定義する．

$$\mathcal{D}[\mu(z(t))] \equiv \lim_{N\to\infty} \prod_{k=1}^{N} d\mu(z_k). \qquad (4.5.5)$$

作用関数は

$$S[z(t)] = \int [\frac{i\hbar}{2}(z^*\frac{dz}{dt} - c.c) - H(z^*, z)]dt \equiv \int L dt \qquad (4.5.6)$$

で与えられ，L がラグランジアンとなる．これがボソンコヒーレント状態表示での経路積分である．

多自由度の場合への拡張も容易である．$|z\rangle \to |z_1 \cdots z_n\rangle$ にとればよい．結果は次のように与えられる：

$$K(z_1'' \cdots z_n'', t''|z_1' \cdots z_n', t')$$
$$= \int \exp[\frac{i}{\hbar} \int \left(\frac{i\hbar}{2} \{\sum_{i=1}^n z_i^* \frac{dz_i}{dt} - c.c\} - H(z_1^* \cdots z_n^*, z_1 \cdots z_n)\right) dt]$$
$$\times \mathcal{D}[\mu(z_1(t), \cdots, z_n(t))]. \quad (4.5.7)$$

コメント：伝播関数を用いればコヒーレント状態表示での波動関数の時間発展を記述する方程式を作れる．すなわち

$$\psi(z'', t) = \int K(z'', t|z', 0) \psi(z', 0) d\mu(z').$$

ここで $\psi(z,t) = \langle z, t | \psi \rangle$ は状態 $|\psi\rangle$ においてコヒーレント状態 $|z\rangle$ を見出す確率振幅である．

一様強磁場中の荷電粒子[17]

一様磁場中の荷電粒子（電子）[18]はサイクロトロン運動と案内中心による2つの調和振動子モードにいるコヒーレント状態の積で与えられることを見た．そこで上のボソンコヒーレント状態表示による経路積分を適用すると，次のようになる：

$$K(\xi''z'', t|\xi'z', 0) = \langle \xi''z''|\exp[-\frac{i}{\hbar}\hat{H}t]|\xi'z'\rangle = \int \exp[\frac{i}{\hbar}\int L dt]\mathcal{D}[\mu(\xi(t), z(t)]. \quad (4.5.8)$$

ここで，ラグランジアンは

$$L = \frac{i\hbar}{2}\{(\xi^* \frac{d\xi}{dt} - c.c) + (z^* \frac{dz}{dt} - c.c)\} - H(\xi^*, \xi; z^*, z) \quad (4.5.9)$$

と計算される．これは一般に (ξ, ξ^*) で与えられるサイクロトロン運動と (z, z^*) で与えられる案内中心運動の結合を記述する形をしている．特にハミルトニアンとしては，一様磁場のハミルトニアンに非磁気的なポテンシャル $V(x,y)$ が加わったものを考えよう．

$$\hat{H} = \frac{1}{2m}(\hat{\boldsymbol{p}} + \frac{e}{c}\boldsymbol{A})^2 + V(x,y).$$

---
[17] T.Tochishita, H.Mizui and H.Kuratsuji, Phys.Lett.**A212**(1996)304.
[18] 以前と同様，このパラグラフのみ荷電粒子として電子を扱うことに注意

この期待値は

$$H(\xi^*,\xi;z^*,z) = (\xi^*\xi + \frac{1}{2})\hbar\omega + \frac{\langle\xi,z|\hat{V}(x,y)|\xi,z\rangle}{\langle\xi,z|\xi,z\rangle}.$$

となる(コメント：これは昇降演算子を用いて，$\hat{V}$ を正規積(normal ordering)として順序つけられた形に書けば

$$V(\frac{\sqrt{2l^2}}{2}(b+b^\dagger) - \frac{\sqrt{2m\omega}}{2i}(a^\dagger-a), \frac{\sqrt{2l^2}}{2i}(b-b^\dagger) - \frac{\sqrt{2m\omega}}{2}(a^\dagger+a)) = \tilde{V}(a^\dagger,b^\dagger;a,b),$$

その期待値は

$$\frac{\langle\xi,z|\hat{V}(x,y)|\xi,z\rangle}{\langle\xi,z|\xi,z\rangle} = \tilde{V}(\xi^*,z^*;\xi,z)$$

とも表せる)．ここで強磁場の極限を考える．始めの状態を Landau 準位の基底状態($N=0$)に選んでおけばサイクロトロン運動は無いものとしてよい．これはコヒーレント状態で言えば $\xi=0$ に選ぶことに相当する．従って

$$H(0,0;z^*,z) = \frac{1}{2}\hbar\omega + \tilde{V}(0,z^*;0,z).$$

以下の計算では，ゼロ点振動 $\frac{1}{2}\hbar\omega$ を省く．さらに案内中心の複素の実座標による表示

$$\begin{aligned} z &= \frac{1}{\sqrt{2l^2}}(X+iY) \\ z^* &= \frac{1}{\sqrt{2l^2}}(X-iY) \end{aligned}$$

を用いると案内中心の経路積分は

$$K_{GC}(z'',t|z',0) = \int \exp[\frac{i}{\hbar}S[X(t),Y(t)]]D[X(t),Y(t)] \quad \text{(4.5.10)}$$

と書かれる．作用関数は

$$S[X(t),Y(t)] = \int[\frac{eB}{c}(Y\frac{dX}{dt} - X\frac{dY}{dt}) - V(X,Y)]dt. \quad \text{(4.5.11)}$$

(ここで $\tilde{V}(\frac{1}{\sqrt{2l}}(X-iY),\frac{1}{\sqrt{2l}}(X+iY)) = V(X,Y)$ とおいた.) この形は第2章で直観的に導いた案内中心運動に対する経路積分と同じ形をしている．強磁場極限において Landau 準位基底状態での案内中心の運動は，ポテンシャル $V(X,Y)$ をハミルトニアンとする正準力学系と同等のものであることを，

コヒーレント状態経路積分の観点から見直したものになる．

強磁場でない場合には基底 Landau 準位から上の Landau 準位への遷移が起こり得る．この場合には案内中心運動とサイクロトロン運動の自由度が結合した問題を解くことになるが，ここでは触れない．

多数の荷電粒子が強磁場中にある場合は実際問題として非常に重要な問題である．N 電子系に対するコヒーレント状態は案内中心の直積で与えられる．

$$|z_1 \cdots z_N\rangle = \prod_{i=1}^{N} |z_i\rangle.$$

ただしこれは正確ではない．反対称化をする必要があるからである．しかし，とりあえず面倒な反対称化を無視する（第 9 章で強磁場中での多電子系の基底状態の波動関数を与える）．一般公式を適用すると伝播関数は，次のようになる：

$$K(z_1'',\cdots,z_n'',t''|z_1'\cdots z_N',t') = \int \exp[\frac{i}{\hbar}S]\mathcal{D}[(X_1(t),Y_1(t),\cdots,X_N(t),Y_N(t)]$$
$$S = \int \Big(\frac{eB}{2c}\{\sum_{i=1}^{N} Y_i^*\frac{dX_i}{dt} - X\frac{dY}{dt}\} - V(X_1,Y_1,\cdots,X_N,Y_N)dt\Big).$$

(4.5.12)

ポテンシャルはクーロン相互作用であるから，

$$V(X_1,Y_1,\cdots,X_N,Y_N) = \sum_{i,j} V(|z_i - z_j|)$$
$$V(|z_i - z_j|) = \langle z_i,z_j|\frac{e^2}{|\boldsymbol{x}_i - \boldsymbol{x}_j|}|z_i,z_j\rangle$$

で与えられる．

§4.5.2 スピン系の経路積分

次にスピンに対する経路積分を取り上げる[19]．ハミルトニアンとして，ボソン変数のかわりにスピン変数 $(\hat{J}_x, \hat{J}_y, \hat{J}_z)$ の関数で与えられるものをとればよい，すなわち

---

[19] H.Kuratsuji and T.Suzuki, J.Math.Phys.**20**(1980)472.

$$\hat{U}(t'',t') = T \cdot \exp[-\frac{i}{\hbar}\int_{t'}^{t''} \hat{H}(t)dt]. \quad (4.5.13)$$

ボソンコヒーレント状態の場合と同じく，時間間隔を N 等分し $\epsilon = (t''-t')/N$, $N \to \infty$ に持っていく．時間の分点においてスピンコヒーレント状態の完全性関係

$$\int |z_k\rangle d\mu(z_k)\langle z_k| = 1,$$

を挿みこむと

$$K(z'',t''|z',t') = \lim_{N\to\infty}\int\cdots\int\prod_{k=1}^{N-1}d\mu(z_k)\prod_{k=1}^{N}\langle z_k|\exp[-\frac{i}{\hbar}\hat{H}\epsilon]|z_{k-1}\rangle \quad (4.5.14)$$

となる．時間に依存する場合に対しては

$$K(z'',t''|z',t') = \lim_{N\to\infty}\int\cdots\int\prod_{k=1}^{N-1}d\mu(z_k)\prod_{k=1}^{N}\langle z_k|\exp[-\frac{i}{\hbar}\epsilon\hat{H}(k)]|z_{k-1}\rangle \quad (4.5.15)$$

が得られる．ここで $\hat{H}(k)$ は時刻 $t = t_k(\equiv k\epsilon)$ における値を表す．以下では時間に依存しない場合を考える．ここで無限小部分を処理したいのであるが，調和振動子の場合と比べて少し面倒である．それは"重なり積分が指数関数でない"という所にある．そこで形式的に次のようにする．時間間隔がゼロに近づく $(\epsilon \to 0)$ とき，無限小部分は

$$\langle z_k|\exp[-\frac{i}{\hbar}\hat{H}\epsilon]|z_{k-1}\rangle \simeq \langle z_k|(1-\frac{i}{\hbar}\hat{H}\epsilon)|z_{k-1}\rangle$$
$$= \langle z_k | z_{k-1}\rangle\left(1-\frac{i}{\hbar}\epsilon\frac{\langle z_k|\hat{H}|z_{k-1}\rangle}{\langle z_k | z_{k-1}\rangle}\right)$$

と書ける．第1項は時刻 t_k と時刻 t_{k-1} の間の重なり故，

$$K(k,k-1) \equiv \langle z_k | z_{k-1}\rangle = \frac{(1+z_k^* z_{k-1})^{2J}}{(1+z_k^* z_k)^J(1+z_{k-1}^* z_{k-1})^J}.$$

で与えられる．ここで次のように展開してみる．差 $\Delta z_k = z_k - z_{k-1}$ を導入すると

$$K(k,k-1) \simeq (1+z_{k-1}^* z_{k-1}+\Delta z_k^* z_{k-1})^{2J}$$
$$\times (1+z_{k-1}^* z_{k-1}+\Delta z_k^* z_{k-1}+\Delta z_k z_{k-1}^*)^{-J}(1+z_{k-1}^* z_{k-1})^{-J}.$$

4.5 経路積分 **135**

と書きなおして, $\epsilon \to 0$ の極限において Δz_k も $O(\epsilon)$ の所が "支配的" になると仮定すると, 無限小の重なりは $(1+a)^n \simeq 1 + na$ に注意して,

$$K(k, k-1) \simeq 1 + J\frac{\Delta z_k^* z_{k-1} - \Delta z_k z_{k-1}^*}{1 + z_{k-1}^* z_{k-1}}$$

とおける. さらに展開の第2項を指数関数に戻すと,

$$\langle z_k \mid z_{k-1} \rangle \simeq \exp\left[\frac{i}{\hbar}\left\{iJ\hbar\frac{z_{k-1}^*\Delta z_k - c.c}{1 + z_{k-1}^* z_{k-1}}\right\}\right],$$

$$1 - \frac{i}{\hbar}\frac{\langle z_k|\hat{H}|z_{k-1}\rangle}{\langle z_k \mid z_{k-1}\rangle}\epsilon \simeq \exp[-\frac{i}{\hbar}H(k)\epsilon] \qquad (4.5.16)$$

となる. ここで次の置き換えをする.

$$\frac{\langle z_k|\hat{H}|z_{k-1}\rangle}{\langle z_k \mid k_{k-1}\rangle} \to \langle z_k|\hat{H}|z_{k-1}\rangle \equiv H(z_{k-1}, z_k^*).$$

以上で, 無限小部分が求められたので, これを (4.5.14) に代入すると, 形式的な経路積分が構成できる:

$$K(z'', t''|z', t') = \int \exp\left[\frac{i}{\hbar}S\right]\prod d\mu[z(t)]. \qquad (4.5.17)$$

作用関数 S は次のように与えられる.

$$S = \int \left(iJ\hbar\frac{z^*\dot{z} - c.c}{1 + |z|^2} - H(z, z^*)\right)dt. \qquad (4.5.18)$$

モノポール磁場中の荷電粒子への応用

2次元平面上の一様強磁場中の荷電粒子に対するボソンコヒーレント状態での経路積分に対応して, モノポール調和関数から構成されるスピンコヒーレント状態を用いる. モノポール磁場中でのスピンの大きさは $J\hbar = \kappa\hbar, (\kappa+1)\hbar, \cdots$ という制限がついたことに注意すると, 最低 Landau 準位は, $J_{\min} = \kappa$ ($\kappa = \frac{eg}{\hbar c}$) で与えられる. ハミルトニアンは,

$$H = c\boldsymbol{L}^2 + V = c(J(J+1) - \kappa^2)\hbar^2 + V \qquad (4.5.19)$$

となり, この第2項は非磁気的ポテンシャルをあらわす. 従って球面上の2点間を結ぶ伝播関数の経路積分表示は, 次のようになる:

$$\langle z'|\exp[-\frac{i}{\hbar}\hat{H}t]|z\rangle = \int \exp[\frac{i}{\hbar}S]D[\theta(t), \phi(t)]. \qquad (4.5.20)$$

作用関数は

$$S[z(t), z^*(t)] = \int i\frac{eg}{c}\frac{1}{1+z^*z}(z^*\frac{dz}{dt} - c.c) - V(z^*, z)dt. \quad (4.5.21)$$

角度表示 $z = \tan\frac{\theta}{2}\exp[-i\phi]$ を用いれば

$$S = \int \frac{eg}{c}((1-\cos\theta)\dot{\phi} - V(\theta, \phi))dt \quad (4.5.22)$$

となって，これは第2章で与えたモノポール強磁場の極限での経路積分の表式と，定数の差を除いて一致する（$(1-\cos\theta)$ の中の1という数値にゲージ変換による任意性があったことに注意）．第2章の議論では作用関数の第1項は磁場のフラックスから来たものであったが，ここではスピンコヒーレント状態から来ている．磁場中では球面が位相空間になるということを表明したものといえる．

（同種）多粒子の場合も平面上での場合と同様である．N 電子系に対してスピンコヒーレント状態は案内中心の直積で与えられる．

$$|z_1 \cdots z_N\rangle = |\theta_1, \phi_1 \cdots \theta_N, \phi_N\rangle = \prod_{i=1}^{N} |\theta_i, \phi_i\rangle.$$

これから伝播関数は，次のように求められる：

$$K(\theta_1'', \phi_1'' \cdots \theta_N'' \phi_N'', t'' | \theta_1', \phi_1' \cdots \theta_N', \phi_N', t')$$
$$= \int \exp[\frac{i}{\hbar}\int \left(\frac{eg}{c}\{\sum_{i=1}^{N}(1-\cos\theta_i)\dot{\phi}_i\} - V(\theta_1, \phi_1 \cdots \theta_n, \phi_n)dt\right)]$$
$$\times D[(\theta_1(t), \phi_1(t), \cdots, \theta_n(t), \phi_n(t)].$$

ポテンシャルとしてクーロン相互作用をとる．ただし2点間の距離はその点を結ぶ弦の長さをとる．すなわち

$$V = \sum_{i,j} V_{ij}$$
$$V_{ij} = \langle z_i, z_j | \frac{e^2}{R|\boldsymbol{n}_i - \boldsymbol{n}_j|} | z_i, z_j \rangle.$$

ここで $\boldsymbol{n}$ は単位球面上の点を表す方向余弦を表す

$$\boldsymbol{n} = (\sin\alpha\cos\beta, \sin\alpha\sin\beta, \cos\alpha).$$

§4.6 一般の場合

上のボソンとスピンの例から，一般の場合の表式を構成できる．スピンを拡張した"ユニタリースピン"系に対する経路積分を与えるというのが典型的問題である[20]．この場合にはリー代数の生成子 X_{if} がスピンの代わりをする．ここで再度，伝播関数を定義する．それは複素パラメータ空間の 2 点 Z' と Z'' を結ぶものである．無限次元の積分も形式的に書かれる．

$$K(Z''t'', Z't') = \lim_{N\to\infty} \int \ldots \int \prod_{k=1}^{N-1} d\mu(Z_k) \times \prod_{k=1}^{N} \langle Z_k | \exp[-i\frac{\hat{H}\epsilon}{\hbar}] | Z_{k-1} \rangle. \tag{4.6.1}$$

ここで無限小部分は前の場合と全く同様に

$$\begin{aligned}\langle Z_k | \exp\left[-i\frac{\hat{H}\epsilon}{\hbar}\right] | Z_{k-1} \rangle &\simeq \langle Z_k | \left(1 - i\frac{\hat{H}\epsilon}{\hbar}\right) | Z_{k-1} \rangle \\ &= \langle Z_k | Z_{k-1} \rangle \left(1 - \frac{i}{\hbar}\epsilon \frac{\langle Z_k | \hat{H} | Z_{k-1} \rangle}{\langle Z_k | Z_{k-1} \rangle}\right) \\ &\simeq \langle Z_k | Z_{k-1} \rangle \exp\left[-\frac{i}{\hbar}\epsilon \frac{\langle Z_k | \hat{H} | Z_{k-1} \rangle}{\langle Z_k | Z_{k-1} \rangle}\right].\end{aligned} \tag{4.6.2}$$

と書かれる．重なりを

$$\langle Z_k | Z_{k-1} \rangle = \exp\left[\log \langle Z_k | Z_{k-1} \rangle\right]$$

と指数関数で表し，かつ

$$\begin{aligned}\log[\langle Z_k | Z_{k-1} \rangle] &= \log(1 - \langle Z_k | \Delta Z_k \rangle), \\ &\simeq -\langle Z_k | \Delta Z_k \rangle\end{aligned}$$

に注意すると

---

[20] H.Kuratsuji and T.Suzuki, Phys.Lett.**92B**(1980)19.

$$K(Z'',t''|Z',t') = \lim_{N\to\infty} \int \cdots \int \prod_{k=1}^{N-1} d\mu(Z_k)$$
$$\times \exp\left[\frac{i}{\hbar}\sum_{k=1}^{N}\epsilon\left(\frac{i\hbar}{\epsilon}\langle Z_k | \Delta Z_k\rangle - H(Z_k, Z_{k-1})\right)\right]. \tag{4.6.3}$$

となる．ここで $|\Delta Z_k\rangle = |Z_k\rangle - |Z_{k-1}\rangle$. 従って，積分は形式的に

$$K(Z'',t''|Z',t') = \int \exp\left[i\frac{S}{\hbar}\right] \prod d\mu(Z_t). \tag{4.6.4}$$

と書かれ，これが一般化されたコヒーレント状態に対する経路積分を与える．ここで，作用関数は

$$S[Z(t)] = \int_{t'}^{t''} \langle Z(t)|i\hbar\frac{\partial}{\partial t} - \hat{H}|Z(t)\rangle dt \tag{4.6.5}$$

で与えられ，被積分関数はラグランジアンとみなせて，時間発展を支配する部分とハミルトニアン項からなる．これは核関数 $F(Z, Z^*)$ を用いて以下の形に書かれる．すなわち

$$\langle Z|\frac{\partial}{\partial t}|Z\rangle = \langle Z|\frac{\partial}{\partial Z}|Z\rangle \dot{Z} + c.c$$

及び非規格化状態 $\left|\tilde{Z}\right\rangle$ を用いると

$$\frac{\partial}{\partial Z}|Z\rangle = F^{-\frac{1}{2}}\frac{\partial}{\partial Z}\left|\tilde{Z}\right\rangle - \frac{1}{2}F^{-\frac{3}{2}}\frac{\partial F}{\partial Z}|\tilde{Z}\rangle$$

となり，これからラグランジアンは次のように書かれる．

$$L = \frac{i\hbar}{2}\sum_{k=1}^{n}\left(\frac{\partial \log F}{\partial z_i}\dot{z}_i - c.c\right) - H(Z, Z^*). \tag{4.6.6}$$

§4.7 量子変分原理

さて，上の一般的な経路積分の表現において"古典極限"をとる．ここで，次のことを注意しておこう．つまり作用関数の中にプランク定数が現れることである．古典極限をとるといいながらプランク定数が残っているのは奇妙ではないかという疑問があろうが，作用関数に現れる $\hbar$ はその外にある $\hbar$ と

4.7 量子変分原理

は恰も別物のように扱えばよいという論法を用いる．

このように得られた変分原理は，もともとの量子力学からは単純に導けるものである．これは古典力学の作用原理を真似ることによって得られる．古典力学の作用原理を復習しておくと，まずニュートンの運動方程式を

$$m\frac{d^2x}{dt} - F = 0$$

と書く．これは真の力 F と慣性力 $m\frac{d^2x}{dt^2}$ が釣り合っている式である．仮想仕事の原理に従って仮想変位を $\delta x(t_k)$ とすると

$$(m\frac{d^2x}{dt^2} - F)\delta x(t_k) = 0$$

が成り立つ．任意の時刻にこれが成り立つのであるから，これをすべての時刻について足し仕上げると

$$\int (m\frac{dx^2}{dt^2} - F)\delta x(t) dt = 0.$$

特に保存力の場合，これは

$$\delta \int (\frac{1}{2}m(\frac{dx}{dt})^2 - V(x)) dt = 0$$

となり，積分はラグランジアンに他ならない．結果，真の運動は作用関数を極値ならしめるような経路が選ばれるということである．

そこで，この考えを量子力学に応用する．すなわちニュートンの運動方程式の代わりにシュレーディンガー方程式を考える．

$$(i\hbar\frac{\partial}{\partial t} - \hat{H})|\Psi\rangle = 0.$$

もちろん 2 種類の力との類似があるわけではないが，形式的にこの方程式に変分を与えると

$$\delta \langle \Psi | i\hbar\frac{\partial}{\partial t} - \hat{H} | \Psi \rangle = 0. \tag{4.7.1}$$

これを積分すれば

$$\delta \int \langle \Psi | i\hbar\frac{\partial}{\partial t} - \hat{H} | \Psi \rangle dt = 0. \tag{4.7.2}$$

これで量子力学的作用関数が定義された．

$$I = \int \langle \Psi | i\hbar\frac{\partial}{\partial t} - \hat{H} | \Psi \rangle dt. \tag{4.7.3}$$

ここで $|Z\rangle$ を $|\Psi\rangle$ に置き換えれば，これはコヒーレント状態経積分に対して古典極限によって導かれた変分方程式に他ならない．この方式を逆に言えば，波動関数の集合の中での経路が定義できたとして，量子力学的作用関数をその経路全てにわたって

$$\sum_{\Psi} \exp[\frac{i}{\hbar} \int \langle \Psi | i\hbar \frac{\partial}{\partial t} - \hat{H} |\Psi\rangle dt]$$

と足し上げることによって経路積分が定義されることになり，上で導かれたコヒーレント状態経路積分はその特別の場合と見ることもできるであろう．これが量子作用原理である．

§4.8 一般化された位相空間における力学形式

以上のことから複素座標によって記述される空間においても —— 数学的な厳密性を問わなければ —— 経路積分が作れることがわかった．作用関数を指数関数の肩に乗せて全ての軌道(経路)について和をとることにより，通常の演算子形式で与えられる量子力学と等価な形式ができることがわかる．一方，古典力学は作用関数から変分原理によって軌道を決める力学が構成されることを教える．そこで一般化コヒーレント状態の定義する力学が出てくる．これについて見てみる．

ラグランジアンのうち，時間について 1 階の部分が特に重要である．それは 1 次の微分形式で書かれる．

$$\omega = \frac{i\hbar}{2} \sum_{k=1}^{N} \left(\frac{\partial \log F}{\partial z_i} dz_i - c \cdot c \right). \tag{4.8.1}$$

これを "カノニカル項" と名づける(ただしこのような呼称は一般的なものではない)．さて，プランク定数がゼロの極限では停留位相が適用できる．

$$\begin{aligned} \delta S &= \int_{t'}^{t''} \left\{ \frac{\partial L}{\partial z} \delta z + \frac{\partial L}{\partial \dot{z}} \delta \dot{z} + c.c \right\} dt \\ &= \int_{t'}^{t''} \left[\left\{ \frac{\partial L}{\partial z} - \frac{d}{dt} \left(\frac{\partial L}{\partial \dot{z}} \right) \right\} \delta z + c.c \right] dt \\ &= 0. \end{aligned}$$

変分 δz と δz^* は独立にとれることからラグランジュの運動方程式が出てくる.

$$\frac{d}{dt}\left(\frac{\partial L}{\partial \dot{z}}\right) - \frac{\partial L}{\partial z} = 0, \quad \frac{d}{dt}\left(\frac{\partial L}{\partial \dot{z}^*}\right) - \frac{\partial L}{\partial z^*} = 0. \quad (4.8.2)$$

a) ボソン,スピン系

簡単な例としてボソンとスピンの場合をとりあげる.

(1) ボソンにたいしては

$$i\hbar \frac{dz}{dt} = \frac{\partial H}{\partial z^*}, \quad i\hbar \frac{dz^*}{dt} = -\frac{\partial H}{\partial z}. \quad (4.8.3)$$

(2) スピンコヒーレント状態に対しては

$$\begin{aligned} 2Ji\hbar \frac{dz}{dt} &= (1+|z|^2)^2 \frac{\partial H}{\partial z^*}, \\ 2Ji\hbar \frac{dz^*}{dt} &= -(1+|z|^2)^2 \frac{\partial H}{\partial z}. \end{aligned} \quad (4.8.4)$$

ボソン系の場合には位相空間は複素平面となるので,シンプレクティック形式を次のように定義する:

$$\Omega = -i\hbar \, dz \wedge dz^*. \quad (4.8.5)$$

一方,スピン系に対しては Bloch 球(複素射影空間)が位相空間となり,それに対するシンプレクティック形式は

$$\Omega = -2iJ\hbar \frac{dz \wedge dz^*}{(1+|z|^2)^2}. \quad (4.8.6)$$

で与えられる.スピンの場合,因子 $(1+|z|^2)^{-2}$ が現れるが,これは単に位相空間が曲がっているということの反映である.どちらも位相空間は複素空間(複素多様体)となっており,これらの 2 次微分形式で書かれるシンプレクティック形式は Kähler 形式となることが知られている.Kähler 形式というのは Kähler 計量に付随するもので,それぞれ

$$ds^2 = dz dz^* \quad (4.8.7)$$

及び

$$ds^2 = (1+|z|^2)^{-2} dz dz^* \quad (4.8.8)$$

で与えられる.これらは 1 次の微分 dz と,dz^* の"内積"と見られるが,こ

の内積を外積に置き換えたものである．ここで Kähler というのは，この 2 次微分形式が "閉であること"，つまり

$$d\Omega = 0 \tag{4.8.9}$$

なる性質を持つことで特徴づけられる[21]．実際上の 2 つの例でこの条件が満足されていることは容易に確かめられる．シンプレクティック形式がわかるとそれからポアソン括弧が構成できる．それは 2 つの z, z^* の関数に対して，スピンの場合

$$\{F, G\} = \frac{i}{2J\hbar}(1 + |z|^2)^2 \left(\frac{\partial F}{\partial z^*}\frac{\partial G}{\partial z} - \frac{\partial F}{\partial z}\frac{\partial G}{\partial z^*}\right) \tag{4.8.10}$$

によって与えられ，これから運動方程式は

$$\frac{dz}{dt} = \{z, H\}, \qquad \frac{dz^*}{dt} = \{z^*, H\}$$

と書かれる．角度変数を用いて書けばポアソン括弧は

$$\{F, G\} = \frac{1}{J\hbar \sin\theta}\left(\frac{\partial F}{\partial \phi}\frac{\partial G}{\partial \theta} - \frac{\partial F}{\partial \theta}\frac{\partial G}{\partial \phi}\right),$$

運動方程式は

$$\frac{d\theta}{dt} = \{\theta, H\}, \qquad \frac{d\phi}{dt} = \{\phi, H\}$$

で与えられる．

b) $SU(1,1)$ の場合

$SU(1,1)$ コヒーレント状態に対するラグランジアンは複素座標を用いて

$$L = \int [-i\hbar k \frac{z\dot{z}^* - \dot{z}z^*}{1 - |z|^2} - H(z, z^*)]dt. \tag{4.8.11}$$

と書ける．球面の場合のステレオ投影に対応して角度表示

$$z = \tanh(\frac{\tau}{2})e^{-i\phi} \tag{4.8.12}$$

を用いると

$$L(\tau, \phi) = \hbar k(\cosh\tau - 1)\dot{\phi} - H(\tau, \phi). \tag{4.8.13}$$

---

[21] F.A.Berezin, Comm. Math.Phys.**40**(1975)153.

これから運動方程式は，次のようになる：

$$\dot{\phi} = \frac{1}{\hbar k \sinh\tau}\frac{\partial H}{\partial \tau}, \quad \dot{\tau} = -\frac{1}{\hbar k \sinh\tau}\frac{\partial H}{\partial \phi}. \tag{4.8.14}$$

対応する1次微分形式は

$$\omega = -i\hbar k \frac{zdz^* - dzz^*}{1-|z|^2} \tag{4.8.15}$$

となり，これの微分をとるとシンプレクティック形式が得られる．

$$\Omega = -2i\kappa\hbar \frac{dz \wedge dz^*}{(1-|z|^2)^2}. \tag{4.8.16}$$

ここでこのコヒーレント状態に関する幾何学的特性に関して述べておこう．

1. パラメータ空間 $SU(1,1)/U(1)$ は複素平面における単位円内部を表す領域である．

2. $SU(1,1)/U(1) \simeq SL(2R)/O(2)$ となる．さらに $SL(2R) \simeq SO(2,1)$ である．ここで $SO(2,1)$ は3次元ローレンツ変換である．$SO(2,1)/O(2)$ はいわゆる擬球面（ロバチェフスキー空間）であって，その点は適当に変換によって単位円の内部に写像される．

3. さらにこの空間は複素関数論において知られるように，分数変換によって複素上半面（以下これを慣例に従ってHと記す（図を参照））に写像される．

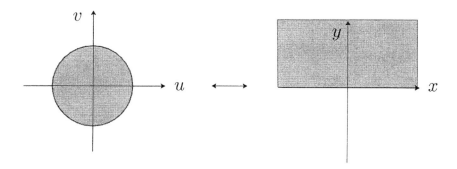

図 4.2：(4.8)の変換によって，単位円の内部が上半平面にうつされる

その変換は次で与えられる：

$$\zeta = \frac{z-i}{z+i}.$$

以上の事実に注意してコヒーレント状態から導かれる力学を見直してみよう．まず重なり積分(規格化されていない)を単位円の内部($1 - |\zeta|^2 \leq 0$で与えられる)から z で書かれる上半面に変換する．ここで，天下り的であるが

$$\langle z' | z \rangle = (1 - \zeta'^* \zeta)^{-2k} j(\sigma(z))^{-2k} [j(\sigma(z))^*]^{-2k}.$$

と表そう．ただし，$j(\sigma(z)) = z + i$ であり，これは分数変換の分母である．これを z 変数で表せば

$$\langle z' | z \rangle = (-2i(z - z'^*))^{-2k} \tag{4.8.17}$$

と書かれる．特に核関数 $K(z, z) = \langle z | z \rangle$ は

$$F = (4y)^{-2k} \tag{4.8.18}$$

($z = x + iy$)によって与えられる．正準項を計算すると，一般公式に従って

$$L_C = \frac{i\hbar}{2} \left(\frac{\partial \log F}{\partial z} \dot{z} - \frac{\partial \log F}{\partial z^*} \dot{z}^* \right)$$

より

$$L_C = -\frac{2\hbar k}{y} \frac{dx}{dt} \tag{4.8.19}$$

と計算される．対応する1次微分形式は

$$\omega = -\frac{2\hbar k}{y} dx, \tag{4.8.20}$$

と書かれ，シンプレクティック形式は

$$d\omega = -\frac{2\hbar k}{y^2} dx \wedge dy \tag{4.8.21}$$

となる．従って正準方程式は

$$\frac{dx}{dt} = \frac{y^2}{2\hbar k} \frac{\partial H}{\partial y}, \quad \frac{dy}{dt} = -\frac{y^2}{2\hbar k} \frac{\partial H}{\partial x} \tag{4.8.22}$$

で与えられる．

c) 一般の場合

ここで，これまでの個別的な系をまとめて一般的な定式化を与えよう．停留位相の条件は

$$\delta S = \delta \int_{t'}^{t''} \langle Z(t) | i\hbar \frac{\partial}{\partial t} - \hat{H} | Z(t) \rangle \, dt = 0 \tag{4.8.23}$$

4.8 一般化された位相空間における力学形式

で与えられる．これは以前触れたように量子変分原理を与えるものであるが，一般化されたコヒーレント状態の母体である複素パラメータ空間中での運動方程式を与える．直接計算することにより

$$i\hbar \sum_{\beta} g_{\bar{\alpha}\beta}\dot{z}_{\beta} = \frac{\partial H}{\partial z^*_{\alpha}}$$
$$-i\hbar \sum_{\beta} g_{\alpha\bar{\beta}}\dot{z}^*_{\beta} = \frac{\partial H}{\partial z_{\alpha}} \quad (4.8.24)$$

となる．この運動方程式は一般化された正準方程式とみなせる．ただし初期条件として $Z(0) = Z', Z(t) = Z''$ とおく．ここで $g_{\alpha\bar{\beta}}$ は

$$g_{\alpha\bar{\beta}} = \frac{\partial^2 \log F}{\partial z_{\alpha} \partial z^*_{\beta}} \quad (4.8.25)$$

であり，複素パラメータ空間(等質空間)の計量テンソルを与える．このように核関数によって書かれることが味噌である．$g_{\alpha\bar{\beta}}$ をもつ計量は

$$ds^2 = \sum g_{\alpha\bar{\beta}} dz_{\alpha} dz^*_{\beta} \quad (4.8.26)$$

と書かれる．ここで計量テンソルの満たすべき非常に重要な条件が導かれる．すなわち

$$\frac{\partial g_{\alpha\bar{\beta}}}{\partial z_{\gamma}} = \frac{\partial g_{\gamma\bar{\beta}}}{\partial z_{\alpha}}, \qquad \frac{\partial g_{\alpha\bar{\beta}}}{\partial z^*_{\gamma}} = \frac{\partial g_{\alpha\bar{\gamma}}}{\partial z^*_{\beta}} \quad (4.8.27)$$

これは積分可能条件

$$\frac{\partial}{\partial z_{\gamma}}\Big(\frac{\partial^2 \log F}{\partial z_{\alpha} \partial z^*_{\beta}}\Big) = \frac{\partial}{\partial z_{\alpha}}\Big(\frac{\partial^2 \log F}{\partial z_{\gamma} \partial z^*_{\beta}}\Big) \quad (4.8.28)$$

より出てくる．これはKähler条件と呼ばれる．Kähler条件を満たすような計量を持つ複素多様体はKähler多様体と呼ばれる．例えば複素グラスマン多様体 $U(m+n)/U(m) \times U(n)$ が典型である．上のように計量を導くもとになる関数(つまりコヒーレント状態のノルム)をKählerポテンシャルと呼ぶ．多様体が $U(n)/\{U(1) \times \cdots U(1)\}$ のときを例示する．計量テンソルは核関数を用いて

$$g_{i\bar{j}} = \frac{\partial^2 \log F}{\partial \zeta_i \partial \zeta^*_j} = \sum_l g^l_{ij}$$

ここで

$$g^l_{ij} = \lambda_l \frac{\partial^2 \log f^l}{\partial \zeta_i \partial \zeta_j^*}$$

つまり l 個の部分に分割される.

このように複素多様体の構造が量子力学に登場するのは不思議の感がある. ただしこのような方向で物理として何か深いものがあるかどうかは未知である. 上で与えられた正準方程式の構造は 2 次微分形式

$$\Omega = d\omega = \sum_{\alpha,\beta} g_{\alpha\bar{\beta}} dz_\alpha \wedge dz_\beta^* \tag{4.8.29}$$

によって決定される. Kähler 条件よりこれは "閉形式" となることがわかる. つまり正準構造とはポアソン括弧が定義されることであるが, それは次のように定義される.

$$\{F, G\} = \sum_{\alpha,\beta} (g^{-1})_{\alpha\bar{\beta}} \left(\frac{\partial F}{\partial z_\alpha} \frac{\partial G}{\partial z_\beta^*} - \frac{\partial F}{\partial z_\beta^*} \frac{\partial G}{\partial z_\alpha} \right) \tag{4.8.30}$$

このように定義されたポアソン括弧は括弧式としての性質を満たすことが確かめられる. 交換律 $\{F, G\} = -\{G, F\}$ は定義から明らか. $\{F, GH\} = F\{G, H\} + \{F, G\}H$ も直接計算より出てくる. ヤコビ恒等式を満たすことはそれほど自明ではないが, 計量に関する Kähler 条件を使えば直接計算によって確かめられる (以下の補足を参照). 一般化された位相空間での物理量の力学的変化はポアソン括弧を用いて

$$\frac{dF}{dt} = \{F, H\} \tag{4.8.31}$$

によって与えられる.

補足

ヤコビ恒等式

$$\{F, \{G, H\}\} + \{G, \{H, F\}\} + \{H, \{F, G\}\} = 0 \tag{4.8.32}$$

を示すには直接左辺がゼロになることを見ればよい.

$$\{F, \{G, H\}\} = \sum_{\alpha\beta} \tilde{g}_{\alpha\beta} \left(\frac{\partial F}{\partial z_\alpha} \frac{\partial}{\partial z_\beta^*} \{G, H\} - \frac{\partial F}{\partial z_\beta^*} \frac{\partial}{\partial z_\alpha} \{G, H\} \right)$$

を展開する (ここで $\tilde{g} \equiv g^{-1}$ とおいた). 例えば

4.8 一般化された位相空間における力学形式

$$\frac{\partial}{\partial z_\beta^*}\{G,H\} = \sum_{\gamma\delta}\frac{\partial \tilde{g}_{\gamma\delta}}{\partial z_\beta^*}\left(\frac{\partial G}{\partial z_\gamma}\frac{\partial H}{\partial z_\delta^*} - \frac{\partial H}{\partial z_\gamma}\frac{\partial G}{\partial z_\delta^*}\right) + \sum_{\gamma\delta}\tilde{g}_{\gamma\delta}\frac{\partial}{\partial z_\beta^*}\left(\frac{\partial G}{\partial z_\gamma}\frac{\partial H}{\partial z_\delta^*} - \frac{\partial H}{\partial z_\gamma}\frac{\partial G}{\partial z_\delta^*}\right)$$

及び

$$\frac{\partial}{\partial z_\alpha}\{G,H\} = \sum_{\gamma\delta}\frac{\partial \tilde{g}_{\gamma\delta}}{\partial z_\alpha}\left(\frac{\partial G}{\partial z_\gamma}\frac{\partial H}{\partial z_\delta^*} - \frac{\partial H}{\partial z_\gamma}\frac{\partial G}{\partial z_\delta^*}\right) + \sum_{\gamma\delta}\tilde{g}_{\gamma\delta}\frac{\partial}{\partial z_\alpha}\left(\frac{\partial G}{\partial z_\gamma}\frac{\partial H}{\partial z_\delta^*} - \frac{\partial H}{\partial z_\gamma}\frac{\partial G}{\partial z_\delta^*}\right).$$

ここで $\tilde{g}$ に対する微分の無い項が全てキャンセルすることは直ちにわかる．そこで $\{F,\{G,H\}\}$ において微分のある項のみを拾い出すと

$$\sum_{\alpha\beta\gamma\delta}\tilde{g}_{\alpha\beta}\frac{\partial \tilde{g}_{\gamma\delta}}{\partial z_\beta^*}\frac{\partial F}{\partial z_\alpha}\left(\frac{\partial G}{\partial z_\gamma}\frac{\partial H}{\partial z_\delta^*} - \frac{\partial H}{\partial z_\gamma}\frac{\partial G}{\partial hz_\delta^*}\right) + \sum_{\alpha\beta\gamma\delta}\tilde{g}_{\alpha\beta}\frac{\partial \tilde{g}_{\gamma\delta}}{\partial z_\alpha}\frac{\partial F}{\partial z_\beta^*}\left(\frac{\partial G}{\partial z_\gamma}\frac{\partial H}{\partial z_\delta^*} - \frac{\partial H}{\partial z_\gamma}\frac{\partial G}{\partial z_\delta^*}\right).$$

第1項と第2項をそれぞれタイプ1, タイプ2と呼んで別々に扱う．(4.8.32)のタイプ1の項を拾うと

$$\sum_{\alpha\beta\gamma\delta}\tilde{g}_{\alpha\beta}\frac{\partial \tilde{g}_{\gamma\delta}}{\partial z_\beta^*}\left(\frac{\partial F}{\partial z_\alpha}\frac{\partial G}{\partial z_\gamma}\frac{\partial H}{\partial z_\delta^*} - \frac{\partial F}{\partial z_\alpha}\frac{\partial H}{\partial z_\gamma}\frac{\partial G}{\partial z_\delta^*}\right) +$$

$$\sum_{\alpha\beta\gamma\delta}\tilde{g}_{\alpha\beta}\frac{\partial \tilde{g}_{\gamma\delta}}{\partial z_\beta^*}\left(\frac{\partial G}{\partial z_\alpha}\frac{\partial H}{\partial z_\gamma}\frac{\partial F}{\partial z_\delta^*} - \frac{\partial G}{\partial z_\alpha}\frac{\partial F}{\partial z_\gamma}\frac{\partial H}{\partial z_\delta^*}\right) +$$

$$\sum_{\alpha\beta\gamma\delta}\tilde{g}_{\alpha\beta}\frac{\partial \tilde{g}_{\gamma\delta}}{\partial z_\beta^*}\left(\frac{\partial H}{\partial z_\alpha}\frac{\partial F}{\partial z_\gamma}\frac{\partial G}{\partial z_\delta^*} - \frac{\partial H}{\partial z_\alpha}\frac{\partial G}{\partial z_\gamma}\frac{\partial F}{\partial z_\delta^*}\right).$$

添え字を入れ替えてまとめると

$$\sum_{\alpha\beta\gamma\delta}\left(\tilde{g}_{\alpha\beta}\frac{\partial \tilde{g}_{\gamma\delta}}{\partial z_\beta^*} - \tilde{g}_{\gamma\beta}\frac{\partial \tilde{g}_{\alpha\delta}}{\partial z_\beta^*}\right) \times \frac{\partial F}{\partial z_\alpha}\frac{\partial G}{\partial z_\gamma}\frac{\partial H}{\partial z_\delta^*}$$

及び残りの2項(省略)である．そこで

$$\tilde{g}_{\alpha\beta}\frac{\partial \tilde{g}_{\gamma\delta}}{\partial z_\beta^*} - \tilde{g}_{\gamma\beta}\frac{\partial \tilde{g}_{\alpha\delta}}{\partial z_\beta^*} = 0$$

が成立することを示せばよい．$g\cdot\tilde{g} = I$ より

$$\sum_\beta \tilde{g}_{\alpha\beta}\frac{\partial \tilde{g}_{\gamma\delta}}{\partial z_\beta^*} = -\sum_{\beta\rho\eta}\tilde{g}_{\alpha\beta}\tilde{g}_{\gamma\rho}\frac{\partial g_{\rho\eta}}{\partial z_\beta^*}\tilde{g}_{\eta\delta}.$$

ここで Kähler 条件より

$$= -\sum_{\beta\rho\eta}\tilde{g}_{\alpha\beta}\tilde{g}_{\gamma\rho}\frac{\partial g_{\rho\beta}}{\partial z_\eta^*}\tilde{g}_{\eta\delta} = -\sum_\eta \left(\tilde{g}\frac{\partial g}{\partial z_\eta^*}{}^t\tilde{g}\right)_{\gamma\alpha}\tilde{g}_{\eta\delta}$$

が得られる．同様に

$$\sum_\beta \tilde{g}_{\gamma\beta} \frac{\partial \tilde{g}_{\alpha\delta}}{\partial z_\beta^*} = -\sum_\eta \left(\tilde{g} \frac{\partial g}{\partial z_\eta^*} {}^t\tilde{g}\right)_{\alpha\gamma} \tilde{g}_{\eta\delta}.$$

ここで明らかに

$$\left(\tilde{g} \frac{\partial g}{\partial z_\eta^*} {}^t\tilde{g}\right)_{\gamma\alpha} = \left(\tilde{g} \frac{\partial g}{\partial z_\eta^*} {}^t\tilde{g}\right)_{\alpha\gamma}$$

となるから目標の式が証明された．

これで，Kähler 条件がヤコビ恒等式の導出において要の役割をしていることがわかった．そこで，この条件が満たされなければ，ヤコビ恒等式も成立しないことになる．この事情は後の章で述べるゲージ場のアノマリーと関係していると思われる．これはゲージ場を正準力学系と見たとき，シンプレクティック形式が閉形式でないことから来る．もし Kähler 形式とシンプレクティック形式との間の同一性を仮定すれば，Kähler 条件を満たさない力学系はある種の異常をもたらすものと言えよう．

§4.9 準古典量子化

この節では，一般化された位相空間において準古典量子化が構成されることを示す[22]．以下の議論は，第3章で展開された準古典理論をコヒーレント状態の場合に形式的に適用したものである．

次の伝播関数のトレースを考える．

$$\begin{aligned} K(E) &= \int_0^\infty \exp\left[i\frac{ET}{\hbar}\right] \mathrm{Tr}\left[\exp\left(-i\frac{\hat{H}}{\hbar}T\right)\right] dT \\ &= i\hbar \, \mathrm{Tr}\left(\frac{1}{E-\hat{H}}\right). \end{aligned} \quad (4.9.1)$$

$K(E)$ の極（ポール）が束縛スペクトルを与えることは第3章で議論したものと同じである．トレースはコヒーレント経路積分で書くと，次のようになる：

---

[22] H. Kuratsuji, Phys. Lett. **103B** (1981) 79; **108B** (1982) 367: H. Kuratsuji and Y. Mizobuchi, Phys. Lett. **82A** (1981) 279.

4.9 準古典量子化

$$\begin{aligned} \mathrm{Tr}\left(e^{-i\frac{\hat{H}T}{\hbar}}\right) &= \int d\mu\left(Z_0\right) \langle Z_0| \exp\left[-i\frac{\hat{H}T}{\hbar}\right] |Z_0\rangle \\ &= \int d\mu\left(Z_0\right) \int \prod_t d\mu\left(Z_t\right) \exp\left[i\frac{S}{\hbar}\right]. \end{aligned} \quad (4.9.2)$$

トレースは，位相空間での全ての閉じた経路にわたって和をとった後，最初と最後の点の点($Z_0 = (X_0, Y_0)$ とおく) について積分することを意味している．トレースを停留位相の方法で評価しよう．ただし議論を簡単にするため最低次までとする．つまり古典軌道のまわりの量子揺らぎの効果は無視しよう．第3章のやり方を参照すると手順は次のようになる．(i) 古典軌道からの寄与を求める．

$$K^{cl}(T) \simeq \sum_{p\cdot o} \int \exp\left[i\frac{S^{cl}(T)}{\hbar}\right] d\mu\left(Z_0\right). \quad (4.9.3)$$

ここで $\sum_{p\cdot o}$ は周期軌道についての和をとることを意味する．その周期は T となる：$Z_{cl}(t+T) = Z_{cl}(t)$. それはトレースをとることの結果である．さらにいくつかの独立な軌道があれば，それらは互いに十分離れていて干渉し合わないと仮定する．停留位相の結果より，古典作用は軌道の上だけで値をとり端の位置にはよらない．そこで端の点 Z_0 についての積分は分離されて

$$K^{cl}(T) \simeq \sum_{p\cdot o} \exp\left[i\frac{S^{cl}(T)}{\hbar}\right] \oint d\mu\left(Z_0\right), \quad (4.9.4)$$

のようになる．ここで最後の積分は周期軌道にそったもので，それは軌道の幾何学的構造だけに依存するものである．

(ii) 次に，フーリエ変換をとって，エネルギー表示に変換する際の T 積分を評価するために停留位相近似を行う．それは

$$K^{cl}(E) \simeq \sum_{p\cdot o} \exp\left[i\frac{W(E)}{\hbar}\right] \oint d\mu\left(Z_0\right) \quad (4.9.5)$$

となる．ここで $W(E)$ は次で与えられる：

$$W(E) = S^{cl}(T(E)) + ET(E).$$

また周期 $T(E)$ は次の "極値" 条件の解であって，E 依存性を持つのである．それは

$$\frac{\partial}{\partial T}\left(S^{cl}(T) + ET\right) = \frac{\partial S^{cl}}{\partial T} + E = 0,$$

で,これはちょうどエネルギー面 $H(Z, Z^*) = E$ になる.これを使うと作用積分は

$$W(E) = \oint_{H=E} \langle Z(t)|\, i\hbar\frac{\partial}{\partial t}\, |Z(t)\rangle\, dt. \tag{4.9.6}$$

すなわちエネルギー面に乗っている古典軌道に沿って計算した正準項に他ならない.

(iii) 最後に閉軌道についての和を計算する際に,周期 $T(E)$ を持つ基本軌道の "倍軌道" からの寄与を全て足し上げる必要がある.基本軌道の $m(m = 1, \cdots, \infty)$ 倍は作用積分も m 倍になる:$W(E) \to mW(E)$.従って全ての m についての和をとることにより

$$K^{cl}(E) \propto \sum_{p\cdot o}\sum_{m=1}^{\infty} \exp\left[i\frac{mW(E)}{\hbar}\right] = \sum_{p\cdot o} \exp\left[i\frac{W(E)}{\hbar}\right]\left(1 - \exp\left[i\frac{W(E)}{\hbar}\right]\right)^{-1}. \tag{4.9.7}$$

が得られる.このポールの位置から量子条件

$$\oint \langle Z(t)|\, i\hbar\frac{\partial}{\partial t}\, |Z(t)\rangle\, dt = 2n\pi\hbar. \tag{4.9.8}$$

を得る.ここで $n =$ 整数値.これが一般化された位相空間で構成された準古典量子条件である.それは一般にいくつかの独立な軌道からなる.核関数 $F(Z, Z^*)$ を用いれば量子条件は

$$\oint \frac{i\hbar}{2}\sum_{i=1}^{n}\left(\frac{\partial \log F}{\partial z_i}\dot{z}_i - c.c\right)dt \equiv \oint \omega = 2n\pi\hbar, \tag{4.9.9}$$

と書かれる.ここでストークスの定理 $\oint \omega = \int \Omega$ を用いると,

$$\int \Omega \equiv \int i\hbar \sum_{i,j} g_{ij} dz_i \wedge dz_j^* = 2n\pi\hbar \tag{4.9.10}$$

と書きなおされる.

例としてスピン系を取り上げる.位相空間は Bloch 球である.スピンコヒーレント状態を代入すると量子条件は

$$iJ\hbar \oint \frac{z^* dz - c.c}{1 + |z|^2} = -2Ji\hbar \int \frac{dz \wedge dz^*}{(1 + |z|^2)^2} = 2n\pi\hbar \tag{4.9.11}$$

となる．ステレオ投影 $z = \tan\left(\frac{\theta}{2}\right)\exp(-i\phi)$ を使えば

$$J\int \sin\theta d\theta \wedge d\phi = 2n\pi\hbar \tag{4.9.12}$$

と書かれる．左辺はちょうど Bloch 球面上の閉軌道で囲まれた面積になる．この面積がプランク定数の整数倍になるということからエネルギー準位が決定される．

[メモ] **Campbell-Hausdorff 公式**

要点は，演算子の指数関数の積; $\exp[X]\exp[Y]$ を交換子, $[X,Y]$ だけで書きあらわそうということである．証明の詳細は，専門書にゆだねて，ここではその結果のみを記しておこう．そのために，$\exp[X]\exp[Y]$ の対数をとったものに対する式を与えることにする．以下の公式に注目する:

$$\begin{aligned}\exp[X]\exp[Y] - 1 &= (X+Y) + \frac{1}{2!}(X^2 + 2XY + Y^2) \\ &\quad + \frac{1}{3!}(X^3 + 3X^2Y + 3XY^2 + Y^3) + \cdots\end{aligned}$$

以下，$-\frac{1}{2}(\exp[X]\exp[Y]-1)^2, \frac{1}{3}(\exp[X]\exp[Y]-1)^3$ も同様の展開をすることにより，$\log(x) = \sum_{m=1}^{\infty}(-1)^{m-1}\frac{1}{m}(x-1)^m$ に注意すると,

$$\begin{aligned}&\log(\exp[X]\exp[Y]) \\ &= (X+Y) + \frac{1}{2}(XY - YX) \\ &\quad + \frac{1}{12}(XY^2 - 2YXY + Y^2X + YX^2 - 2XYX + X^2Y) + \cdots \\ &= (X+Y) + \frac{1}{2}[X,Y] + \frac{1}{12}([X,[X,Y]] + [Y,[Y,X]]) + \cdots\end{aligned}$$

うえのように X, Y の同次の式をまとめると，1次の項をのぞいて，すべて交換子（多重の）の形でまとめられるのが，Campbell-Hausdorff 公式である．一番簡単な例として，$[X, Y] = 0$ の場合には，通常の指数法則 $\exp[X]\exp[Y] = \exp[X + Y]$ に帰着する．また，$[X, Y] = c$ (c はただの数) のときは，2重交換子以上はすべてゼロになるので $\exp[X]\exp[Y] = \exp[c]\exp[X + Y]$ がでてくる．$X = \hat{q}, Y = \hat{p}$ の場合は，ちょうどこの場合になる．

第5章
幾何学的位相

　この章では現今量子力学の一つの特性として定着している幾何学的位相因子を議論する．特に量子断熱定理に限ると，Berry の位相として知られているものである．これはディラックの非可積分位相因子の変形ともみられる．それは実に簡単な対象であるから，論文を書く際に使える便利なキーワードといった面がある．しかし表面的な単純さからは予想し難い，量子力学の巧妙に仕組まれたトポロジカルな構造を表している面もある．ともかく非常に汎用性のある概念である．量子物理全体あるいはもっと広く波動に関係する現象に普遍的に顔を出す概念と言える．

§5.1　ディラック非可積分位相因子

　幾何学的位相は色々な観点から眺めることができるのであるが，前の章でコヒーレント状態について述べたので，それとの関連で述べると次のようになる．すなわちコヒーレント状態から作られる重なり積分

$$\exp[i\Gamma] = \prod_{k=1}^{\infty} \langle Z_k \mid Z_{k-1} \rangle$$

とその位相

$$\Gamma = \int \langle Z | i\frac{\partial}{\partial t} | Z \rangle dt$$

が幾何学的位相の例を与えている．この積分は無限小だけ離れた2点間の"接続"を定義するものと考えられる．ここで接続という言葉を使ったのは，一

つの点の状態を微小離れた点に移動させてそこで重なりをとるという意味からである．

さて幾何学的位相のもともとのアイデアはディラックの非可積分位相因子に遡るので，まずそれをざっと説明しよう．ディラックはワイルのゲージ場の概念を独特の考えで再構成したのであるが，これが幾何学的位相の原型を与えたと言える．現在でも決着のつかない非可積分位相因子と，それから帰結されるディラックモノポールという不思議なものを後の世代に残した．古典的モノポールによるベクトルポテンシャルは第2章で与えたが，これを量子力学の中で見直してみる．

非可積分位相因子に関しては既に別の所で述べたが[1]簡単に復習する．要点は波動関数の非可積分的な位相が電磁場の存在を主張するということである．非可積分的というのは，多変数の微積分を習うとき，線積分を計算すると一般に経路が異なると積分値が違ってくるというのがそれである．

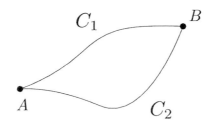

図 5.1：A から B へ至る経路を C_1 から C_2 に変えたとき関数の値が異なる．

次のような状況を考えてみる．(1) 時空の各点において波動関数の位相は不定で，異なる2点の間の位相の差だけが意味を持つ．(2) さらにその2点間の距離が有限であれば，その位相差は確定した値を持たない．すなわち2点を結ぶ経路によって位相差が異なる．この結果閉経路に沿って元に戻ったとき，波動関数は閉経路に依存した位相を獲得する．(3) この位相差は全ての波動関数に共通のものであり，それゆえ時空の特別の性質を反映したものである．

---
[1] 拙著，"トポロジーと物理"，パリティ物理学シリーズ，丸善出版，1995．

つまり上の(1), (2)で特徴づけられる不定な位相を持つ波動関数が存在することを始めから想定しているのである．いずれにしても宙ぶらりんの感があるので，このような位相を担った波動関数を書けばよい．それを

$$\psi = \tilde{\psi} \times \exp[i\beta]$$

とする．ここで $\tilde{\psi}$ は "確定した位相" を持つ波動関数で，β が非可積分位相である．微分

$$-i\hbar\frac{\partial \psi}{\partial x_k} = \exp[i\beta](-i\hbar\frac{\partial \tilde{\psi}}{\partial x_k} + \hbar\frac{\partial \beta}{\partial x_k}\tilde{\psi})$$

を考えると，波動関数 ψ に作用する運動量演算子 $p_k = -i\hbar\frac{\partial}{\partial x_k}$ が，波動関数 $\tilde{\psi}$ に対しては

$$-i\hbar\frac{\partial}{\partial x_k} + \hbar\frac{\partial \beta}{\partial x_k} = p_k + \hbar\frac{\partial \beta}{\partial x_k}$$

のように置き換えられると解釈される．つまり

$$\boldsymbol{A} = \frac{c\hbar}{e}\nabla\beta, A_0 = -\frac{\hbar}{e}\frac{\partial \beta}{\partial t}$$

が電磁ポテンシャルとみなされるというのである．いわば "非可積分位相" なる "架空" のものの勾配から電磁場を引き出してきたというわけである．特に閉曲線に沿った位相変化は容易にわかるように

$$\exp[i\frac{e}{\hbar c}\oint_C \boldsymbol{A}d\boldsymbol{x}] \equiv \exp[i\Gamma(C)]$$

で与えられる．この積分は閉曲線を貫くフラックスを与える．

非アーベルゲージ場と非可積分位相

ここで量子状態(波動関数)が2つの "内部" 的な状態を有している場合について，断熱定理とは独立に導入される非アーベルゲージ場に付随する非可積分位相を，比較のために議論しておこう．すなわち

$$\psi = \tilde{\psi}T.$$

ここで

$$\psi = (\psi_1, \psi_2).$$

さらに状態ベクトルの内積は変化しないことから，行列 T はいわゆるユニタリーであることがわかる；$T^\dagger T = 1$．これから T は $T = \exp[iX]$ と書けて，ここで X は歪対称行列で時空点の関数である．これの微分は

$$i\frac{\partial X}{\partial x_k} = T^{-1}\frac{\partial T}{\partial x_k}$$

で与えられて，次のように書き直される：

$$\frac{\partial T}{\partial x_k} = iA_k T.$$

ここで $A_k = \frac{\partial X}{\partial x_k}$．このように導入した場 A_k の値は非可換な行列上でとるもので，Yang-Mills 場と呼ばれるものである．T に対する表式を得るため，時空点 $P(x, y, z, t)$ 及び $P_0(x_0, y_0, z_0, t_0)$ を結ぶ曲線 $x_\mu(s)(\mu = 0, 1, 2, 3)$ を使う．s は曲線を表すパラメーターである．両辺に"速度"$\frac{dx_\mu}{ds}$ をかけて μ について和をとると

$$\frac{dT}{ds} = iB(s)T$$

が得られる．ここで

$$B = A_\mu \frac{dx_\mu}{ds}.$$

これから T を求めるために $B(s)$ が s の行列関数であることに注意する必要がある．この場合には単純に指数関数で表すわけにはいかない．順序のついた積を使う必要がある．

$$T = \exp[iB(N)\epsilon]\exp[iB(N-1)\epsilon]\cdots\exp[iB(1)\epsilon].$$

これを

$$T = P\exp[i\int_{P_0}^{P} B(s)ds]$$

と表示する．これは経路順序積（path-ordered product）と呼ぶべきものである．特に閉曲線に沿って積分したときの式は Wilson ループと呼ばれるものになる．

量子化されたモノポール

さて非可積分位相を取りこんだ波動関数なるものはそれ自身意味は無いのであるが，これを認めることにより奇妙な結果が発見的に帰結される．それが

量子化されたモノポールである．鍵になるのは波動関数の"ノード(節)"の概念である．それは波動関数の値がゼロになる所である．つまり $\psi(x,y,z) = 0$ を満たす点の軌跡である．ψ は複素数であるから，それは実部と虚部の2つの関係式

$$\mathrm{Re}\psi = 0, \mathrm{Im}\psi = 0$$

になるので(これは曲面を形成する)，この2つ曲面の交点として曲線ができる．これは"ディラックの紐"と呼ばれる．空間の中で閉曲線をとり ψ の位相変化を考えると，この閉曲線を無限に小さくしていけば位相差もゼロになる．ところがこの閉曲線がディラック紐をまわったとすると，それは 2π の整数倍の有限の差を許容するようになる．これは有限の場合に拡張できる．つまり閉曲線を小さな部分に分解して和を取ればよいだけである．このように上で定義したベクトルポテンシャルを用いて，閉曲線に沿った位相差を計算すると，ストークスの定理を使って

$$\Gamma(C) = \frac{e}{\hbar c}\oint_C \boldsymbol{A}d\boldsymbol{x} + 2\pi \times (\sum_i n_i) = \int_S \boldsymbol{B}d\boldsymbol{S} + 2\pi \times (\sum_i n_i) \quad (5.1.1)$$

と表わせる．第1項は閉曲線を囲む曲面を貫くフラックスで，第2項がノードの存在による余分の部分である．ここで閉曲線を一点に縮めると位相はゼロになるはずである．すると

$$\int_S \boldsymbol{B}\cdot d\boldsymbol{S} = -2\pi\frac{\hbar c}{e}\sum_i n_i \quad (5.1.2)$$

が帰結する．ここで n_i は整数で，S は無限に小さな閉曲線をいわば"反対"向きにまわるよう囲んだ結果できる曲面である(図を参照)．そこで C を1点に縮めた結果，閉曲面から湧き出るフラックスが得られる．このフラックスを

$$\int_S \boldsymbol{B}\cdot d\boldsymbol{S} = \int_V \mathrm{div}\,\boldsymbol{B}dV = 4\pi g \quad (5.1.3)$$

のようにおくと g は磁場の湧き出しとしてのモノポール(磁気単極子)に他ならない．そして上の条件から

$$2\pi\frac{\hbar c}{e} \times (\text{integer}) = 4\pi g \quad (5.1.4)$$

つまり整数値 n_i は符号を込めた湧き出しの個数と同定できる．とくに $\sum_i n_i = 1$ の場合を考えると

158 第 5 章 幾何学的位相

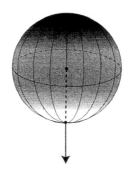

図 5.2：$\theta = \pi$ で $\boldsymbol{A}$ が特異となる．

$$2\pi(\frac{\hbar c}{e}) = 4\pi g \Longrightarrow eg = \frac{\hbar c}{2}. \tag{5.1.5}$$

これが有名なディラックの量子条件である．

上の量子化の導き方は如何にもトリッキーな感があるので，もう少し素直な考えから導くやりかたを考える．それにはモノポールの存在を始めから仮定して，それのつくる磁場のベクトルポテンシャルを用いる（その形は第 2 章で与えておいた）．定数 K がゲージの取り方の不定性を表すと言ったが，以下では $K = \pm 1$ に選ぼう．

$$\begin{aligned}
A_x^\pm &= \frac{-g(\pm 1 - \cos\theta)\sin\phi}{r\sin\theta}, \\
A_y^\pm &= \frac{g(\pm 1 - \cos\theta)\cos\phi}{r\sin\theta}, \\
A_z^\pm &= 0.
\end{aligned}$$

これからこの 2 つのベクトルポテンシャルは，$\boldsymbol{A}^+$ に対しては $\theta = \pi$，$\boldsymbol{A}^-$ に対しては $\theta = 0$ が特異線（この上で波動関数がノードを持つ）になっている．実際そこでベクトルポテンシャルは発散する．ベクトル解析の公式から $\nabla \times \boldsymbol{A}$ の発散をとると，通常の解析的な関数であればそれはゼロになるはずであるが，非ゼロ値を有するということは普通の関数ではない特異な性格を持つものであることがわかる．このようなベクトルポテンシャルの中で荷電粒子の波動関数もそのまま定義できそうにないことも推察できる．ベクトルポテンシャルのフラックスを担う位相因子は上で与えられたように $\exp[i\frac{e}{\hbar c}\oint_C \boldsymbol{A}d\boldsymbol{x}]$ であるが，これをストークスの定理を用いて面積分に直す際に，$\boldsymbol{A}$ の特異性

を考慮しなければならない．すなわちストークスの定理を適用するためには，C を縁とする曲面上に $\bm{A}$ の特異点があってはならない．従って，

$$\oint_C \bm{A}d\bm{x} = \int_S \bm{B}d\bm{S}$$
$$= -\int_{\hat{S}} \bm{B}d\bm{S}. \qquad (5.1.6)$$

の 2 通りの表し方がある．ここで S は C を縁として図の上半の曲面を表す．すなわちこの場合は特異線が南極方向に伸びている場合であって，$\hat{S}$ は下半

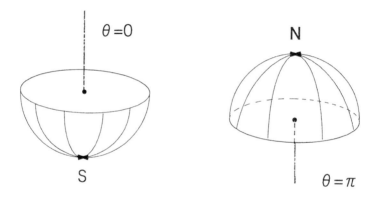

図 5.3：特異点の除去の仕方

分の曲面，すなわち北極に特異線が伸びている場合である（マイナス符合に注意）．ここで波動関数に直すとこれらの間には区別がつかないので，

$$\exp[i\frac{e}{\hbar c}\int_S \bm{B}d\bm{S}] = \exp[-i\frac{e}{\hbar c}\int_{\hat{S}} \bm{B}d\bm{S}] \qquad (5.1.7)$$

が成立するはずである．従って

$$\exp[i\frac{e}{\hbar c}\int_{S+\hat{S}} \bm{B}d\bm{S}] = 1.$$

これから

$$\int_{S^2} \bm{B}d\bm{S} = g\int_{S^2} \sin\theta d\theta d\phi = 4\pi g \qquad (5.1.8)$$

より

$$4\pi \frac{eg}{\hbar c} = 2n\pi.$$

これでディラックの量子化が再現された．

さて上で注意したように，モノポールの存在の下での波動関数は少々具合の悪いものになる．つまり普通の意味での関数とはとらえられないものを導入する必要に迫られる．それがファイバーバンドルという概念である．これに関しては後の節で改めて述べることにする．

§5.2 断熱定理と Berry の位相

以上の準備の下に，断熱定理と関連して導入された Berry の位相を説明する．既に第3章において断熱定理をスペクトル流のアイデアにおいて用いたが，"断熱性" というある意味素朴な概念が，物理理論全体を通して貫徹する原理と位置付けられると言える．

出発点は時間に依存するシュレーディンガー方程式である．

$$i\hbar \frac{\partial \psi}{\partial t} = \hat{h}(q, X(t))\psi. \tag{5.2.1}$$

ここでハミルトニアンは，時間的に変動する外場を通じて時間に依存しているものとする．もう少し具体的にいうと $\hat{h}(q, X(t))$ と書ける．q は考えている系を記述する変数である．外場(あるいはパラメータ)を総称して $X(t)$ と表す．それは一般に多次元空間(多様体)の点で与えられる．つまり $X(t) = (x_1(t) \cdots x_n(t))$．この時間依存シュレーディンガー方程式の形式的な解は直ちに求められる．それは

$$\psi(t) = T\exp[-\frac{i}{\hbar} \int \hat{H}(t)dt]\psi(0). \tag{5.2.2}$$

ここで $T\exp$ は時間順序積で

$$T\exp[-\frac{i}{\hbar} \int \hat{H}(t)dt] = \prod_{k=1}^{\infty} \exp[-\frac{i}{\hbar}\hat{H}(t_k)\epsilon] \tag{5.2.3}$$

で定義される．つまり時間間隔を区切って古い順番に右からかけていくことを意味する．

さて外場 $X(t)$ の変動がゆっくりしている場合，$\dot{X}(t) \cong 0$．通常の断熱定

理によって波動関数は

$$\psi_n(t) = \exp[-\frac{i}{\hbar}\int_0^t \lambda_n(X)dt]|n(X)\rangle \tag{5.2.4}$$

によって与えられることが知られている．ここで $|n(X)\rangle$ は時間 t に"凍結した"ときの固有状態で，$\lambda_n(X)$ はそれに対応する固有値である．これらは"スナップショット"方程式を満たす．

$$\hat{h}(X)|n(X)\rangle = \lambda_n(X)|n(X)\rangle. \tag{5.2.5}$$

断熱定理の主張するところは，量子数 n がパラメータの変化の過程で保存されていくということで，これは前期量子論における Ehrenfest 断熱定理の量子力学バージョンである．

ここで特に断熱変化がパラメータ空間の中で閉じた経路に沿って起こる（あるいは時間 T で元に戻る）ものとすると，量子数 n を持つ波動関数は通常の断熱定理に従えば

$$\psi_n(T) = \exp[-\frac{i}{\hbar}\int_0^T \lambda_n(X)dt]|n(X_T)\rangle \tag{5.2.6}$$

となるはずであるが，実は余分な位相が付くことがわかる．すなわち

$$\psi_n(X_T) = \exp[i\Gamma_n(C)] \times (\text{conventional}) \tag{5.2.7}$$

となる．この余分な位相 $\Gamma(C)$ が Berry の位相と言われるものであり，次の積分で与えられる．

$$\Gamma_n(C) = \oint_c \langle n|i\frac{\partial}{\partial X_k}|n\rangle dX_k. \tag{5.2.8}$$

ただし断熱準位は縮退が無いと仮定している（縮退のある場合は別に扱う）．かつ $|n\rangle$ は規格化されているとする $\langle n | n \rangle = 1$．位相 Γ が付くことの証明は簡単である．余分な位相 $\alpha(t)$ を conventional な断熱状態に付けておく[2]．

$$\psi_n(t) = \exp[i\alpha(t)] \times (\text{conventional}).$$

これをシュレーディンガー方程式に代入すると

$$\frac{d\alpha}{dt} = \langle n(t)|i\frac{\partial}{\partial t}|n(t)\rangle.$$

---
[2] たとえば Schiff の量子力学のテキストを参照．

これを積分すると $\alpha(t)$ に対する方程式が得られる.

$$\alpha(t) = \int \langle n(t)|i\frac{\partial}{\partial t}|n(t)\rangle dt = \int \langle n(t)|i\frac{\partial}{\partial X_k}|n(t)\rangle \dot{X}_k dt.$$

ただし，断熱準位 $|n(X)\rangle$ の時間依存性は変動外場 $X(t)$ をつうじて implicit に入っていることに注意する．これから α は直ちに積分できて，外場が周期変化をする場合に1周するならば

$$\Gamma_n(C) = \oint_C \sum_k \langle n(X)|i\frac{\partial}{\partial X_k}|n(X)\rangle dX_k \tag{5.2.9}$$

が出てくる．ここで

$$A_k = \langle n(X)|i\frac{\partial}{\partial X_k}|n(X)\rangle \tag{5.2.10}$$

はパラメータ空間に誘導される"ベクトルポテンシャル"(接続の場)と見られる．

このように，それ自身の表式としては至って簡単なものであるが，その意味するところは深いものがある．以下の議論，さらに章を改めてこの位相の中身を，具体例を通じて考察することにする．

ここで幾何学的位相 $\Gamma(C)$ の視覚化を与える．それはホロノミーの概念である．つまり図5.3の平面で描かれたパラメータ空間上の点に波動関数(上に伸びる線で表す)を与える．その線の各点が波動関数の(位相を含めた)値を与えていると見る．すなわちパラメータ空間で閉曲線に沿って元の点に戻ってきたときに，波動関数は元の値から位相の分だけずれているという描像である．

ホロノミーはいわゆる平行移動の概念と密接な関係がある．これに関して説明しよう．

$$\psi_n = C_n |n\rangle$$

とおくときに，ψ_n を曲面(多様体)上の"ベクトル"とみなして

$$\langle \psi_n | d | \psi_n \rangle = dC_n + C_n \langle n| d |n\rangle$$

を考えると，上の

$$C_n(t) = \exp[i\int \langle n|\frac{\partial}{\partial t}|n\rangle dt]$$

を代入して

$$\langle \psi_n | d | \psi_n \rangle = 0 \tag{5.2.11}$$

となることがわかる．言い換えれば断熱変化は状態(波動関数)に対する平行移動を実現しているといえる．平行移動をパラメータ空間の中での閉曲線に沿って元に戻ることによって，波動関数の位相の変化，つまりベクトルの"方向変化"が帰結すると見られる．

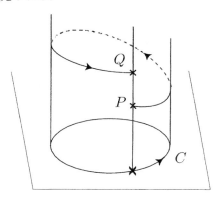

図 5.4：ホロノミーの概念図

2 準位模型：3 パラメータ模型

まず簡単なハミルトニアンを使って位相 Γ を計算してみよう．それは 2×2 のエルミート行列で与えられるハミルトニアンである．これはいわば generic (類型的)モデルと呼ぶべきものである．2 行 2 列のエルミートといえば次の形がユニークになる．これは 3 つのパラメータ $X = (x, y, z)$ を用いて

$$H = \begin{pmatrix} z & x - iy \\ x + iy & -z \end{pmatrix} \tag{5.2.12}$$

と書かれる．(x, y, z) は極座標を使えば

$$\begin{aligned} x &= r \sin\theta \cos\phi, \\ y &= r \sin\theta \sin\phi, \\ z &= r \cos\theta \end{aligned}$$

と表せる．このハミルトニアンの固有値と固有状態は直ちに求められ

$$\lambda_\pm = \pm\sqrt{x^2+y^2+z^2} = \pm r. \tag{5.2.13}$$

2つの準位 λ_+ と λ_- は原点 $(x,y,z)=0$ において交差($\lambda_+ = \lambda_-$)することに注意する．対応する固有状態はそれぞれ次のように求められる：

$$|+\rangle = \begin{pmatrix} \cos\frac{\theta}{2} \\ \sin\frac{\theta}{2}\exp[i\phi] \end{pmatrix} \tag{5.2.14}$$

及び

$$|-\rangle = \begin{pmatrix} \sin\frac{\theta}{2}\exp[-i\phi] \\ -\cos\frac{\theta}{2} \end{pmatrix}. \tag{5.2.15}$$

この状態を上で求めた"ベクトルポテンシャル"の公式に代入すると下の準位 $|-\rangle$ に対して

$$\begin{aligned} \langle -|i\frac{\partial}{\partial x}|-\rangle &= -\frac{(1-\cos\theta)\sin\phi}{2r\sin\theta} \\ \langle -|i\frac{\partial}{\partial y}|-\rangle &= \frac{(1-\cos\theta)\cos\phi}{2r\sin\theta} \end{aligned} \tag{5.2.16}$$

が得られる．同じく $|+\rangle$ に対しても求められる．

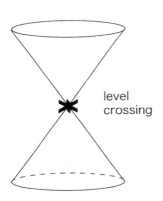
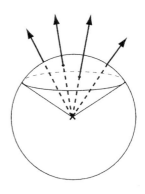

図 5.5：モノポールから出るフラックス

このようにして求めたベクトルポテンシャルは，原点に置かれたモノポー

ルによるものと形は一致している.$\theta = \pi$ の所で $\boldsymbol{A}$ が発散している.これがディラックの紐に他ならない.すなわち準位が交差するところがモノポールに対応している.ただし磁荷に対しては $g = \frac{1}{2}$ にとっておく必要がある.

さて断熱準位に位相変換をすれば

$$|\pm\rangle \to |\pm\rangle \exp[-i\alpha].$$

ベクトルポテンシャルはゲージ変換 $\boldsymbol{A} \to \boldsymbol{A} - \nabla\alpha$ を受ける.特に $\alpha = \phi$ に選ぶと

$$\begin{aligned}\langle -|i\frac{\partial}{\partial x}|-\rangle &= -\frac{(-1-\cos\theta)\sin\phi}{2r\sin\theta} \\ \langle -|i\frac{\partial}{\partial y}|-\rangle &= \frac{(-1-\cos\theta)\cos\phi}{2r\sin\theta}\end{aligned} \quad (5.2.17)$$

となる.従ってディラックの量子化に相当する式は,全く実際のモノポールの場合の手続きを当てはめればよいだけである.結果は

$$\frac{1}{2}\int_{S^2} d\omega = 2n\pi. \quad (5.2.18)$$

積分は単位球の面積に他ならないから

$$2\pi = 2n\pi \quad (5.2.19)$$

となり,"量子数" n の値が $n = 1$ のように決められてしまうのが,実際のモノポールの場合と異なるところである.

2パラメータ模型

(i) 上の3パラメータの場合の特別な場合を考える.$y = 0$ に選ぶと 2×2 実対称ハミルトニアンになる.

$$H = \begin{pmatrix} z & x \\ x & -z \end{pmatrix}. \quad (5.2.20)$$

パラメータを角度で書くと

$$x = r\sin\theta, \; z = r\cos\theta.$$

この場合固有値は

$$\lambda = \pm\sqrt{x^2 + z^2}. \quad (5.2.21)$$

対応する固有状態は

$$|+\rangle \equiv \psi_+(\theta) = \begin{pmatrix} \cos\frac{\theta}{2} \\ \sin\frac{\theta}{2} \end{pmatrix}$$

$$|-\rangle \equiv \psi_-(\theta) = \begin{pmatrix} \sin\frac{\theta}{2} \\ -\cos\frac{\theta}{2} \end{pmatrix}. \tag{5.2.22}$$

この固有状態を用いて接続の場を計算すると明らかにゼロになることがわかる．しかし

$$\psi_\pm(\theta + 2\pi) = -\psi_\pm(\theta) \tag{5.2.23}$$

からわかるように，パラメータ空間のなかで一周すると符合を変える．

(ii) $z = 0$ と選ぶと，ハミルトニアンは

$$H = \begin{pmatrix} 0 & x - iy \\ x + iy & 0 \end{pmatrix}. \tag{5.2.24}$$

ここで

$$x = r\cos\phi, \; y = r\sin\phi$$

とすると固有値は

$$\lambda = \pm\sqrt{x^2 + y^2}. \tag{5.2.25}$$

対応する固有状態は

$$|+\rangle = \frac{1}{\sqrt{2}} \begin{pmatrix} 1 \\ \exp[-i\phi] \end{pmatrix} \tag{5.2.26}$$

及び

$$|-\rangle = \frac{1}{\sqrt{2}} \begin{pmatrix} 1 \\ -\exp[-i\phi] \end{pmatrix} \tag{5.2.27}$$

で与えられる．接続の場はこの場合

$$\boldsymbol{A}_\pm = \pm\frac{1}{2}\nabla\phi \tag{5.2.28}$$

と求められる．これは原点を貫通する無限小ソレノイド磁場によるベクトルポテンシャルと同じ形をしている．

ノート：このようにゲージ場の概念が既知であれば準位交差と幾何学的位

相の関係は明快に説明できるが，量子化学者達は以前からそのような明示的な概念を使わず，図式的な準位交差と位相の関係を議論していたという経緯がある[3].

縮退がある場合

これまでの議論は断熱準位に縮退が無いものと仮定してきた．縮退のある場合への拡張は簡単である．縮退を記述するラベルを導入すれば，スナップショット方程式は次のように書かれる：

$$\hat{h}(X)|n(X),\alpha\rangle = \lambda_n(X)|n(X),\alpha\rangle. \tag{5.2.29}$$

そこで時間依存シュレーディンガー方程式の解を

$$\psi_{n,\alpha}(t) = \exp[-\frac{i}{\hbar}\int \lambda_n(X)dt]\sum_\beta U_{\alpha,\beta}|n(X),\beta\rangle$$

とおく．これから，U は次の式をみたす．

$$\frac{dU_{\alpha,\beta}}{dt} = \sum_\gamma \langle n,\alpha|i\frac{\partial}{\partial t}|n,\gamma\rangle U_{\gamma,\beta}.$$

ここで

$$\langle n,\alpha|i\frac{\partial}{\partial t}|n,\gamma\rangle = \sum_i \langle n,\alpha|i\frac{\partial}{\partial x_i}|n,\gamma\rangle \dot{x}_i$$

に注意して

$$A^i_{\alpha\gamma} = \langle n,\alpha|i\frac{\partial}{\partial x_i}|n,\gamma\rangle \tag{5.2.30}$$

とおくと行列方程式の形に書かれる．

$$\frac{dU}{dt} = \hat{A}^i \dot{x}_i(t) U. \tag{5.2.31}$$

従って $U(t)$ は

$$U(t) = T\exp[\int \hat{A}^i(t)\dot{x}_i dt] \tag{5.2.32}$$

で与えられる．記号 T は時間順序積を表す．この接続の場は行列で与えられるので上で導入した非アーベルな接続(Yang-Mills 接続)になる．特に閉じた

---

[3] 前出の "Geometric Phases in Physics" に収録されている，Longett-Higgins, Stone の論文を参照.

ループに沿った変化は

$$[\Gamma(C)]_{\alpha\beta} = (P\exp[\int_C \hat{A}^i(X)dx_i])_{\alpha\beta}. \tag{5.2.33}$$

P 記号は前に導入した経路順序積を表す.

上で定義した接続の場はユニタリー変換のもとで次のように変換することがわかる. まず縮退した断熱準位は次のユニタリー変換

$$|n,\bar{\alpha}\rangle = \sum_\alpha T_{\alpha\bar{\alpha}}|n,\alpha\rangle$$

によって変換されることに注意して微分をとると

$$\frac{\partial}{\partial x_i}|n,\bar{\alpha}\rangle = \sum_\alpha \Big[T_{\alpha\bar{\alpha}}\frac{\partial}{\partial x_i}|n,\alpha\rangle + \frac{\partial T_{\alpha\bar{\alpha}}}{\partial x_i}|n,\alpha\rangle\Big]$$

となり

$$\langle n,\bar{\beta}|i\frac{\partial}{\partial x_i}|n,\bar{\alpha}\rangle = \sum_{\alpha\beta} T^\dagger_{\bar{\beta}\beta}\langle n,\beta|i\frac{\partial}{\partial x_i}|n,\alpha\rangle T_{\alpha\bar{\alpha}} + \sum_{\alpha\beta} iT^\dagger_{\bar{\beta}\beta}\frac{\partial T_{\alpha\bar{\alpha}}}{\partial x_i}\langle n,\beta\mid n,\alpha\rangle$$

が得られる. 最後の項は

$$\sum_{\alpha\beta} T^\dagger_{\bar{\beta}\beta}\frac{\partial T_{\alpha\bar{\alpha}}}{\partial x_i}\langle n,\beta\mid n,\alpha\rangle = \sum_{\alpha\beta}\delta_{\alpha\beta}T^\dagger_{\bar{\beta}\beta}\frac{\partial T_{\alpha\bar{\alpha}}}{\partial x_i} = \sum_\alpha T^\dagger_{\bar{\beta}\alpha}\frac{\partial T_{\alpha\bar{\alpha}}}{\partial x_i}$$

となり, 従って行列要素によって次のように書かれる.

$$(A'_i)_{\bar{\beta}\bar{\alpha}} = (T^{-1}A_iT)_{\bar{\beta}\bar{\alpha}} + i(T^{-1}\frac{\partial T}{\partial x_i})_{\bar{\beta}\bar{\alpha}} \tag{5.2.34}$$

あるいは

$$A'_i = T^{-1}A_iT + iT\frac{\partial T}{\partial x_i} \tag{5.2.35}$$

つまり非アーベルゲージ場に対するゲージ変換を受けることがわかる. 非アーベルの場合, 接続の具体的な形を与えることは一般に大変難しい. そこで以下では具体的計算を行う場合には, もっぱら縮退のない場合, すなわち $U(1)$ 接続の場合に話を限定する.

§5.3 ファイバーバンドルと位相不変量

モノポールの存在する空間における波動関数は, 通常の意味の全空間で一貫した意味を持つ関数で表すことはできない. このような波動関数の拡張を

5.3 ファイバーバンドルと位相不変量

合理的に実現しようとする際には，ファイバーバンドルという概念が有効になる[4]．断熱定理とファイバーバンドルの対応は粗く言えば次のようになる．

基底空間 M	⟷	パラメータ空間
ファイバー	⟷	位相
切断	⟷	断熱状態
変換関数	⟷	位相の変換

ファイバーバンドルの概念は，局所的に見ると基底空間のある区域（近傍）とファイバーの直積によって与えられる．つまり普通の関数と同じようなものであるが，これを全体に拡大していくと"捩れ"が出てくる．この捩れが位相不変量を与える．今の場合，主ファイバーバンドルという概念の特別なものと見られる．それはリー群をファイバーとするファイバーバンドルであって，ベクトルバンドルの同伴バンドルするものとして定義される．この詳しい定義は専門的すぎるので省略する．その代わり以下のような具体的な構成を与える．

このために各区域の間のつなぎ合わせをする必要がある．これが接続に他ならない．接続は1次微分形式によって導入するのが合理的である．ベクトルポテンシャルを A とし，ファイバーとしてリー群の要素 g をとる．近傍 U において"局所的"に1次微分形式を

$$\omega = g^{-1}Ag + g^{-1}dg \tag{5.3.1}$$

によって定義する．別の近傍 U' でのファイバーとの間の変換関数を

$$g' = Tg \tag{5.3.2}$$

と定義する．これにあわせてゲージポテンシャルの変換を

$$A' = T^{-1}AT + T^{-1}dT \tag{5.3.3}$$

とすれば1次微分形式 ω は

$$\omega' = (g')^{-1}A'g' + (g')^{-1}dg'$$

---

[4] T. Eguchi, P.B.Gilkey and A.J.Hanson, Physics Report, **66**(1980)213. を参照.

と変換されるが
$$\omega' = \omega$$
となることがわかる．ω に付随する曲率形式は
$$\Omega = d\omega + \omega \wedge \omega \tag{5.3.4}$$
で与えられる．これはゲージ場 A に付随する曲率 F と次の関係がある．
$$\Omega = g^{-1}Fg. \tag{5.3.5}$$
それはファイバー g によらない．$F' = T^{-1}FT$ に注意すると，
$$g^{-1}Fg = g'^{-1}F'g'. \tag{5.3.6}$$
この一般的構成を今問題としている断熱定理の場合に適用すると，接続 A は基底空間をパラメータ空間として
$$A_i = \langle n|i\frac{\partial}{\partial x_i}|n\rangle \tag{5.3.7}$$
にとり，ファイバーを $U(1)$ 群をとればファイバーバンドルの構造を持つことがわかる．これを"モノポール・バンドル"と呼ぼう．特に曲率を積分したものが位相不変量を与える：
$$C_1 = \int \Omega. \tag{5.3.8}$$
これは特性類のうちで第 1 Chern 類と呼ばれるものになる[5]．

注意：

1. 上で例示した 2 パラメータの場合を一般理論の観点から見ると，$y = 0$ とおいた実ハミルトニアンの場合は，位相不変量の分類で言うと Stiefel 類というものになる (Eguchi, Gilkey, Hanson を参照)．これは接続形式が解析的な式では表せず，メビウス・バンドの場合に対応している．

2. 同じく 2 パラメータの場合で $z = 0$ の場合 (ハミルトニアンはエルミート)．この場合には位相不変量の一般理論に従うと局所的平坦な接続，Chern-Simons 類の特別な場合に相当する (Eguchi, Gilkey, Hansson)．

---

[5] Chern 類の定義を述べる余裕は無いので次の文献を挙げておく．小林昭七，"複素幾何"（岩波講座，現代数学の基礎）．

ここで (2×2) で与えられるハミルトニアンに付随する位相不変量を，基礎になる群との対応関係において分類すると表のようになる．ただし $SU(2)$ 群に対する位相不変量の詳細はここでは述べない．

Hamiltonian	群	特性類
実	Z_2	Stiefel
エルミート	$U(1)$	1-st Chern
縮退のあるとき(4元数)	$SU(2)$	2-nd Chern

§5.4 経路積分とトポロジー的作用関数

Berryの位相を，動力学的観点から眺めてみると，非常に興味深い事実が内包されていることがわかる．量子力学系は通常，相互作用している系を扱う．これを一般的な枠組みで行うには経路積分が最も有効である[6]．特に場の理論のような無限自由度系に適用する場合には都合がよい．

2つの相互作用をしている系を考え，それらを構成している部分系をそれぞれ"内部系"と"外部系"と呼ぼう．断熱定理を適用する際にゆっくりと変動する自由度が外部系に対応している．例として分子系を考えると電子の自由度が内部系に対応し，質量の重い原子核は外部系である．場の理論，電磁場(ゲージ場)と相互作用する電子系では，電磁場を外部系にとることは言うまでもない．これまでの議論において内部系の自由度を記述する変数を q と総称したが，外部系の変数 X は特に指定していなかった．さしあたって以下ではそれは位置座標を表す力学変数で，それに共役な運動量を P とおこう．つまり (X, P) で正準共役な変数(演算子)とみなす．

まず最初に外部系の自由度は力学的な自由度ではなく文字通り外場として扱い，それが内部系の自由度と結合している場合を考える．そして結合は座標変数 X のみで書かれるものとする．すると X_0 から出発して X_0 に戻るループに沿って量子数 n の状態から n の状態に戻る遷移振幅は

$$T_{nn}[C] = \langle n(X_0)| \prod_k \exp[-\frac{i}{\hbar}\hat{h}(X_k; q)\epsilon]|n(X_0)\rangle \tag{5.4.1}$$

---

[6] H.Kuratsuji and S.Iida, Prog.Theor.Phys.**74**(1985)439; Phys.Rev.Lett.**56**(1986)1003.

によって与えられる．ここで時間区分に関する無限積は時間順序積で

$$\mathrm{T} \cdot \exp\left[-\frac{i}{\hbar}\int_0^T \hat{h}\left(X(t), q\right) dt\right]$$

と表される．外部座標 $X(t)$ の断熱的な運動を考える．時刻 t_k における内部系の状態 $\{|m_k\rangle\}$（$\hat{h}(q, X(t_k))|m_k\rangle = \lambda_m |m_k\rangle$）に対して成り立つ完全性関係

$$\sum_k |m_k\rangle\langle m_k| = 1$$

を挿入すると

$$\begin{aligned}
T_{nn}[C] &= \sum_{m_1}\cdots\sum_{m_{N-1}} \langle n(X_0)|\exp[-i\hat{h}(N)\frac{\epsilon}{\hbar}]|m_{N-1}\rangle \\
&\quad \cdots \langle m_k|\exp[-i\hat{h}(k)\frac{\epsilon}{\hbar}]|m_{k-1}\rangle \\
&\quad \cdots \langle m_1|\exp[-i\hat{h}(1)\frac{\epsilon}{\hbar}]|n(X_0)\rangle
\end{aligned}$$

となる．ここで $\hat{h}(k) \equiv \hat{h}(X_k, q)$．断熱変化においては量子数が保存されることに注意すれば，全ての中間状態において始めの量子数 n の状態のみを拾うことになる．すなわち

$$\langle n_k|\exp\left[-i\hat{h}(k)\frac{\epsilon}{\hbar}\right]|n_{k-1}\rangle.$$

さらにスナップショット $\hat{h}(k)|n_k\rangle = \lambda_n(k)|n_k\rangle$ を使えば

$$T_{nn}[C] = \exp\left[-\frac{i}{\hbar}\int_0^T \lambda_n(X_t)\, dt\right] \langle n(X_T) \mid n(X_0)\rangle_C \tag{5.4.2}$$

が得られる．ここで

$$\langle n(X_0) \mid n(X_T)\rangle_C \equiv \lim_{N\to\infty}\prod_{k=1}^N \langle n(X_k) \mid n(X_{k-1})\rangle. \tag{5.4.3}$$

とおいた．つまり外部系を表す空間における閉じたループ C を分割して，無限小だけ離れた 2 点 X_k と X_{k-1} における断熱状態間の"重なり"を"積み重ねた"ものと見られる．従って近似

$$\langle n(X_k) \mid n(X_{k-1})\rangle \simeq 1 - \langle n|\frac{\partial}{\partial X}|n\rangle \Delta X_k$$

を行うと

$$\langle n(X_T) \mid n(X_0)\rangle = \exp[i\Gamma_n(C)] \qquad (5.4.4)$$

と書き直される．ここで

$$\Gamma_n(C) = \oint_C \omega = \oint \langle n(X)| i\frac{\partial}{\partial X} |n(X)\rangle \, dX_i. \qquad (5.4.5)$$

この関係は既に与えたものと一致する．従って最終的に次のようにまとめられる．

$$T_{nn}(C) = \exp\left[-\frac{i}{\hbar}\int_0^T \lambda_n(X_t)\,dt\right] \exp[i\Gamma_n(C)]. \qquad (5.4.6)$$

次に相互作用系にもっていく．ハミルトニアンは $H_0(P,X)$ を外部系のそれとして，

$$H = H_0(P,X) + h(q,X) \qquad (5.4.7)$$

で与えられる．これに対して時間推進演算子のトレースを考える．

$$K(T) = \text{Tr}(\exp[-\frac{i}{\hbar}HT])$$
$$= \sum_n \int \langle n(X_0), X_0| \exp[-i\frac{\hat{H}T}{\hbar}] |n(X_0), X_0\rangle \, d\mu(X_0). \qquad (5.4.8)$$

トレースをとることにより，状態 $|n(X_0), X_0\rangle = |n(X_0)\rangle \otimes |X_0\rangle$ から出発して時間 T 後に同じ状態に戻る振幅が自然に出てくることがわかる．いつものように時間間隔 T を分割して $|X\rangle$ に対する完全系を挿入すると

$$\langle n(X_0), X_0| \exp\left[-i\frac{\hat{H}T}{\hbar}\right] |n(X_0), X_0\rangle$$
$$= \int \prod d\mu(X_k) \langle n(X_0), X_0| \exp\left[-i\frac{\hat{H}\epsilon}{\hbar}\right] |X_{n-1}\rangle$$
$$\ldots \langle X_1| \exp\left[-i\frac{\hat{H}\epsilon}{\hbar}\right] |n(X_0), X_0\rangle \qquad (5.4.9)$$

となる．ここで $\epsilon = \frac{T}{N}$．$\epsilon \to 0$ の極限で

$$\langle X_k|\exp\left[-\frac{i\hat{H}_0\epsilon}{\hbar}\right]|X_{k-1}\rangle = \int dP_k \exp[\frac{i}{\hbar}(P_k(X_k-X_{k-1})-H_0(P_k,X_{k-1}))\epsilon]. \tag{5.4.10}$$

このようにしてトレースは

$$K(T) = \sum_n \int T_{nn}[C]\exp\left[i\frac{S_0(C)}{\hbar}\right]\prod_t d\mu\,(X_t, P_t) \tag{5.4.11}$$

と書ける．$S_0(C)$ は外部系を表す空間 X の中の閉ループ C に対する作用関数である．

$$S_0(C) = \int \{P\dot{X} - H_0(P,X)\}dt. \tag{5.4.12}$$

ここで，外部系の運動が内部系に対してゆっくりしているとする断熱近似の下では，内部系の振幅 $T_{nn}[C]$ は既に与えているので，その結果を使えば

$$K^{\text{eff}}(T) = \sum_n \int \exp\left[\frac{i}{\hbar}\left(S_n^{ad}(T) + \hbar\Gamma_n(C)\right)\right]\prod_t d\mu\,(X_t) \tag{5.4.13}$$

となる．ここに，

$$S_n^{ad} = S_0 - \int_0^T \lambda_n\,(X(t))\,dt. \tag{5.4.14}$$

これが正準変数 (X,P) で記述される外部系に対する有効作用関数である．このように見れば位相 $\Gamma(C)$ は幾何学的作用関数としての意味づけを自然に獲得する．この作用関数(あるいはラグランジアン)はある意味では非常に単純な構造をもっている．外部系を3次元空間(直角座標で書かれる)にとると磁場中の荷電粒子の問題に帰着する．すなわちベクトルポテンシャル中での荷電粒子の運動に対する作用関数と同じ形をしている．ここでベクトルポテンシャルは

$$A_k^{(n)} = \langle n|i\hbar\frac{\partial}{\partial X_k}|n\rangle$$

で与えられる．停留位相の条件

$$\delta\int(\sum_k P_k\dot{X}_k - H_{\text{ad}}(P,X) + \sum_k A_k\dot{X}_k)dt = 0$$

より外部系に対する運動方程式は

$$\frac{dP_i}{dt} = -\frac{\partial H_{\rm ad}}{\partial X_i} - \sum_k \left(\frac{\partial A_i^{(n)}}{\partial X_k} - \frac{\partial A_k^{(n)}}{\partial X_i}\right)\frac{dX_k}{dt}$$

$$\frac{dX_i}{dt} = \frac{\partial H_{\rm ad}}{\partial P_i}$$

となり，第1の方程式の右辺第2項が誘導された"磁場"の効果を表す．この類推から軌道自身の形は"磁場"の存在によって変化しないことがわかる．一般の場合の運動方程式はシンプレクティック構造の変形によって記述されるが，この問題は場の理論のアノマリー現象と関連しているので後の章で議論することにする．

コメント：このように，幾何学的位相は'速い自由度'を断熱定理で処理した後"遅い自由度"に作用関数の一部として付加されるもので，相互作用系を扱うときには一般に現れうるものである．その意味で普遍的な存在と言える．ただし断熱近似というのは特殊な近似であるから，そのような特別な近似の結果出てきたものには限界があるという批判があるかもしれない．しかしこの批判は必ずしもも当を得ていないであろう．つまり幾何学的位相は断熱近似といういわば"よくない"手続きをやっているのであるが，出てきた結果は悪い計算の詳細によらず普遍的に適用できるものと解釈されるべきである．その意味で断熱定理というものはそれ自身意味があるということ以外に，うまく結果を引き出す手段と捉えられるべきものかもしれない．実際，断熱近似の高次の効果を取り入れていくことは可能である．しかしながら高次の効果は単に高次の補正という以上の意味は持たず，幾何学的あるいは物理的に明瞭な解釈を持たないかもしれない．

一般化

以上の議論はハミルトニアンを外部系と内部系の部分に"きっちりと"分けられる場合に限る必要はない．あらわな形で分離できていない場合にも — 少なくとも形式的に — 定式化できるので，それについて述べよう．

正準変数で書かれた一般の形のハミルトニアンは，いわゆる"ordering"を決めておく必要があるが以下のようにとる．

$$\hat{H}(\hat{q},\hat{p};\hat{P},\hat{X}) = \sum_{\alpha\beta\gamma\eta\rho\omega} \sum_{(lmh;ijk)} C(lmn;ijk)\hat{X}_\alpha^{i-k}\hat{P}_\beta^j\hat{X}_\gamma^k\hat{q}_\eta^{l-n}\hat{p}_\rho^m\hat{q}_\omega^n \tag{5.4.15}$$

の形をとる．以下で $|X\rangle$ ($|P\rangle$) は $|X\rangle = |X_1,\cdots X_N\rangle$ etc. を意味する．まず ϵ の一次までのオーダーで，これは次のように書かれる：

$$\langle X'|\exp[-\frac{i}{\hbar}\hat{H}\epsilon]|X\rangle$$
$$\cong \langle X'|(1-\frac{i\epsilon}{\hbar}\sum\sum C(lmn,ijk)\hat{X}_\alpha^{i-k}\hat{P}_\beta^j\hat{X}_\gamma^k\hat{q}_\eta^{l-n}\hat{p}_\rho^m\hat{q}_\omega^n|X\rangle$$
$$= \langle X'|X\rangle - \frac{i\epsilon}{\hbar}\sum\sum C(lmn,ijk)\langle X'|\hat{X}_\alpha^{i-k}\hat{P}_\beta^j\hat{X}_\gamma^k\hat{q}_\eta^{l-n}\hat{p}_\rho^m\hat{q}_\omega^n|X\rangle$$
$$= \langle X'|(1-\frac{i\epsilon}{\hbar}\sum\sum C(\cdots)X_\alpha'^{i-k}X_\gamma^k\hat{P}_\beta^j\hat{q}_\eta^{l-n}\hat{p}_\rho^m\hat{q}_\omega^n)|X\rangle$$
$$= \int\langle X'|P\rangle\langle P|X\rangle(1-\frac{i\epsilon}{\hbar}\sum\sum C(\cdots)X_\alpha'^{i-k}X_\gamma^k P_\beta^j\hat{q}_\eta^{l-n}\hat{p}_\rho^m\hat{q}_\omega^n)dP.$$

さらに ϵ の一次までで元の指数関数に戻すと

$$\langle X_{k+1}|\exp[-\frac{i\hat{H}}{\hbar}\epsilon]|X_k\rangle$$
$$= \int\exp[\frac{i}{\hbar}P_k(X_{k+1}-X_k)]dP_k\exp[-\frac{-i\epsilon}{\hbar}\hat{H}(\hat{q},\hat{p};X_{k+1},X_k,P_k)]$$

となり，全ての中間点で積分すると

$$\langle X'|\exp[-\frac{i\hat{H}T}{\hbar}]|X\rangle$$
$$= \int\exp[\frac{i}{\hbar}\int_0^T P\dot{X}dt]\mathcal{D}[X(t),P(t)]$$
$$\times T\exp[-\frac{i}{\hbar}\int_0^T \hat{H}(\hat{q},\hat{p},X(t),P(t))dt] \tag{5.4.16}$$

が得られる[7]．次に内部系の $|n(X')\rangle$ から $|n(X)\rangle$ への遷移を考えると，断熱定理を適用して，スナップショット固有方程式

$$\hat{H}(\hat{q},\hat{p},;X(t),P(t))|n(X(t),P(t))\rangle = \lambda_m(X(t),P(t))|n(X(t),P(t))\rangle$$

に注意すると，

---

[7] 第2項が"外場"($X(t),P(t)$) の中におかれた内部系のハミルトニアンになる．

$$\langle n; X'|T\exp[-\frac{i}{\hbar}\int_0^T \hat{H}(\hat{q},\hat{p},;X(t),P(t))dt]|n;X\rangle \quad (5.4.17)$$

$$\sim \exp\left[-\frac{i}{\hbar}\int_0^T \lambda_n(X(t),P(t))dt\right]\prod_{k=1}^{\infty}\langle n(X_{k+1},P_{k+1})|n(X_k,P_k)\rangle$$

が得られる．この第2項の無限積は，内部系の遷移が外部系の位相空間の点 (X,P) から出発して同じ点 (X,P) に戻るループに沿って断熱変形していく場合の"履歴"(history)を表す．

$$\prod_{k=1}^{\infty}\langle n(X_{k+1},P_{k+1})|n(X_k,P_k)\rangle = \exp[i\Gamma_n(C)]. \quad (5.4.18)$$

位相 $\Gamma(C)$ は従って

$$\Gamma_n(C) = \oint (\langle n|i\frac{\partial}{\partial X}|n\rangle dX + \langle n|i\frac{\partial}{\partial P}|n\rangle dP) \quad (5.4.19)$$

によって与えられる．今度の線積分は座標空間でなく位相空間での閉曲線に沿ってとらなければならない．これで外部系に対する有効伝播関数が

$$\begin{aligned}K_n^{\text{eff}}(T) &= \int \exp[\frac{i}{\hbar}\int (P\dot{X}-\lambda_n(X(t),P(t)))dt] \quad (5.4.20)\\ &\times \exp[i\Gamma_n(C)]\mathcal{D}(X(t),P(t))\end{aligned}$$

と書かれることがわかった．有効作用関数は

$$S_{\text{eff}}(C) = \int (P\dot{X}-\lambda_n(X,P)dt) + \hbar\Gamma_n(C) \quad (5.4.21)$$

で与えられる．$\lambda_n(X,P)$ が有効ハミルトニアンとなっている．これは内部ハミルトニアン $\hat{H}(\hat{q},\hat{p},X(t),P(t))$ の断熱ポテンシャルそのものが外部系のハミルトニアンを与えることを示している．

非正準系への拡張

ここで外部系が正準変数とは限らないもっと一般の場合に適用できるよう，上の有効作用の議論を拡張しておこう．構成は形式的なものである．記号を次のように定めておく．

$$\begin{cases}\hat{\xi}\ ;\ \text{内部系の変数}\\ \hat{\Pi}\ ;\ \text{外部系の変数}\end{cases}$$

$|\Omega\rangle$ を $|X\rangle$ (或は $|P\rangle$) に対応する完全系(但し,直交関係を満たすとは限らない)とする. すなわち完全性関係

$$\int |\Omega\rangle\langle\Omega| d\mu(\Omega) = 1$$

を満たすものとする. 例えばコヒーレント状態を想定すればよい. 変数 Ω は演算子 $\hat{\Pi}$ の固有値になることも仮定されないが,複素パラメータにとっておく. ハミルトニアンを $\hat{H}(\hat{\xi},\hat{\Pi})$ とおく. 今までの手続を繰り返して時間間隔 ϵ の間の $|\Omega_{k+1}\rangle \to |\Omega_k\rangle$ の遷移振幅は

$$\langle \Omega_{k+1}| \exp[-\frac{i}{\hbar}\epsilon\hat{H}]|\Omega_k\rangle$$
$$\simeq \langle \Omega_{k+1}|(1 - \frac{i\epsilon}{\hbar}\hat{H}(\hat{\xi},\hat{\Pi}))]|\Omega_k\rangle$$
$$= \langle \Omega_{k+1}|\Omega_k\rangle (1 - \frac{i}{\hbar}\epsilon \frac{\langle \Omega_{k+1}|\hat{H}|\Omega_k\rangle}{\langle \Omega_{k+1}|\Omega_k\rangle}).$$

ここで ϵ が微小のとき

$$\langle \Omega_{k+1}|\Omega_k\rangle = \langle \Omega_k|\Omega_k\rangle - \langle \Omega_k|\Delta|\Omega_k\rangle$$
$$= 1 - \langle \Omega_k|\frac{1}{\epsilon}\Delta|\Omega_k\rangle \cdot \epsilon$$

とおき,最後の表式を指数関数で近似すると

$$\left\langle \Omega_{k+1} \left| \exp\left[-\frac{i}{\hbar}\epsilon\hat{H}\right]\right| \Omega_k \right\rangle$$
$$\simeq \exp\left[\frac{i\epsilon}{\hbar}\left\langle \Omega_k \left| i\hbar\frac{\partial}{\partial t}\right| \Omega_k \right\rangle\right]$$
$$\times \exp\left[-\frac{i\epsilon}{\hbar}\frac{\left\langle \Omega_{k+1} \left| \hat{H}\right| \Omega_k \right\rangle}{\langle \Omega_{k+1}|\Omega_k\rangle}\right].$$

従って有限時間間隔 T に対して

$$\left\langle \Omega' \left| \exp\left[-\frac{i}{\hbar}\hat{H}(\hat{\xi},\hat{\Pi})T\right]\right| \Omega \right\rangle$$
$$= \int \exp\left[\frac{i}{\hbar}\int_0^T \left\langle \Omega \left| i\hbar\frac{\partial}{\partial t}\right| \Omega \right\rangle\right]$$
$$T \cdot \exp\left[-\frac{i}{\hbar}\int_0^T \langle\Omega|\hat{H}(\hat{\xi},\hat{\Pi})|\Omega\rangle dt\right] \mathcal{D}\mu[\Omega(t)].$$

5.4 経路積分とトポロジー的作用関数

ここで外部状態 $|\Omega\rangle$ でとった期待値 $\tilde{H}(\xi,\Omega,\Omega^*) \equiv \langle\Omega|\hat{H}(\hat{\xi},\hat{\Pi})|\Omega\rangle$ は，単に $\hat{\Pi}$ を Ω で置き換えた簡単な形で表せることは言うまでもない．次に内部状態 $|n\rangle \to |n\rangle$ の遷移振幅を考える．

$$T_{nn}[C] = \langle n|T\exp[-\frac{i}{\hbar}\int_0^T \tilde{H}(\xi,\Omega,\Omega^*)]|n\rangle.$$

C は Ω 空間でのループを表す．即ち "外場" Ω の中でのループに沿った遷移を考える．スナップショット方程式

$$\tilde{H}(\Omega,\Omega^*)]|n(\Omega,\Omega^*)\rangle = \lambda_n(\Omega,\Omega^*)|n(\Omega,\Omega^*)\rangle$$

に注意すると

$$T_{nn}[C] \sim \exp[-\frac{i}{\hbar}\int_0^T \lambda_n(\Omega(t),\Omega^*(t))dt] \tag{5.4.22}$$
$$\times \prod_{k=1}^{\infty}\langle n(\Omega_{k+1},\Omega_{k+1}^*)|n(\Omega_k,\Omega_k^*)\rangle$$

となる．第 2 項は "Ω 空間" の中のループ C に沿った断熱接続で

$$\prod_{k=1}^{\infty}\langle n(\Omega_{k+1},\Omega_{k+1}^*)|n(\Omega_k,\Omega_k^*)\rangle \tag{5.4.23}$$
$$= \exp[i\oint_C (\langle n|i\frac{\partial}{\partial\Omega}|n\rangle d\Omega + \langle n|i\frac{\partial}{\partial\Omega_*}|n\rangle d\Omega_*)]$$
$$\equiv \exp[i\Gamma_n(C)]$$

で与えられる．まとめると

$$K_n^{\text{eff}} = \int \exp\left[\frac{i}{\hbar}\int\left(\langle\Omega|i\hbar\frac{\partial}{\partial t}|\Omega\rangle - \lambda_n(\Omega,\Omega^*)\right)dt\right] \tag{5.4.24}$$
$$\times \exp[i\Gamma_n(C)]\mathcal{D}\mu[\Omega(t),\Omega^*(t)].$$

有効ラグラジアンは

$$L_{\text{eff}} = \left\langle\Omega\left|i\hbar\frac{\partial}{\partial t}\right|\Omega\right\rangle - \lambda_n(\Omega,\Omega^*) \tag{5.4.25}$$
$$+ i\hbar\left(\left\langle n\left|\frac{\partial}{\partial\Omega}\right|n\right\rangle\dot{\Omega} + \left\langle n\left|\frac{\partial}{\partial\Omega^*}\right|n\right\rangle\dot{\Omega}^*\right)$$

となる．

場の理論への拡張

以上で与えた定式化はまったく一般的なものである．相互作用をする量子系に断熱定理を適用すれば，常に幾何学的な作用関数が出現する．問題はそれがどのような形で物理現象に顔を出すかというところにある．

場の理論を無限自由度の量子力学系とみなして上の一般理論を適用してみよう．場の変数を正準変数 $(\hat{Q}(x), \hat{P}(x))$ で表す．ここで場の量は空間座標 x の関数で時間変数は含まれていないとする．これは交換関係

$$[\hat{Q}(x), \hat{P}(y)] = i\hbar\delta(x-y)$$

を満たす．一般論において外部自由度系，つまり断熱近似を適用するときにゆっくりと変動する自由度に相当するのは，今の場合，場の自由度である．それにフェルミ系が例えばゲージ場とミニマルに結合している．すなわちハミルトニアン

$$\hat{H} = \hat{H}_0(\hat{Q}(x), \hat{P}(x)) + \hat{h}(\hat{q}, \hat{Q}(x))$$

において第 1 項は場のハミルトニアン，第 2 項は場と結合するフェルミ粒子系のハミルトニアンである．フェルミオンの自由度は前と同じく q によって総称する．場の理論で興味があるのは基底状態間の遷移振幅である．場の配置が $\{Q(x)\}$ である場合のフェルミオンの基底状態間の遷移振幅は，断熱近似のもとで

$$T_{00}(C) = \exp\left[-\frac{i}{\hbar}\int_0^T \lambda_0(Q(x,t))\,dt\right]\exp[i\Gamma(C)]$$

によって与えられる．$\Gamma(C)$ は場の空間に誘導された接続

$$\omega = \int \langle 0\{Q(x)\}|\frac{i\delta}{\delta Q(x)}|0\{Q(x)\}\rangle \delta Q(x) d^3x \tag{5.4.26}$$

を場の空間の中でのループに沿って積分することで与えられる：

$$\Gamma_0(C) = \oint[\int \langle 0\{Q(x)\}|\frac{i\delta}{\delta Q(x)}|0\{Q(x)\}\rangle \delta Q(x) d^3x]. \tag{5.4.27}$$

ここで空間積分は無限自由度に関する和をとるものを表すことは言うまでもない．従って断熱近似の下での，場に対する有効伝播関数の経路積分表示が次のように得られる．

$$K^{\text{eff}}(T) = \int \exp\left[\frac{i}{\hbar}\left(S^{ad}(T) + \hbar\Gamma(C)\right)\right] \prod_t d\mu\left(Q(x,t)\right), \quad (5.4.28)$$

ここで

$$S^{ad} = S_0 - \int_0^T \lambda_0(\{Q(x,t)\})dt \quad (5.4.29)$$

かつ，S_0 は場の作用関数である．

$$S_0(C) = \int [P\frac{\partial Q}{\partial t} - H_0(\{Q(x,t)\})]d^3xdt. \quad (5.4.30)$$

§5.5　準古典量子化

さて上で得られた有効作用を持つ経路積分に，第 3 章での準古典量子化の一般論を援用しよう．それによって幾何学的位相の最も直接的な効果が導かれる．それは外部系の自由度に関する固有状態ないしはエネルギー準位が，幾何学的位相を考慮しない場合と比べてずれてくるという効果である．

そのために断熱準位 n に議論を制限して添え字 n は省く．有効伝播関数に対するフーリエ変換を考える．

$$K^{\text{eff}}(E) = \int_0^\infty \exp[iET/\hbar]K_{\text{eff}}(T)dT. \quad (5.5.1)$$

$K_{\text{eff}}(T)$ に対する準古典表式は第 3 章の結果を用いると次で与えられる．

$$K^{sc}(T) \sim \sum_{p.o} D(T)\exp[\frac{i}{\hbar}S^{ad}(T) + i\Gamma(C) - i\frac{\pi}{2}\nu(C)]. \quad (5.5.2)$$

ここで $\nu(C)$ は Maslov-Keller 指数であり $\sum_{p.o}$ は周期軌道を表す．D は Van-Vleck 行列式を表す．周期軌道を決める運動方程式は "有効磁場" の効果を含む．次に周期 T の積分を停留位相近似によって評価すると

$$K^{sc}(E) \sim \sum_{p.o} T(E) \prod_{l=1}^{N-1} \frac{1}{\sin(\frac{\alpha_l}{2})} \exp[\frac{i}{\hbar}W^{ad}(E) + i\Gamma(C) - i\frac{\pi}{2}\nu(C)] \quad (5.5.3)$$

となる．α_l は安定角をあらわす．停留条件

$$\frac{\partial}{\partial T}(S + ET) = 0$$

より定エネルギー面 $H^{ad}(P,X) = E$ が出てくる．また

第5章　幾何学的位相

$$W^{ad}(E) = \oint_C \sum_i P_i dX_i$$

は作用積分を表すのであった．さらに公式

$$\frac{1}{2\sin\frac{\alpha_l}{2}} = i\sum_{n_l=0}^{\infty} \exp[-i(n_l+\frac{1}{2})\alpha_l]$$

を使ってまとめ直すと

$$K^{sc}(E) \sim \sum_{p.o} T(E) \sum_{n_1=0}^{\infty} \cdots \sum_{n_K=1}^{\infty} \exp[\frac{i}{\hbar}\tilde{W}^{ad}(E)]$$

となる．ここで

$$\tilde{W}^{ad}(E) = W^{ad}(E) + \sum_l (n_l+\frac{1}{2})\hbar\alpha_l + \hbar\Gamma(C) - \frac{\pi}{2}\hbar\nu(C)$$

とおいた．最後に $m(m=1\cdots\infty)$ 倍の繰返しの分

$$W^{ad} \to mW^{ad},\ \Gamma(C) \to m\Gamma(C),$$
$$\alpha(C) \to m\alpha(C)$$

の全てを m について足し上げることによって

$$K^{sc}(E) \sim \sum_{p.p.o} T(E) \sum_{n_1=0}^{\infty} \cdots \sum_{n_{N-1}=1}^{\infty} \sum_{m=1}^{\infty} \exp[\frac{i}{\hbar}m\tilde{W}^{ad}(E)]$$
$$= \sum_{p.p.o} \sum_{n_1=0}^{\infty} \sum_{n_{N-1}=1}^{\infty} \frac{\exp[\frac{i}{\hbar}\tilde{W}^{ad}(E)]}{1-\exp[\frac{i}{\hbar}\tilde{W}^{ad}(E)]} \quad (5.5.4)$$

が得られる．この極の位置から量子条件が得られる．

$$\tilde{W}^{ad}(E) = W^{ad}(E) + \sum_l(n_l+\frac{1}{2})\hbar\alpha_l + \hbar\Gamma(C) - \frac{\pi}{2}\hbar\nu(C)$$
$$= 2N\pi\hbar. \quad (5.5.5)$$

あるいは

$$W^{ad}(E) = 2\pi\hbar\Big\{N - \frac{\Gamma(C)}{2\pi} + \frac{\nu(C)}{4} + \frac{1}{2\pi}\sum_l(n_l+\frac{1}{2})\alpha_l\Big\}. \quad (5.5.6)$$

この結果は非常に簡単な意味づけができる．すなわち量子数 N が位相 Γ だけずれる，あるいは Maslov 指数が $\Gamma/8\pi$ だけずれると解釈できる．

§5.6 応用
§5.6.1 回転子と結合する2準位模型

次のハミルトニアンを考える.

$$\hat{H} = \hat{H}_0(\hat{P}_\phi) + \hat{h}(x,y) \tag{5.6.1}$$

$$h(x,y,z) = \begin{pmatrix} 0 & x-iy \\ x+iy & 0 \end{pmatrix} = x\sigma_x + y\sigma_y.$$

$\hat{H}_0(\hat{P}_\phi)$ は平面回転子のハミルトニアンである[8]. $\hat{P}_\phi$ は $\phi = \tan^{-1}(y/x)$ に共役な平面角運動量で $\hat{P}_\phi = -i\hbar\frac{\partial}{\partial \phi}$, その固有値と固有関数は

$$\hat{P}_\phi |m\rangle = m\hbar |m\rangle, \langle \phi | m \rangle = \frac{1}{\sqrt{2\pi}} e^{im\phi}$$

で与えられる. m は整数値を取る. まず全ハミルトニアン $\hat{H}$ を対角化による"厳密解"を求めよう. スピンと平面角運動量の合成から次の2つの状態

$$|m\rangle \otimes \left|\frac{1}{2}\right\rangle \equiv |\psi_1\rangle, \quad |m+1\rangle \otimes \left|-\frac{1}{2}\right\rangle \equiv |\psi_2\rangle \tag{5.6.2}$$

が基底にとることができる. これは平面角運動量の特徴である. つまり合成角運動量は $\left(m+\frac{1}{2}\right)$ である. この2つの基底から系の状態は

$$|\psi\rangle = a|\psi_1\rangle + b|\psi_2\rangle$$

と表せ, 固有値問題は, 次のように書かれる:

$$\hat{H}(a|\psi_1\rangle + b|\psi_2\rangle) = \lambda(a|\psi_1\rangle + b|\psi_2\rangle).$$

$|\psi_1\rangle$ ($|\psi_2\rangle$) で内積をとると

$$a\langle \psi_1|\hat{H}|\psi_1\rangle + b\langle \psi_1|\hat{H}|\psi_2\rangle = \lambda a \tag{5.6.3}$$
$$a\langle \psi_2|\hat{H}|\psi_1\rangle + b\langle \psi_2|\hat{H}|\psi_2\rangle = \lambda b. \tag{5.6.4}$$

これは (2×2) 行列の固有値問題に帰着する.

$$\begin{pmatrix} E_m & x-iy \\ x+iy & E_{m+1} \end{pmatrix} \begin{pmatrix} a \\ b \end{pmatrix} = \lambda \begin{pmatrix} a \\ b \end{pmatrix}.$$

---
[8] $\hat{H}_0(\hat{P}_\phi) = \frac{\hat{P}_\phi^2}{2I}$ であるが特に $\hat{P}_\phi$ の関数形は具体的に与えなくてもよい.

ただし $E_m \equiv E(m\hbar)$ は $\hat{H}_0(\hat{P}_\phi)$ の固有値の略記である．従って永年方程式より λ の 2 次方程式

$$\lambda^2 - (E_{m+1} + E_m)\lambda + E_{m+1}E_m - (x^2 + y^2) = 0$$

から固有値は

$$\lambda_\pm = \frac{1}{2}\left[(E_{m+1} + E_m) \pm \sqrt{(E_{m+1} - E_m)^2 + 4r^2}\right] \quad (5.6.5)$$

と求められる（極座標 $x = r\cos\phi, y = r\sin\phi$ に注意）．$m \gg 1$ のときの展開（これは準古典展開に相当する）

$$f(m+1) \simeq f(m) + f'(m) \cdot \hbar$$

に注意して

$$E_{m+1} - E_m \approx \frac{dE_m}{dm} \cdot \hbar$$

及び

$$\begin{aligned} E_{m+1} + E_m &= E_{m+1} - E_m + 2E_m \\ &\approx \frac{dE_m}{dm}\hbar + 2E_m \end{aligned}$$

かつ

$$\sqrt{(E_{m+1} - E_m)^2 + 4r^2} = 2r\sqrt{1 + \frac{(E_{m+1} - E_m)^2}{4r^2}} \simeq 2r$$

と近似されることを使うと，λ の近似値として

$$\lambda_\pm \simeq E_m \pm r + \frac{1}{2}\frac{dE_m}{dm}\hbar \quad (5.6.6)$$

が得られる．これが $\hbar$ の一次のオーダーまでの対角化によるエネルギースペクトルである．

準古典量子条件によるスペクトル

断熱準位は，前に求めた 3 パラメータの場合の特に $z = 0$ とおいた場合であるから

$$\epsilon_\pm = \pm\sqrt{x^2 + y^2} = \pm r$$

となる．外部系のハミルトニアンは (x,y) 平面上の一定角速度で運動する質点であるから，軌道は $(x,y)=0$ を囲む閉曲線になる．従って位相 $\Gamma(C)$ は前節で計算したように $(x,y)=0$ を貫くソレノイド磁場によるもので，2つの準位に対して

$$\Gamma_\pm(C) = \oint_C \boldsymbol{A}^{(\pm)} d\boldsymbol{x} = \oint_C \frac{1}{2} g \nabla \phi \cdot d\boldsymbol{x} = \mp \pi \tag{5.6.7}$$

で与えられる（ただし $g=\mp 1$ と定義）．故に，修正されたボーア-ゾンマーフェルト量子条件は

$$\oint_C P_\phi d\phi \equiv \left(m - \frac{\Gamma(C)}{2\pi}\right) 2\pi\hbar$$

において $P_\phi = $ 一定より $\oint P_\phi d\phi = 2\pi P_\phi$ となり

$$P_\phi = \left(m - \frac{\Gamma(C)}{2\pi}\right) \hbar \tag{5.6.8}$$

が得られる．エネルギースペクトルを求めるために 2 つの準位を別々に扱う．上の準位に対しては $\Gamma_+(C) = -\pi$ ゆえ

$$P_\phi = \left(m + \frac{1}{2}\right) \hbar.$$

従って

$$\lambda(+) = H_0\left(\left(m+\frac{1}{2}\right)\hbar\right) + r. \tag{5.6.9}$$

$m \gg 1$ に対して $\hbar$ の一次まで展開すると

$$\lambda(+) \simeq E_m + \frac{1}{2} \frac{dE_m}{dm} \hbar + r \tag{5.6.10}$$

となる．一方下の準位に対しては $\Gamma_-(C) = \pi$ であるから，P_ϕ の中の m を $(m+1)$ に置き換える（その理由は以下で述べる）．すると

$$P_\phi = \left(m + 1 - \frac{1}{2}\right)\hbar = \left(m + \frac{1}{2}\right)\hbar$$

となり，上と同じ P_ϕ を与え，

$$\lambda(-) = H_0\left(\left(m+\frac{1}{2}\right)\hbar\right) - r. \tag{5.6.11}$$

これを $\hbar$ の一次まで展開すると

186　第 5 章　幾何学的位相

$$\lambda(-) \simeq E_m + \frac{1}{2}\frac{dE_m}{dm} \cdot \hbar - r \tag{5.6.12}$$

が得られる.

　以上で，準古典量子化によるエネルギー準位が，厳密対角化と $\hbar$ の一次のオーダーで一致したと言える．ただし以下のような疑問が残る．(1) $m \to (m+1)$ という置き換えを意図的にしなければならない点．これは厳密対角化において $|m\rangle$ と $|m+1\rangle$ と混合することの"名残"であるようにみえる．"手でいれる"との感をまぬかれないが，これは準古典量子化の限界である．(2) $m \to (m+1)$ の置き換えと $\Gamma_\pm(C) = \mp\pi$ の間の物理的理由がはっきりしない.

§5.6.2　磁場中の荷電粒子への応用

　磁場中の荷電粒子の問題をとりあげよう[9]．この系は"サイクロトロン振動"と"案内中心"の 2 つの自由度の結合した系として記述される．ハミルトニアンは

$$\hat{H} = \frac{1}{2m}\left(\hat{\Pi}_x^2 + \hat{\Pi}_y^2\right) + V\left(\hat{X} - \frac{\hat{\Pi}_y}{m\omega}, \hat{Y} + \frac{\hat{\Pi}_x}{m\omega}\right) \tag{5.6.13}$$

で与えられる．第 1 項はサイクロトロン運動を与え，第 2 項は静電ポテンシャルを表す．$(\hat{\Pi}_x, \hat{\Pi}_y), (\hat{X}, \hat{Y})$ が正準共役な量であることを強調するため，次のように記号を変えておく.

$$\begin{aligned}\hat{q} &= \frac{\hat{\Pi}_x}{m\omega}, \quad \hat{p} = \hat{\Pi}_y \\ \hat{Q} &= \hat{X}, \quad \hat{P} = \hat{Y}.\end{aligned} \tag{5.6.14}$$

この変数で書くとハミルトニアンは

$$\hat{H} = \frac{\hat{p}^2}{2m} + \frac{1}{2}m\omega^2\hat{q}^2 + V\left(\hat{Q} - \frac{\hat{p}}{m\omega}, \hat{P} + \hat{q}\right) \tag{5.6.15}$$

となる．第 1 項は調和振動子そのものである．ここで磁場が非常に強くて $\hbar\omega \gg |\nabla V| \cdot l$ となるような(つまり磁場長 l の範囲での静電ポテンシャルの

---

[9] A.Entelis and S.Levit, Phys.Rev.Lett.**69**(1992)3001.

変化に比べてサイクロトロン摂動のエネルギー量子がずっと大きい）所では断熱定理が適用できる．すなわち案内中心の自由度を"遅い"自由度として扱える．従って上で導いた一般公式に従い，案内中心の自由度に対する有効作用関数は

$$S_n^{\text{eff}} = S_n^{ad} + \hbar\Gamma_n \qquad (5.6.16)$$
$$= \int\left\{P\dot{Q} - E_n(Q,P)\right\}dt + \int(F_n dQ + \tilde{F}_n dP)$$

となる．$F_n, \tilde{F}_n$ は (Q,P) 空間に誘導される"ベクトルポテンシャル"（あるいは"接続"），$\boldsymbol{A}_n = (F_n, \tilde{F}_n)$ で

$$F_n = \left\langle n(Q,P) \left| i\hbar\frac{\partial}{\partial Q} \right| n(Q,P) \right\rangle$$
$$\tilde{F}_n = \left\langle n(Q,P) \left| i\hbar\frac{\partial}{\partial P} \right| n(Q,P) \right\rangle \qquad (5.6.17)$$

と与えられる．(Q,P) 空間での運動方程式は

$$\frac{dQ}{dt} = \frac{1}{\triangle_n}\frac{\partial E_n}{\partial P}, \quad \frac{dP}{dt} = -\frac{1}{\triangle_n}\frac{\partial E_n}{\partial Q}$$

となることが分かる．ここで $\triangle_n$ は

$$\triangle_n = 1 + \frac{\partial F_n}{\partial P} - \frac{\partial \tilde{F}_n}{\partial Q} \equiv 1 + \Omega_n. \qquad (5.6.18)$$

Ω_n は接続 $\boldsymbol{A}_n$ によって定義される"曲率"を与える．$\int_S \triangle_n dQdP$ という量は (Q,P) 平面を貫くフラックスと見られるので，一様磁場 B によって

$$B_{\text{eff}} = B\triangle_n = B(1 + \Omega_n)$$

という量で有効磁場を定義できる．$B\Omega_n$ が曲率 Ω_n によって誘導された"非局所的"な磁場と解釈される．案内中心 (Q,P) に対する修正された準古典的量子化条件は

$$\frac{1}{l^2}\int_S \triangle_n dQdP = \left(N + \frac{\nu}{4}\right)2\pi\hbar \qquad (5.6.19)$$

で与えられる．ここで曲率 Ω_n は次のように変形できる：

188 第 5 章 幾何学的位相

$$\begin{aligned}\Omega_n &= \frac{\partial F_n}{\partial P} - \frac{\partial \tilde{F}_n}{\partial Q} \\ &= i\hbar \sum_{m(m\neq n)} \frac{\left\langle n\left|\frac{\partial \hat{H}}{\partial P}\right|m\right\rangle \left\langle m\left|\frac{\partial \hat{H}}{\partial Q}\right|n\right\rangle - (P \leftrightarrow Q)}{(E_m(Q,P) - E_n(Q,P))^2}.\end{aligned} \quad (5.6.20)$$

この式の導出は，スナップショット方程式 $\hat{H}(\hat{q},\hat{p},Q,P)|n\rangle = E_n(Q,P)|n\rangle$ から得られる関係式

$$\left\langle m\left|\frac{\partial}{\partial s}\right|n\right\rangle = \frac{1}{E_n - E_m}\left\langle m\left|\frac{\partial \hat{H}}{\partial s}\right|n\right\rangle$$

を用いる．スナップショット方程式の近似解は磁気長 l に対して展開される．静電ポテンシャルは

$$\begin{aligned}V\left(Q - \frac{\hat{p}}{m\omega}, P + \hat{q}\right) &\simeq V(Q,P) - \frac{1}{m\omega}\frac{\partial V}{\partial Q}\hat{p} + \frac{\partial V}{\partial P}\hat{q} \\ &\quad + \frac{1}{2(m\omega)^2}\frac{\partial^2 V}{\partial Q^2}\hat{p}^2 - \frac{1}{2m\omega}\frac{\partial^2 V}{\partial Q \partial P}(\hat{q}\hat{p}+\hat{p}\hat{q}) \\ &\quad + \frac{1}{2}\frac{\partial^2 V}{\partial P^2}\hat{q}^2\end{aligned}$$

第 2 項以下を無視（すなわち l の程度でのポテンシャル変化を無視）すると

$$E_n^{(0)}(Q,P) = \hbar\omega\left(n + \frac{1}{2}\right) + V(Q,P) \quad (5.6.21)$$

と与えられる．第 2 項以下を考慮したとしても

$$E_n(Q,P) = \hbar\tilde{\omega}(Q,P)\left(n + \frac{1}{2}\right) + \tilde{V}(Q,P) \quad (5.6.22)$$

の形に修正されるだけである．$\hat{V}$ の展開に注意すると

$$\begin{aligned}\frac{\partial \hat{H}}{\partial P} &\equiv \frac{\partial \hat{V}}{\partial P} \\ &= \frac{\partial V}{\partial P} - \frac{1}{m\omega}\frac{\partial^2 V}{\partial Q \partial P}\hat{p} + \frac{\partial^2 V}{\partial P^2}\hat{q} \\ \frac{\partial \hat{H}}{\partial Q} &= \frac{\partial V}{\partial Q} - \frac{1}{m\omega}\frac{\partial^2 \hat{V}}{\partial Q^2}\hat{p} + \frac{\partial^2 V}{\partial Q \partial P}\hat{q}\end{aligned}$$

となる．故に ω_n の表式中の行列要素 $\left\langle n\left|\frac{\partial \hat{H}}{\partial P}\right|m\right\rangle, \left\langle m\left|\frac{\partial \hat{H}}{\partial Q}\right|n\right\rangle$ は，$m = n\pm 1$ の所以外ゼロになるので，曲率は

$$\begin{aligned}\Omega_n &= \hbar\left(\frac{1}{\hbar\tilde{\omega}}\right)^2 i\sum_m \left(\langle n|\frac{\partial \hat{H}}{\partial P}|m\rangle\langle m|\frac{\partial \hat{H}}{\partial Q}|n\rangle - \langle n|\frac{\partial \hat{H}}{\partial Q}|m\rangle\langle m|\frac{\partial \hat{H}}{\partial P}|n\rangle\right)\\ &= \frac{1}{\hbar\tilde{\omega}^2}i\langle n|[\frac{\partial \hat{H}}{\partial P},\frac{\partial \hat{H}}{\partial Q}]|n\rangle\\ &= \frac{1}{\tilde{\omega}^2}\frac{1}{m\omega}\left\{\frac{\partial^2 V}{\partial Q^2}\frac{\partial^2 V}{\partial P^2} - \left(\frac{\partial^2 V}{\partial Q \partial P}\right)^2\right\}\end{aligned} \qquad (5.6.23)$$

の様に計算される．

§5.6.3 ゼロ点エネルギーの消去と超対称量子力学

この節では，幾何学的位相 Γ の効果によって変形された準古典量子化公式の応用として，振動子のゼロ点振動のエネルギーが消えるという現象と，それが超対称量子力学を帰結することについて考察する[10]．つぎで与えられるようなハミルトニアンを考える：

$$\hat{H} = H_0(Q,P) + h(q,X) \qquad (5.6.24)$$

ここで第1項は1個のボソン自由度のハミルトニアンである．具体的な形は後ほど与える．第2項はボソン自由度とフェルミオン自由度の結合を表し，それは

$$\hat{h}(q,X) = g\sigma_i b_i(Q,P) \qquad (5.6.25)$$

によって与えられる．$b_i(Q,P)$ の具体的形も後ほど与える．既に見たように 2×2 行列のハミルトニアンの問題であるから，固有値は

$$\lambda = \pm g\sqrt{b_1^2 + b_2^2 + b_3^2} \equiv \pm gr \qquad (5.6.26)$$

で与えられ，原点において準位交差がおこる．位相 Γ は

$$\Gamma = \int_C A_i db_i = \frac{1}{2}\int_S B_{ij} db_i \wedge db_j.$$

によって与えられ，接続場 $\boldsymbol{A}$ 及び "磁場" $\boldsymbol{B}$

$$A_i = \langle n|i\frac{\partial}{\partial b_i}|n\rangle, \quad B_{ij} = 2\text{Im}(\frac{\partial\langle n|}{\partial b_i})(\frac{\partial |n\rangle}{\partial b_j})$$

---

[10] S.Iida and H.Kuratsuji, Phys.Lett.**198B**(1987)221.

は，既に計算した2準位系の場合と同じく，$\boldsymbol{b}$ 空間 ($\boldsymbol{b} = (b_1, b_2, b_3)$) の原点に置かれたモノポールの作るベクトルポテンシャル(磁場)と同じ形である．すなわち

$$A_1 = \pm \frac{b_2}{2r(b_3+r)} \quad A_2 = \mp \frac{b_1}{2r(b_3+r)} \quad A_3 = 0$$

及び

$$B_{23} = \mp \frac{b_1}{2r^3}, \ B_{31} = \mp \frac{b_2}{2r^3}, \ B_{12} = \mp \frac{b_3}{2r^3}. \tag{5.6.27}$$

ここで $r = \sqrt{b_1^2 + b_2^2 + b_3^2}$．複合同順記号は断熱準位の上(プラス)下(マイナス)を示す．これから位相 Γ が $\boldsymbol{b}$ 空間中のループ C によって，原点から見て張られる立体角の半分であることがわかる．特にループ C が (b_1, b_2) 平面に限定されている場合を考え，かつ原点をその中に含むとしよう．すると

$$\frac{\Gamma(C)}{2\pi} = \mp \frac{1}{2} \tag{5.6.28}$$

と計算される．ループ C はエネルギー一定の条件 $H_{ad} = H_0 + \lambda = \text{const.}$ で決まるものである．かつエネルギーが最小の付近に限ってよいだろう．$H_0(Q, P)$ の最小点を X_0 とおいて，これを (Q, P) 空間の原点に選ぼう．すると軌道(ループ)はこの原点の周りをまわることは明らかである．また H_0 が断熱準位 λ による補正を受けても，パラメータ g が小さいとみなされる限り低エネルギーの軌道が X_0 を含むという状況は変化しないだろう．それ故，もし関数 $\boldsymbol{b}$ を，X_0 が準位交差の点 $\boldsymbol{b} = 0$ に対応するように選ぶならば，ループ C は常に準位交差の点を含むことになり，$\Gamma = \mp \pi$ となる．従って準古典量子化則にあてはめるとゼロ点エネルギーは消去されることになる．この点に関しては以下において再度議論する．

以上の幾何学的位相の効果を正準理論の観点から眺めてみる．既に見たように，断熱接続の存在によって正準項が変化するため (Q, P) は正準変数でなくなる．そこで正準項からどれだけずれるかということを問題にしよう．正確な正準変数を (Q', P') とすればそれは $\hbar$ の 1 次のオーダーで

$$Q = Q' + i\hbar \langle n | \frac{\partial}{\partial P'} | n \rangle$$
$$P = P' - i\hbar \langle n | \frac{\partial}{\partial Q'} | n \rangle \tag{5.6.29}$$

で与えられる．(この関係式は2次微分形式の間の等式 $dQ' \wedge dP' = dQ \wedge dP + d\langle n|d|n\rangle$ を満たすことに注意．) この関係をハミルトニアン $H_{ad}(Q,P) = H_0(Q,P) + \lambda(Q,P)$ に代入して $\hbar$ の 1 次まで展開すると

$$H_{ad}(Q,P) = H_{ad}(Q',P') + \hbar \frac{\partial H_{ad}}{\partial b_i}\{b_i,b_j\}A_j(Q',P') + O(\hbar^2)$$
$$= H_0(Q',P') \mp \hbar\{b_1,b_2\}\frac{b_1\frac{\partial H_0}{\partial b_1} + b_2\frac{\partial H_0}{\partial b_2}}{2r^2} + O(\hbar^2) + O(g).$$
(5.6.30)

ただし $b_3 = 0$ の場合に制限する．ここで $\{b_1, b_2\}$ はポアソン括弧である．この表式は微分のチェイン規則を適用すれば出てくる．以下では右辺の量に興味があるのでプライムを省略する．さて $H_0(Q,P)$ として次の形を選ぼう．

$$H_0(Q,P) = \frac{1}{2}(P^2 + W^2(Q)).$$ (5.6.31)

ここで $W^2(Q)$ は $Q=0$ で最小値をとるものとする．$\boldsymbol{b} = (b_1, b_2)$ として

$$b_1 = P, \quad b_2 = W(Q)$$ (5.6.32)

にとるとポアソン括弧は

$$\{b_1, b_2\} = -\frac{dW}{dQ}.$$ (5.6.33)

すると有効ハミルトニアンとして

$$H_{ad}(Q,P) = \frac{1}{2}(P^2 + W^2(Q) + \hbar\sigma_3\frac{dW}{dQ}) + \cdots$$ (5.6.34)

が得られる．ここでパウリスピン σ_3 は 2 つの断熱準位をひとまとめにするために導入した．

以上の議論は (Q,P) を古典的な量として扱ってきたので，最後に演算子に置き換える．するとこのハミルトニアンは Witten の超対称量子力学のモデルと同じ形をしている[11]．実際，

$$\rho_1 = \frac{1}{\sqrt{2}}(\sigma_1\hat{P} + \sigma_2\hat{W})$$
$$\rho_2 = \frac{1}{\sqrt{2}}(\sigma_2\hat{P} - \sigma_1\hat{W})$$ (5.6.35)

---

[11] Edward Witten, Nuclear Physics B**185** (1981) 513.

を導入するとハミルトニアンは

$$\hat{H}_{ad}(\hat{Q}, \hat{P}) = \rho_1^2 = \rho_2^2. \tag{5.6.36}$$

ρ_1, ρ_2 は "超対称電荷" と言われるものになる．

　超対称の出どころは位相 Γ がゼロ点エネルギーを消去する機構と符合している．このことを見てみよう．ここで $\rho_{1,2}$ から

$$\rho_\pm = \rho_1 \pm i\rho_2 \tag{5.6.37}$$

を導入する．補遺で説明してあるように(そこでは超電荷の記号を Q で表していることに注意)超対称性が成立しているのは

$$\rho_- \psi = 0 \tag{5.6.38}$$

あるいは

$$\rho_+ \psi = 0 \tag{5.6.39}$$

が解を有するときである．これはゼロエネルギー解を表す．解が存在するためにはポテンシャル $W(Q)$ の形に制限が付く．原点においてゼロになることと $Q \to \pm\infty$ での振舞いに従い，3つのタイプのものが考えられる(図5.5を参照)．

　(a) $W(Q)$ は原点を通り単調に増減して $\pm\infty$ において異なる符合を持つ．
　(b) $W(Q)$ は原点でゼロになって $\pm\infty$ において同符合を持つ．この場合はゼロエネルギー解は存在しない．
　(c) 原点付近で符合を変えるが $\pm\infty$ で同符合を持つ．この場合は準古典の範囲では確定的なことは言えない．

　これら3つのケースと，準古典量子化の際に必要な $(b_1, b_2) = (P, W(Q))$ 平面内での閉軌道の原点(準位交差点)の周りでのトポロジーが対応することがわかる(図5.6を参照)．

　(a)の場合，$W(Q)$ は $(-\infty, +\infty)$ の全ての値を取り得るので，対応する (b_1, b_2) 平面での閉軌道は原点を含む．この場合はゼロ点エネルギーが消去される．すなわちエネルギー解は存在する(図5.6 (a)の対応)．

　(b)この場合には (b_1, b_2) 平面での上半面($b_2 > 0$)に閉軌道は限られる．すなわち原点を含み得ないのでゼロ点エネルギーは消去されない．故にゼロエ

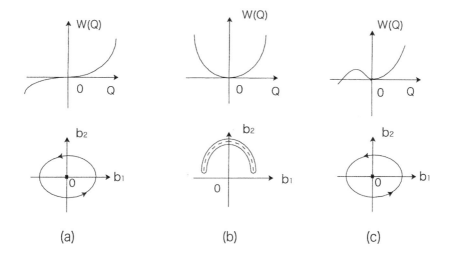

図 5.6：$W(Q)$ の型

ネルギー解は存在しない（図 5.6 (b) の対応）．

（c）この場合には原点付近での局所的な振る舞いはケース（a）と同様であるが，$\pm\infty$ での大局的な振る舞いに関しては準古典量子化の範囲内では確定したことが言えず，純粋な量子効果（トンネル効果）に関する詳細が必要になる（図 5.6 (c) の対応）．

結論的には，超対称量子力学の特徴はゼロ点エネルギーが消去される所にあって，それが幾何学的位相を考慮した準古典量子化の枠内で（完全ではないが）定性的理解が得られるということである．

§5.7 コヒーレント状態と幾何学的位相

ここでは断熱定理によらずにコヒーレント状態経路積分が幾何学的位相を与えることを説明する[12]．

---

[12] H.Kuratsuji, Phys.Rev.Lett.**61**(1988)1687.

§5.7.1 相互作用系の経路積分

再び相互作用系を扱う．それらを記述する変数の総称をそれぞれ $\hat{q}$ 及び $(\hat{X}, \hat{P})$ として，$(\hat{X}, \hat{P})$ は正準共役な変数を表す．$\hat{q}$ の方は一般の変数(必ずしも正準共役でない)の総称を表すものとする．特にコヒーレント状態の表現を与えるリー代数の元(例えばスピン演算子)を表す．ハミルトニアンは前に用いたのと同じ形

$$\hat{H} = \hat{H}_0(\hat{P}, \hat{X}) + \hat{h}(\hat{q}, \hat{X}), \tag{5.7.1}$$

すなわち $\hat{H}_0$ は外部系自身のハミルトニアンで，$\hat{h}$ は内部系それ自身と外部系との相互作用を含んでいる．

さて $h(q, X)$ の離散的固有状態 $\{|n(X)\rangle\}$ の代わりに，一般化されたコヒーレント状態 $|z\rangle$ を考える．ここで z は複素座標を表す．これと外部系の座標の固有状態との直積 $|z, X\rangle = |z\rangle \otimes |X\rangle$ を作って，$|z_i, X\rangle$ から $|z_f, X\rangle$ への遷移振幅を考える．

$$K_{f,i}(T) = \langle z_f, X| \exp[-\frac{i}{\hbar}\hat{H}T] |z_i, X\rangle. \tag{5.7.2}$$

以前と同じく時間間隔を $N(N \to \infty)$ 等分して，各時間分点において $|X\rangle$ の完全性関係を用いると

$$K_{f,i}(T) = \int \exp[\frac{i}{\hbar}S_0[C]] T_{z_f, z_i}[C] D[\mu(C)] \tag{5.7.3}$$

と書かれる．ここで $S_0[C]$ は外部系の作用関数で

$$S_0[C] \simeq \int_0^T [P\dot{X} - H_0(C(t), P)]dt. \tag{5.7.4}$$

内部状態の遷移振幅は

$$\begin{aligned}
T_{z_f, z_i}[C] &= \lim_{N \to \infty} \langle z_f| \exp[-ih(q, X_N)\epsilon/\hbar] \cdots \exp[-\frac{i}{\hbar}\hat{h}(q, X_1)\epsilon] |z_i\rangle \\
&\equiv \langle z_f| \exp[-\frac{i}{\hbar}\int_0^T h(q, X(t))dt] |z_i\rangle
\end{aligned} \tag{5.7.5}$$

となる．これは時間に依存する外場における"粒子"の遷移振幅になる．コヒーレント状態経路積分の手法を用いれば

$$T_{z_f, z_i}[C] = \lim_{N \to \infty} \int \prod_{k=1}^{N} \langle z_k| \exp[-\frac{i}{\hbar}h(q, X_k)\epsilon] |z_{k-1}\rangle \prod_{k=1}^{N-1} d\mu(z_k)$$

と書ける．ここでハミルトニアンが外部変数 $X(t)$ を通じて時間に依存している点が異なるが，結果的には時間依存のハミルトニアンの場合も時間の順番を揃えておいて完全性関係を挿入すれば，特別のことをやらなくてもよい．これは経路積分を用いることの利点である．故に ϵ が微小のときの近似

$$\langle z_i| \exp[-\frac{i}{\hbar}\epsilon \hat{h}(q,X_i)] |z_{i-1}\rangle \simeq \exp[\frac{i}{\hbar}\epsilon \langle z_i| i\hbar\frac{\partial}{\partial t} - \hat{h}(q,X_i) |z_i\rangle]$$

を用いれば，$T_{z_f,z_i}[C]$ は次のように経路積分で与えられる：

$$T_{z_f,z_i}[C] = \int \exp[\frac{i}{\hbar}S_{in}(z)] D[\mu(z(t))].$$

ここで

$$S_{in}[\gamma] = \int_0^T \langle z(t)| i\hbar\frac{\partial}{\partial t} - h(q,C(t)) |z(t)\rangle \, dt.$$

これから全系の遷移振幅は

$$K_{f,i}(T) \simeq \int \exp[\frac{i}{\hbar}([S_0[C]+S_{in}[z(t)]])] D[\mu(z(t))] \cdot D[\mu(C)] \quad \text{(5.7.6)}$$

で与えられる．

有効作用と準古典量子化

次に有効作用を求めるために，内部状態の遷移に対する複素パラメータ空間中での経路積分を特定の経路に制限する．これは断熱定理を適用して，初期条件で与えられた量子数を持つ状態に制限することに対応している．これは準古典近似を行うことに他ならない．この点に関して断熱定理と準古典近似の間に何か関係があると期待されるのであるが，この点に関しては今のところよくわからない．ともかく準古典近似を適用する際に，外部系の運動は時間的には一定のように扱わなければならない．これを厳密に保証することは難しいので，とりあえずそれが正当化されるものと仮定する．すると $\hbar \to 0$ において内部状態は $S_{in}[z(t)]$ を停留値とするような経路に限られる．すなわち

$$\delta S_{in}[\gamma] = \delta \int_0^T \langle z(t)| i\hbar\frac{\partial}{\partial t} - h(q,C(t)) |z(t)\rangle dt = 0.$$

ここで，境界条件 $z(0)=z_i$ and $z(T)=z_f$ を課すと $T_{z_f,z_i}[C]$ は

196　第5章　幾何学的位相

$$T_{z_f,z_i}[C] \simeq \exp[i/\hbar \int_0^T \langle l(t)| i\hbar \frac{\partial}{\partial t} - h(q,l(t)) |l(t)\rangle dt]$$

と近似され，時間依存項は幾何学的位相になる：

$$\Gamma(l) = \int_0^T \langle l(t)| i\hbar \frac{\partial}{\partial t} |l(t)\rangle dt. \tag{5.7.7}$$

これで一般化された幾何学的位相を取り込んだ有効作用が得られた．

$$S_{\text{eff}}[C] = S_0[C] + \Gamma(l) - \int_0^T \langle l(t)| h(q,C(t)) |l(t)\rangle dt. \tag{5.7.8}$$

外部系に対する有効作用が得られたので，これから準古典量子化を導ける．断熱的有効作用の場合同様，有効作用からトレースを計算してそのフーリエ変換を考える．

$$K^{sc}(E) = \int_0^T K^{sc}(T) \exp[\frac{iET}{\hbar}] dT.$$

基本周期軌道の倍軌道に関して和をとると

$$K_{\text{eff}}^{sc}(E) \simeq \sum \left(\frac{\exp[\frac{i}{\hbar} W^{sc}(E)]}{1 - \exp[\frac{i}{\hbar} W^{sc}(E)]} \right). \tag{5.7.9}$$

これの極から準古典量子条件が得られる．

$$\oint_{C_{cl}} PdX = 2\pi n\hbar - \Gamma(l). \tag{5.7.10}$$

C_{cl} は停留条件 $\delta S_{\text{eff}} = 0$ から決まる周期軌道である．

§5.7.2　変動磁場中のスピン

　時間的に変動する磁場中のスピンを取り上げよう．ただし簡単のために磁場は (x,y) 平面の中で一定の角速度で回転するようなものをとる．すなわちハミルトニアンは

$$\hat{H} = -\mu \boldsymbol{S} \cdot \boldsymbol{B} \tag{5.7.11}$$

によって与えられる．ここで磁場は振動磁場で与えられる．

$$\boldsymbol{B} = (B\cos\omega t, B\sin\omega t, 0). \tag{5.7.12}$$

スピンの極座標表示

$$S_x = S \sin\theta \cos\phi,$$
$$S_y = S \sin\theta \sin\phi,$$
$$S_z = S \cos\theta$$

を使えば期待値 $\hat{H}$ は

$$\hat{H} = -\mu BS \sin\theta \cos(\phi - \omega t) \tag{5.7.13}$$

と計算される．幾何学的位相は，立体射影 $z = \tan(\frac{\theta}{2})\exp[-i\phi]$ を用いて角度 (θ, ϕ) で書けば

$$\Gamma = \int S(1 - \cos\theta)d\phi \tag{5.7.14}$$

のようになる．角度 (θ, ϕ) の意味はスピンを古典的な変数と思ってその3つの成分の満たす関係式 $S_x^2 + S_y^2 + S_z^2 = S^2$ の表す球面(Bloch 球)上の点の極座標表示である．軌道方程式は変分方程式から次のように与えられる．

$$\dot{\theta} = \mu B \sin(\phi - \omega t)$$
$$\dot{\phi} = -\mu B \cot\theta \cos(\phi - \omega t).$$

この解(軌道)は当然のことであるが Bloch 球面上の曲線になる．方程式自体は複雑であるが次のような簡単な特解があることはすぐにわかる．

$$\phi = \omega t, \theta_0 = \text{const.} \tag{5.7.15}$$

ただし一定値 θ_0 は方程式に矛盾しないために

$$\omega = -\mu B \cot\theta_0 \tag{5.7.16}$$

という特殊値をとらなければならない．従って幾何学的位相の一般形は

$$\Gamma = 2S\pi(1 - \cos\theta_0) \tag{5.7.17}$$

と計算される．Γ の値は角度 θ_0 のみに依存することに注意しよう．この事実が Γ のトポロジー的特性を表現している．即ち外部パラメーター ω や B の値自体によらず，θ が条件 (5.7.16) さえ満たせば Γ は決まるのである．その意味で条件 (5.7.16) は θ の値を一定にしたとき (ω, B) 空間の中で面を構成する．これを不変面と呼ぼう．つまり位相 Γ は外部パラメーターに依存しない不変面のみによるのである．

§5.8 ノート
ホロノミーの初等力学的例

幾何学的位相の概念は，2つの結合する自由度を持つ力学系において，一つの系の自由度を閉じた経路に沿って変化させて元に戻ったとき，もう一つの自由度に対してある変化を引き起こすというものである．こういう例は物理の広範囲な問題において出くわすものであるが，初等力学のレベルにおいても認められる．これについてみてみよう．

問題：固定点のまわりに回転する円板上を質点がすべらずに動くとき，反作用によって円板がそれにつれて回転する．特に質点が閉曲線上を動くとき回転角は如何ほどになるであろうか．

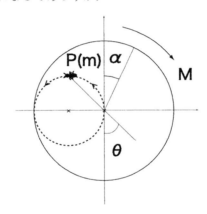

図 5.7：角 α と θ の位置関係

質点 P の外からみた角速度は，円板に対する角速度 $\dot{\theta}$ と円板の回転角速度 $-\dot{\alpha}$ の合成として求められる．すなわち

$$\omega = \dot{\theta} - \dot{\alpha}.$$

故に P の角運動量は OP $= r = a\sin\theta$ となることに注意すると

$$l = mr^2(\dot{\theta} - \dot{\alpha}) = ma^2\sin^2\theta(\dot{\theta} - \dot{\alpha})$$

で与えられる．一方，円板の角運動量は

$$l' = -I\dot{\alpha}.$$

故に全角運動量は
$$L = l + l' = ma^2 \sin^2\theta(\dot\theta - \dot\alpha) - I\dot\alpha.$$
はじめに静止していたので $L=0$ ．従って角運動量保存則より
$$ma^2 \sin^2\theta(\dot\theta - \dot\alpha) - I\dot\alpha = 0$$
となり，
$$\frac{d\alpha}{dt} = \frac{ma^2 \sin^2\theta}{I + ma^2 \sin^2\theta}\frac{d\theta}{dt}.$$
従って P が小円 O' を O から出発して元の点に戻るとき，その間に円板の回転する角は
$$\alpha = \int_0^\pi \frac{ma^2 \sin^2\theta}{I + ma^2 \sin^2\theta}d\theta = \int_0^\pi \frac{ma^2 \sin^2\theta}{\left(\frac{Ma^2}{2}\right) + ma^2 \sin^2\theta}d\theta$$
$$= \int_0^\pi \frac{2m \sin^2\theta}{M + 2m \sin^2\theta}d\theta.$$
$x = \tan\theta$ とおいて置換積分を行なうことにより
$$\alpha = \pi\left(1 - \sqrt{\frac{M}{M+2m}}\right)$$
と求められる．

上の問題で遅い自由度に対応するのは質点の座標 θ である．質点が円に沿って元に戻ったときの角度の変化がホロノミーに対応する．さらに複雑な状況を考えることもできる．例えば剛体球の上で質点が滑らず閉曲線上を移動して元に戻ったとき，剛体の変位は如何ほどになるかという問題を考えることができる．

解析接続と断熱接続

今度は一転して幾何学的位相を数学的現象として眺めてみる．

断熱的変形は解析接続の考えに似ているというのが趣旨である．逆に言うと解析接続というわかりにくい概念に対する物理的な説明を与えているという言い方もできるかもしれない．以下ではこのような期待に関していわば"放談"をしてみる．

解析接続の直観的説明は，複素平面においてある領域で定義された関数をある曲線に沿って定義域（領土）を拡大していくという描像である．つまり曲線のある点のまわりを領土とする"関数芽"がその隣りの点の周りにまで拡大していくことにより，最大限の定義領域を構成するという考えである．特に曲線が閉曲線の場合，曲線に沿って元に戻ってきたとき関数が元の値に戻るということは，一般に保障されないことは直観的に明らかである．

そこで関数芽をつないでいくための原理が必要であるが，これが接続の場である．複素関数論において，関数というのはその定義域とともに組にしたものが意味をもってくるという言い方をする．（実は関数論をはじめて学んだとき，このような説明をされてもなんとなく誤魔化された感じがした．）これを視覚的に言うと，いわば関数の芽をパラメトライズするパラメータがあり，そのパラメータの断熱的な変化によって解析接続が実現されていくという言い方もできるだろう．

一方，微分方程式の観点から見てみると，複素関数的な線形常微分方程式系の解の構成と密接に関係したモノドロミーという概念がある[13]．簡単のために次の2成分の複素変数連立微分方程式を取り上げる．

$$\frac{d\psi}{dz} = A(z)\psi.$$

ここで $A(z)$ は 2×2 行列で与えられる z の関数で $\det A \neq 0$ を満たすものとする．一般に $A(z)$ は複素平面において特異点を持ち，それが解 ψ に反映すると考えられる．しかしこれは複素平面の大域的な状況を考えての話で，局所的には $A(z)$ は解析関数と考えてよい．だから解は局所的には解析関数となると期待される．この解を大局的に持っていく場合に局所的なものを接続していく必要がある．これは解析接続の考え方に他ならない（概念図を参照）．

このように解析接続を微分方程式の解の接続問題としてとらえると，"解析接続"という捉え難いものが少し視覚化できると思われる．このことを断熱定理を用いて定式化してみよう．そのために余分なパラメータ s を導入して微分方程式を拡張しよう．

$$i\frac{\partial \psi}{\partial s} = \hat{M}(z,s)\psi.$$

---

[13] 例えば，渋谷康隆，"複素領域における線形常微分方程式"，紀伊国屋数学叢書 8, 紀伊国屋書店，1976.

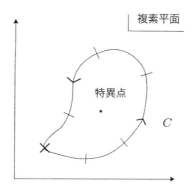

図 5.8：複素平面で特異点の周りを回って元に戻ると関数の一価性が失なわれる．

ここで
$$\hat{M}(z,s) \equiv \frac{\partial}{\partial z} - A(z,s)$$
とおく．ただし $A(z)$ には仮に余分なパラメータ s に関する依存性を持たせておく．形式的に断熱定理を適用してみる．つまり元の方程式の解を，拡張した方程式のゼロ固有値解と見るのである．そこでゼロ"断熱準位"を $\psi^0 = (\psi_1^0, \psi_2^0)$ とすれば，これから接続が定義される．いまの場合 2 成分であるから縮退準位の場合が適用される．接続を支配する方程式は
$$\frac{dT}{ds} = XT.$$
で与えられ，X は次で与えられる：
$$X_{\alpha\beta} = \int \psi_\alpha^{0*} \frac{\partial}{\partial s} \psi_\beta^0 d\mu(z).$$
ここで複素平面での積分を定義する問題が残されているが，適当な測度を仮定した．パラメータ空間の中の閉曲線に沿って元に戻ると
$$\psi(Cz) = \Gamma(C)\psi(z)$$
と表せる．ここに
$$\Gamma(C) = P \cdot \exp[i \oint_C X ds].$$
この行列が解析接続を与える．あるいは $\Gamma(C)$ は閉曲線に沿って解析接続を

した場合のモノドロミーを与える．

　以上の話においては，解析接続という良くわかった概念を何故わざわざ量子力学の特殊な近似を持ち出して説明し直すのだという疑問が当然あるだろう．確かにその通りであるが，その"メカニズム"というものを考えるとこういう説明の仕方もあるのではないかと思うのである．

第6章

位相不変量と輸送係数の量子化

　この章では量子ホール効果を典型とする輸送係数の量子化の理論を，幾何学的位相の応用という観点から位相不変量との関連でのべる．量子ホール効果は整数(integer)ホール効果と分数(fractional)ホール効果の二種類が知られている．以下においては整数ホール効果に話を限る．分数量子ホール効果は量子ホール流体というべき多体問題としての文脈中でとらえられるもので，これについては章を改めて論じることにする．

§6.1　基本のアイディア

　量子ホール効果とは，2次元電子系におけるホール伝導度が量子電気力学でなじみの微細構造常数 $\frac{e^2}{h}$ の整数倍で与えられるという現象である．これは微細構造定数という素過程に関する物理量が，伝導率というマクロな量と関係づけられるという，ある意味では驚くべき事実である．

　最初に整数量子ホール効果に関する説明をざっと与えておこう．2次元系というのは理想的な系と考えられるが，最近の技術によって電子を2次元的に溜め込むことが可能になった．2次元電子系はMOS (metal-oxide-semiconductors) またはヘテロ接合における半導体界面上の電子系によって実現される．MOSとは金属，酸化物，半導体をサンドイッチ状に重ねた半導体素子の一種で，界面に垂直に強い電場をかけると，半導体中の電子が境界面に集積しそこに閉じ込められることによって2次元系が形成されるものと考えられる．

　さて通常の(古典的な意味での)ホール効果は磁場中の電気伝導に関する現

象で,磁場(z-方向)に垂直な方向(y-方向)に電流を流したとき,yz-平面に垂直な方向(x-方向)に電場が誘起する現象である.それは

$$I = \sigma_H E$$

と与えられ,ホール伝導度 σ_H は磁場によって次のように与えられる.

$$\sigma_H = \frac{ne}{B}.$$

一方,量子ホール効果では

$$\sigma_H = \nu \frac{e^2}{h}$$

となることが見出された.ここに $\nu = 1, 2 \cdots$ で整数値をとる(図を参照).

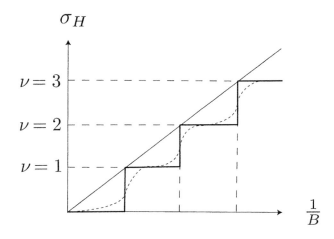

図 6.1:ホール伝導度の量子化の模式図

この整数ホール効果の説明を Thouless 達は位相不変量の観点から与えた.これについて概観する[1].出発点は 2 次元平面 (x, y) 内周期ポテンシャル中の

---

[1] 原論文は,D. J. Thouless, M. Kohmoto, M.P. Nightingale and M. den Nijs. Phys. Rev. Lett. **49** (1982) 405. これに対する,Berry 位相による解釈は,B. Simon, Phys. Rev.Lett. **51** (1983) 2167.

6.1 基本のアイディア

Bloch 電子に対するシュレーディンガー方程式(一体問題として)にある. 基本領域(セル)が L_1, L_2 の長方形であるとし,かつ (x,y) に垂直な方向の一定磁場中を電子が運動していると想定する. このときの波動関数を $\psi_n(\boldsymbol{x}) = \exp[i\boldsymbol{k}\boldsymbol{x}]u_n(\boldsymbol{k},\boldsymbol{x})$ とすれば,Bloch の定理より $u_n(\boldsymbol{k},\boldsymbol{x})$ は $\boldsymbol{x}$ を周期 L_1, L_2 だけずらせたとき周期境界条件(磁場の存在下では一般化が必要であるが,それは以下で取り上げる)を満たす. ここで n はいわゆるバンドを指定する量子数である. $u_n(x,k) = \langle x|n(k)\rangle$ の満たす方程式を

$$\hat{h}(k)|n(k)\rangle = \lambda(k)|n(k)\rangle$$

とすると,これは形式的に断熱定理に現れるスナップショットの方程式と同じ形をしている. すなわち運動量ベクトル $\boldsymbol{k}$ が外部パラメーターに相当する. 議論の要は k-空間が周期的構造をしているということである. つまり $|n(k)\rangle$ と $\lambda(k)$ は単位逆格子ベクトルを周期とする周期性を有しており

$$u_n(x, k+K) = u_n(x,k), \lambda(k+K) = \lambda(k)$$

が成り立つ. 言い換えれば運動量空間は,トポロジー的にサイズ $K = (K_1, K_2)$ のトーラス(円環面)と同相になる(これを k-トーラスと呼ぼう). ホール伝導率は

$$\sigma = -\frac{i\hbar e^2}{L_1 L_2}\sum_{n,i}\frac{\langle n|\hat{v}_x|i\rangle\langle i|\hat{v}_y|n\rangle - (x\leftrightarrow y)}{(\lambda_n - \lambda_i)^2}$$

で与えられる(線形応答理論). $\hat{v}_x, \hat{v}_y$ は電子の速度演算子で $e\hat{v}_x = \frac{\partial \hat{h}}{\partial k_x}$ etc. で与えられ,$|n\rangle$ はフェルミ準位以下の状態を,$|i\rangle$ はフェルミ準位より上の状態を示す. この表式は常数 e^2/h を除いて次の形に帰着される.

$$\sigma = \sum_n \int_{T^2}\left(\langle n|i\frac{\partial}{\partial k_1}\frac{\partial}{\partial k_2}|n\rangle - c\cdot c\right)dk_1 dk_2.$$

ここで積分は k-トーラス上で行われる. 各 n に対する積分は前に導いた準位交差(今の場合はバンド間の交差)を源とする位相不変量の形をしている. この事実によって準位交差の重要性が理解される. 正確に言えば,円環面を円環体に拡張してその内部で準位交差が起こるものと想定するのである. 従って

$$\sigma = \frac{e^2}{h} \times \sum_n p_n$$

が帰結する(p_n は n 番目のバンドに対応する量子数)．これによって伝導率対ゲート電圧のプロットに現れるプラトー値が再現されると解釈できる．伝導率が量子化されるとはどういう意味なのか，具体的にどのようなメカニズムが働いているかの詳細については固体物理学の専門知識が必要で本書の範囲外であるが，上で説明した形式的議論から，量子ホール効果という現象は本質的にハミルトニアンの具体的な形等の細かい情報によらず，トポロジー的情報のみによることを示唆している．

§6.2 磁場中の 2 次元 Bloch 電子

最初に一様磁場中における 2 次元周期ポテンシャル中の電子に対する波動関数について準備的な説明を与えておく[2]．出発点のシュレーディンガー方程式は

$$\left[\frac{1}{2m}(\bm{p}+e\bm{a})^2 + V(x,y)\right]\psi = E\psi \tag{6.2.1}$$

であり，ポテンシャル V は (L_1, L_2) を基本周期として

$$V(x+L_1, y) = V(x,y), \quad V(x, y+L_2) = V(x,y)$$

を満たす．つまり一般の周期がベクトル $\bm{R} = m\bm{L}_1 + n\bm{L}_2$（ここで (m,n) は整数）で与えられる格子空間を形成する．この格子ベクトルから並進演算子

$$T_R = \exp[\frac{i}{\hbar}\bm{R}\bm{p}] \tag{6.2.2}$$

が通常のように定義できるが，磁場が存在する場合には運動量が $\bm{p} \to \bm{p} + \frac{1}{2}(\bm{B} \times \bm{r})$ と変化するので(以下光速を $c = 1$ とおく)

$$\begin{aligned}\hat{T}_R &= \exp[\frac{i}{\hbar}\bm{R}(\bm{p}+\frac{e}{2}(\bm{B}\times\bm{r})]\\ &= T_R \exp[\frac{ie}{2\hbar}(\bm{R}\times\bm{B})\cdot\bm{r}]\end{aligned} \tag{6.2.3}$$

を導入する(1 行目から 2 行目に変形するときに Hausdorff 公式を使う)．これを磁気並進演算子と呼ぶ．特に

---

[2] M.Kohmoto, Ann.Phys.**160**(1985)343.

$$\hat{T}_{L_1} = T_{L_1}\exp[\frac{ie}{2\hbar}(\boldsymbol{L}_1\times\boldsymbol{B})\cdot\boldsymbol{r}] = T_{L_1}\exp[\frac{ieB}{2\hbar}L_1 y]$$
$$\hat{T}_{L_2} = T_{L_2}\exp[\frac{ie}{2\hbar}(\boldsymbol{L}_2\times\boldsymbol{B})\cdot\boldsymbol{r}] = T_{L_2}\exp[-\frac{ieB}{2\hbar}L_2 x]$$

となる.これは

$$\hat{T}_{L_1}\hat{T}_{L_2} = \exp[-2\pi i\phi]\hat{T}_{L_2}\hat{T}_{L_1} \tag{6.2.4}$$

を満すことが確かめられる(Hausdorff 公式より).ここで

$$\phi = \frac{eB}{h}L_1 L_2$$

は,基本格子(面積 $L_1 L_2$) を貫くフラックスを磁束量子で割ったもの,つまり基本格子を貫く磁束量子 $\phi_0 = h/e$ の本数である.以下これを $\phi = 1$ にとる.磁気並進演算子はハミルトニアンと交換することがわかる:$[\hat{T}_R, H] = 0$. 従って H と同時の固有状態を作れる.さらに $\phi = 1$ の条件の下では $\hat{T}_{L_1}$ と $\hat{T}_{L_2}$ は交換可能であるから,それらの同時固有状態が作れる.

$$\hat{T}_{L_1}\psi = \exp[ik_1 L_1]\psi,$$
$$\hat{T}_{L_2}\psi = \exp[ik_2 L_2]\psi. \tag{6.2.5}$$

ここで (k_1, k_2) でもって磁場が存在するときの格子運動量(準運動量)を定義しよう.この定義から (k_1, k_2) 空間は

$$M \equiv (\frac{2\pi}{L_1}, \frac{2\pi}{L_2})$$

を単位とした格子空間となる.単位の領域を"磁気的ブリルアン域(Brilloun zone)"と呼ぶ.Bloch 電子の一般定理より,ハミルトニアンの固有関数は,α をバンドを指定する量子数として

$$\psi^\alpha_{k_1 k_2}(x, y) = \exp[i(k_1 x + k_2 y)]u^\alpha_{k_1 k_2}(x, y) \tag{6.2.6}$$

と与えられる.これはまた $\hat{T}_{L_1}(\hat{T}_{L_2})$ の,固有値 $\exp[ik_1 L_1](\exp[ik_2 L_2])$ に属する固有状態であったので

$$\exp[ik_1 L_1]\psi_{k_1 k_2}(x, y) = \hat{T}_{L_1}\psi_{k_1 k_2}(x, y) = \exp[\frac{ieBL_1}{2\hbar}y]\psi_{k_1 k_2}(x + L_1, y)$$

となり,一方

$$\psi_{k_1 k_2}(x + L_1, y) = \exp[ik_1 L_1]\exp[i(k_1 x + k_2 y)]u^\alpha_{k_1 k_2}(x + L_1, y)$$

であるから

$$u^\alpha_{k_1 k_2}(x+L_1, y) = \exp[\frac{-ieBL_1}{2\hbar}y] u^\alpha_{k_1 k_2}(x,y).$$

を満すことがわかる．同様に

$$u^\alpha_{k_1 k_2}(x, y+L_2) = \exp[\frac{ieBL_2}{2\hbar}x] u^\alpha_{k_1 k_2}(x,y).$$

フラックスの条件 $\phi = \frac{eBL_1 L_2}{h} = 1$ を使うと

$$\begin{aligned}
u^\alpha_{k_1 k_2}(x+L_1, y) &= \exp[-\frac{\pi i}{L_2}y] u^\alpha_{k_1 k_2}(x,y), \\
u^\alpha_{k_1 k_2}(x, y+L_2) &= \exp[\frac{\pi i}{L_1}x] u^\alpha_{k_1 k_2}(x,y).
\end{aligned} \quad (6.2.7)$$

これが通常の Bloch 電子に対する，磁場が存在する場合への境界条件の拡張である．

§6.3 断熱変形と一般化された輸送係数

変動外場中における多体系の量子状態の断熱変化を用いて，輸送係数に対する一般公式を導こう[3]．

特に以下の議論に合わせるように変動外場を 2 次元空間に選ぶ：$\boldsymbol{\xi}(t) = (\xi_1(t), \xi_2(t))$ として，その状態での基底状態を $|0\{\boldsymbol{\xi}(t)\}\rangle$ とする．以下では基底状態に縮退はないものとする．2 つの基底状態を結ぶ遷移振幅は

$$K = \langle \{0(\boldsymbol{\xi}')\} | \mathrm{T} \exp[-\frac{i}{\hbar} \int_0^T \hat{H}(t) dt] | \{0(\boldsymbol{\xi})\} \rangle \quad (6.3.1)$$

で与えられ，断熱変化の下で，第 5 章で与えた一般公式に従って

$$K_{ad} = \exp[i\Gamma] \times \exp[-\frac{i}{\hbar} \int \lambda_0 dt] = \exp\left[\frac{i}{\hbar} S_{ad}\right]$$

$$S_{ad} = \int [\boldsymbol{X}\dot{\boldsymbol{\xi}} - \lambda_0(t)] dt \quad (6.3.2)$$

となる．ここで λ_0 は基底状態の断熱準位であり，$\boldsymbol{X}$ はパラメータ空間に誘導されたゲージ場(あるいは断熱接続)である：

$$\boldsymbol{X} = \langle \{0(\boldsymbol{\xi})\} | i\hbar \frac{\partial}{\partial \boldsymbol{\xi}} | \{0(\boldsymbol{\xi})\} \rangle.$$

---

[3] H.Kuratsuji, Check.J.Phys.**46**(1996) 2471

上の有効作用 S_{ad} から，外場で変分をとることによって"カレント"が定義
できる（これは場の理論でおなじみのものである）：

$$J_i = \frac{\delta S_{ad}}{\delta \xi_i} = \sum_j \left(\frac{\partial X_i}{\partial \xi_j} - \frac{\partial X_j}{\partial \xi_i}\right)\dot{\xi}_j + \frac{\partial \lambda_0}{\partial \xi_i}. \tag{6.3.3}$$

この式から流れは2つの部分からなることがわかる．まず第2項を見ると，
これは断熱準位をポテンシャルとみなせばそのパラメータ空間での勾配に比
例するもので，ポテンシャル勾配を"電場"とみなせば，これは通常の"電流"
とみられる．

一方，第1項を $\boldsymbol{J}_T$ と書けば

$$\boldsymbol{J}_T = \sigma(\boldsymbol{k} \times \dot{\boldsymbol{\xi}}) \tag{6.3.4}$$

と書き直される．ここで $\boldsymbol{k}$ は2次元パラメータ空間に垂直な単位ベクトルを
表す．σ は

$$\sigma = (\nabla \times \boldsymbol{X})_z \tag{6.3.5}$$

であって2次元のパラメータ空間の上の断熱接続の曲率を表すが，物理的に
はこれが輸送係数一般公式を与える．このように定義されたカレントはいわ
ば"横の流れ"(transverse current)と呼ぶべきものである．$\dot{\boldsymbol{a}}$ を"電場"とみ
なせば σ はそれに垂直に誘導される流れとなるからである．実際

$$(\boldsymbol{J}_T \cdot \dot{\boldsymbol{\xi}}) = 0 \tag{6.3.6}$$

となり $\boldsymbol{J}_T$ と $\dot{\boldsymbol{\xi}}$ は直交する．このことは物理的には散逸のない流れであるこ
とを意味している．この公式は簡単な形をしているが，以下に見るように色々
な応用を持っている．σ は以下のように書き直される．断熱定理でおなじみ
の公式

$$\langle 0|\frac{\partial}{\partial \xi_i}|n\rangle = (\lambda_n - \lambda_0)^{-1}\langle 0|\frac{\partial H}{\partial \xi_i}|n\rangle \tag{6.3.7}$$

を用いると

$$\sigma = i\sum_n \frac{\langle 0|\frac{\partial H}{\partial \xi_1}|n\rangle\langle n|\frac{\partial H}{\partial \xi_2}|0\rangle - c.c}{(\lambda_n - \lambda_0)^2} \tag{6.3.8}$$

と書かれる．

§6.4 量子ホール効果への応用

上で与えられた基底状態の断熱変形の曲率の公式をホール伝導度の量子化に適用しよう. 多体力のない場合とある場合の 2 つの場合について考える.

§6.4.1 多体力のない場合

波動関数はスレーター行列式の形で与えられる. 特に章の始めで簡単に触れた磁場中 2 次元 Bloch 電子の場合の結果が, この一般公式の特別な場合として導かれる.

まず最初に 1 粒子断熱状態でフェルミ準位まで占められた状態は第 2 量子化で書けば

$$|\Psi\rangle = \prod_n c_n^\dagger |0\rangle \tag{6.4.1}$$

を満たす. これはスレーター行列式状態になる.

$$\Psi = \det\{\phi_n(x_k)\}. \tag{6.4.2}$$

ここで 1 粒子状態 $|n\rangle$ は縮退がないものとしフェルミ準位 n_F まで動く. これは

$$\hat{h}(\boldsymbol{a})|m(\boldsymbol{a})\rangle = \lambda_m(\boldsymbol{a})|m(\boldsymbol{a})\rangle$$

を満たす. これから構成される断熱接続は第 5 章で示されたように 1 粒子状態を用いて

$$A_\mu = i\hbar \sum_n \langle n(\boldsymbol{a})|\frac{\partial}{\partial a_\mu}|n(\boldsymbol{a})\rangle \quad (\mu = x, y)$$

で与えられ, 曲率は

$$\tilde{\sigma}_{xy} = \frac{\partial A_y}{\partial a_x} - \frac{\partial A_x}{\partial a_y} = i\hbar \sum_n \left[\frac{\partial}{\partial a_x}\langle n(\boldsymbol{a})| \times \frac{\partial}{\partial a_y}|n(\boldsymbol{a})\rangle - c.c\right] \tag{6.4.3}$$

となる. 完全性関係 $\sum_i |i\rangle\langle i| + \sum_n |n\rangle\langle n| = 1$ 及び, 断熱定理の公式

$$\langle i|\frac{\partial}{\partial a_\mu}|n\rangle = (\lambda_n - \lambda_i)^{-1}\langle i|\frac{\partial \hat{h}(\boldsymbol{a})}{\partial a_\mu}|n\rangle$$

を用いると, それは

$$\tilde{\sigma}_{xy} = -i\hbar \sum_n \sum_i (\lambda_n - \lambda_i)^{-2} \left[\langle n | \frac{\partial \hat{h}(a)}{\partial a_\mu} | i \rangle \langle i | \frac{\partial \hat{h}(a)}{\partial a_\mu} | n \rangle - c.c \right] \quad (6.4.4)$$

と書き直される．ただしパウリ原理より，中間状態 $|i\rangle$ はフェルミ準位より上の状態に限られる．

ここで具体的に一様磁場中 2 次元 Bloch 電子のハミルトニアンの場合に上の公式を適用する（以下ではベクトルポテンシャルを小文字で記す）．

$$\hat{h}(a) = \frac{1}{2m}(\hat{\bm{p}} + e\bm{a})^2 + V(x, y).$$

$\hat{\bm{p}} = -i\hbar\nabla$．ベクトルポテンシャルは時間的に断熱的に変化する部分を含む．つまり

$$\bm{a} = \frac{1}{2}(\bm{B} \times \bm{x}) + \bm{a}'(t). \quad (6.4.5)$$

従ってベクトルポテンシャルによる偏微分は $\bm{a}'$ によるものと見られる．$\frac{\partial}{\partial a} = \frac{\partial}{\partial a'}$．これから

$$\frac{\partial \hat{h}}{\partial a_\mu} = \frac{e}{m}(\hat{\bm{p}} + e\bm{a}) = e\hat{\bm{v}}.$$

いま特定の 1 つのバンド α のみに制限すると，曲率 $\tilde{\sigma}$ は

$$\tilde{\sigma}_{xy} = -e^2 i\hbar \sum_n \sum_i (\lambda_n - \lambda_i)^{-2} \{ \langle n|\hat{\bm{v}}_x|i\rangle \langle i|\hat{\bm{v}}_y|n\rangle - (x \leftrightarrow y) \} \quad (6.4.6)$$

と書かれる．最後に単位面積あたりの電流を考えているので，基本格子の面積 $L_1 L_2$ で割ることにより

$$\sigma_{xy} = \frac{\tilde{\sigma}_{xy}}{L_1 L_2} \quad (6.4.7)$$

が得られる．これがホール伝導度に他ならない．すなわち断熱接続の曲率という微分幾何学的量が輸送係数を与えることが示されたわけである．

ここで元の曲率の形 (6.4.3) に戻ることによってこのホール伝導度が量子化されることを示そう．まず $\hat{h}(\bm{a})$ の固有状態として Bloch 電子の状態 $\psi^\alpha_{k_1 k_2}(x, y) = \exp[i(k_1 x + k_2 y)] u^\alpha_{k_1 k_2}(x, y)$ をとると，(k_1, k_2) は"準"運動量で，取り得る値はブリルアン領域に制限されることに注意する．$u_{k_1, k_2}(x, y)$ は，

$$\exp[-if] h(\hat{p}) \exp[if] = h(\hat{p} + i\hbar \nabla f)$$

を用いれば

$$[\frac{1}{2m}(\bm{p}+\hbar\bm{k}+e\bm{a})^2+V(x,y)]u^\alpha_{k_1k_2}=\lambda_{k_1k_2}u^\alpha_{k_1k_2}$$

を満たす.さらに 1 粒子状態が準運動量量子数という連続量で与えられることから,上で与えた σ_{xy} の表式 (6.4.3) は運動量空間における積分で書き直される.すなわちベクトルポテンシャルの微分を

$$\frac{\partial}{\partial a}\to(\frac{\partial}{\partial(\hbar/e))k}) \tag{6.4.8}$$

に置き換えれば

$$\sigma^\alpha_{xy}=\frac{e^2}{L_1L_2\hbar}\int_{T^2}i(\frac{\partial u^{\alpha*}_{k_1k_2}}{\partial k_1}\frac{\partial u^\alpha_{k_1k_2}}{\partial k_2}-\frac{\partial u^{\alpha*}_{k_1k_2}}{\partial k_2}\frac{\partial u^\alpha_{k_1k_2}}{\partial k_1})dk_1dk_2 \tag{6.4.9}$$

と書かれる.この積分はブリルアン帯(すなわち 2 次元トーラス)で積分されることが重要である.つまりこの 2 次元トーラスでの面積

$$S=\frac{4\pi^2}{L_1L_2}$$

を単位として測ると

$$\sigma_{xy}\longrightarrow\frac{\sigma_{xy}}{S}=\frac{\sigma_{xy}L_1L_2}{4\pi^2}. \tag{6.4.10}$$

この表式から σ_{xy} の量子化が出てくることを示そう.言い換えれば準運動量空間中のトーラス(k トーラス T^2)における積分値が位相不変量となることを示す.まず T^2 が閉曲面かつ向きを持っていることから,これを任意の閉曲線 C によって 2 つの部分に分けることができる.それを S_1,S_2 としよう.従ってこの (6.4.9) の積分は,被積分関数を F で記すと

$$\int_{T^2}F=\int_{S_1}F+\int_{S_2}F$$

の形で書かれる.ここでストークスの定理

$$F=dA \tag{6.4.11}$$

を使うと

$$\int_{S_1}F=\int_C A,\quad \int_{S_2}F=-\int_C A.$$

ここで A は k 空間上で定義された 1 次微分形式である.

$$A=A_1dk_1+A_2dk_2. \tag{6.4.12}$$

6.4 量子ホール効果への応用　213

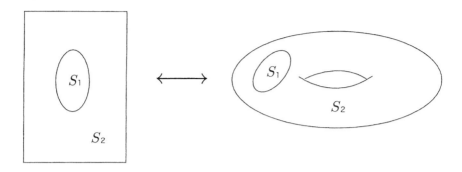

図 6.2：k-空間でのトーラス

"接続の場" (A_1, A_2) は次式で与えられる．

$$
\begin{aligned}
A_i &= \langle u_{k_1 k_2} | i \frac{\partial}{\partial k_i} | u_{k_1 k_2} \rangle \\
&= i \int \left(u^*_{k_1 k_2}(x) \frac{\partial u_{k_1 k_2}(x)}{\partial k_i} - c \cdot c \right) d^2 x. \quad (6.4.13)
\end{aligned}
$$

これは運動量を断熱パラメータとみなしたとき1粒子状態から誘導される幾何学的位相に他ならない．そこで第5章での一般理論に従い，2つの線積分を指数関数の上に乗せて量子論に持っていったとき，線積分の向きの決め方が"それの囲む面の中に接続 (A_1, A_2) の特異点が含まれないようにする"という論法を使う．ここで次のことに注意しておこう．k-空間においてモノポールに対応した"湧き出し"と，それに付随するベクトル・ポテンシャルの特異性を具体的に構成することは明らかでないので，ここではそれが存在するものと仮定している[4]．さて，次の2通りの表式，すなわち

$$
\begin{aligned}
\exp[i \oint_C A] &= \exp[i \int_{S_1} F] \\
&= \exp[-i \int_{S_2} F]
\end{aligned}
$$

より

$$
\exp[i \int_{S_1} F] = \exp[-i \int_{S_2} F]
$$

---
[4] これに関して，Simon は，2次元トーラスを3次元空間の中において，トーラスの内部で準位交差があって，そこから湧き出しがでているという picture に基づき議論している．

が出る．従って

$$\int_{S_1} F + \int_{S_2} F = \int_{T^2} F = 2\pi \times \text{(integer)}. \tag{6.4.14}$$

これから σ_{xy} の量子化が帰結する．

$$\sigma_{xy} = \frac{e^2}{L_1 L_2 \hbar} \times \frac{L_1 L_2}{4\pi^2} \times 2\pi \times \text{integer} = \frac{e^2}{h} \times \text{integer}. \tag{6.4.15}$$

位相不変量としての解釈

上で議論したアイデアをファイバーバンドルの観点から構成することができる[5]．一般論に従えばこの場合のファイバーバンドルは2次元トーラス上のU(1)主ファイバーバンドルになる．すなわちファイバーがU(1)群になる．トーラスを次のように4つの近傍系に分割する．

$$\left.\begin{array}{rcl} U_1 &=& (0, \frac{\pi}{L_1}) \times (0, \frac{\pi}{L_2}) \\ U_2 &=& (-\frac{\pi}{L_1}, 0) \times (0, \frac{\pi}{L_2}) \\ U_3 &=& (-\frac{\pi}{L_1}, 0) \times (-\frac{\pi}{L_2}, 0) \\ U_4 &=& (0, \frac{\pi}{L_1}) \times (-\frac{\pi}{L_2}, 0) \end{array}\right\}$$

この近傍系の間の変換は $U_{ij} = U_i \cap U_j, (i,j = 1, \cdots, 4)$ に対して $g_i = T_{ij} g_j$．ここで $g_i = \exp[i\theta_i]$, $T_{ij} = \exp[i(\theta_i - \theta_j)]$ のようにとることができる．また1次微分形式を次のように定義する．

$$\omega = g^{-1} A g + g^{-1} dg = A + id\theta. \tag{6.4.16}$$

対応する曲率は

$$\Omega = d\omega = dA = F. \tag{6.4.17}$$

ファイバーの変換 $g' = Tg$ あるいは $\theta' = \theta - \phi$ に対して

$$A' = A + id\phi.$$

一方，1次微分形式は

$$\begin{array}{rcl} \omega' &=& A' + id\theta' \\ &=& A + id\theta = \omega \end{array}$$

---

[5] 以下の議論に関しては M.Kohmoto, Ann.Phys.**160**(1985)343 に基づく．

となって近傍のとり方にはよらない．かつ曲率は

$$\Omega' = g^{-1}\Omega g = \Omega \tag{6.4.18}$$

となって不変である．最後に Chern 類は

$$2\pi C_1 = \int_{T^2} F = \int_{T^2} \left(\frac{\partial A_2}{\partial k_1} - \frac{\partial A_1}{\partial k_2}\right) dk_1 \wedge dk_2 \tag{6.4.19}$$

で与えられる．これによってホール伝導度の量子化が位相不変量として説明されることがわかる．

§6.4.2 多体力が存在する場合

以上の議論において運動量空間中でのトーラスという概念が要になっていた．それは磁場中の Bloch 電子という1体問題を扱っていることと本質的に関係していた．しかし，現実には多体力が存在する場合を考える必要がある．そのときも，トーラス上での積分によって位相不変量を構成できることが全く異なる物理的な要請から可能になる．このことを示そう．なお，ここで展開する理論以外にも，いくつかの同様の考察に基づく説明の仕方があることを指摘しておこう[6]．

さて，多体力が存在する場合のハミルトニアンは次のようになる：

$$H = \sum_k \frac{1}{2m}(\boldsymbol{p}_k + e\boldsymbol{a}(x_k,t))^2 + \sum_{kl} V(x_k - x_l). \tag{6.4.20}$$

6.3節の公式(6.3.8)を適用する際に波動関数の具体的な形は与えられないが，伝導率の一般的な形は書ける．ここで基底状態 $|0\rangle$ は縮退はないものと仮定する．ベクトルポテンシャル $\boldsymbol{a}(x_k,t)$ は電子が x_k の位置にあるときの値であって，それは一定磁場から来る部分と，時間的にゆっくり変動する部分からなるものとする：$\boldsymbol{a} = \boldsymbol{a}_0 + \boldsymbol{a}'(t)$．それゆえハミルトニアンの微分は

$$\frac{\partial H}{\partial a'_i} = \frac{1}{m}\sum_i (\boldsymbol{p}_i + e\boldsymbol{a}'_i) \equiv e\boldsymbol{v}$$

となって前節同様に

---

[6] Q.Niu, D.J.Thouless and Y.S.Wu, Phys.Rev.**B31**(1985)3372; J.E.Avron and R.Seiler, Phys.Rev.Lett.**54**(1985)259.

$$\tilde{\sigma}_{xy} = -ie^2\hbar \sum_n (\lambda_n - \lambda_0)^{-2}(\langle 0|v_x|n\rangle\langle n|v_y|0\rangle - c.c.). \quad (6.4.21)$$

これはホール伝導率に比例している．ここで $|n\rangle$ は多体の状態であることに注意しよう．

ベクトルポテンシャル空間のコンパクト化と σ の量子化

上で与えた σ は，このままの形では 1 体系の場合のように 2 次元運動量空間でのトーラス上の積分と同じ形はしていない．しかし電磁場のゲージ変換の考えを使えば，2 次元トーラス上の積分の形に帰着させることができる．以下それを示そう．ここで多体の波動関数に (準) 周期境界条件を課しておこう．すなわち i 番目の電子の (x, y) 座標に対して

$$\Psi(x_1, y_1; \cdots x_i + L_1, y_i; \cdots x_N, y_N) = \exp[i\beta]\Psi(x_1, y_1; \cdots x_N, y_N)$$

かつ

$$\Psi(x_1, y_1; \cdots x_i, y_i + L_2; \cdots x_N, y_N) = \exp[i\gamma]\Psi(x_1, y_1; \cdots x_N, y_N).$$

ここで (L_1, L_2) は系のサイズである．一方，波動関数に対してゲージ変換 $\boldsymbol{a} \to \boldsymbol{a} + \boldsymbol{f}$ (ただし $\boldsymbol{f} = (f_x, f_y)$ は一定の関数に選ぶ) を行うと

$$\Psi(x_1, y_1; \cdots x_N, y_N)$$
$$\to \exp[\frac{ie}{\hbar}\sum_i \int^{x_i} f_x dx]\Psi(x_1, y_1; \cdots x_N, y_N) \equiv \tilde{\Psi}(x_1, y_1; \cdots x_N, y_N)$$

かつ

$$\Psi(x_1, y_1; \cdots x_N, y_N)$$
$$\to \exp[\frac{ie}{\hbar}\sum_i \int^{y_i} f_y dy]\Psi(x_1, y_1; \cdots x_N, y_N) \equiv \tilde{\Psi}(x_1, y_1; \cdots x_N, y_N).$$

と位相がつく．このゲージ変換された波動関数に対して，上の境界条件は

$$\tilde{\Psi}(x_1, y_1; \cdots x_i + L_1, y_i; \cdots x_N, y_N) = \exp[\frac{ief_x L_1}{\hbar}]\exp[i\beta]\tilde{\Psi}(x_1, y_1; \cdots x, y_N)$$

かつ

$$\tilde{\Psi}(x_1, y_1; \cdots x_i, y_i + L_2; \cdots x_N, y_N) = \exp[\frac{ief_y L_2}{\hbar}]\exp[i\gamma]\tilde{\Psi}(x_1, y_1; \cdots x, y_N)$$

となり，余分の位相因子 $\exp[if_x L_1], \exp[if_y L_2]$ が付く．しかし，これは (f_x, f_y) を

$$f_x = \frac{2\pi n_x \hbar}{eL_1}, \quad f_y = \frac{2\pi n_y \hbar}{eL_2}$$

のように選ぶと消去できる（ここに (n_x, n_y) は正整数値）．このことは大きさが

$$f_x = \frac{2\pi \hbar}{eL_1}, \quad f_y = \frac{2\pi \hbar}{eL_2} \tag{6.4.22}$$

によって決められる一定のゲージ変換を行ってもハミルトニアンは不変になることを意味している．言い換えれば，ベクトルポテンシャルの空間はこのサイズのトーラスにコンパクト化される．これは運動量空間が磁気ブリアラン帯のトーラスにコンパクト化されることに対応している．さて，このように構成された2次元トーラス上で σ の平均値をとってみる．すなわちトーラスの"体積"は $f_x f_y$ で与えられることに注意して

$$<\tilde{\sigma}> = \frac{1}{f_x f_y} \int_{T^2} \tilde{\sigma} \, da_x da_y. \tag{6.4.23}$$

を考える．一方，2次元トーラス上の積分は断熱接続に付随する位相不変量に他ならないので

$$\int_{T^2} \tilde{\sigma} \, da_x da_y = 2n\pi\hbar \tag{6.4.24}$$

となる．これから次の形が得られる：

$$\sigma = \frac{<\tilde{\sigma}>}{L_1 L_2} = \frac{e^2}{h} \times n. \tag{6.4.25}$$

これが一般の場合のホール伝導率の量子化の効果を与える．

以上の議論にはもちろん重要な論点が抜けている．すなわち σ が現実にどのような条件でどの整数値を選ぶのかといった問題に全く触れていない．単に整数値をとり得るというだけで，いわば必要条件を与えたにすぎないのである．

§6.5 超流体におけるカレントの量子化

これまで述べた量子ホール効果の議論において本質的だったのは，電子がベクトルポテンシャルを通じて結合していること，及び電子系の波動関数の周期

性からベクトルポテンシャルがトーラスにコンパクト化できることであった.

そこでこれに類似の現象があるかどうか興味がある. 以下においてその例を与えよう. ホール伝導度の量子化と類似の量子化が, ヘリウム3超流体における"横のカレント"に対する輸送係数において理論的に帰結される[7]. He3超流体は BCS 理論で定式化され, いわゆる p 波の Cooper 対によって記述されるが, ここではそのような特殊な状況を考えず, 単に複素オーダーパラメーターで記述される準粒子系と考える. 平均場近似でラグランジアンを第2量子化で書けば, 次のようになる:

$$L = \int \left[\psi^* i\hbar \frac{\partial \psi}{\partial t} - \left(\psi^* \frac{P^2}{2m}\psi + \Delta(\boldsymbol{x},t)\psi^*\psi^* + \text{h.c.}\right)\right]d^2x. \quad (6.5.1)$$

ただし, $P = -i\hbar(\frac{\partial}{\partial x}, \frac{\partial}{\partial y})$. 複素オーダーパラメーター $\Delta(\boldsymbol{x},t)$ を極表示する:

$$\Delta(\boldsymbol{x},t) = |\Delta(\boldsymbol{x},t)|\exp[2i\phi]. \quad (6.5.2)$$

ここで, フェルミオン演算子に対して, 上の位相と連動するように変換を行う.

$$\psi = \bar{\psi}\exp[i\phi]. \quad (6.5.3)$$

変換されたフェルミオンを用いれば, ラグランジアンは

$$L = \int \left(\bar{\psi}^* i\hbar \frac{\partial \bar{\psi}}{\partial t} - H_{eff}\right)d^2x. \quad (6.5.4)$$

となり, 有効ハミルトニアン密度は次式で与えられる.

$$H_{eff} = \bar{\psi}^* \frac{(P+\boldsymbol{a})^2}{2m}\bar{\psi} + |\Delta(\boldsymbol{x},t)|\bar{\psi}^*\bar{\psi}^* - \mu\bar{\psi}^*\bar{\psi} + \text{h.c.}. \quad (6.5.5)$$

この形は電磁場中の超伝導体と類似している. ただし中性流体の場合, 電荷に相当するものがはっきりしないが, フェルミ粒子数がそれに相当すると思われる(フェルミ粒子数の保存則が電荷保存に対応する). ベクトルポテンシャル, スカラーポテンシャルに対応するのは

$$\boldsymbol{a} = \hbar\nabla\phi, \quad \mu = \hbar\frac{\partial\phi}{\partial t} \quad (6.5.6)$$

となるが, μ は化学ポテンシャルと見られるものである. 以上の基本式から

---

[7] H.Kuratsuji, Phys.Lett.**134A**(1989)445.

6.5 超流体におけるカレントの量子化

2次元電子系の場合の類推を行う．ベクトルポテンシャルを(空間的には一様に保って)時間的にゆっくり変動させる．すなわち

$$\boldsymbol{a} = (a_1(t), \ a_2(t)).$$

これに対応する位相は

$$\phi = a_1(t)x + a_2(t)y.$$

あるいはオーダーパラメーターは

$$\Delta(\boldsymbol{x},t) = |\Delta|\exp[2i\{(a_1(t)x + a_2(t)y\}] \tag{6.5.7}$$

と書かれる．

さて，なんらかの形でオーダーパラメーターをコントロールしてベクトルポテンシャルを断熱変化させたとしよう．その断熱的な基底状態を $|0\{\boldsymbol{a}\}\rangle$ (それは BCS 波動関数で与えられる)とし，それによる有効作用の幾何学的位相の部分は，C を $\boldsymbol{a}$ 空間におけるループとして次のように書ける．

$$\exp[i\Gamma(C)] = \exp[\frac{i}{\hbar}\oint \boldsymbol{A}d\boldsymbol{a}].$$

断熱接続は

$$\boldsymbol{A} = \langle 0\{\boldsymbol{a}\}|i\hbar\frac{\partial}{\partial \boldsymbol{a}}|0\{\boldsymbol{a}\}\rangle.$$

これから一般公式に従い輸送係数は

$$\tilde{\sigma} = -i\hbar\sum_n (E_n - E_0)^{-2}\Big[\langle 0|J_x|n\rangle\langle n|J_y|0\rangle - c.c\Big]. \tag{6.5.8}$$

ここで $\boldsymbol{J}$ は

$$\boldsymbol{J} = \frac{\partial H_{eff}}{\partial \boldsymbol{a}} \tag{6.5.9}$$

で与えられる．この σ はホール伝導テンソルと全く同じ形をしている．最後に $\boldsymbol{a}$ 空間のコンパクト化についても同様の手続きを行う．すなわち考えている2次元系に周期境界条件を課すと，フェルミ演算子は $\bar{\psi}(x_i+L_i) = \bar{\psi}(x_i)$, $i = 1, 2$ を満たす．ベクトルポテンシャル $\boldsymbol{a}$ に対して $\boldsymbol{a} \to \boldsymbol{a} + \boldsymbol{f}$ なるゲージ変換を行うと

$$\bar{\psi}'(x) = \exp[\frac{i}{\hbar}\int^x f_i dx_i]\bar{\psi}(x).$$

これらは添え字 $i=1,2$ に対して別々に成立する．$\bar{\psi}'(x)$ に対しても周期性 $\bar{\psi}'(x+L)=\bar{\psi}'(x)$ を要求すれば

$$\exp[\frac{i}{\hbar}f_i L_i] = 1.$$

これから a 空間はサイズが

$$(f_1, f_2) = (\frac{2\pi\hbar}{L_1}, \frac{2\pi\hbar}{L_2}) \tag{6.5.10}$$

で与えられるトーラスになることがわかる．このトーラス上で $\tilde{\sigma}$ の平均値をとると，これは接続 A に付随する曲率の積分であったので，ホール伝導度との類似を使うと

$$\exp[\frac{i}{\hbar}\int_S \Omega] = \exp[-\frac{i}{\hbar}\int_{\hat{S}}\Omega] \tag{6.5.11}$$

が得られる．ただし $S, \hat{S}$ は T^2 の上で互いに"相補的"な面である．これから

$$<\tilde{\sigma}> = \int_{T^2} \tilde{\sigma} da_1 da_2 = 2n\pi\hbar$$

が出てくる．T^2 上の平均値をとることにより

$$\frac{<\tilde{\sigma}>}{f_1 f_2} = \frac{1}{f_1 f_2}\int_{T^2}\tilde{\sigma} da_1 da_2 = nh.$$

これは $\tilde{\sigma}$ を系の大きさで割ったものに直しておくと

$$<\sigma> = \frac{1}{L_1 L_2}<\tilde{\sigma}> = \frac{n}{h} \tag{6.5.12}$$

となる．この表式が求める量子化である．電気素量に相当する量がないことに注意しておく．非常に安直な電磁場との類推を過度に追求した結果である．しかし理論的な可能性を排除する理屈も見当たらないように思われる．

§6.6 補足

量子統計力学的には，輸送係数は線型応答理論の枠内で定式化される．以下ではこの観点からホール伝導率の公式を導く．ホール伝導度は次式で与えられる．

$$\sigma = \frac{1}{L_1 L_2}\int_0^\infty dt \int_0^\beta d\lambda \exp[-\eta t]\langle J_y(-i\hbar\lambda)J_x(t)\rangle.$$

ここで期待値は

$$\langle A \rangle = \frac{\mathrm{Tr}(A \exp[-\beta H])}{\mathrm{Tr}(\exp[-\beta H])} = \frac{\sum_m \langle m|e^{-\beta H} A|m\rangle}{\sum_m \langle m|e^{-\beta H}|m\rangle}$$

で与えられる．η は収束因子である．ハイゼンベルク演算子

$$J_x(t) = \exp[\frac{i}{\hbar}Ht]J_x \exp[-\frac{i}{\hbar}Ht], \quad J_y(-i\hbar\lambda) = \exp[-H\lambda]J_y \exp[H\lambda],$$

を用いると $\langle A \rangle$ は

$$\langle A \rangle = \sum_m e^{-\beta E_m} e^{\lambda(E_m - E_n)} e^{\frac{i}{\hbar}(E_n - E_m)t} \langle m|\hat{J}_y|n\rangle \langle n|\hat{J}_x|m\rangle$$

と書かれる．ここで完全性関係 $\sum_n |n\rangle\langle n| = 1$ を用いた．t と λ に関する積分

$$\lim_{\eta \to 0} \int_0^\infty \exp\left[\frac{i}{\hbar}(E_n - E_m)t - \eta t\right]dt = \frac{\hbar i}{E_n - E_m}$$

$$\int_0^\beta e^{\lambda(E_m - E_n)}d\lambda = \frac{1}{E_m - E_n}(e^{\beta(E_m - E_n)} - 1)$$

を用いると

$$\sigma = -\frac{\hbar i}{L_1 L_2} \sum_{m,n} \frac{1}{Z}(e^{-\beta E_m} - e^{-\beta E_n})\frac{\langle m|\hat{J}_y|n\rangle\langle n|\hat{J}_x|m\rangle}{(E_m - E_n)^2}$$

と変形される ($Z = \mathrm{Tr} e^{-\beta H}$)．絶対零度の極限では

$$\lim_{\beta \to \infty} \frac{e^{-\beta H}}{Z} = \frac{e^{-\beta E_m}}{e^{-\beta E_0} - e^{-\beta E_1} + \cdots} \longrightarrow \delta_{m0}$$

となるので，結局目標の伝導率の表式が得られる．

$$\sigma = -\frac{i\hbar}{L_1 L_2} \sum_n \frac{\langle 0|J_y|n\rangle\langle n|J_x|0\rangle - (x \leftrightarrow y)}{(E_0 - E_n)^2}.$$

第7章
ゲージ場のアノマリー

　幾何学的位相が最も有効に応用された分野が場の量子論である．この章ではその一端であるアノマリー現象に焦点をあてた試みを解説する．扱う対象は2つある．一つは断熱定理とスペクトル流によってカイラルアノマリーが自然に説明できること，他の一つはゲージアノマリーによってゲージ場の生成演算子の"異常交換関係"が帰結されることである．

§7.1　準備事項

　まずゲージ場と関連する事柄の基本事項に関して述べておく．詳細は多くのテキストが出版されているのでそれらを参照されたい[1]．

(1) 非アーベルゲージ場の ABC　ゲージ場はゲージ変換を受けることで特徴づけられる[2]．それは電磁場（アーベル的ゲージ場）の場合

$$\bm{A} \to \bm{A} + \frac{\hbar}{e}\nabla\alpha \equiv \bm{A}'$$

で与えられ，それに応じて波動関数は

$$\psi \to \exp[i\alpha]\psi \equiv \psi',$$

---

[1] 例えば，I.J.R.Aichison and A.J.G.Hey, Gauge Theories in Particle Physics, Adam Hilger, 2-nd edition, 1989（邦訳，藤井昭彦訳，ゲージ理論入門，講談社サイエンティフィック．

[2] 以下 $c=1$ とする．

また
$$(\boldsymbol{P} - e\boldsymbol{A})\psi = \exp[-i\alpha](\boldsymbol{P} - e\boldsymbol{A}')\psi'$$

と変換される．非可換ゲージ場の場合にはそれは行列で表される．特にアイソスピンの空間では

$$A_\mu = A_\mu^a \tau_a.$$

ここで $\tau_a = \frac{1}{2}\sigma_a$ $(a = 1, 2, 3)$; σ_a はパウリ行列である．それは交換関係

$$[\tau_a, \tau_b] = \epsilon_{abc}\tau_c$$

を満たしリー代数の基底を形成する．A_μ のゲージ変換は

$$A_\mu \to A_\mu' = U^{-1}A_\mu U + \frac{i}{g}U^{-1}\frac{\partial U}{\partial x_\mu}$$

で与えられる．g は結合定数を表わす．ここで U は 2×2 ユニタリー行列であって $U = \exp[i\tau_a f^a]$ と書かれる．特に無限小変換の場合, $U \simeq 1 + if$ ($f = \tau_a f^a$) と書かれるので

$$A_\mu' = A_\mu + \partial_\mu f - ig[A_\mu, f] \tag{7.1.1}$$

あるいは共変微分 $D_\mu = \partial_\mu - ig[A_\mu, *]$ を用いれば

$$\delta A_\mu = D_\mu f \tag{7.1.2}$$

と書ける．波動関数は $\psi = \begin{pmatrix}\psi_1 \\ \psi_2\end{pmatrix}$ のように 2 成分で与えられるので

$$\psi \to \exp[i\tau_a f^a]\psi$$

のように変換される．場の強さは共変微分の順序の差として定義される．電磁場の場合，つまり電場，磁場はよく知られているように 4 元形式で

$$F_{\mu\nu} = \partial_\mu A_\nu - \partial_\nu A_\mu$$

あるいは 3 次元空間の表式で書けば

$$\begin{aligned}F_{ik} &= \frac{\partial A_k}{\partial x_i} - \frac{\partial A_i}{\partial x_k} \to B \\ F_{0i} &= \frac{\partial A_i}{\partial x_0} - \frac{\partial A_0}{\partial x_i} \to E\end{aligned}$$

と表せる．非アーベルの場合には

$$F_{\mu\nu} = \partial_\mu A_\nu - \partial_\nu A_\mu - ig[A_\mu, A_\nu]$$

で与えられる．場のラグランジアンは

$$L = -\frac{1}{2} \operatorname{Tr} F_{\mu\nu} F^{\mu\nu} = -\frac{1}{4} \sum_a F^a_{\mu\nu} F^{\mu\nu a} \tag{7.1.3}$$

で与えられる[3]．特に $A_0 = 0$ のゲージをとると

$$E = -\frac{\partial A}{\partial t}$$

が定義できる．これは"電場"を与える．従って L は次のようになる．

$$L = \frac{1}{2}(E^2 - B^2)$$

これは電磁場に対してよく知られた表式の拡張である．E は A に正準共役な運動量とみなすことができる．このことから $A_0 = 0$ とするゲージをハミルトニアン・ゲージとも呼ばれる．

(2) ゲージ変換群と生成子　ゲージ場を正準力学系と見ると，ゲージ変換はそこでの正準変換に対応させられる．すなわち n 次元空間の無限小並進演算子

$$T(\delta x_1 \cdots \delta x_n) = \exp[\frac{i}{\hbar} \sum_{i=1}^n \hat{P}_i \delta x_i] \tag{7.1.4}$$

の類似から δx_i に相当する変位をゲージ場の変位にとればよいと予想され，

$$T(\{\delta\theta^a_\mu(x)\}) = \exp[\frac{i}{\hbar} \int E^a_\mu(x) \delta A^a_\mu dx] \tag{7.1.5}$$

とおける．ここで"変位" δA^a_μ は

$$\delta A^a_\mu = D_\mu \theta^a(x) \tag{7.1.6}$$

ととることができる．すなわちベクトルポテンシャルに対する無限小ゲージ変換に他ならない．$\theta^a(x)$ は無限小の生成関数を与える．この変換に関する

---

[3] ここで $\operatorname{Tr} \sigma_a \sigma_b = 2\delta_{ab}$ に注意する．

群をゲージ変換群と呼ぼう．これを上の変換関数の指数の肩に代入して部分積分を行うと

$$\int E_\mu^a(x) D_\mu \theta^a(x) dx = -\int D_\mu E_\mu^a(x) \theta^a(x) dx.$$

故に

$$T(\{\theta^a(x)\}) = \exp[-\frac{i}{\hbar} \int D_\mu E_\mu^a(x) \theta^a(x) dx] \qquad (7.1.7)$$

と書き直される．ここで

$$-D_\mu E_\mu^a \equiv G^a(x)$$

と定義する．これがゲージ変換の生成子である．これによって変換関数は生成子を用いて

$$T(\{\theta^a(x)\}) = \exp[\frac{i}{\hbar} \int G^a(x) \theta^a(x) dx]. \qquad (7.1.8)$$

と表わされる．これが有限次元の量子力学の並進のユニタリー変換に対応する．$G^a(x)$ は電磁場の場合，共変微分 D_μ が普通の微分になるので

$$G^a(x) = -\partial_\mu E_\mu = -\nabla_i E_i \qquad (7.1.9)$$

となり，ガウスの法則に他ならない．故に $G^a(x)$ の物理的意味はガウスの法則の非アーベルゲージ場への一般化を与えていると言える．$G^a(x)$ の間の交換関係は次のように与えられる．

$$[G^a(x), G^b(y)] = i\hbar f_{abc} \delta(x-y) G^c(y). \qquad (7.1.10)$$

この関係は $A_\mu^a(x)$, $E_\mu^a(x)$ が正準変数であることを用いて直接確かめられる．

生成子 $G^a(x)$ の別の意味は通常の（量子）力学の場合との類似によって得られる．$F(A,E)$ をゲージ場の位相空間の上で定義された関数とする．この関数をゲージ変換群によって変換させたときの変化を見ると

$$\begin{aligned}
\delta F &= T^{-1}(\{\theta^a(x)\}) F T(\{\theta^a(x)\}) - F \\
&= (1 - i\int G^a(x) \theta^a(x) dx) F (1 + i\int G_a(x) \theta^a(x) dx) - F \\
&= i\int [F, G^a(x)] \theta^a(x) dx.
\end{aligned}$$

これから $\theta^a(x) \equiv \delta\omega^a(x)$ とおけば

$$i\hbar \frac{\delta F}{\delta\omega^a(x)} = [F,\ G^a(x)]. \tag{7.1.11}$$

となる．古典的な対応は交換子をポアソン括弧に置き換えれば得られる：

$$\frac{\delta F}{\delta\omega^a(x)} = \{F,\ G^a(x)\}. \tag{7.1.12}$$

第2章で与えたFaddeev-Popov行列式の中の行列部分は，上の表式において，$F = \partial_\mu A_\mu^a$ とおいた場合であるから，

$$\frac{\delta F}{\delta\omega^a(x)} = \{\partial_\mu A_\mu^a, G^a(x)\} \tag{7.1.13}$$

とポアソン括弧で書かれる．

(3) ディラック方程式　ゲージ場中のディラック方程式についてざっと説明する．ディラック方程式は時空について2階のKlein-Gordon方程式

$$\frac{\partial^2 \psi}{\partial t^2} = (\nabla^2 - \frac{m^2}{\hbar^2})\psi$$

あるいはエネルギー，運動量演算子を用いて，

$$E^2 \psi = (\boldsymbol{p}^2 + m^2)\psi$$

を1次の微分方程式に"因数分解"することによって得られる．これを天下り的にやらずに，以下のように連立方程式に直すやりかたで行う．この方法は数学者のVan der Waerdenによる（J.J.Sakuraiのテキストを参照）[4]．結果は通常のものとは少し記号が異なるが，それは本質的なものではない．まずパウリ行列を用いた分解

$$\boldsymbol{p}^2 = (\boldsymbol{\sigma}\boldsymbol{p})^2$$

に注目する．するとKlein-Gordon方程式は

$$(E^2 - (\boldsymbol{\sigma}\boldsymbol{p}^2)\psi = m^2\psi$$

---

[4] J. J. Sakurai, Advanced Quantum Mechanics, Addison Wesley, 1967.

となる. この式を 2 つの方程式に分解する.

$$(E - \boldsymbol{\sigma p})\psi_R = m\psi_L,$$
$$(E + \boldsymbol{\sigma p})\psi_L = m\psi_R.$$

ここで $\psi \equiv \psi_L$ と定義し直した. これらの方程式はそれぞれ 2 行 1 列の行列方程式であることに注意しよう. つまりパウリ行列を用いたおかげで波動関数がスカラーではなくてスピノルになるのである. ここであらたに

$$\psi_R + \psi_L = \psi_1,$$
$$\psi_R - \psi_L = \psi_2,$$

を定義すると上の 2 つの方程式を辺々足し算引き算することにより

$$E\psi_1 - \boldsymbol{\sigma p}\psi_2 = m\psi_1,$$
$$E\psi_2 - \boldsymbol{\sigma p}\psi_1 = -m\psi_2.$$

が得られる. ここで, ガンマ行列を導入する:

$$\gamma_k = \begin{pmatrix} 0 & -i\sigma_k \\ i\sigma_k & 0 \end{pmatrix}, \quad \gamma_4 = \begin{pmatrix} I & 0 \\ 0 & -I \end{pmatrix}. \tag{7.1.14}$$

$\sigma_k, (k = 1, 2, 3)$ はパウリ行列, I は 2×2 単位行列を表す[5]. 時間座標を $x_4 = it$ と定義してまとめると

$$(\gamma_\mu \partial_\mu + \frac{m}{\hbar})\psi = 0. \tag{7.1.15}$$

これがディラック方程式である. 自由粒子から場が存在する場合に拡張する. 特に電磁場の場合には単に運動量とエネルギー演算子を (電荷を e として)

$$E \to E - e\phi, \quad \boldsymbol{p} \to \boldsymbol{p} - e\boldsymbol{A} \tag{7.1.16}$$

と置き換えればよい. さらに一般の非アーベルゲージ場の場合には, ゲージ場自身が非可換な行列で与えられることに応じて波動関数も "アイソスピン" に関する成分を持つことに注意すれば, 形の上では全く同じ方程式が出てく

---

[5] 通常のガンマ行列の定義との関係は $\gamma_0 \equiv \gamma_4, \gamma_i \to i\gamma_i$ となる.

る．ここで γ 行列から次で定義される γ_5 を導入する．

$$\gamma_5 = \gamma_1\gamma_2\gamma_3\gamma_4.$$

これは次の関係をみたす

$$\{\gamma_\mu, \gamma_5\}_+ = \gamma_\mu\gamma_5 + \gamma_5\gamma_\mu = 0, \qquad \gamma_5^2 = 1 \qquad (7.1.17)$$

§7.2　カイラルアノマリー

以上の準備の下にまずカイラルアノマリーを議論する．カイラルアノマリーとはカイラリティと関係する場の量である．これは γ_5 行列に関係する流れ，すなわち

$$j_{5\mu} = \bar{\psi}\gamma_\mu\gamma_5\psi$$

が保存されないことと関連している．$j_{5\mu}$ は擬ベクトルとなる．すなわちパリティ変換に対して符合を変える．粒子が質量 m を持つ場合には $\partial_\mu j_{5\mu} = 2m\bar{\psi}\gamma_5\psi$ を満たし，このことは質量が存在する場合，擬ベクトルのカレントは保存されないことを示している．このような単純な保存則の破れとは異なる，外場中の真空の変化に由来する別種の保存の破れがカイラルアノマリーを与えるものと考えられる．

基本的アイデア

外場としてのゲージ場中に置かれたディラック粒子の真空状態が，外場の断熱的な変化に対してどのように応答するかを考える．外場の変化によってディラック粒子の準位(真空状態での)に入れ替えが生じ，それがカイラルな粒子に対して消去のできない効果をもたらすと期待される(図を参照)．これが幾何学的位相(Berry の位相)の考えを通してカイラリティに転化され，"カイラリティ指数"としてアノマリーを与えると考えられる．これが基本的なアイディアである．

実際このような断熱変形の考えはこれまでにも使われてきた．その典型的なものが Witten による SU(2)-アノマリーである[6]．これについて詳細を述

---

[6] E.Witten Phys.Lett.**B117**(1982)324

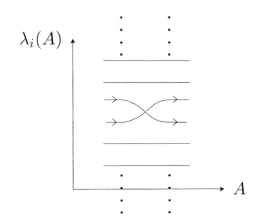

図 7.1：準位の入れ換えのある断熱スペクトル．

べることはできないが，余分な時間変数を用いるというアイデアを採用している（第5番目の時間座標をつかうアイデアは古くからあり，例えばFockのアイデア等がある）．余分な時間変数を γ_5 に対応させるのである．つまりカイラリティをつかさどる自由度として導入するのであるが，最後はその効果は現れない．これは余分なパラメータを作業仮設として導入し，全ての仕事が終わった後でその痕跡を消し去ってしまうというよくやる方法である．

断熱スペクトル流とアノマリー

ゲージ場の断熱変化に応じてディラックの真空（基底状態）が変形していくのであるが，その変形は無限小だけ異なるゲージ場に対する2つのディラックの真空の間の重なり (overlap) で記述される．2つのフェルミオン状態間の重なりは第4章で計算しておいた．これを変形することによってカイラリティに到達することが示される．

具体的な理論の展開の手順は以下のようになる．(1) 4次元空間における場の理論を考えているが，ディラック方程式において現れる γ 行列のうち，γ_5 に対応して余分の次元を付随させ5次元のディラック方程式を考える．(2) この第5次元を新たな"時間"と考え，この時間による断熱スペクトル流を考える．(3) 5番目の時間に関して，ゲージ場中のディラック真空について断

熱接続を構成する．(4)最後にこの接続がある仮定の下にカイラリティ指数を与えることを示す．

さて第5番目の時間をτとおこう．これは"仮想時間"(fictitous time)とでも呼ぶべきものである．この仮想時間の変域は自由にとれるのであるが，仮に$[0,1]$の区間をとるものとする．この時間に依存するハミルトニアンを$\hat{H}(\tau)$として，これの断熱的な変動に対する基底状態間の遷移は，第5章の結果に従うと

$$\langle 0| \exp[-i \int \hat{H}(\tau)d\tau] |0\rangle = \exp[i\Gamma] \exp[-i \int \lambda_0 d\tau] \quad (7.2.1)$$

で与えられる．ここでΓはBerryの位相であって無限積の形で与えられる．前の結果を引用すると，各時刻における基底状態を$|0_k\rangle$として，無限小だけ離れた状態間の重なりの無限個の積で与えられる．

$$\exp[i\Gamma] = \prod_k \langle 0_k | 0_{k-1}\rangle. \quad (7.2.2)$$

ここで基底状態$|0\rangle$は，ゲージ場中のディラック方程式の解によって与えられる1粒子状態によって占められたDiracの真空にとる．そして$|0_k\rangle$は無限次元の行列式(スレーター行列式)状態で与えられる．そこで各因子$\langle 0_k|0_{k-1}\rangle$は行列式状態となるが，それは有限次元の行列式の積の公式を援用すれば

$$\langle \Psi | \Phi \rangle = \det(\langle \phi_i | \phi_j \rangle). \quad (7.2.3)$$

Diracの真空を第2量子化の形で表せば，ゲージ場Aの依存性をあらわにして書くと

$$|0(A)\rangle = \prod_{m=1}^{\infty} a_m^\dagger |0\rangle$$

で与えられる．ここで$a_m^\dagger$は1粒子状態ϕ_mに対する生成演算子である．それ故，2つのゲージ場の配置A, A'を持つ真空の間の重なりは

$$\langle 0(A') | 0(A)\rangle = \det\{\langle \phi_m(A') | \phi_n(A)\rangle\} \quad (7.2.4)$$

と書かれる．ここで

$$\langle \phi_m(A') | \phi_n(A)\rangle = \int \phi_m^*(A')\phi_n(A)d^4x.$$

以上が第1ステップである．

次に余分の時間 τ を持った5次元ディラック方程式の具体的な分析を行い，上の無限積から如何にカイラリティの概念が出てくるかを示す．5番目の時間座標を導入して拡張されたディラック方程式を

$$D_5 \psi = 0 \tag{7.2.5}$$

と書く．ここで D_5 は

$$D_5 = i\gamma_5 \frac{\partial}{\partial \tau} - D(A) \tag{7.2.6}$$

で定義される．$D(A)$ は質量が m に対する4次元のゲージ場中のユークリッド化されたディラック演算子である[7]（以下ではアーベル的ゲージ場の結合を考えている）：

$$D(A) = i\gamma_\mu(\partial_\mu + ieA_\mu) + m. \tag{7.2.7}$$

この表式において γ_5 が，τ 時間がカイラリティを支配することを暗示している．上の式は次のように書き直せる．

$$i\frac{\partial \psi}{\partial \tau} = \gamma_5 D(A, \tau) \psi. \tag{7.2.8}$$

ここで，関係式

$$\gamma_5 D(A) = -D(A)\gamma_5 \tag{7.2.9}$$

に注意する（$\gamma_5 \gamma_i + \gamma_i \gamma_5 = 0 \quad i = 1, \cdots, 4$ を使う）．これより $D(A)$ の固有状態を ϕ_n，固有値を λ_n とすると，$\gamma_5 \phi_n$ が $\gamma_5 D$ の固有状態となり，その固有値が $-\lambda_n$ になることがわかる．さて $\gamma_5 D(A)$ に対する断熱定理を考える．"時間"依存解を

$$\psi(x, \tau) = C_n(\tau) \phi_n(x, \tau) \tag{7.2.10}$$

とおくと，断熱状態に対するスナップショット方程式は

$$\gamma_5 D(A) \phi_n = \lambda_n \phi_n. \tag{7.2.11}$$

となり，単純に断熱定理を適用すると，係数 $C(\tau)$ は

$$i\frac{dC_n}{d\tau} = \lambda_n(\tau) C_n$$

---
[7] 離散化されたスペクトルを得るためには，ユークリッド化されているものとする．

を満たす．これを解くと

$$C_n(\tau) = \exp[-i\int \lambda_n d\tau]$$

が得られる．しかしながら ϕ_n の τ に関する微分が残っていることに注意しなければならない．この項を考慮すれば C_n の満たす方程式は

$$i\frac{dC_n}{d\tau}\phi_n + iC_n\frac{d\phi_n}{d\tau} = \lambda_n C_n \phi_n \tag{7.2.12}$$

となり，これによって元のディラック方程式からずれてしまう：

$$i\frac{\partial \psi}{\partial \tau} = \gamma_5 D(A)\psi - iC_n\frac{\partial \phi_n}{\partial \tau}. \tag{7.2.13}$$

つまり右辺の第2項が余分になる．この項が現れるのはもともとの断熱定理の適用がまずかったためで，方針が悪かったのだと諦めてしまうという立場もあろう．しかし，ここでは積極的に取り上げる立場をとる．すなわちこの余分の項をゲージ場の変化によって相殺させようというのである．ゲージ変換を行なえば4次元ディラック演算子は次のように変化する：

$$D(A + \partial f) = D(A) - \gamma_\mu \partial_\mu f \tag{7.2.14}$$

(7.2.13) の $D(A)$ を，この(7.2.14)で置き換えると，余分な項を打ち消すための条件として，ϕ_n に対する次の方程式を得る：

$$i\frac{\partial \phi_n}{\partial \tau} = -\gamma_5 \gamma_\mu \partial_\mu f \phi_n. \tag{7.2.15}$$

これを微小時間に対する関係に書き直すと

$$\phi_n(\tau + \epsilon) = \exp[i\gamma_5 \alpha(x,\tau)\epsilon]\phi_n(\tau) = (1 + i\gamma_5 \alpha(x,\tau)\epsilon)\phi_n(x,\tau) \tag{7.2.16}$$

となる．ここで $\alpha(x,\tau) = \gamma_\mu \partial_\mu f$ とおいた．この項をスカラー関数とおいたのであるが，それは，$\alpha^2 = (\gamma_\mu \partial_\mu f)^2 = (\partial_\mu f)^2$ によって定義されたものである．うえの関係式は無限小の時間だけ離れた1粒子状態 $\phi_n(x,\tau_k)$ と $\phi(x,\tau_{k-1})$ が γ_5 を含んだゲージ変換によって結ばれていることを示している．この関係式が以下の議論において重要になる．

ここで"無限小"の時間間隔の真空状態の重なりに戻る．それは

$$\langle 0(A_k)|0(A_{k-1})\rangle = \det\{\langle \phi_m(\tau_k)|\phi_n(\tau_{k-1})\rangle\} \tag{7.2.17}$$

によって与えられる．ここで $A(\tau_k) \equiv \tau_k$ と略記した．右辺に現れる重なり積分は "時間" τ_k, τ_{k-1} 間の 1 粒子状態間の重なりであるから，問題は異なる時刻における重なり積分を如何に計算するかということになる．そこで上の関係式を適用することにより，次式のようになる：

$$\langle \phi_m(x,\tau_k), \phi_n(x,\tau_{k-1}) \rangle = \int \phi_m^*(x,\tau_{k-1})(1-i\gamma_5\alpha(x,\tau_{k-1})\epsilon)\phi_n(x,\tau_{k-1})d^4x. \tag{7.2.18}$$

右辺は積分

$$\int \phi_m(x,\tau_{k-1})^*\phi_n(x,\tau_{k-1})d^4x - i\int \phi_m^*(x,\tau_{k-1})\gamma_5\alpha(x,\tau_{k-1})\epsilon\phi_n(x,\tau_{k-1})d^4x$$

で書かれる．これを

$$\Lambda_{mn} = \delta_{mn} - iA_{mn} \tag{7.2.19}$$

とおく．ただし

$$A_{mn} = \int \phi_m^*(x,\tau_{k-1})\gamma_5\alpha(x,\tau_{k-1})\epsilon\phi_n d^4x.$$

従って真空の重なりは Λ の行列式

$$\det\Lambda = \det(I - iA)$$

に帰着する．よく知られた公式 $\det X = \exp[\text{Tr}\log X]$ を用いると

$$\det(I - iA) = \exp[-i\text{Tr}A]$$

と書かれる．ここでトレースは次のように書かれる．

$$\text{Tr}A = \int \sum_n \sum_k \epsilon \phi_n^*(x,\tau_k)\gamma_5\alpha(x,\tau_k)\phi_n(x,\tau_k)d^4x. \tag{7.2.20}$$

この被積分関数を $\Delta(\tau)$ とおいて，それが τ に関してゆっくり変化する関数であるとして，τ の変域 $[0,1]$ で積分に直して平均値の定理を適用することにより

$$\int_0^1 \Delta(x,\tau)d\tau \to \int \sum_n \phi_n^*(x)\gamma_5\alpha(x)\phi_n(x)d^4x.$$

と置き換えられる．このようにして，幾何学的位相の項は

$$\exp[i\Gamma(C)] = \exp[i\int A(x)d^4x]. \tag{7.2.21}$$

のように与えられる．ここで

$$A(x) = \sum_n \phi_n^*(x)\gamma_5 \alpha(x)\phi_n(x) \tag{7.2.22}$$

となり，これがカイラリティ指数を与える．すなわち $\alpha(x)$ が定数とみなされる場合を考えると

$$A(x) = \alpha \sum_n \phi_n^*(x)\gamma_5 \phi_n(x) \tag{7.2.23}$$

となるが，この和の部分の積分をするとゼロでない固有値に対して

$$\int \phi_n^*(x)\gamma_5 \phi_n(x) d^4x = 0$$

であること[8]に注意すると

$$\int \sum_k \Big(\phi_k^{(+)*}(x)\phi_k^{(+)}(x) - \phi_k^{(-)*}(x)\phi_k^{(-)}(x)\Big) d^4x = n_+ - n_- \tag{7.2.24}$$

となる．ここで ϕ_k^+, ϕ_k^- はプラスとマイナスのカイラリティを持つゼロ固有値の状態を表わし，

$$\gamma_5 \phi_k^{(+)} = \phi_k^{(+)}, \qquad \gamma_5 \phi_k^{(-)} = -\phi_k^{(-)} \tag{7.2.25}$$

を満たす．n_+, n_- はこれらゼロ固有解の次元数を表わす．(7.2.24) がカイラリティの非対称を与える[9]．これはディラック方程式のゼロ固有値の次元数に関する式である．ゼロ固有値の次元がゲージ場の配置と関係するというのが，Atiyah-Singer の指数定理と呼ばれるものである．右辺の被積分関数を具体的にゲージ場の曲率 $F_{\mu\nu}$ を用いて表すことは，ゲージ場理論の一つのテーマであり文献で詳しくやられている[10]．なお以上の手続きを非アーベルの場合に拡張するのは形式的に困難ではないが，ここでは触れない．

---

[8] なぜなら $\int \phi_n^*(x) D \gamma_5 \phi_n(x) d^4x = \lambda_n \int \phi_n^*(x)\gamma_5 \phi_n(x) d^4x = -\lambda_n \int \phi_n^*(x)\gamma_5 \phi_n(x) d^4x$ より $\lambda_n \int \phi_n^*(x)\gamma_5 \phi_n(x) d^4x = 0$

[9] $\gamma_5 D(A)$ のゼロ固有値は $D(A)$ のゼロ固有値に一致することに注意．これは次のようにしてわかる．まず $\gamma_5 D\phi_0^{(\pm)} = 0$ より γ_5 を作用させて $\gamma_5^2 D\phi_0^{(\pm)} = 0$. 従って $D\phi_0^{(\pm)} = 0$. 故に $\gamma_5 D\phi_0^{(\pm)} = 0$ の解は $D\phi_0^{(\pm)} = 0$ の解を含む．逆に $D\phi_0^{(\pm)} = 0$ ならば $\gamma_5 D\phi_0^{(\pm)} = 0$. 故に $D\phi_0^{(\pm)} = 0$ の解は $(\gamma_5 D)\phi_0^{(\pm)} = 0$ の解を含む．従って $\gamma_5 D\pi_0^{(\pm)} = 0$ の解は $D\phi_0^{(\pm)} = 0$ の解と一致する．

[10] 例えば "Current Algebra and Anomalies", S.B.Treiman, R.Jackiw, B.Zumino and E.Witten, eds, World Scientific, Singapore, 1985.

§7.3　非アーベル異常項とゲージ場の交換関係

上でカイラルアノマリーは指数定理と結びつくことを幾何学的位相の観点から説明したが，アノマリーにはもう一つの観点がある．それはアノマリーの出現によってゲージ場の量子力学的な構造，つまり正準交換関係を変形させる効果がある．これについて述べよう[11]．

第5章で与えた幾何学的位相を含む遅い自由度に対する有効ラグランジアンのうち，ハミルトニアンを除いた部分，すなわち

$$\omega = \sum_i P_i dQ_i + i\hbar \langle 0|d|0\rangle \tag{7.3.1}$$

から出発する．この外微分をとることにより

$$\Omega = \Omega^0 + i\hbar d\langle 0|d|0\rangle = \frac{1}{2}\sum_{ij} g^{ij} dX_i \wedge dX_j. \tag{7.3.2}$$

ここで

$$g^{ij} = J^{ij} + \hbar \Delta^{ij}, \qquad J^{ij} = \begin{pmatrix} 0 & -I \\ I & 0 \end{pmatrix}. \tag{7.3.3}$$

J_{ij} はシンプレクティック行列というもので，これが断熱接続から誘導される曲率テンソル Δ によって変形される．この曲率テンソルは次式で与えられる：

$$\Delta^{ij} = i\left[\left\langle 0\left|\frac{\partial}{\partial X_i}\frac{\partial}{\partial X_j}\right|0\right\rangle - (i \leftrightarrow j)\right].$$

この変形されたシンプレクティックテンソルからポアソン括弧を構成する．それは次のように定義される：

$$\{A, B\} = \sum_{ij} g_{ij} \frac{\partial A}{\partial X_i} \frac{\partial B}{\partial X_j}. \tag{7.3.4}$$

ここで A, B は位相空間の中で定義された関数であって，g_{ij} は g^{ij} の逆テンソルを表す．逆テンソルはプランク定数のべきで展開すると

$$g_{ij} = (J + \hbar\Delta)^{-1}_{ij} = J_{ij} - \hbar J_{ik}\Delta^{kl}J_{lj} + \cdots \tag{7.3.5}$$

---

[11] H.Kuratsuji and S.Iida, Phys.Rev.**D37**(1988)441.

7.3 非アーベル異常項とゲージ場の交換関係

と書かれ，これからポアソン括弧は次のように展開される：

$$
\begin{aligned}
\{A,B\} &= \{A,B\}^0 + \hbar\{A,B\}^1 + \cdots \\
\{A,B\}^0 &= \sum_{ij} \frac{\partial A}{\partial X_i} J_{ij} \frac{\partial B}{\partial X_j} \\
\{A,B\}^1 &= -\sum_{ijkl} \frac{\partial A}{\partial X_i} J_{ik} \Delta^{kl} J_{lj} \frac{\partial B}{\partial X_j}.
\end{aligned}
\tag{7.3.6}
$$

この第1項は通常のポアソン括弧を与え，残りの項はそれからのずれを与えることがわかる．

以上の定式化をゲージ場がフェルミオンと結合した場合へ拡張するのは容易である．第5章で与えた，場の空間に誘導された接続の公式に注意すると，ポアソン括弧は

$$
\{A,B\} = \int \sum_{ij} g_{ij}(x,y) \frac{\delta A}{\delta X_i(x)} \frac{\delta B}{\delta X_j(y)} dx dy \tag{7.3.7}
$$

となる．ここで2つの正準変数を $(Q,P) = X$ とまとめて記した．ここで，曲率テンソルは

$$
\Delta^{ij}(x,y) = i\left[\langle 0 \left| \frac{\delta}{\delta X_i(x)} \frac{\delta}{\delta X_j(y)} \right| 0 \rangle - (x,i \leftrightarrow y,j)\right] \tag{7.3.8}
$$

で与えられる．ここでポアソン括弧から量子力学での交換子に転化させるには，よく知られた関係式で置き換えればよい．

$$
\{A,\ B\} \to \frac{1}{i\hbar}[\hat{A},\hat{B}].
$$

これから幾何学的位相の効果によって変形された交換関係が出てくる．以下ではこれをゲージ場がカイラルフェルミオンと結合した場合に適用することによって，異常交換関係を導こう．

その前に変形された交換関係がもたらす特異な効果を有限力学系の場合に見てみよう．そのためにポアソン括弧に関するヤコビ恒等式を計算すると

$$
\{A,\{B,C\}\} + \{B,\{C,A\}\} + \{C,\{A,B\}\}
$$
$$
= \sum_{ijkl} \frac{\partial A}{\partial X_i} \frac{\partial B}{\partial X_k} \frac{\partial C}{\partial X_l} \times \left(g_{ij} \frac{\partial g_{kl}}{\partial X_j} + g_{lj} \frac{\partial g_{ik}}{\partial X_j} + g_{kj} \frac{\partial g_{li}}{\partial X_j} \right). \tag{7.3.9}
$$

第7章 ゲージ場のアノマリー

が得られる．特に曲率 Δ が座標変数 Q だけに依存する場合，ポアソン括弧は

$$\{A,B\} = \{A,B\}^0 + i\hbar \sum_{ij}\left[\left\langle 0\left|\frac{\partial}{\partial Q_i}\frac{\partial}{\partial Q_j}\right|0\right\rangle - (i\leftrightarrow j)\right]\frac{\partial A}{\partial P_i}\frac{\partial B}{\partial P_j}$$

となる．これは $\hbar$ に関する展開がちょうど1次で終わってしまうことを示している．ここで具体的な場合として，第5章で与えた2準位からなる内部系の断熱準位について，右辺がどうなるかを見てみる．3つの自由度 $Q = (Q_1, Q_2, Q_3)$ からなっていると，内部系のハミルトニアンは

$$\hat{h} = \sum_i \hat{\sigma}_i Q_i$$

となり固有値は $\lambda_\pm = \pm\sqrt{Q^2}$ で与えられる．準位交差をする原点 $Q=0$ が"モノポール"と等価であった．テンソル g_{ij} を具体的に計算することにより，運動量に関するヤコビ恒等式は

$$\{P_1,\{P_2,P_3\}\} + \{P_3,\{P_1,P_2\}\} + \{P_2,\{P_3,P_1\}\} = \mp 2\hbar\delta(Q) \quad (7.3.10)$$

となることが確かめられる．つまり準位交差が生ずる点でのみヤコビ恒等式が破れることがわかった．この問題はモノポールが存在する場合にヤコビ恒等式が破れる機構と全く同じであることを注意をしておこう（これに関しては読者はみずからたしかめられたし）．

上で与えた有限系に対する議論を，ゲージ場がフェルミオン（カイラリティを持つ）と結合する系に適用する．そのためにはゲージ場の特殊性に注意しておく必要がある．つまりベクトルポテンシャルに関してゲージを決めておく必要がある．ここでは $A_0 = 0$ になるゲージ（ハミルトニアンゲージ）を選ぶ．すると電場 E がベクトルポテンシャルに正準共役な運動量とみなせる．非アーベルゲージ場の存在の下でのカイラルなフェルミオンに対する1粒子ディラック方程式の断熱準位は $\hat{h}(A)|n\{A\}\rangle = \epsilon_n(A)|n\{A\}\rangle$ を満し，場の配置 $\{A\}$ の下におけるフェルミオンの基底状態（ディラックの真空）は，この1粒子断熱準位の負のエネルギーを全て占めたものとして与えられる．これを $|0\{A\}\rangle$ とおけば，この真空状態に誘導される断熱接続を与える1形式は次のように与えられる．

$$\omega = \oint \sum_{ia} \langle 0\{A(x)\}|\frac{i\delta}{\delta A_i^a(x,t)}|0\{A(x)\}\rangle \delta A_i^a(x) d^3x. \quad (7.3.11)$$

7.3 非アーベル異常項とゲージ場の交換関係

ここでディラックの真空は"座標変数"であるベクトルポテンシャル A のみに依存し"運動量変数" E には依存しないことに注意する．対応する2形式は

$$\Omega = d\omega = \int \sum_{ijab} \left\langle 0\{A(x)\} \left| i \frac{\delta}{\delta A_i^a(x,t)} \frac{\delta}{\delta A_j^b(x,t)} \right| 0\{A(x)\} \right\rangle$$
$$\times \delta A_i^a(x,t) \delta A_j^b(x,t) d^3x \qquad (7.3.12)$$

となる．この表式を一般公式に代入すると，ポアソン括弧はプランク定数の1次までで

$$\{F, G\} = \{F, G\}^0 + \hbar \{F, G\}^1$$
$$\{F, G\}^0 = -\int \sum_{ia} \left\{ \frac{\delta F}{\delta A_i^a(x)} \frac{\delta G}{\delta E_i^a(x)} - (E \leftrightarrow A) \right\} dx$$
$$\{F, G\}^1 = \int \sum_{ijab} \Delta(A_i^a(x), A_j^b(y)) \frac{\delta F}{\delta E_i^a(x)} \frac{\delta G}{\delta E_j^b(y)} dx dy \qquad (7.3.13)$$

のようになる($\hbar$の2次以上は消えることに注意)．F, G を正準演算子 $\widehat{A}_i^a(x)$，$E_a^i(x)$ の関数である演算子に置き換えると交換関係が得られる．特に正準演算子そのものに対するものは

$$[\widehat{A}_i^a(x), \widehat{A}_j^b(y)] = 0$$
$$[\widehat{A}_i^a(x), \widehat{E}_j^b(y)] = -i\hbar \delta^{ab} \delta_{ij} \delta(x-y) \qquad (7.3.14)$$
$$[\widehat{E}_i^a(x), \widehat{E}_j^b(y)] = i\hbar^2 \Delta(\widehat{A}_i^a(x), \widehat{A}_j^b(y)) \qquad (7.3.15)$$

で与えられる．これは幾何学的位相(断熱接続)の効果を取りこんだゲージ場の基本交換関係とみなすことができる．特に最後の"電場"演算子に対するものに注目すると，これが異常項を与えると見られる．

上の正準演算子そのものに対する交換関係から，ゲージ変換の生成子(generator)に対する交換関係を導こう．何故このようなものを扱うかというと，以下に述べるようにアノマリーの別の観点(コホモロジー)との関連が付くからである．ゲージ変換の生成子はこの章の最初の節で与えたように，"ガウス拘束条件"(Gauss Law constraint)で与えられる：

$$\widehat{G}^a(x; A, E) = -\frac{1}{g} \sum_{bi} D_i^{ab}(x) \widehat{E}_i^b(x). \qquad (7.3.16)$$

ここで $D_i^{ab}(x) = \delta^{ab}\frac{\partial}{\partial x^i} - g\sum_c f^{abc}\hat{A}_i^c j(x)$ は共変微分である．ここで電荷密度に相当するものは含まれていないことに注意する．これはフェルミオンの自由度を消去して，ゲージ場の自由度だけを対象にしているためである．演算子の共変微分の交換子を計算する前に(7.3.15)のポアソン括弧を計算すると，それは次式で与えられる：

$$\{G^a(x), G^b(y)\} = \{G^a(x), G^b(y)\}^0 + \hbar\{G^a(x), G^b(y)\}^1$$
$$\{G^a(x), G^b(y)\}^0 = -\sum_c f^{abc} G^c(x)\delta(x-y) \qquad (7.3.17)$$
$$\{G^a(x), G^b(y)\}^1 = \sum_{ijcd}\left(\frac{\hbar}{g^2} D_i^{ac}(x) D_j^{bd}(y) \Delta\left(A_i^c(x), A_j^d(y)\right)\right).$$

第1項は異常項が無い場合のゲージ変換群の生成子に対するであって，これはゲージ場を支配するリー群の生成子の交換関係を拡張したものとして得られる．第2項は異常項を与える．これから交換関係は

$$[\hat{G}^a(x), \hat{G}^b(y)] = -i\hbar\sum_c f^{abc}\hat{G}^c(x)\delta(x-y)$$
$$+ i\left(\frac{\hbar}{g}\right)^2 \sum_{ijcd} D_i^{ac}(x) D_j^{bd}(y) \times \Delta(\hat{A}_i^c(x), \hat{A}_j^d(y))$$

$$(7.3.18)$$

のように与えられることがわかる．上の計算で断熱接続に付随する曲率因子 $\Delta(A_i^a(x), A_i^b(y))$ の具体的な形を決定する必要がある．しかしこれを求めることは難しい．そこで残念ではあるが，これを別の方法によって導かれたアノマリーの陽な形から逆算するというやりかたで決めてみよう．

そのためにFaddeevのコホモロジー的手法を用いる[12]．この基本的考え方は，ゲージ変換をディラック真空に作用させたとき"コサイクル"という位相因子が真空状態に乗せられるというものである．これは断熱位相因子と同じ考えである．ただしコサイクル(以下で説明する)の方は具体的な形で与えられているので，それから逆に断熱位相因子がわかるという形で定式化される．Faddeevのアイディアによると，ゲージ変換がディラックの真空に作用

---

[12] L.Faddeev, Phys.Lett.**145B**(1984)81.

7.3 非アーベル異常項とゲージ場の交換関係

したときの位相は2コサイクルというもので与えられ，それは次のような形になる：

$$\alpha_2(A, 1+u_1, 1+u_2) = \frac{1}{48\pi^2 i} \sum_{ijk} \epsilon_{ijk} \int d^3x \text{Tr}(A_i\{\partial_j u_1, \partial_k u_2\}). \tag{7.3.19}$$

これはゲージ空間での無限小ループに沿った位相変化と同定できる．2コサイクルなるものをゲージ群の表現によって定義しよう[13]．いま $V(g)$ をゲージ群の表現とし，

$$V(g)|0(A)\rangle = |0(A^g)\rangle \tag{7.3.20}$$

によって定義する．ここで $A^g = g^{-1}Ag + g^{-1}dg$[14]．これは関数空間の上で群の表現を定義するやりかたをゲージ場中のディラックの真空に適用したものである．群の要素の積 $g_1 g_2$ に対応する表現はいかなるものになるかを見てみる．それを次のように定義する．

$$V(g_1)V(g_2)|0(A)\rangle = \exp[i\alpha_2(A; g_1, g_2)]V(g_1 g_2)|0(A)\rangle. \tag{7.3.21}$$

ゲージ群の要素 g を2つのパラメーターでパラメトライズしよう．

$$g(x; t, s) = \exp[i\theta^a(x; t, s)\tau^a]. \tag{7.3.22}$$

つまり真空に作用することによって通常の表現 $V(g_1 g_2) = V(g_1)V(g_2)$ とはならずに，余分な位相因子 $\exp[i\alpha_2]$ がかかるのである．さて群の要素が2つのパラメーターでパラメトライズされるので，これを2次元的なループの上で順番に作用させることが考えられる．そしてこのループを無限小の四角形にとる（図を参照）．これは原点から出発して $(t,0)$, (t,s), $(0,s)$ と動いて最後に原点に戻る閉じた経路である．これらの点に対応する群の要素は $g_1 = g(t,0)$, $g_2 g_1 = g(t,s)$, $g_3 g_2 g_1 = g(0,s)$, $g_4 g_3 g_2 g_1 = g(0,0) = 1$. 最後は原点に戻るので単位元になる．点の移動を右からの積で表すと，ループに沿った表現は

---

[13] これは有限次元の量子力学における射線表現の一般化であると見られる．
[14] 以下では結合定数 g と混同することはないと思われるので，ゲージ変換 U を g に置き換える．

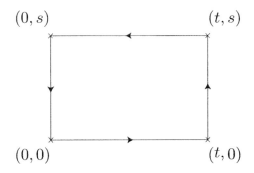

図 7.2：ゲージ変換のループ

$$V(g_4)V(g_3)V(g_2)V(g_1)|0(A)\rangle = \exp\{i[\alpha_2(A;g_2,g_1) + \alpha_2(A;g_3,g_2g_1) \\ + \alpha_2(A;g_4,g_3g_2g_1)]\}|0(A)\rangle \qquad (7.3.23)$$

のようになる $(V(g_4g_3g_2g_1) = V(1) = 1$ に注意). ここにあらわれた α_2 を (7.3.19) の表式と等値すると

$$\exp\left[\sum_{abcijk}\left(\frac{1}{12\pi^2}\epsilon_{ijk}d^{abc}\int dx A_i^c(x)\frac{\partial u_s^a(x)}{\partial x^j}\frac{\partial u_t^b(x)}{\partial x^k}\right)st + \cdots\right]|0(A)\rangle \qquad (7.3.24)$$

が得られる. ただし $d^{abc} = \text{Tr}(\tau^a\{\tau^b,\tau^c\}/2)$. ここで $(u_t^a(x), u_s^a(x))$ は

$$u_t^a(x) = \frac{\partial \theta^a}{\partial t}(0;x), \qquad u_s^a(x) = \frac{\partial \theta^a}{\partial s}(0;x)$$

なる "速度" である. 一方 Berry の位相 $\Gamma(C)$ は

$$\Gamma(C) = \int \sum_{abij} dxdy \frac{1}{2}\Delta(A_j^b(y), A_i^a(x)) \det\begin{pmatrix} \frac{\partial A_j^b}{\partial t} & \frac{\partial A_j^b}{\partial s} \\ \frac{\partial A_i^a}{\partial t} & \frac{\partial A_i^a}{\partial s} \end{pmatrix} st + \cdots \qquad (7.3.25)$$

と変形される. ここで展開

$$A_i^a(t,s;x) = A_i^a(0;x) + \frac{\partial \theta^a(t,s;x)}{\partial x^i} + g\sum_{bc}f^{abc}A_{ib}(x)\theta_c(t,s;x) + \cdots$$

を用いれば

$$\frac{\partial A_i^a}{\partial \sigma}(0;x) = \frac{\partial u_\sigma^a(x)}{\partial x^i} + g\sum_{bc}f^{abc}A_i^b(x)u_c^\sigma + \cdots$$

を得る(ここで $\sigma = t$ 又は s). あるいは

$$\frac{\partial A_i^a}{\partial \sigma} = \sum_b D_i^{ab} u_\sigma^b$$

に注意. これを(7.3.24)に代入して(7.3.25)の指数関数の肩と比較すると

$$\sum_{abcdij} D_i^{ac}(x) D_j^{bd}(y) \Delta(A_i^c(x), A_j^d(y)) = - \sum_{abcdij} \frac{i}{12\pi^2} \epsilon^{ijk} d^{abc} \frac{\partial A_i^c(x)}{\partial x^j} \delta_k'(x-y) \quad (7.3.26)$$

が得られる[15]. なお(7.3.24)及び(7.3.25)における空間積分に対して部分積分を用いた. さらに

$$\left(\frac{\partial}{\partial x_i}\right)\left(\frac{\partial}{\partial y_j}\right)\left\{\Delta(A_i^a(x), A_j^b(y)) - \frac{i}{12\pi^2}\sum_{ck}\epsilon^{ijk}d^{abc}A_k^c(x)\delta(x-y)\right\} = O(g)$$

に注意して曲率 Δ を結合定数 g で展開すると, 最終的に Δ の表式は次の形になる:

$$\Delta(A_i^a(x), A_j^b(y)) = \frac{i}{12\pi^2}\sum_{ck}\epsilon_{ijk}d^{abc}A_k^c(x)\delta(x-y) + O(g) \quad (7.3.27)$$

従って, 電場変数に対する異常交換関係は g の1次のオーダーまで考慮すると

$$[\widehat{E}_i^a(x), \widehat{E}_j^b f(y)] = -\frac{\hbar^2}{12\pi^2}\sum_{ck}\epsilon_{ijk}d^{abc}A_k^c\delta(x-y) + \cdots \quad (7.3.28)$$

によって与えられる.

補足

この章で使われたポアソン括弧は, 微分形式を使って形式的に定義される. このやりかたは第4章で与えたものと同じ考え方であるが, ここでは形式的な微分演算子 $\frac{\partial}{\partial x_j}$ に双対な微分を定義するやりかたで述べる. (M, g) を歪対称行列に付随するシンプレクティック構造を持った位相空間とする. $X = (Q, P)$

---

[15] これはゲージ変換生成子の交換関係の異常項が

$$[\widehat{G}^a(x), \widehat{G}^b(y)]_{anom} = \frac{\hbar^2}{12\pi^2}\epsilon^{ijk}d^{abc}\left[\frac{\partial A_i^c(x)}{\partial x^j}\right]\delta_k'(x-y)$$

を与えることを示している.

第 7 章 ゲージ場のアノマリー

で正準変数の組を表す．微分 dX と微分演算 $\frac{\partial}{\partial X}$ が双対であることを

$$\Omega\left(\frac{\partial}{\partial X_i}\right) = \sum_j g^{ij} dX_j$$

及びそれと逆のもの

$$I(dX_i) = \sum_j g_{ij}\frac{\partial}{\partial X_j}$$

として導入する．すると

$$X_F = I(dF) = \sum_{ij} \frac{\partial F}{\partial X_i} g_{ij} \frac{\partial}{\partial X_j}.$$

となり，これからポアソン括弧は

$$\{F,G\} = X_F G = \sum_{ij} g_{ij} \frac{\partial F}{\partial X_i}\frac{\partial G}{\partial X_j}$$

のように書かれる．運動方程式は

$$\sum_j g^{ij}\frac{dX_j}{dt} = \frac{\partial H}{\partial X_i}$$

となりテンソル g^{ij} は次の関係を満たす．

$$\frac{\partial g^{ij}}{\partial X_k} + \text{cyclic} = 0.$$

これからヤコビ恒等式が導かれる．

第8章
量子凝縮体における位相欠陥

本章及び次章では，量子力学の幾何学的な効果が物質系において発現する典型的問題として，量子凝縮物質系における位相欠陥を取り上げる．この章では，量子流体，強磁性体における素励起としての渦の力学を考察する．いわゆる量子ホール流体における位相欠陥は，物理的現象として別の様相を持つと思われるので別途議論することにする．

§8.1 超流動渦の力学
§8.1.1 ボーズ凝縮とコヒーレント状態

本論に入る前に，以下の主題であるボーズ凝縮がコヒーレント状態として記述されることについて簡単に触れておく．それはボソン場 $\hat{\phi}(x)$ を用いて

$$|\{\phi(x)\}\rangle = N \exp\left[\int \phi(x)\hat{\phi}^\dagger(x)dx\right]|0\rangle$$

と書かれて，場の演算子の固有状態となる：

$$\hat{\phi}(x)|\{\phi(x)\}\rangle = \phi(x)|\{\phi(x)\}\rangle.$$

言い換えれば"古典的"な複素場 $\phi(x)$ が凝縮状態を記述するとみなされる．すなわち超流動を支配する秩序変数であることを示している．コヒーレント状態を用いて量子作用関数を考える（経路積分で考えることもできるがここでは直接に作用関数を考察する）．それは第4章で与えた量子作用原理

$$S = \int \langle\{\phi(x)\}|i\hbar\frac{\partial}{\partial t} - \hat{H}|\{\phi(x)\}\rangle dt \tag{8.1.1}$$

から次のように与えられる.

$$S[\phi^*,\phi] = \iint \left[\frac{i\hbar}{2}(\phi^*\frac{\partial \phi}{\partial t} - c.c) - H(\phi,\phi^*)\right] dxdt. \qquad (8.1.2)$$

ここでハミルトニアンの密度 $\langle\phi(x)|\hat{H}|\phi(x)\rangle \equiv H(\phi^*,\phi)$ は

$$H(\phi^*,\phi) = \int \left[\frac{\hbar^2}{2m}(\nabla\phi^*)(\nabla\phi) + V(|\phi|)\right] dx, \qquad (8.1.3)$$

で与えられ,V は多体の相互作用(通常は 2 体)を表す.作用関数を時間に依存する部分とハミルトニアンの部分に分けて

$$L = L_C - L_H, \qquad (8.1.4)$$

と表しておく(注意:L_H はハミルトニアンそのものであるが,ラグランジアンの一部という意味合いをもたせて L と記した).後の引用のために前者を"正準項"と呼ぼう.作用原理 $\delta S = 0$ より

$$i\hbar\frac{\partial \phi}{\partial t} = \frac{\delta H}{\delta \phi^*}$$

及びその複素共役が得られる.これは非線型シュレーディンガー方程式と呼ばれるものになっている.あるいは Landau-Ginzburg 方程式とも呼ばれる.以下の議論は絶対温度がゼロの場合を考えている.

§8.1.2 渦集合の運動方程式

以上の準備のもとに,渦集合の幾何学的力学的特性を述べる[1].複素場を用いることによって,量子渦がきわめて明瞭な形で実体として表現できる.それは上の非線型シュレーディンガー方程式の安定な特殊解として構成される.ここではその詳細は他の成書に譲り,概略だけを記述する.すなわち $\phi(x)$ のゼロ点が渦の位置を与えるということである.もちろん実際には,渦はゼロ点の周りに広がっていると考えられる.

以下において 2 次元空間における超流動体を考える.実際の問題への適用を考えると,超流動の薄膜を考えていることに相当する.秩序変数を密度 ρ と位相 F によって

---

[1] H.Kuratsuji, Phys.Rev.Lett.**68**(1992)1746.

$$\phi(x,t) = \sqrt{\rho}\exp\left[-\frac{i}{\hbar}mF(x,t)\right]. \tag{8.1.5}$$

のように表示する．これは Madelung 表示と呼ばれるものである（歴史的にはシュレーディンガー方程式が出た直後，それが流体力学の形に書かれることが指摘された）．N 個の渦が励起されている場合を考えよう．この渦の配置を秩序変数の中でどのように取り入れるかが鍵になる．次のような形を仮定しよう．

$$\rho(x,t) = \rho(x,\{\boldsymbol{X}_i(t)\}), \qquad F(x,\{\boldsymbol{X}_i(t)\},t) = \sum_i^N F_i(x,\{\boldsymbol{X}_i(t)\}). \tag{8.1.6}$$

ここで $\{\boldsymbol{X}_i\} \equiv (\boldsymbol{X}_1,\cdots,\boldsymbol{X}_N)$ と略記した．$\boldsymbol{X}_i$ は i 番目の渦の位置を表す：$\boldsymbol{X}_i = (x_i, y_i)$. 密度のプロフィールとして，渦の中心から離れると一定値に漸近するものをとる．すなわち i 番目の渦の付近では

$$\rho_i = \rho_i(\boldsymbol{x} - \boldsymbol{X}_i(t)) \tag{8.1.7}$$

で与えられる．その具体的な形として最も簡単な"円錐型"を選んでみよう（図を参照）．

$$\rho(x) = \begin{cases} cr & (r \leq a), \\ \rho_0 & (r > a). \end{cases} \tag{8.1.8}$$

ここで a は渦のサイズを与える．位相関数として

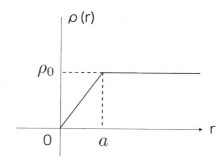

図 8.1：ρ の profile

$$F_i = \mu_i \tan^{-1} \frac{y - y_i}{x - x_i} \tag{8.1.9}$$

をとる.F_i は μ_i を除いて (x_i, y_i) を中心とする動径のなす極角を表す.μ_i は後に与えるように渦の強さを与えるパラメーターである.

上で与えたプロフィール関数を用いてラグランジアンを変形する.まず正準項は

$$\frac{i\hbar}{2}\left(\phi^* \frac{\partial \phi}{\partial t} - c.c\right) = m\rho \frac{\partial F}{\partial t} \tag{8.1.10}$$

と書かれる.ここで微分の"チェイン則"

$$\frac{\partial F}{\partial t} = \sum_i \frac{\partial F}{\partial \boldsymbol{X}_i} \frac{d\boldsymbol{X}_i}{dt}$$

及び,位相の勾配が超流体の速度場を与えるという事実,すなわち $\boldsymbol{v}_i$ を i 番目の渦の作る速度場が

$$\frac{\partial F}{\partial \boldsymbol{X}_i} = \frac{\partial F_i}{\partial \boldsymbol{x}} = \boldsymbol{v}_i, \tag{8.1.11}$$

であるとすると,

$$L_C = \int m\rho \sum_i \boldsymbol{v}_i \frac{d\boldsymbol{X}_i}{dt} d^2x \tag{8.1.12}$$

が得られる.速度場 $\boldsymbol{v}_i$ は i 番目の渦がつくる速度場である:

$$\boldsymbol{v}_i = \nabla F_i = \mu_i \boldsymbol{k} \times \frac{\boldsymbol{x} - \boldsymbol{X}_i(t)}{|\boldsymbol{x} - \boldsymbol{X}_i(t)|^2}. \tag{8.1.13}$$

これは 2 次元のビオ-サバールの法則から導かれる形

$$\boldsymbol{v}_i = \boldsymbol{k} \times (\mu_i \nabla \log |\boldsymbol{x} - \boldsymbol{X}_i|) \tag{8.1.14}$$

と一致することがわかる.ただし μ_i は渦の強さあるいは"渦電荷"とでも呼ぶべきものである.右巻きか左巻きかに応じて ± 1 を取るものと約束する.また $\boldsymbol{k}$ は (x,y) 平面に垂直な単位ベクトルである.次にハミルトニアンは

$$H = \frac{1}{2}m\rho(\nabla F)^2 + \frac{\hbar^2}{8m\rho}(\nabla \rho)^2 + V(\rho) + \cdots. \tag{8.1.15}$$

のように計算される.第 1 項は流体力学でなじみの運動エネルギーを与える.残りの項は流体の内部エネルギーで表す.以下の議論では後者は無視しよう.従って渦集合に対する有効作用関数は

$$S_{eff} = \int \Big[\sum_i \Big(b_i \frac{dy_i}{dt} - a_i \frac{dx_i}{dt}\Big) - H_{eff}\Big]dt, \qquad (8.1.16)$$

と書かれる．ここで a_i, b_i は次の積分で与えられる．

$$a_i = \int m\mu_i \rho \frac{\partial \alpha_i}{\partial y} d^2x, \qquad b_i = \int m\mu_i \rho \frac{\partial \alpha_i}{\partial x} d^2x. \qquad (8.1.17)$$

それらは渦の中心座標たち (x_i, y_i) の関数となる．ただし $\alpha_i = \log|\boldsymbol{x} - \boldsymbol{X}_i|$．ハミルトニアン中の運動エネルギーは

$$H_{eff} = \frac{1}{2}m\sum_{i,j}\mu_i\mu_j \int \rho \nabla \log|\boldsymbol{x}-\boldsymbol{X}_i|\cdot \nabla \log|\boldsymbol{x}-\boldsymbol{X}_j|d^2x \qquad (8.1.18)$$

となり，密度関数の形を用いると，いわゆる"対数ポテンシャル"に帰着する．

$$H_{eff} \simeq -m\pi\rho_0 \sum \mu_i\mu_j \log|\boldsymbol{X}_i-\boldsymbol{X}_j| \qquad (8.1.19)$$

対数ポテンシャルは以下のように導かれる：上の積分(8.1.18)において $\boldsymbol{x}-\boldsymbol{X}_i \equiv \boldsymbol{x}$ と置き換えると，部分積分によって次の形になる：

$$\int (\nabla \rho \cdot \nabla \log|\boldsymbol{x}|) \log|\boldsymbol{x}-\boldsymbol{X}_{ji}| dxdy.$$

ここで

$$\int \rho \nabla^2 \log|\boldsymbol{x}-\boldsymbol{X}_i|\log|\boldsymbol{x}-\boldsymbol{X}_j|d^2x$$
$$= \int \rho(|\boldsymbol{x}|)\delta(\boldsymbol{x}-\boldsymbol{X}_i)\log|\boldsymbol{x}-\boldsymbol{X}_j|d^2x = \rho(\boldsymbol{X}_i) = 0$$

に注意（渦の中心で密度はゼロ）．$\boldsymbol{X}_{ji} \equiv \boldsymbol{X}_j - \boldsymbol{X}_i$ は渦間距離を表す．さらに $|\boldsymbol{X}_{ij}|$ が渦のサイズ a に比べてずっと大きい場合には

$$\log|\boldsymbol{x}-\boldsymbol{X}_{ij}| \simeq \log|\boldsymbol{X}_{ij}| - \frac{xx_{ij}+yy_{ij}}{X_{ij}^2}$$

とおける（$\boldsymbol{X}_{ij} = (x_{ij}, y_{ij})$）．

$$\nabla \rho \cdot \nabla \log|\boldsymbol{x}| = \frac{d\rho}{dr}\frac{x^2+y^2}{r^3} = \frac{c}{r}$$

によって積分は

$$\log|\boldsymbol{X}_{ij}| \int_0^a cdr \int_0^{2\pi} d\theta = 2\pi ca \log|\boldsymbol{X}_i-\boldsymbol{X}_j|$$

と求められる．展開の残りの項は $\int \cos\theta d\theta = 0, \int \sin\theta d\theta = 0$ を使うとゼロになる．以上より対数ポテンシャルが出てくる．

正準項の計算：

(8.1.17)の積分を実行することは面倒なので，積分の形のまま中心座標に関する運動方程式を導くことを考える．すなわち

$$\frac{d}{dt}\Big(\frac{\partial L_C}{\partial \dot{\boldsymbol{X}}_i}\Big) - \frac{\partial L_C}{\partial \boldsymbol{X}_i} \equiv \boldsymbol{F}_C \tag{8.1.20}$$

を計算する．具体的には次のようになされる．x 成分，y 成分を別々に計算する．まず x 成分を与える．

$$\frac{d}{dt}\Big(\frac{\partial L_C}{\partial \dot{x}_i}\Big) = \int \frac{d}{dt}(m\rho v_{ix}) d^2 x. \tag{8.1.21}$$

右辺の被積分関数は

$$m\Big[\frac{dx_i}{dt}\frac{\partial \rho v_{ix}}{\partial x_i} + \frac{dy_i}{dt}\frac{\partial \rho v_{ix}}{\partial y_i}\Big]$$

となり，一方

$$\frac{\partial L_C}{\partial X_i} = \int m \frac{\partial}{\partial x_i}(\rho \sum_j v_{jx}\dot{x}_j + v_{jy}\dot{y}_j) d^2 x \tag{8.1.22}$$

となるが，異なる渦の間の重なりが小さいという近似のもとでは，$i=j$ のところだけが主な寄与をすると考えられるので（異なる渦からの寄与を補正として取りこむことは文献を参照）

$$\frac{\partial L_C}{\partial x_i} = \int m\Big[\frac{\partial \rho v_{ix}}{\partial x_i}\frac{dx_i}{dt} + \frac{\partial \rho v_{iy}}{\partial x_i}\frac{dy_i}{dt}\Big] d^2 x \tag{8.1.23}$$

とおける．さらに中心座標に関する微分は場に関する微分に直す；すなわち $\frac{\partial v_i}{\partial x_i} = \frac{\partial v_i}{\partial x}$ に注意すると

$$\frac{d}{dt}\Big(\frac{\partial L_C}{\partial \dot{x}_i}\Big) - \frac{\partial L_C}{\partial x_i} = \Big[-\int \{\nabla \times (m\rho \boldsymbol{v})\}_z\Big]\frac{dy_i}{dt} \tag{8.1.24}$$

と書き直される．この積分の中はちょうどベクトルの回転に他ならない：

$$\{\nabla \times (m\rho \boldsymbol{v})\}_z = \frac{\partial}{\partial x_i}(m\rho v_{iy}) - \frac{\partial}{\partial y_i}(m\rho v_{ix})$$

以上は x 成分であったが，y 成分に関しても全く同じ計算を繰り返すことにより

$$\frac{d}{dt}\Big(\frac{\partial L_C}{\partial \dot{y}_i}\Big) - \frac{\partial L_C}{\partial y_i} = \Big[\int \{\nabla \times (m\rho \boldsymbol{v})\}_z d^2 x\Big]\frac{dx_i}{dt} \tag{8.1.25}$$

が得られる．右辺の積分領域は 2 次元平面全体にわたるのであるが，仮に i 番目の渦を中心とする大きな半径の円にとると，ストークスの定理から円周上の線積分に直せる．そして渦の中心から離れているので密度は一定と見てよい．これから

$$\int \{\nabla \times (m\rho \boldsymbol{v})\}_z d^2 x = \oint_C m\rho \boldsymbol{v}_i d\boldsymbol{s}$$
$$= m\rho_0 \oint_C \boldsymbol{v}_i d\boldsymbol{s} = 2\pi m\rho_0 \mu_i \quad (8.1.26)$$

となる．最後の積分は速度場の循環に他ならない．上の正準項の計算において渦のプロフィールの具体的な形を使っていないことに注意する．これは正準項のトポロジカルな性格を反映している．一方，ハミルトニアンから来る項は

$$\frac{\partial}{\partial \boldsymbol{X}_i} L_H = \frac{\partial H_{eff}}{\partial \boldsymbol{X}_i} \quad (8.1.27)$$

で与えられる．

以上をまとめると，運動方程式は

$$C_i \frac{dx_i}{dt} = \frac{\partial H_{eff}}{\partial y_i}, \quad C_i \frac{dy_i}{dt} = -\frac{\partial H_{eff}}{\partial x_i} \quad (8.1.28)$$

と書かれる．ここで，

$$C_i \equiv 2\pi m\rho_0 \mu_i \quad (8.1.29)$$

とおいた．この式は (x_i, y_i) を正準変数とみたてれば，"正準方程式" に対応するものとみなされる．ただし，渦電荷 μ_i が付くことに注意する．ベクトルでまとめると

$$C_i \boldsymbol{k} \times \frac{d\boldsymbol{X}_i}{dt} = \frac{\partial H_{eff}}{\partial \boldsymbol{X}_i} \quad (8.1.30)$$

と表わせる．実際に上の運動方程式を正準方程式と見るためには，渦電荷 μ_i を勝手にとると都合が悪いので $\mu_i = \mu$ とする．つまり同一 "電荷" の渦の集合を考えるのである．この運動方程式の左辺はラグランジアンの正準項から来るものであるから，これから逆に正準項が推定できる．すなわち

$$L_C = C \sum_i (y_i \dot{x}_i - x_i \dot{y}_i) \quad (8.1.31)$$

にとればよいことがわかる．これから渦系の作用関数は

$$S_{eff} = \int [C\sum_i (y_i \dot{x}_i - x_i \dot{y}_i) - H_{eff}]dt \tag{8.1.32}$$

で与えられる．また正準項に相当する 1 次の微分形式は

$$\omega = C\sum_i (y_i dx_i - x_i dy_i) \tag{8.1.33}$$

となる．さらに微分すれば 2 次微分形式が得られる．

$$\Omega = d\omega = C\sum_i (dy_i \wedge dx_i - dx_i \wedge dy_i). \tag{8.1.34}$$

これは

$$\Omega = \sum_{ij} G_{ij} d\boldsymbol{X}_i \wedge d\boldsymbol{Y}_j \tag{8.1.35}$$

のようにまとめて書かれる．ここで $dX_i = (dx_i,\ dy_i)$ かつ G_{ij} は

$$\begin{aligned} G &= \begin{pmatrix} g^{11} & -g^{12} \\ g^{12} & g^{22} \end{pmatrix} \\ (g^{12})_{ij} &= C\delta_{ij},\ g^{kk} = 0 \end{aligned} \tag{8.1.36}$$

と定義される．この形からポアソン括弧を，一般的手法を用いて作ることができる：

$$\{A, B\} = \sum_{ij} (G^{-1})_{ij} \frac{\partial A}{\partial \boldsymbol{X}_i} \frac{\partial B}{\partial \boldsymbol{X}_j}. \tag{8.1.37}$$

特に

$$\{x_i,\ y_j\} = C\delta_{ij}. \tag{8.1.38}$$

最後に正準量子化はポアソン括弧を交換子に置き換えればよい：

$$[\hat{A},\ \hat{B}] = i\hbar \{A, B\}.$$

この特別な場合として

$$[\hat{x}_i,\ \hat{y}_j] = i\hbar C,\ [\hat{x}_i,\ \hat{x}_j] = [\hat{y}_i,\ \hat{y}_j] = 0 \tag{8.1.39}$$

が得られる．この形の交換関係は磁場中の案内中心座標に対する交換関係と全く同じであることを注意しておこう．

例：2個の渦

上で見たように，全ての渦電荷が同じであると仮定した場合，渦の中心座標を通常の位置座標と見ることにより，これは正準系とみなされる．この事実を用いて，渦の運動の量子化を準古典量子化に基づいて考察する．すなわち2つの同符号電荷を持った渦を考える：$\mu_1 = \mu_2 \equiv \mu$. ただし同符合の渦は互い反発し，これが結合するとは考えにくいので，共通のポテンシャルの中に入っていると考えよう．簡単のため，これを調和振動子の形にとる．このようなポテンシャルの導入はあながち非現実的ではなく，渦がピンニング中心にトラップされているという状況に対応している．そこでハミルトニアンとして

$$H_{eff} = -K \log|\boldsymbol{X}_1 - \boldsymbol{X}_2| + k(\boldsymbol{X}_1^2 + \boldsymbol{X}_2^2) \tag{8.1.40}$$

をとる．ただし

$$K = m\pi\rho_0\mu^2.$$

このハミルトニアンの形から次の相対及び重心座標を導入する．

$$x = x_1 - x_2 \quad , \quad y = y_1 - y_2$$
$$2X = x_1 + x_2 \quad , \quad 2Y = y_1 + y_2$$

あるいは

$$x_1 = X + \frac{x}{2} \quad , \quad x_2 = X - \frac{x}{2},$$
$$y_1 = Y + \frac{y}{2} \quad , \quad y_2 = Y - \frac{y}{2}.$$

調和振動子ポテンシャルの特殊性から

$$\begin{aligned} x_1^2 + x_2^2 &= (X+\frac{x}{2})^2 + (X-\frac{x}{2})^2 = 2X^2 + \frac{x^2}{2}, \\ y_1^2 + y_2^2 &= (Y+\frac{y}{2})^2 + (Y-\frac{y}{2})^2 = 2Y^2 + \frac{y^2}{2} \end{aligned}$$

となり，これから

$$k(x_1^2 + x_2^2 + y_1^2 + y_2^2) = 2k(X^2 + Y^2) + \frac{k}{2}(x^2 + y^2)$$

のように相対運動と重心運動は分離する．従って作用関数は次のようになる：

$$\begin{aligned}
S &= S_r + S_{c.m} \\
S_r &= \int [\frac{1}{2}C(y\dot{x}-x\dot{y}) - (\frac{k}{2}(x^2+y^2) - K\log\sqrt{x^2+y^2})]dt \\
S_{c.m} &= \int [2C(Y\dot{X}-X\dot{Y}) - 2k(X^2+Y^2))]dt.
\end{aligned} \quad (8.1.41)$$

また，相対運動に対する運動方程式は次式で与えられる：

$$\begin{aligned}
m\rho_0\mu\frac{dx}{dt} &= ky - K\frac{y}{x^2+y^2}, \\
m\rho_0\mu\frac{dy}{dt} &= -kx + K\frac{x}{x^2+y^2}.
\end{aligned} \quad (8.1.42)$$

このように，準古典量子条件は重心と相対の部分に分離する．

$$\begin{aligned}
\oint \frac{1}{2}C(ydx-xdy) &= 2n_r\pi\hbar, \\
\oint 2C(Y\dot{X}-X\dot{Y}) &= 2n_R\pi\hbar.
\end{aligned} \quad (8.1.43)$$

それぞれの自由度に対する軌道はともに円になるので

$$\begin{aligned}
\pi C r^2 &= 2n_r\pi\hbar, \\
4\pi C R^2 &= 2n_R\pi\hbar
\end{aligned} \quad (8.1.44)$$

が得られる．ここで $(n_r, n_R) = 1, 2\cdots$．これよりエネルギー準位は

$$\begin{aligned}
E_{n_r,n_R} &= \frac{k}{2}r^2 - K\log\sqrt{r^2} + 2kR^2 \\
&= \frac{k}{C}(n_r+n_R)\hbar - \frac{K}{2}\log\Bigl(\frac{2\hbar}{C}n_R\Bigr)
\end{aligned} \quad (8.1.45)$$

と計算される．

§8.2　2次元強磁性体のスピン渦

次に超流動ボーズ流体に類似な系として強磁性体で生じる渦を考えよう[2]．基本のモデルはハイゼンベルク模型である．これは明らかに通常の意味での液体(流体)ではないが，強磁性体もボーズ流体と並ぶ典型的な凝縮物質であ

---

[2] H.Ono and H.Kuratsuji, Phys.Lett.**186A**(1994)255.

る．ボーズ流体は複素場によって与えられる秩序変数で記述されたが，磁性体における秩序変数としては2次元平面の各点に置かれた磁化（あるいはスピン）の平均値が導入される．

ボーズ粒子系の場合にコヒーレント状態に準じて，スピン系を記述するのにはスピンコヒーレント状態を用いる．2次元の各点にスピンが置かれているとして，その直積

$$|z(x)\rangle = \prod_{\boldsymbol{n}} |z_{\boldsymbol{n}}\rangle \tag{8.2.1}$$

を考える．ここで $\boldsymbol{n}$ は平面を離散的にした点ベクトルを意味する．最後は連続極限に持っていく．$|z_{\boldsymbol{n}}\rangle$ は点 $\boldsymbol{n}$ におけるスピンに対するコヒーレント状態である．また $z_{\boldsymbol{n}}$ はその点における複素射影空間（スピンを表す球面と同相）を表す複素座標である．第4章の結果を使うとラグランジアン

$$L = \langle \{z(x)\}|i\hbar\frac{\partial}{\partial t} - \hat{H}|\{z(x)\}\rangle \tag{8.2.2}$$

の中で，正準項は空間の各点において別々に計算したものの和をとればよいことに注意する（何故なら異なる点におけるコヒーレント状態は互いに直交するからである）：

$$L_C = iJ\hbar \sum_{\boldsymbol{n}} \frac{z_{\boldsymbol{n}}^* \dot{z}_{\boldsymbol{n}} - \dot{z}_{\boldsymbol{n}}^* z_{\boldsymbol{n}}}{1+|z_{\boldsymbol{n}}|^2}$$

$$\to iJ\hbar \int \frac{z^*\dot{z} - \dot{z}^*z}{1+|z|^2} d^2x. \tag{8.2.3}$$

ここで $z \equiv z(x,t)$ を意味し，これは射影座標を場の変数と見たものである．一方ハミルトニアンの方はスピン系の模型で最も簡単かつ典型的なハイゼンベルク模型を採用する．すなわちスピン間の最近接相互作用を取り入れたものである．それの連続極限をとったものとして

$$\hat{H} = \frac{g}{2}\sum_{k=1}^{3}(\nabla \hat{J}_k)^2 \tag{8.2.4}$$

をとる．ここで g は結合の強さを表す．上で定義されたコヒーレント状態において期待値をとると

$$H = \langle \{z(x)\}|\hat{H}|\{z(x)\}\rangle = \frac{g}{2}\sum_{k=1}^{3}(\nabla J_k)^2 \tag{8.2.5}$$

となる．ここで立体射影 $z = \tan\frac{\theta}{2}e^{-i\phi}$ を用いて角度変数に直せば，正準項とハミルトニアン項はそれぞれ

$$L_C = \int J\hbar(1-\cos\theta)\dot{\phi}d^2x$$
$$H = \frac{g}{2}J^2 \int \{(\nabla\theta)^2 + \sin^2\theta(\nabla\phi)^2\}d^2x \quad (8.2.6)$$

と書かれる．ボーズ流体との対応で，位相関数 ϕ の勾配を速度場と解釈し，第2項をスピン流体の運動エネルギーと見たいのであるが，ここでは少し事情が異なる（これについては以下で触れる）．スピン場の運動方程式は変分原理 $\delta\int(L_C - H)dt = 0$ より

$$J\hbar\sin\theta\frac{\partial\theta}{\partial t} = -\frac{\delta H}{\delta\phi} \qquad J\hbar\sin\theta\frac{\partial\phi}{\partial t} = \frac{\delta H}{\delta\theta} \quad (8.2.7)$$

のように得られる（右辺は汎関数微分を表わす）．このように定式化すると，ボーズ粒子の場合との類似でスピン場においても渦が生じることが自然に期待される．実際，1個の渦の静的な解を例示しておこう．原点 $(x,y) = 0$ に置かれたものを考える．まず角度変数 ϕ として

$$\phi = \tan^{-1}\frac{y}{x}$$

をとる．さらに方位変数 θ は原点からの動径 r のみの関数であるとする．ここで安定な渦の配置を構成するためハミルトニアンに

$$-cJ\sin\theta$$

を付け加えておく．すると簡単な計算から

$$H = g\frac{J^2}{2}\int\left[r\left(\frac{d\theta}{dr}\right)^2 + \frac{1}{r}\sin^2\theta - 2\alpha\sin\theta\right]dr \quad (8.2.8)$$

となる．ここで $2\alpha = \frac{2c}{gJ}$．これを最小にする条件から $\theta(r)$ に対する微分方程式が出てくる．

$$\frac{d^2\theta}{dr^2} + \frac{1}{r}\frac{d\theta}{dr} - \frac{1}{r^2}\sin\theta\cos\theta + \alpha\cos\theta = 0. \quad (8.2.9)$$

ここで境界条件を次のように設定する．$\theta(\infty) = \frac{\pi}{2}$ and $\theta(0) = 0$．この境界条件の下に $\theta(r)$ のプロフィールが数値的に求められる（図8.2を参照）．この

8.2 2次元強磁性体のスピン渦　257

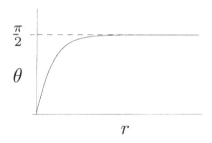

図 8.2：$\theta(r)$ の数値解の profile

1個のスピンの配位から渦がサイズ a の"コア"を形成し，z 成分 $J_3(x)$ がコアの内部で上向きになっていく．原点では z 方向を向いており，そこから離れるにつれてスピンは (x,y) 平面内にねていって，無限遠方では平面上になる．すなわち $\theta(\infty) = \frac{\pi}{2}$ となる（図を参照）．

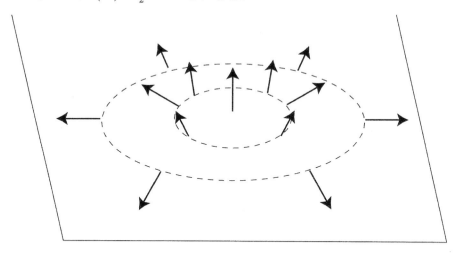

図 8.3：スピンベクトルの配位

さて，渦の集合を考え，その力学をボーズ粒子の場合との対応しながら構成しよう．位相関数としてボーズの場合と同じく (x,y) 平面での極角を用いて

$$\phi = \sum_i \mu_i \tan^{-1} \frac{y - y_i(t)}{x - x_i(t)}.$$

全ての渦に対して強さが $\mu_i = 1$ の場合に限定しよう．微分のチェイン公式 $\frac{\partial \phi}{\partial t} = \sum_i \frac{\partial \phi}{\partial \boldsymbol{X}_i} \frac{d\boldsymbol{X}_i}{dt}$ から正準項は

$$L_C = \int\int J\hbar \sum_i (1-\cos\theta_i)\nabla\phi_i \dot{\boldsymbol{X}}_i d^2x. \tag{8.2.10}$$

と書き直される．i 番目の渦の作る速度場を次のように導入する．

$$\boldsymbol{v}_i = (1-\cos\theta_i)\nabla\phi_i. \tag{8.2.11}$$

ここでボーズ流体との類似で $\nabla\phi$ を速度場と見たいのであるが，スピンの場合は密度 ρ に相当するのはスピンの大きさで，これは一定値 J をとる．そこで空間的に変動する速度場は，単に位相関数の勾配という対応は適当でないと考えられる．このようにして定義された速度場はボーズ流体の速度場とは決定的に異なる様相を呈する．つまりスピンに起因する渦の速度場は原点で発散しない，言い換えれば特異ではない．これは因子 $(1-\cos\theta)$ がかかっているから，原点で $\theta(0)=1$ であれば ∇ から来る発散を抑えられるということから推測できよう．

以上のもとに渦集合の運動方程式及び有効ラグランジアンを導こう．まず，有効ハミルトニアンを計算するために渦のプロフィールが必要であるが，1個の渦のものを参考にして，それぞれの渦は次のプロフィール関数で記述されるものとする：

$$\theta_i(r) = \begin{cases} ar & (0 \leq r \leq r_0 \equiv \frac{\pi}{2a}) \\ \frac{\pi}{2} & (r_0 \leq r) \end{cases} \tag{8.2.12}$$

この形を場のハミルトニアンに入れ積分を実行すると，超流体の場合と同じく対数ポテンシャルの形が得られる．

$$\begin{aligned} H_{eff} &= \int \sum_{ij} \rho \nabla \log|x-\boldsymbol{X}_i| \nabla \log|x-\boldsymbol{X}_j| d^2x \\ &= -\frac{1}{2}J^2 \sum_{ij} \log|\boldsymbol{X}_i - \boldsymbol{X}_j|. \end{aligned} \tag{8.2.13}$$

ここで $\rho = J(1-\cos\theta)$ とおいた．対数ポテンシャルが出てくることについて，無限遠方での境界条件 $\theta(\infty) = \frac{\pi}{2}$ をとったことが効いているのに注意．

正準項を導くために，場の積分で与えられているラグランジアンから直接に運動方程式を導く．この手順はボーズ流体の場合と同じである．要点を示すと i 番目の渦の中心に関して x 成分

$$\frac{d}{dt}\Big(\frac{\partial L_C}{\partial \dot{x}_i}\Big) - \frac{\partial L_C}{\partial x_i} = -[J\hbar \int \{\nabla \times \boldsymbol{v}_i\}_z] \frac{dy_i}{dt}. \tag{8.2.14}$$

及び y 成分

$$\frac{d}{dt}\Big(\frac{\partial L_C}{\partial \dot{y}_i}\Big) - \frac{\partial L_C}{\partial y_i} = [J\hbar \int \{\nabla \times \boldsymbol{v}_i\}_z d^2 x] \frac{dx_i}{dt} \tag{8.2.15}$$

が得られる．さらにボーズ流体の場合との対応を進めると，積分の中は渦度そのものになっている．それは次で与えられる：

$$\omega = (\nabla \times \boldsymbol{v})_z = \sin\theta \nabla\theta \times \nabla\phi. \tag{8.2.16}$$

従って，i 番目の渦を中心とする大きな半径の円を積分領域にとると

$$\int_R \omega d^2 x = \int \sin\theta d\theta \wedge d\phi \tag{8.2.17}$$

のように場の値の空間としての球面上の積分に変換できる．無限遠方の境界条件を考慮すると，これはちょうど"半球"の面積を与える：

$$\int_{S^2/2} \sin\theta d\theta \wedge d\phi = 2\pi. \tag{8.2.18}$$

故に，運動方程式は次の形に書かれる：

$$\begin{aligned} J\pi \frac{dx_i}{dt} &= \frac{\partial H_{eff}}{\partial y_i}, \\ J\pi \frac{dy_i}{dt} &= -\frac{\partial H_{eff}}{\partial x_i}. \end{aligned} \tag{8.2.19}$$

この運動方程式を導く有効ラグランジアンは

$$L_{eff} = J\pi\hbar \sum_i (y_i \dot{x}_i - x_i \dot{y}_i) - H_{eff} \tag{8.2.20}$$

となり，超流体での渦の場合と同じ形をしている．従って渦の中心座標が正準座標と見られること，それから正準力学系を構成して量子化を行えることも超流体渦の場合と同様である．

§8.3 He3A における渦(芯無し渦)

　スピン系は，速度の場が超流動ボーズ流体の渦とは異なり，渦から作られる速度場が原点で発散しないことが特徴であった．この原因はスピンが成分を持つことから来る．直観的に言えば，スピンの向きが原点における上を向いた状態から連続的に倒れていって，平面に"ねる"あるいは下向きになる配置に移行できることを考えれば理解できる．そこでこのような渦の他の例として，超流動 He3 の A 相において発現する渦を取り上げてみる．

　He3Aの話を展開する前に，He3 超流動の秩序変数に関する一般論を与えておこう．超流動 He3 はフェルミ粒子系であるが，BCS 理論から帰結されるように，ミリケルビンの低温においてクーパー対を形成し超流体になる．詳細は下記引用文献にゆずるが，He3 超流動は 2 相に分かれる．つまり，B 相と A 相に分かれる．付録で簡単に導いたように，He3 超流動相を特徴づける秩序パラメータは，p-波であることを反映して，

$$d_\alpha = \sum_i A_{\alpha i} \hat{k}_i$$

で与えられる．この式で，テンソル $A_{\alpha i}$ は以下のように構成される．ここで，α はスピン 3 重項を，i は軌道角運動量が $l=1$ を反映するベクトル成分を表示する．これは A 相と B 相で異なる形をとる．まず，B 相の場合，

$$A_{\alpha i} = \Delta_B \delta_{\alpha i}$$

と書ける．クロネッカー・デルタはスピンの軸と軌道空間の軸が一致するときに値をもつことを示している．もっと一般には，スピン軸を空間軸に関して相対的に回転することができて，$R_{\alpha i}$ を直交行列として

$$A_{\alpha i} = \Delta_B R_{\alpha i}$$

と表される．この場合，ギャップ・パラメータの大きさは，

$$|\Delta|^2 = d \cdot d^* = \Delta_B^2 \sum_{ij\alpha} R_{j\alpha} R_{\alpha i} \hat{k}_i \hat{k}_j = \Delta_B^2$$

となることがわかる．この事実は，B 相の秩序変数は等方的であることを示している．一方，A 相の秩序変数は，

$$A_{\alpha i} = \Delta_0 \hat{z}_\alpha (\hat{x} + i\hat{y})_i$$

と直積の形で書かれる．ここで，$\hat{z}_\alpha$ は，対のもつスピン 1 の z-成分をあらわす．また，$\hat{x}, \hat{y}$ は，実空間の x, y 方向の単位ベクトルを表す．これから，ギャップは

$$|\Delta|^2 = d \cdot d^* = \Delta_0^2(\hat{k}_1^2 + \hat{k}_2^2) = \Delta_0^2 \sin^2\theta(\hat{k})$$

となる．$\theta(\hat{k})$ は，z-方向から測ったフェルミ面上の運動量 **k** の方向をあたえる．これから，$\theta(\hat{\mathbf{k}}) = 0$ のところでギャップがゼロになるという著しい特性がでてくる．この事実が A 相が異方性をもつことを示唆している．上の形を，スピンおよび空間の双方で回転を行って，一般の位置にもっていくことができて，次のような形で与えられる：

$$A_{\alpha i} = \Delta_0 \hat{d}_\alpha (\boldsymbol{e}_1 + i\boldsymbol{e}_2)_i.$$

ここで，スピンの自由度を固定してしまうと，ベクトル秩序変数が得られる．この秩序変数を表わす場を ψ とすると，それは次のように与えられる．

$$\psi = \Delta_0 e^{i\gamma}(\boldsymbol{e_1} + i\boldsymbol{e_2}). \tag{8.3.1}$$

ここで Δ_0 はギャップパラメーターで，今の場合，空間的に一定値をとるものとする．$\boldsymbol{e_1}, \boldsymbol{e_2}$ は $\boldsymbol{l}$ と共に "triad (三つ組み)" を構成する (図を参照)．すなわち $\boldsymbol{e_1}, \boldsymbol{e_2}, \boldsymbol{l}$ はそれぞれ単位ベクトルで直交基底を作る．$\boldsymbol{l} = \boldsymbol{e_1} \times \boldsymbol{e_2}$ に注意．これらを極座標を用いて表すと

$$\begin{aligned}\boldsymbol{l} &= (\sin\theta\cos\phi, \sin\theta\sin\phi, \cos\theta), \\ \boldsymbol{e_1} &= (\cos\theta\cos\phi, \cos\theta\sin\phi, -\sin\theta), \\ \boldsymbol{e_2} &= (-\sin\phi, \cos\phi, 0)\end{aligned} \tag{8.3.2}$$

と書ける．ここで (θ, ϕ) は $\boldsymbol{l}$ ベクトルを表す極角である．γ は $\boldsymbol{l}$ ベクトル周りの回転角を表す．

うえでみたように，A 相の秩序変数はスカラー場でなくベクトル場であることがポイントである．すなわち秩序場が複素ベクトル場によって与えられる．このように見れば強磁性スピンと似ているが，強磁性の場合は空間の格子点に固定されたスピンを連続極限に持っていったもので，物質粒子の流れが

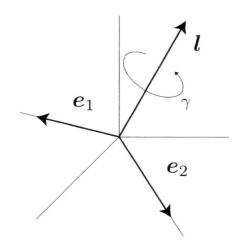

図 8.4：triad の図

あるわけではない[3]．He3A に対するベクトル秩序場は，He3 原子のクーパー対が大きさ 1 の軌道角運動量状態にあることの帰結である．以下では話を 2 次元に限り，1 個の渦の運動に限定しよう[4]．ベクトル型秩序変数を具体的に与えるのが l ベクトルである．これは大きさが 1 のベクトルであって，クーパー対の持つスピン（軌道角運動量から来る）とみなしてよい．このようにして超流体内部には l の空間配置によって決まる模様（texture）ができていると考えられる．ちょうど液晶における texture 構造と非常によく似ている（実際液晶との類似によって超流動 He3 の理論が構成されてきた面がある）．

このようにして導入された秩序場を支配するラグランジアンは通常のスカラー秩序変数の場合を拡張して

$$L = \int \{\frac{i\hbar}{2}(\psi^\dagger \frac{\partial \psi}{\partial t} - c.c) - H(\psi, \psi^\dagger)\}d^2x$$
$$\equiv L_C - L_H \tag{8.3.3}$$

に選ぼう．第 1 項は正準項である．ハミルトニアンも He4 の場合と同じ形を

---

[3] 詳細の説明は専門の文献；例えば，D.Vollhardt and P.Wolfle, The Superfluids Phases of Herium 3 (Taylor and Francis, 1990).

[4] H.Kuratsuji and H.Yabu, Phys.Rev.**B59** (1999) 11175.

仮定する（実際はかなり複雑な形をしているが，基本的なアイデアを述べるにはこの形で十分である）：

$$L_H = \int \{\frac{\hbar^2}{4M}\nabla\psi^\dagger\nabla\psi + V(|\psi|)\}d^3x. \tag{8.3.4}$$

(8.3.2) を L_C に代入すると正準項は

$$\frac{i\hbar}{2}\psi^\dagger\dot{\psi} - c.c. = \hbar\Delta_0^2(\dot{\gamma} - \cos\theta\dot{\phi}) \tag{8.3.5}$$

と計算される．ここで $\gamma = \phi$ のように選ぶ（いわゆる"ゲージ固定"をする）と

$$L_C = \hbar\Delta_0^2 \int (1 - \cos\theta)\dot{\phi}d^2x \tag{8.3.6}$$

になる．この形は強磁性模型の正準項と同じ形をしている．直接計算によって

$$\nabla\psi^\dagger\nabla\psi = 2\big[(\nabla\gamma)^2 + \{(\nabla e_1)^2 + (\nabla e_2)^2\} + 2\nabla\gamma(e_1\nabla e_2 - e_2\nabla e_1)\big]\Delta_0^2$$

かつ

$$(\nabla e_1)^2 + (\nabla e_2)^2 = (\nabla\theta)^2 + (1 + \cos^2\theta)(\nabla\phi)^2$$
$$e_1\nabla e_2 - e_2\nabla e_1 = -2\cos\theta\nabla\phi$$

を用いると，ハミルトニアンは $H = T + H_S$ と書かれ，それぞれの項は

$$T = \frac{1}{2}M\Delta_0^2 \int (\nabla\gamma + \cos\theta\nabla\phi)^2 d^3x,$$
$$H_S = \frac{1}{2}M\Delta_0^2 \int \{\sin^2\theta(\nabla\phi)^2 + (\nabla\theta)^2\} + V(|\Psi|)d^3x \tag{8.3.7}$$

によって与えられる．第1項は流体の運動エネルギーに他ならない．第2項は l ベクトルに起因する内部エネルギーとでも呼ぶべきものである．

1個の渦が原点に置かれている場合を考える．ϕ は通常のように $\phi = \tan^{-1}(y/x)$ に取る．一方，プロフィール関数 θ は原点では $\theta(0) = 0$ とするが，無限遠方（あるいは有限容器の壁）において2つの場合がある：(1) $\theta(\infty) = 0$(MH vortex), (2) $\theta(\infty) = \frac{\pi}{2}$(AT vortex). ここで MH は Mermin-Ho 型を示し，AT は Anderson-Toulouse 型の略称である．これらの形は，原点付近で有限サイズの渦を形成していることを示している．l ベクトルが，この有限領域（ソフトコアと呼ぼう）内部で上向きの状態から，無限遠において平面的

"planer"(MH vortex)あるいは下向き(AT vortex)になった状態に変化していく(図を参照).

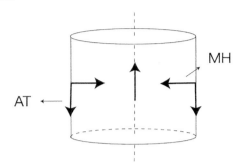

図 8.5：AT 渦と，MH 渦に対する l ベクトルの様子

さて渦の中心座標 $\boldsymbol{X}(t) = (X, Y)$ に対する運動方程式を作ろう．角度変数の中の座標は $\boldsymbol{x} \to \boldsymbol{x} - \boldsymbol{X}(t)$ のように置き換え，チェイン則 $\frac{\partial \phi}{\partial t} = \frac{\partial \Phi}{\partial \boldsymbol{X}}\dot{\boldsymbol{X}}$ を用いると，L_C は

$$L_C = \hbar\Delta_0^2 \int (1 - \cos\theta)\nabla\phi \cdot \dot{\boldsymbol{X}} d^2x \tag{8.3.8}$$

と書かれる．これから $\dot{\boldsymbol{X}}$ に共役な場の運動量 $\boldsymbol{p}$ が次のように定義される．

$$\boldsymbol{p} = M\Delta_0^2 \boldsymbol{v}. \tag{8.3.9}$$

ここで速度場 $\boldsymbol{v}$ は次で与えられる．

$$\boldsymbol{v} = \frac{\hbar}{M}(1 - \cos\theta)\nabla\phi. \tag{8.3.10}$$

この速度場はスピン渦の場合と同じ形をしている．従ってハミルトニアンの第 1 項は

$$T = \frac{1}{2}\int M\Delta_0^2 \boldsymbol{v}^2 dx^2 \tag{8.3.11}$$

と書ける．超流体が速度 $\boldsymbol{U}$ で一様に運動するとしよう．すると速度場は $\boldsymbol{v} \to \boldsymbol{v} + \boldsymbol{U}$ のように変換されるので，流体の運動エネルギー T は

$$\begin{aligned}T &= \frac{1}{2}\int \rho(\boldsymbol{v} + \boldsymbol{U})^2 d^2x \\ &= \frac{1}{2}\int M\Delta_0^2 \boldsymbol{v}^2 d^2x + \int M\Delta_0^2 \boldsymbol{v}\cdot\boldsymbol{U} d^2x + \frac{1}{2}\int M\Delta_0^2 \boldsymbol{U}^2 d^2x\end{aligned} \tag{8.3.12}$$

のように 3 項からなる．$X(t)$ の運動方程式はラグランジュ運動方程式より

$$\frac{d}{dt}\frac{\partial L}{\partial \dot{\boldsymbol{X}}} - \frac{\partial L}{\partial \boldsymbol{X}} = \boldsymbol{F}_{ex}$$

で与えられるが，これは力の釣り合いの形に書ける．

$$\boldsymbol{F}_C + \boldsymbol{F}_T = \boldsymbol{F}_{ex}. \tag{8.3.13}$$

ここで

$$\boldsymbol{F}_T \equiv -\frac{\partial T}{\partial \boldsymbol{X}}, \quad \boldsymbol{F}_C \equiv \frac{d}{dt}\frac{\partial L_C}{\partial \dot{\boldsymbol{X}}} - \frac{\partial L_C}{\partial \boldsymbol{X}}. \tag{8.3.14}$$

ただし，外力 $\boldsymbol{F}_{ex}$ を付け加えて釣り合いの形にしておいた．上の力の各項は微分と積分の順序を入れ替えることによって求められる．積分は一様に運動している座標系で行う必要がある．つまり

$$\boldsymbol{x}' = \boldsymbol{x} - \boldsymbol{R}(t), \quad \boldsymbol{X}' = \boldsymbol{X} - \boldsymbol{R}(t).$$

ここで $\boldsymbol{R}(t) = \boldsymbol{U}t$ は全流体の重心の位置を表す．従って

$$L_C = M\Delta_0^2 \int \boldsymbol{v}(\boldsymbol{x}' - \boldsymbol{X}'(t))\dot{\boldsymbol{X}} d^2x' \tag{8.3.15}$$

となり，これから

$$\begin{aligned}\boldsymbol{F}_C &= M\Delta_0^2 \boldsymbol{k} \times (\dot{\boldsymbol{X}} - \boldsymbol{U})[\int (\nabla \times \boldsymbol{v})_z d^2x'] \\ &\quad - \frac{1}{2}M\Delta_0^2(\boldsymbol{k} \times \boldsymbol{U})\int (\nabla \times \boldsymbol{v})_z d^2x \end{aligned} \tag{8.3.16}$$

が導かれる．一方 $\boldsymbol{F}_T$ のうち第 2 項だけが積分に効いてくることがわかる．それを $\boldsymbol{x} \to \boldsymbol{x} - \boldsymbol{X}$ に変換することにより

$$T' = \int M\Delta_0^2 \boldsymbol{v}(\boldsymbol{x}' - \boldsymbol{X}'(t)) \cdot \boldsymbol{U} d^2x' \tag{8.3.17}$$

となり，これから $\boldsymbol{F}_T$ が導かれる：

$$\boldsymbol{F}_T = -\frac{\partial T}{\partial \boldsymbol{X}} = [\frac{1}{2}M\Delta_0^2 \int (\nabla \times \boldsymbol{v})_z d^2x'](\boldsymbol{k} \times \boldsymbol{U}). \tag{8.3.18}$$

以上をまとめると力の釣り合いを与える式は以下のようになる．

$$M\Delta_0^2[\int (\frac{\partial v_y}{\partial x} - \frac{\partial v_x}{\partial y})d^2x]\boldsymbol{k} \times (\dot{\boldsymbol{X}} - \boldsymbol{U}) = \boldsymbol{F}_{ex}. \tag{8.3.19}$$

ここで $\boldsymbol{k}$ は z 軸方向の単位ベクトルを表す．つまり，左辺は"渦粒子"の超流体に対する相対速度と $\boldsymbol{k}$ に垂直な方向に向く力であって，流体力学での Magnus 力に対応するものである．一様流がない場合 ($\boldsymbol{U} = 0$) には (8.3.19) は

$$\boldsymbol{F}_C = [M\Delta_0^2 \int (\nabla \times \boldsymbol{v})_z d^2 x](\boldsymbol{k} \times \dot{\boldsymbol{X}})$$

となって強磁性体での渦の場合と同じ形をしている．Magnus 力 (8.3.19) に現れる積分の項

$$\sigma = \int_{R^2} \left(\frac{\partial v_y}{\partial x} - \frac{\partial v_x}{\partial y}\right) d^2 x \tag{8.3.20}$$

は力の大きさを特徴づける．これはちょうど渦度 (vorticity) になっている．ただしこの場合は 2 次元流体であるから，それは z 方向の成分しかない．すなわち

$$\omega = \nabla \times \boldsymbol{v} = \frac{\hbar}{M} \sin\theta \nabla\theta \times \nabla\phi \tag{8.3.21}$$

で与えられる．これは $\boldsymbol{l}$ ベクトルを使って

$$\omega = \boldsymbol{l} \cdot \left(\frac{\partial \boldsymbol{l}}{\partial x} \times \frac{\partial \boldsymbol{l}}{\partial y}\right) \tag{8.3.22}$$

と表せる．この関係は Mermin-Ho 関係式として知られているものである．σ は $\boldsymbol{l}$ 空間あるいは 2 次元球面上の積分

$$\sigma = \int_S \sin\theta d\theta \wedge d\phi \tag{8.3.23}$$

に直される．$\boldsymbol{l}$ ベクトルに対して課していた境界条件を考慮すると σ は位相不変量を与えることがわかる[5]．次の 2 つの場合がある．

(a) MH vortex, $l_3(\infty) = 0$ ($\theta = \frac{\pi}{2}$)
(b) AT vortex, $l_3(\infty) = -1$ ($\theta = \pi$)．

これらの 2 つの場合に対して $\boldsymbol{l}$ 空間へのイメージ S は"半球"と"全球面"になる：(a) $\boldsymbol{R}^2 \to \mathrm{S}^2/2$, (b) $\boldsymbol{R}^2 \to \mathrm{S}^2$．従って，それぞれの場合の写像度(すなわち，この S を覆う回数 n) に対応する位相不変量はそれぞれ

$$\begin{aligned}\sigma &= n/2 \times 4\pi, \\ \sigma &= n \times 4\pi\end{aligned} \tag{8.3.24}$$

---

[5] M.M.Salomaa, G.E.Volovik, Rev.Mod.Phys **59** (1987) 533.

で与えられる[6]. 最終的に渦に作用する力は2種類に渦の場合をまとめて

$$F_C = M\Delta_0^2 \sigma^i \bm{k} \times (\dot{\bm{X}} - \bm{U}) \tag{8.3.25}$$

と書かれる．ここで$i = a, b$によって2つの渦を区別する．そこで何らかの実験的手段によって境界条件を変化させ，2つの渦の間の転換がされたとすると，式(8.3.25)から力の大きさの比が決まることになる．すなわち

$$\frac{|\bm{F}^a|}{|\bm{F}^b|} = \frac{\sigma^a}{\sigma^b} = \frac{1}{2}. \tag{8.3.26}$$

このようないわばトポロジー変化が起こり得るのは超流動He3のA相の場合であって，B相の場合にはこのようなことは起こらない．B相はトポロジー的にはHe4のボーズ流体の超流動渦の場合と同じ構造をしている．

§8.4 スピンを持つボーズ凝縮における渦

この節では，最近の話題であるアルカリ原子気体のボーズ-アインシュタイン凝縮におけるスピン自由度に起因する渦について議論する．He3Aの場合と同様の取り扱いができることをみる[7].

秩序変数とラグランジアン

スピン自由度は原子が全体として角運動量を持つことから来るのであるが，これが凝縮体の秩序変数に反映すると考えられる．すなわちスピンJの凝縮体の秩序変数は

$$\Psi = \sum_{M=-J}^{J} a_M |J, M\rangle \tag{8.4.1}$$

のように書ける．ここで$|J, M\rangle$はz成分がMの磁気的状態を表す：$M = -J \sim +J$. 展開係数は複素変数で与えられる試行関数を意味するが，スピンの方向の自由度をうまく取り入れるために，スピン・コヒーレント状態を採用する．$|J, -J\rangle$を最低状態として，あるいはベクトル表記で

$$(0, \cdots, 1)^T \equiv \Psi_0$$

---

[6] この詳細については次の文献を参照 D.Mermin: Rev. Mod. Phys. **51**(1979)591.
[7] H.Kuratsuji, Lecture Note in Physics Vol.571 (2001) 438.

と記す．このベクトル表記から方向余弦が

$$\boldsymbol{n} = (\sin\theta\cos\phi, \sin\theta\sin\phi, \cos\theta)$$

で与えられる方向へ Ψ_0 を回転する．すなわち回転演算子

$$R(\theta,\phi) = \exp[i\theta(\boldsymbol{k}\cdot\boldsymbol{J})] \tag{8.4.2}$$

を作用する．$\boldsymbol{k} = (\cos\phi, \sin\theta, 0)$ を用いて複素座標に直すと

$$\Psi_\xi = \exp[\eta\hat{S}_+ - \eta^*\hat{S}_-]\Psi_0 = (1+|\xi|^2)^{-J}\exp[\xi\hat{J}_+]\Psi_0 \tag{8.4.3}$$

と表すことができる．ξ はステレオ座標を表す：$\xi = \tan\frac{\theta}{2}\exp[-i\phi]$．この状態をベクトル型の秩序変数として採用する．すなわち

$$\Psi = \Delta_0 \Psi_\xi \exp[i\alpha].$$

ただし Δ_0 はボーズ凝縮の大きさを示す量であるが，ここでは簡単のために一定であるとみなす．さらに，秩序変数には一般に位相因子 $\exp[i\alpha]$ が付くが $\alpha = 0$ とおく．

さて超流動 He の場合と同じく秩序変数の力学を支配するラグランジアンが必要であるが，これはスカラー場と同じ形を採用する：

$$L = \int (\frac{i\hbar}{2}(\Psi^\dagger \dot{\Psi} - c.c) - H(\Psi^\dagger, \Psi))dx. \tag{8.4.4}$$

第1項を正準項と呼び，第2項はハミルトニアン密度で次の形を採用する：

$$H = \frac{\hbar^2}{2m}\nabla\Psi^\dagger\nabla\Psi + V(\Psi^\dagger, \Psi). \tag{8.4.5}$$

また $V(\Psi^\dagger, \Psi)$ は原子間相互作用に起因する相互作用項である．

流体力学方程式

スピンコヒーレント状態をラグランジアンに代入すると，以下のようにスピン自由度に関する方程式に書き直される．すなわち

$$\frac{\partial \Psi_\xi}{\partial t} = \dot{N}\exp[\xi\hat{S}_+]\Psi_0 + N\dot{\xi}\hat{S}_+\exp[\xi\hat{S}_+]\Psi_0$$

($N = (1+|\xi|^2)^{-J}$)，及び

$$N^2\Psi_0^*\exp[\xi^*\hat{S}_-]\hat{S}_+\exp[\xi\hat{S}_+]\Psi_0 = \frac{2J\xi^*}{1+|\xi|^2}$$

8.4 スピンを持つボーズ凝縮における渦

を使うと正準項 L_C は

$$\frac{i\hbar}{2}(\Psi^\dagger\dot\Psi - c.c.) = J\hbar\Delta_0^2 \frac{(\xi^*\dot\xi - c.c)}{1+|\xi|^2} \tag{8.4.6}$$

となり，ハミルトニアン密度は

$$H = \frac{1}{2}m\Delta_0^2 \boldsymbol{v}^2 + \frac{\hbar^2\Delta_0^2 J}{2m}\frac{\nabla\xi^*\nabla\xi}{(1+|\xi|^2)^2} + V(|\xi|^2) \tag{8.4.7}$$

と書かれる．ここで

$$\boldsymbol{v} = \frac{J\hbar}{m}\frac{i(\xi^*\nabla\xi - c.c)}{1+|\xi|^2} \tag{8.4.8}$$

は速度場を与える．このことからハミルトニアンの第1項は流体の運動エネルギーを与えることがわかる．角度変数

$$L_x = J\sin\theta\cos\phi, L_y = J\sin\theta\sin\phi, L_z = J\cos\theta \tag{8.4.9}$$

を用いると

$$L = \int [J\Delta_0^2(1-\cos\theta)\dot\phi - H(\theta,\phi)]d\boldsymbol{r} \tag{8.4.10}$$

と表わせる．$\boldsymbol{v}$ を角度変数を使って表すと

$$\boldsymbol{v} = \frac{J\hbar}{m}(1-\cos\theta)\nabla\phi \tag{8.4.11}$$

となる．これは He3A の場合の速度場の式と同じ形をしていることに注意する．第2項はハイゼンベルク模型の場合のハミルトニアンと同じ形をしている．

$$H_S \simeq \int [(\nabla\theta)^2 + \sin^2\theta(\nabla\phi)^2]d\boldsymbol{r}. \tag{8.4.12}$$

このようにスピンを持った流体という描像がよくあてはまることがわかる．

運動方程式は変分方程式 $\delta\int L dt = 0$ から導かれる：

$$J\Delta_0^2 \frac{d\theta}{dt} = -\frac{1}{\sin\theta}\frac{\delta H}{\delta\phi}, \quad J\Delta_0^2\frac{d\phi}{dt} = \frac{1}{\sin\theta}\frac{\delta H}{\delta\theta}. \tag{8.4.13}$$

これはスピン変数を用いて書けば，次の形で与えられる：

$$\frac{d\boldsymbol{L}}{dt} = \boldsymbol{L} \times \frac{\delta H}{\delta \boldsymbol{L}}. \tag{8.4.14}$$

特別な場合として定常解を考える．つまり $\dot\theta = 0, \dot\phi = 0$. このとき流れのな

い状態, すなわち $v = 0$. これは

$$\cos\theta = 1 \tag{8.4.15}$$

を意味する. つまり z 方向にスピンが揃った状態 $L_3 = J$ を表す. 物理的には, スピンの揃う状態はエネルギー的に有利なものとして実現される可能性がある. ただしそれは相互作用の型によるであろう.

渦とその力学

相互作用の形として次のようなものを採用しよう.

$$V(\Psi^*, \Psi) = g \int \Psi^* \hat{S}_3 \Psi \cdot \Psi^* \hat{S}_3 \Psi dx. \tag{8.4.16}$$

ここで結合定数 g はプラスにとる. 角度変数を用いれば

$$\tilde{V} = g\Delta_0^2 J^2 \int \cos^2\theta d^2 x \tag{8.4.17}$$

と書かれる. まず一個の渦の静的配置を考察する. 渦の配置を決めるためには 2 つの場の変数 (θ, ϕ) を空間変数, 今の場合は 2 次元平面の座標 (x, y) の関数として決定すればよい. 位相関数としては

$$\phi = n\tan^{-1}\left(\frac{y}{x}\right) \tag{8.4.18}$$

がとれる. ここで $n = 1, 2, \cdots$. は巻きつき数 (winding number) である. プロフィール関数 θ は動径変数 r で書かれる. そこでハミルトニアンは $\theta(r)$ の汎関数で, 次式で与えられることが単純な計算でわかる.

$$H = \frac{\hbar^2 \Delta_0^2 J}{4m} \int [(\frac{d\theta}{dr})^2 + \frac{n^2}{r^2}(2J\sin^2\frac{\theta}{2} + \cos^2\frac{\theta}{2})4\sin^2\frac{\theta}{2} \\ + g'\cos^2\theta]rdr. \tag{8.4.19}$$

ただし $g' = \frac{4gJm}{\hbar^2}$. 関数 $\theta(r)$ の満たす方程式は, H に対する停留条件に従って, オイラー-ラグランジュ方程式より導かれる:

$$\frac{d^2\theta}{d\xi^2} + \frac{1}{\xi}\frac{d\theta}{d\xi} - \frac{n^2}{2\xi^2}\{4J\sin\theta - (2J-1)\sin 2\theta\} + \frac{1}{2}\sin 2\theta = 0 \tag{8.4.20}$$

ここで $\xi = \sqrt{g'}r$ なるスケール変換を行った. この方程式の解の様子は, 原点 $\xi = 0$ と無限遠 $\xi = \infty$ における境界条件を与えると決まる. 原点におい

8.4 スピンを持つボース凝縮における渦

ては $\theta(0) = 0$ とおくのが自然である．原点 $\xi = 0$ の周りでは，微分方程式はベッセルの微分方程式の形となり

$$\theta(\xi) \simeq \xi^k$$

となる．ただし $k^2 = n^2$．一方，無限遠 $\xi = \infty$ においては $\theta(\infty) = \frac{\pi}{2}$ なる解が安定な解として実現されることがわかる．すなわち安定性は $\theta(\xi) = \frac{\pi}{2} + \alpha$ とおいて"揺らぎ"の線形方程式を見てみればわかる．それは

$$\alpha'' - \alpha \simeq 0$$

となって $\alpha \simeq \exp[-\xi]$, 従って $\xi = \infty$ において

$$\theta(\xi) = \frac{\pi}{2}(1 - \exp[-\xi])$$

と振舞うことがわかる．一方，境界条件 $\xi(\infty) = \pi$ を選ぶと揺らぎの線形化方程式は $\alpha'' + \alpha \simeq 0$ となる．その解は $\alpha \simeq \exp[i\xi]$ であり，振動することになって $\theta(\infty) = \pi$ は安定解として実現されないことがわかる．

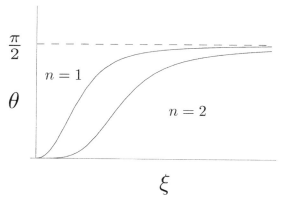

図 8.6：量子数が $n = 1$, $n = 2$ の場合のプロフィール関数

次に渦が運動する場合を考えてみる．渦の中心座標を $\boldsymbol{X}(t) = (X(t), Y(t))$ として，これに対して運動方程式を立てる．場の変数を $\boldsymbol{x} \to \boldsymbol{x} - \boldsymbol{X}(t)$ と置き換えると，極角 ϕ の時間微分は

$$\frac{\partial \phi}{\partial t} = \frac{\partial \phi}{\partial \boldsymbol{X}} \dot{\boldsymbol{X}} \tag{8.4.21}$$

となるので，L_C は

$$L_C = m\Delta_0^2 \int \boldsymbol{v} \cdot \dot{\boldsymbol{X}} d^2 x \qquad (8.4.22)$$

となる（$\boldsymbol{v}$ が出てくることに注意）．この表式から $\boldsymbol{p} = M\Delta_0^2 \boldsymbol{v}$ は $\dot{\boldsymbol{X}}$ に共役な運動量と見ることができる．ただし $\rho = M\Delta_0^2$ が質量密度（一定値）である．ここで速度場 $\boldsymbol{v}$ は特異性を示さない，いわゆる芯なし (coreless) であることに注意する．He3A の場合同様，オイラー-ラグランジュ方程式から力の釣りあいが導かれる．

$$\boldsymbol{F}_C + \boldsymbol{F}_T = \boldsymbol{F}_{ex}. \qquad (8.4.23)$$

ここで右辺は外力その他の効果，例えば散逸力から来るものなどを表す．$\boldsymbol{F}_C, \boldsymbol{F}_T$ はそれぞれ正準項，運動エネルギー項から来るものを表す．特に正準項は

$$\boldsymbol{F}_C = m\Delta_0^2 (\boldsymbol{k} \times \dot{\boldsymbol{X}}) [\int (\nabla \times \boldsymbol{v})_z d^2 x] \qquad (8.4.24)$$

と計算される[8]．ここで $\boldsymbol{k}$ は (x, y) 平面に垂直な方向の単位ベクトルを表す．積分の中は

$$\omega = \nabla \times \boldsymbol{v} = \frac{J\hbar}{m} \sin\theta (\nabla\theta \times \nabla\phi). \qquad (8.4.25)$$

または $\boldsymbol{l}$ ベクトルを用いて

$$\omega = \frac{J\hbar}{m} \boldsymbol{l} \cdot \left(\frac{\partial \boldsymbol{l}}{\partial x} \times \frac{\partial \boldsymbol{l}}{\partial y}\right) \qquad (8.4.26)$$

と表される．これはコンパクト化された 2 次元平面からスピンの場への写像度を与える：

$$\sigma = J \int \sin\theta d\theta d\phi \qquad (8.4.27)$$

まとめると，渦に作用する力は

$$\boldsymbol{F} = m\Delta_0^2 \sigma (\boldsymbol{k} \times \dot{\boldsymbol{X}}) \qquad (8.4.28)$$

で与えられる．この形は He3A の場合と同じである．

---

[8] 運動エネルギー項は，1 個の渦の場合は寄与がない．

§8.5 BCS 波動関数による渦の運動方程式

超伝導体に対しても，クーパー対を表す秩序変数を用いた現象論的 Landau-Ginzburg 理論を用いて渦の運動を記述が可能である．しかしここではもっと基本的な BCS 波動関数から出発して，超伝導渦の運動方程式を導くことを考える．

BCS 波動関数の中に渦の構造を取り入れるのは少し工夫を要する．付録で説明してあるように，渦が存在する場合には一様な超伝導体とは異なり，いわゆる (u,v) 係数は波動方程式 (Bogoliubov 方程式) を満たす．それは

$$i\hbar\frac{\partial \chi}{\partial t} = \hat{H}\chi \qquad (8.5.1)$$

で与えられる．ここで

$$\hat{H} = \begin{pmatrix} -\frac{\hbar^2}{2m}\nabla^2 + U(x,t) + E_F & \Delta(x,t) \\ \Delta^*(x,t) & \frac{\hbar^2}{2m}\nabla^2 - U(x,t) - E_F \end{pmatrix}. \qquad (8.5.2)$$

この方程式の導出は付録で与えられる．その固有関数として $\chi = (\chi_1, \chi_2)$ が求まる．物理的には，それは渦に束縛された準粒子という意味を持つ．渦が 1 個存在する場合に話を限ると，ギャップ関数 $\Delta(x,t)$ は渦の中心 $\mathbf{X(t)} = (X_0(t), Y_0(t))$ においてゼロになるように与えられる (これはちょうど超流動体のオーダー・パラメーターが渦中心でゼロになるのと同様である)．渦の運動がゆっくりしている場合には断熱定理が適用できるとして，この解は次のようにおくことができる．

$$\chi = \begin{pmatrix} u_n \\ v_n \end{pmatrix} \exp\left[-i\int \varepsilon_n(t)dt\right].$$

ここで (u_n, v_n) は"スナップショット"固有値方程式を満たす：

$$\hat{H}\begin{pmatrix} u_n \\ v_n \end{pmatrix} = \varepsilon_n \begin{pmatrix} u_n \\ v_n \end{pmatrix}.$$

この固有値 E_n を正とすると，随伴解 $(-v_n^*, u_n^*)$ は $E_n < 0$ に対する固有関数を与える．(u_n, v_n) を表す準粒子に対するフェルミオン生成，消滅演算子を $(\alpha_{n,\sigma}, \alpha_{n,\sigma}^\dagger)$ とおく．ただし σ はスピンの自由度を表す．フェルミ場の演算子の表示は，この準粒子表示を用いると，

274 第8章 量子凝縮体における位相欠陥

$$\psi_\uparrow(x) = \sum_n (u_n \alpha_{n\uparrow} + v^* \alpha_{n\downarrow}^\dagger)$$

$$\psi_\downarrow^\dagger(x) = \sum_n (-v_n^* \alpha_{n\uparrow} + u^* \alpha_{n\downarrow}^\dagger) \tag{8.5.3}$$

と表せる.

さて, 渦が存在する場合の BCS 波動関数の形は陽な形では書けない. しかし, 以下にみるように渦の運動方程式を導くには BCS のあらわな形を使う必要がない. 渦が存在するときに, その中心座標を $\boldsymbol{X}$ として, それによってパラメトライズされた BCS 波動関数を $|\Psi_0(\boldsymbol{X})\rangle$ とする. それは渦の運動を通じて時間依存をもつ. この BCS 波動関数に対する量子変分原理の正準項は, 微分のチェイン則を用いると次のようになる:

$$\langle \Psi_0(\boldsymbol{X}) | i\hbar \frac{\partial}{\partial t} | \Psi_0(\boldsymbol{X}) \rangle = \langle \Psi_0(\boldsymbol{X}) | i\hbar \frac{\partial}{\partial \boldsymbol{X}} | \Psi_0(\boldsymbol{X}) \rangle \cdot \dot{\boldsymbol{X}} \tag{8.5.4}$$

ここで,

$$\langle \Psi_0(\boldsymbol{X}) | i\hbar \frac{\partial}{\partial \boldsymbol{X}} | \Psi_0(\boldsymbol{X}) \rangle \equiv \boldsymbol{J} \tag{8.5.5}$$

は渦の運動量とみられる. なぜなら, 形式的に $-i\hbar \frac{\partial}{\partial \boldsymbol{X}}$ は, $\boldsymbol{X}$ に共役な運動量演算子とみられるからである. しかし, このままでは行き止まりであるから, つぎのようなトリックをつかう. すなわち, 運動量 $\boldsymbol{J}$ を超伝導体全体の運ぶ運動量にすりかえられることを使う. これは, 単に運動量保存則をつかえばでてくる. すなわち, 渦がない状態のところに渦が発生して動き出したとき, その反作用によって, 超伝導体全体が運動量を獲得する. この運動量は渦の運動量にひとしくなるのである. それは電子の運動量を第2量子化で表して, その期待値で与えられる:

$$\boldsymbol{J} = \langle \Psi_0 | \int [\hat{\psi}^\dagger(x)(\frac{-i\hbar}{2}\nabla \hat{\psi}(x) - h \cdot c] dx | \Psi_0 \rangle \tag{8.5.6}$$

ここで $\nabla = (\frac{\partial}{\partial x}, \frac{\partial}{\partial y})$. この表式には時間依存性は陽な形で入っていないが, 渦の配置の各瞬間に BCS 波動関数が定義されて, それに対する準粒子が導入されることに注意する. $(\hat{\psi}^\dagger(x), \hat{\psi}(x))$ を準粒子であらわした表式を用いて, $\alpha|\Psi_0\rangle = 0$ に注意すると,

$$\boldsymbol{J} = \frac{i\hbar}{2} \int \sum_n (u_n(x) \nabla v_n^*(x) - c \cdot c) dx \tag{8.5.7}$$

8.5 BCS 波動関数による渦の運動方程式

が得られる．上で得られた結果に代入すべき，渦が存在する場合の Bogoliubov 方程式の解として以下のものを採用する[9]．

$$\begin{pmatrix} u_n \\ v_n \end{pmatrix} = e^{ikz} e^{i\mu\theta} \exp\left[-\frac{i}{2}\sigma_z\theta\right] \begin{pmatrix} g_n^{(1)} \\ g_n^{(2)} \end{pmatrix}. \tag{8.5.8}$$

ただし σ_z はパウリスピンの第 3 成分である．また θ は渦の中心から見た 2 次元平面の極角である：

$$\theta = \tan^{-1}\left(\frac{y-Y}{x-X}\right).$$

(8.5.8) の v_n 成分を拾い出し

$$v_n = e^{ikz} \exp[(\mu+1/2)\frac{i}{2}\theta]g_n^{(2)}, \tag{8.5.9}$$

その複素共役の微分

$$\nabla v_n^* = e^{-ikz}\left(-\frac{i}{2}e^{i(\mu+1/2)\theta}\right) \times \{(\mu+1/2)\nabla\theta g_n^{(2)} + \nabla g_n^{(2)}\}$$

を用いると，(8.5.7) の被積分関数は

$$\frac{i\hbar}{2}(v_n\nabla v_n^* - c.c) = \hbar(\mu+\frac{1}{2})|v_n|^2\nabla\theta$$

となる．従って最終的に正準項は次のように求められる：

$$S_{\text{eff}}^C = \int \hbar(\mu+\frac{1}{2})\sum_n |v_n|^2 \nabla\theta \cdot \dot{\boldsymbol{X}} dt. \tag{8.5.10}$$

ここで，

$$\rho = \hbar(\mu+\frac{1}{2})\sum_n |v_n|^2$$

なる置き換えをすると，上の式は超流動の場合の正準項と同じ形であることがわかる．渦が複数個存在する場合も同様に計算できる．

---

[9] P.G.de Gennes, Superconductivity of Metals and Alloys, (Addison Wesley, New York, 1989) chap.5.

第 9 章
量子ホール流体における素励起

　この章であつかう対象は磁場と電子間クーロン力のかねあいによって起こる，ある意味では奇妙な量子現象である．第 6 章で扱った整数量子ホール効果と区別して分数量子ホール効果と呼ばれるが，本質的には典型的な多体問題である．多体問題の最も重要かつ興味のある問題は，基底状態及びそこから少しだけ励起された状態つまり素励起の研究である．このような強磁場中での多電子系の基底状態は一種の"液体"のような状態で記述されると思われている．そこで以下ではこのような電子系を量子ホール流体と呼ぶことにする．

§9.1　強磁場中の 2 次元電子系の基底状態

　多電子系における励起状態の構成の仕方として最も素朴なものは，電子をフェルミ面まで一杯に詰めた状態に外部からエネルギーを与え，電子をフェルミ面より上にはね上げ，その電子の抜けた跡にホール(孔)を残すような励起のさせ方であるが，量子ホール流体における励起はこのような単純な描像によって記述できないもののようである．これがこの状態の特異性を物語っている．この特異な励起は超流体における渦の励起のトポロジー的欠陥に類似している[1]．基本になる電子の波動関数はいわゆる Landau 準位によって与え

---

[1] ここでは量子ホール効果の詳細に立ち入る余裕はないが，参考文献を挙げておく．R.E.Prange, S.M.Girvin ed. The Quantum Hall Effect, Springer Verlag; 吉岡大二郎，量子ホール効果，岩波書店; 青木秀夫，中島龍也，分数量子ホール効果，東京大学出版会．

られる．特に強磁場の極限においては最低 Landau 準位が占有される．この場合は第 4 章で見たように，縮退した最低 Landau 準位（これを LLL (lowest Landau level) と略記する）における案内中心の自由度で記述される．コヒーレント状態を用いれば，複素変数 $z = x + iy$ を用いて，角運動量が m の状態は

$$\langle m \mid z \rangle = \psi(z) = C z^m \exp\left[-\frac{1}{4l^2}|z|^2\right] \tag{9.1.1}$$

で書かれる（補足で説明してあるように，2 次元平面に磁場を垂直にかけた中心対称のゲージの下での波動関数を，極座標を用いて表しても得られる）．ここで角運動量の量子数 m は n より小さい全ての整数値を取り得る．この最低 Landau 準位に電子を詰めていくことによって多体の波動関数を構成しよう[2]．全角運動量が保存されることに注意すると，基底状態は N 個の電子を各 m_i に割り当てて反対称化した状態

$$A(z_1 \cdots z_N) \exp\left[-\frac{1}{4l^2}\sum_{k=1}^{N}|z_k|^2\right] \tag{9.1.2}$$

で与えられる．$A(\cdots)$ は $(z_1 \cdots z_N)$ の M 次の同次式で，$M = m_1 + \cdots + m_N$ は全角運動量である．上で導入した反対称波動関数に電子間クーロンの反発力の効果を取り入れる必要がある．これには 2 個の電子が近づいてくると値がゼロになるようなものをとればよい．何故なら波動関数がゼロになるということは，結果的に電子の存在する確率がゼロに近づくことを表しているからである．それには 2 粒子間距離の関数の積で与えるのが一番簡単である．つまり一般的に

$$\prod_{i<j} f(z_i - z_j) \exp\left[-\frac{1}{4l^2}\sum_{k=1}^{N}|z_k|^2\right] \tag{9.1.3}$$

のように書かれるであろう．これは Jastrow 型波動関数と呼ばれるものである．今の場合，もとの Landau 準位が多項式の形をしていることから f を

$$f(z_i - z_j) = (z_i - z_j)^m \tag{9.1.4}$$

---

[2] ただしこれはあくまでも試行関数であって，厳密にシュレディンガー方程式を満たすとは限らないことを注意しておこう．

のように選ぶ．ここで m は正の整数で各変数に関して同次である．ただし反対称性の要求を満たすために m は奇数にとらなければならない．結局，2次元電子系に磁場が垂直にかけられている場合の基底状態は，全ての対についての積をとって

$$\Psi_m = \prod_{i<j}(z_i - z_j)^m \exp\left[-\frac{1}{4l^2}\sum_{k=1}^{N}|z_k|^2\right] \tag{9.1.5}$$

と書けるであろう．これが Laughlin 波動関数である．この試行波動関数において整数値 m を如何に選ぶかという問題が残されているが，これはエネルギーの期待値を最小にするように決められる．特に $m=1$ の場合はいわゆる差積

$$\prod_{i<j}(z_i - z_j) = \begin{vmatrix} 1 & z_1 & \cdots & z_1^{N-1} \\ 1 & z_2 & \cdots & z_2^{N-1} \\ \vdots & \vdots & \vdots & \vdots \\ 1 & z_N & \cdots & z_N^{N-1} \end{vmatrix} \tag{9.1.6}$$

になる．これは Vandermonde 行列式として知られている．このときは角運動量 m が $m=-1,-2,\cdots N$ までちょうど一個ずつ詰められ，反対称化されたスレーター行列式そのものになる．このときの電子密度は Landau 準位に全部詰まったときの電子数，つまり Landau 準位の縮退度 g を系の面積で割ったものに等しい．

$$g = \frac{\Phi}{\phi_0} = \frac{BS}{\phi_0}$$

より

$$n = \frac{g}{S} = \frac{B}{\phi_0}$$

が得られる．ただし ϕ_0 は磁束量子($\phi_0 = \frac{ch}{e}$)である．一方 m が1に等しくないときは，電子間の距離が $\sqrt{m}$ 倍になる．従って密度は

$$\frac{n}{(\sqrt{m})^2} = \frac{n}{m} = \frac{B}{m\phi_0}$$

つまり $\frac{1}{m}$ 倍になる．言い替えれば Landau 準位が $1/m$ 倍満たされたときに実現すると考えられる．

Laughlin 状態はその構成の仕方からわかるように，電子間距離 $|z_i - z_j|$ がゼロに近づくと電子の存在確率もゼロになるので，電子が互いにしりぞけ合うように配置した状態が実現されていると考えられる．つまり互いの反発力によって身動きができない状態であると想像できる．もちろん身動きできないといっても電子は静止しているわけでなく，平均的に一定の密度になるように，磁場によるサイクロトロン運動とクーロン反発力の作用で互いの周りを運動をしていると見られる．であるから，このような状態は気体よりも非圧縮性液体に近いと考えられる．

球面上での電子系の波動関数

2次元平面上での波動関数は，境界の存在から来る物理的効果による煩わしさがある．この面倒を避けるには境界のない面上で波動関数を作ることが考えられる．このために，第4章で与えたモノポール調和関数に付随するスピンコヒーレント状態から作られる1体の波動関数を用いる．すなわち J が最小の状態 $(J = \frac{\kappa}{\hbar})$

$$\langle m|z \rangle = \Psi_m(z) = (1 + |z|^2)^{-J} z^m$$

(ただし $m = 0 \sim 2J$) を用いて，パウリ原理に従って電子を詰めた行列式状態は，平面の場合同様 Vandermonde 行列式で書ける：

$$\Psi = \begin{vmatrix} (1+|z_1|^2)^{-J} & z_1(1+|z_1|^2)^{-J} & \cdots & z_1^{N-1}(1+|z_1|^2)^{-J} \\ (1+|z_2|^2)^{-J} & z_2(1+|z_2|^2)^{-J} & \cdots & z_2^{N-1}(1+|z_2|^2)^{-J} \\ \vdots & \vdots & \vdots & \vdots \\ (1+|z_N|^2)^{-J} & z_N(1+|z_N|^2)^{-J} & \cdots & z_N^{N-1}(1+|z_N|^2)^{-J} \end{vmatrix}. \tag{9.1.7}$$

これは次のように書き換えられることがわかる．

$$\Psi = \prod_{i<j}(z_i - z_j) \times \prod_{i=1}^{N}(1 + z_i^* z_i)^{-\frac{N-1}{2}}. \tag{9.1.8}$$

ただし電子数 N は $N = 2J + 1$ の関係を満たす．これをステレオ投影によって角度変数に直すと，次の形になる：

$$\Psi(z_1\cdots z_N) = \prod_{i<j}\left(\tan\frac{\theta_i}{2}\exp[-i\phi_i] - \tan\frac{\theta_j}{2}\exp[-i\phi_j]\right)\cos\frac{\theta_i}{2}\cos\frac{\theta_j}{2}$$

$$= \prod_{i<j}\left(\cos\frac{\theta_j}{2}\sin\frac{\theta_i}{2}\exp[-i\phi_i] - \cos\frac{\theta_i}{2}\sin\frac{\theta_j}{2}\exp[-i\phi_j]\right).$$

(9.1.9)

ここでスピノル変数

$$u_i = \cos\frac{\theta_i}{2}, \qquad v_i = \sin\frac{\theta_i}{2}\exp[-i\phi_i] \qquad (9.1.10)$$

を導入して書きなおすと

$$\Psi(z_1\cdots z_N) = \prod_{i<j}(u_j v_i - u_i v_j) \qquad (9.1.11)$$

となる．次に，この形をもとに一般化すると

$$\Psi^m(z_1\cdots z_N) = \prod_{i<j}(u_j v_i - u_i v_j)^m \qquad (9.1.12)$$

が得られる．これが平面の場合の Laughlin 波動関数に対応するものである[3]．特に $\theta = \frac{\pi}{2}$ のときには円周上に束縛された電子となり，1次元クーロンガスと同じ問題になる．

§9.2 素励起とその運動方程式

　基底状態から素励起を作るのは多体問題の基本的課題である．フェルミ粒子系においては，フェルミ面近傍での1粒子励起あるいは集団励起といった概念が典型的であるが，量子ホール流体においても超流動の渦と同じトポロジカル励起が考えられる．つまり液体的な状態からトポロジー的励起を構成するのであるが，超流動状態のように秩序変数なるものが存在するかどうかは明らかでない．しかし基底状態において電子が互いにクーロン反発力によって動けない状態というのは，一種の絶縁体のようなものであろう．そこでこの絶縁状態に何らかの欠陥ができると，それはいわば"空孔"のように振る舞うと予想される．この空孔は超流動の場合の渦に相当することは明らかで

---

[3] F.Haldane, Phy.Rev.Let.**51**(1983)605.

ある．渦の基本的なアイデアは"波動関数のゼロ点である"という所にあったが，今の場合も基底ホール状態 Ψ_0 からゼロ点を作り出せればよい．実際，Laughlin 波動関数が複素変数で書かれていることが鍵になっている．

1個の渦を考え，その中心位置を $z_0 = (x_0, y_0)$ としよう．このような渦の存在を許容する試行関数として，次のような形を仮定するのが最も簡単である．

$$\Psi = \prod_{k=1}^{N}(z_k - z_0)\Psi_0(z_1 \cdots z_n). \tag{9.2.1}$$

ここで Ψ_0 は基底状態波動関数を表わす．この形からゼロ点は $z_k = z_0$ にあることがわかる．しかしオーダーパラメータとは違い多体の波動関数であるから，すべての粒子が"関与"したと解釈されるべきものである．それが $\prod_k$ の意味である．ここで z_0 が時間的に変化する場合に，その運動方程式を決定しよう．そのために量子作用原理を用いる．作用関数は

$$S = \int \langle\Psi|i\hbar\frac{\partial}{\partial t} - \hat{H}|\Psi\rangle dt \tag{9.2.2}$$

で与えられる．正準項の計算は微分の計算だけである．Ψ の中の時間依存の部分は第1項だけなので

$$\frac{\partial\Psi}{\partial t} = \frac{\partial P}{\partial t}\Psi_0.$$

ただし $P \equiv \prod_k(z_k - z_0)$ とおいた．

$$\frac{\partial P}{\partial t} = -\frac{dz_0}{dt}\sum_{k=1}^{n}\frac{1}{z_k - z_0}P$$

かつ

$$\langle\Psi|i\hbar\frac{\partial}{\partial t}|\Psi\rangle = \frac{1}{2}\left[\langle\Psi|i\hbar\left(\vec{\frac{\partial}{\partial t}}\right)|\Psi\rangle - \langle\Psi|i\hbar\left(\overleftarrow{\frac{\partial}{\partial t}}\right)|\Psi\rangle\right].$$

ここで $\left(\vec{\frac{\partial}{\partial t}}\right), \left(\overleftarrow{\frac{\partial}{\partial t}}\right)$ は，右，左微分を表す．以上より

$$\int \prod_{i=1}^{}dz_i dz_i^* \frac{i\hbar}{2}|\Psi|^2\left[-\frac{dz_0}{dt}\sum_k\frac{1}{z_k - z_0} + \frac{dz_0^*}{dt}\sum_k\frac{1}{z_k^* - z_0^*}\right]$$

となる．この式を見やすい形に書き換えるために次の式を使う．

9.2 素励起とその運動方程式

$$\sum_k \frac{1}{z_k - z_0} = \int dz dz^* \frac{1}{z - z_0} \sum_k \delta(z - z_k). \tag{9.2.3}$$

これから次のようになる：

$$\begin{aligned}\langle\Psi|i\hbar\frac{\partial}{\partial t}|\Psi\rangle &= \int dz dz^* \prod_{i=1} dz_i dz_i^* \frac{i\hbar}{2}|\Psi|^2 \\ &\times \sum_k \delta(z-z_k)\left[-\frac{dz_0}{dt}\frac{1}{z-z_0} + \frac{dz_0^*}{dt}\frac{1}{z^*-z_0^*}\right].\end{aligned}$$

ここで密度演算子

$$\hat{\rho}(z) = \sum_{k=1}^{N} \delta(z - z_k) \tag{9.2.4}$$

を導入すると，

$$\begin{aligned}\rho(z) &= \langle\Psi|\hat{\rho}|\Psi\rangle \\ &= \sum_{k=1}^{N} \int \prod_{k=1}^{N} dz_k dz_k^* |\Psi|^2 \delta(z-z_k)\end{aligned}$$

のように表わされ，これを $\langle\Psi|i\hbar\frac{\partial}{\partial t}|\Psi\rangle$ の表式に代入すると

$$\langle\Psi|i\hbar\frac{\partial}{\partial t}|\Psi\rangle = \frac{i\hbar}{2}\int dz dz^* \rho(z)\left[-\frac{dz_0}{dt}\frac{1}{z-z_0} + \frac{dz_0^*}{dt}\frac{1}{z^*-z_0^*}\right] \tag{9.2.5}$$

となる．さらに $z(z^*) = x \pm iy$ によって実の座標に直すと

$$\begin{aligned}&-\frac{i}{2}\left[\frac{dz_0}{dt}\frac{1}{z-z_0} - \frac{dz_0^*}{dt}\frac{1}{z^*-z_0^*}\right] \\ &= \frac{1}{(x-x_0)^2 + (y-y_0)^2}\left(\frac{dy_0}{dt}(x-x_0) - \frac{dx_0}{dt}(y-y_0)\right)\end{aligned} \tag{9.2.6}$$

が得られる．かつ

$$\begin{aligned}\nabla\Theta &\equiv \nabla\tan^{-1}\left(\frac{y-y_0}{x-x_0}\right) \\ &= \left(-\frac{y-y_0}{(x-x_0)^2+(y-y_0)^2}, \frac{x-x_0}{(x-x_0)^2+(y-y_0)^2}\right)\end{aligned}$$

に注意すると，渦に対する有効作用関数は，最終的に

$$S_{eff} = \int dt \left[\int \rho\hbar\dot{\boldsymbol{x}}_0 \cdot \nabla\Theta dx dy - \langle\Psi|\hat{H}|\Psi\rangle\right] \tag{9.2.7}$$

のように得られる.

次に,渦が複数個ある場合の波動関数は,(9.2.1)において $z = z_0^\nu$ ($\nu = 1, \cdots, n$) に渦があるとして, P を

$$\Psi = \prod_{\nu=1}^{n} \prod_{k=1}^{N} (z_k - z_0^\nu) \Psi_0 \tag{9.2.8}$$

の形にとる. 1個の場合と同じく

$$\frac{\partial P}{\partial t} = -\sum_{\nu=1}^{n} \sum_{k=1}^{N} \frac{dz_0^\nu}{dt} \frac{1}{z_k - z_0^\nu} P$$

を使えば

$$\langle \Psi | i\hbar \frac{\partial}{\partial t} | \Psi \rangle = \frac{i\hbar}{2} \int dz dz^* \rho(z) \sum_{\nu=1}^{n} [-\frac{dz_0^\nu}{dt} \frac{1}{z - z_0^\nu} + \frac{dz_0^{\nu(*)}}{dt} \frac{1}{z^* - z_0^{\nu(*)}}]$$

と書かれる.あるいは実座標を用いると

$$L_C = \int dz dz^* \rho(z, z^*)$$
$$\times \hbar \sum_{\nu=1}^{n} \frac{1}{(x - x_0^\nu)^2 + (y - y_0^\nu)^2} \left(\frac{dy_0^\nu}{dt}(x - x_0^\nu) - \frac{dx_0^\nu}{dt}(y - y_0^\nu) \right)$$
$$= \int dz dz^* \rho(x, y) \hbar \sum_{\nu} \dot{\boldsymbol{x}}_0^\nu \cdot \nabla \Theta_\nu \tag{9.2.9}$$

と表わされる.ここで

$$\Theta_\nu = \tan^{-1} \left(\frac{y - y_0^\nu}{x - x_0^\nu} \right)$$

は ν 番目の渦を中心として見た2次元平面の極角である.上の式において座標 (x, y) に関する積分が残っているが,これを直接行うのは面倒なので,超流動の場合と同様,正準項から直接運動方程式を導くという方針をとる.すなわち

$$\frac{d}{dt}\left(\frac{\partial L_C}{\partial \dot{\boldsymbol{x}}_0}\right) - \frac{\partial L_C}{\partial \boldsymbol{x}_0} = \frac{d}{dt}\left(\frac{\partial H_{eff}}{\partial \dot{\boldsymbol{x}}_0}\right) - \frac{\partial H_{eff}}{\partial \boldsymbol{x}_0} \tag{9.2.10}$$

より

$$\hbar\omega \frac{dx_0^\nu}{dt} = -\frac{\partial H_{eff}}{\partial y_0^\nu}, \quad \hbar\omega \frac{dy_0^\nu}{dt} = \frac{\partial H_{eff}}{\partial x_0^\nu} \tag{9.2.11}$$

が導かれる．ここで ω は次式で与えられる：

$$\omega = \int (\nabla \times (\rho \boldsymbol{v}_\nu))_z dx dy, \quad (\boldsymbol{v}_\nu = \nabla \Theta_\nu). \tag{9.2.12}$$

$\boldsymbol{v}_\nu$ は ν 番目の渦によって生成される速度場である．ストークスの定理によって

$$\omega = \oint_C \rho \boldsymbol{v} d\boldsymbol{s}. \tag{9.2.13}$$

と書きなおされる．C は渦の位置を囲む閉曲線である．渦の中心から十分離れたところで電子密度は一定値 $\rho_0 \ (= \frac{B}{m\phi_0})$ をとるので，それは次のように計算される：

$$\omega = 2\pi\rho_0 = \frac{eB}{mc\hbar}. \tag{9.2.14}$$

上の計算から逆にこの正準方程式を導く正準項 L_{eff}^C として

$$L_{eff}^C = \frac{\hbar\omega}{2} \sum_\nu (x_0^\nu \dot{y}_0^\nu - y_0^\nu \dot{x}_0^\nu) \tag{9.2.15}$$

が導かれる．従って量子ホール流体における，渦の集合に対する有効作用関数は次の形で与えられる：

$$S_{eff} = \int \left[\frac{\hbar\omega}{2} \sum_\nu (x_0^\nu \dot{y}_0^\nu - y_0^\nu \dot{x}_0^\nu) - H_{eff} \right] dt. \tag{9.2.16}$$

次にハミルトニアンの期待値を計算する必要がある．ハミルトニアンは

$$\hat{H} = \frac{1}{2} \sum_i (\hat{\pi}_i)_+ (\hat{\pi}_i)_- + \sum_{ij} \frac{e^2}{|\boldsymbol{x}_i - \boldsymbol{x}_j|} \tag{9.2.17}$$

で与えられるが，今の場合最低 Landau 準位のみに限られているので第1項は無視され，第2項のクーロン相互作用の期待値のみに限ってよい．さらに電子座標を案内中心座標に置き換えることができる．

$$H_{eff} \sim \sum_{ij} \langle \Psi | \frac{e^2}{|\boldsymbol{z}_i - \boldsymbol{z}_j|} | \Psi \rangle. \tag{9.2.18}$$

この計算はかなり面倒で最終的な結果が予測できる形ではないが，2個の素励起の場合には渦間の距離の関数に書けるようである（例えば Laughlin の結果を見よ）．さらに物理的には，渦は正の電荷を持った（すぐ後で示すように分

数電荷を持つ)"陽電子"が負の電荷の電子の背景の中にいるとして，その間の相互作用は遮蔽されたクーロン力のような形をとるであろうと予想される．

残された問題

素励起の運動方程式に関係した問題を列挙しておく．

(1) 準古典量子化

2個の素励起の場合，素励起の相対運動のボーア-ゾンマーフェルト量子化は，超流動における渦の場合と同じ手続きでなされる．違うのは対数ポテンシャルの代わりに遮蔽されたクーロン力を用いる所だけである．

(2) 素励起の集団の凝縮

渦の集合に対する作用関数を用いて，経路積分による量子化が行える．すなわち

$$K = \int \exp\left[\frac{i}{\hbar} \int \left\{\sum_\nu \frac{\hbar\omega}{2}(x_0^\nu \dot{y}_0^\nu - y_0^\nu \dot{x}_0^\nu) - H_{eff}\right\} dt\right] \mathcal{D}[x_0(t), y_0(t)].$$

この形は $mch\rho_0 = eB$ に注意すれば，ハミルトニアンを除いて強磁場中の2次元電子系に対する経路積分と全く同じ形をしている．このことからこれらの渦励起が再び量子ホール流体を形作ることが予想される．

(3) 球面上のホール流体の素励起

素励起の形として平面の場合と全く同じものをとる．ただし複素座標として球面の点のステレオ座標をとる．

$$\Psi(z_1 \cdots z_N) = \prod_{i=1}^{N}(z_i - z_0)\Psi_0.$$

ここで

$$z = \tan\frac{\theta}{2}\exp[-i\phi], \qquad z_0 = \tan\frac{\theta_0}{2}\exp[-i\phi_0].$$

球面上の渦座標 z_0 に対する運動方程式の導出は，2次元平面場合の計算をそのまま繰り返すだけである．

§9.3　分数量子化

量子ホール流体における欠損の物理的な正体は何であるか．負に帯電した電子の絶縁体状態にできた穴であるから，それはある大きさの正電荷をもった粒子として電流を運ぶであろうと考えられる．または次のような類推をすることもできる．すなわち一様な電子分布は一種の"泡格子"のようになっていて，例えば泡が正 6 角形状の配置をとった状態を基底状態と見立て，正 6 角形状の泡のかたまりを単位として，それに一つの電子を割り当てる．泡の正 6 角形が稠密充填されているのに対応して，電子は動くことができない状態にあると想像できる．この状態から泡を取り除くとそこには欠陥ができる．この欠陥は，文字通り電子が欠損したという意味で，正電荷を持つように振る舞うと考えられる．

この穴のもつ電荷は次のように見積もることができる．すなわち 2 次元平面を磁場が貫通していることから考え，空孔は単位の磁束量子が貫通しているものと考えられる．z_0 に空孔ができることにより，占有パラメータが m の場合，電子一個につき磁束 $m\phi_0$ が割り当てられている勘定からすると，単位の磁束 ϕ_0 を持つ空孔は e/m の正電荷を持つと考えられる．もちろんこれは理論というより"原始的"な観察である（この事実に対する理由付けは以下で述べる）．物理的には，この欠陥(準粒子)の運動によって電流が流れるのであるが，それがホール効果の量子化の原因になると考えられる．

直観的に e/m と予測される電荷を，理論的に導いてみよう．欠陥(渦)が一つだけある場合を考え，中心の位置 z_0 が時間的に変化すると想定してみよう（準粒子が運動するということを現実的に表明したものであるから妥当な解釈である）．特に z_0 がある閉曲線(ループ)上を動く場合を考えてみよう．2 次元平面には，これに垂直方向に一様な磁場が印加されているのであるから，ループを囲む磁場のフラックスがある．このフラックスに付随した量子論的位相は，第 5 章における議論より渦の電荷を e^* とおけば

$$\frac{e^*}{\hbar c}\oint_C \boldsymbol{A}d\boldsymbol{s} = 2\pi\frac{e^*}{e}\frac{\Phi}{\phi_0} \tag{9.3.1}$$

となる．一方，正準項からくるボーア-ゾンマーフェルト位相は

$$\int_S \omega dx_0 \wedge dy_0 = \frac{BS}{m\phi_0} = 2\pi\frac{\Phi}{m\phi_0}. \tag{9.3.2}$$

これら 2 つの位相を等値することにより

$$e^* = \frac{e}{m} \tag{9.3.3}$$

が得られる．

上の議論は本章のテーマである位相欠陥の正準力学の観点からなされたのであるが，これとは異なる解釈もできる．それは幾何学的位相（Berry の位相）の観点を用いるものである[4]．すなわち z_0 が断熱的に変化するとき，波動関数は幾何学的位相因子 $\exp[i\Gamma]$ を獲得するということを利用する．Γ は

$$\Gamma = \oint_C \langle \Psi | i \frac{\partial}{\partial t} | \Psi \rangle dt \tag{9.3.4}$$

になる．これは次のように計算される．まず

$$\frac{d\Psi}{dt} = \sum_i \frac{d}{dt} \log(z_i - z_0(t)) \Psi$$

を使うと

$$\frac{d\Gamma}{dt} = i \langle \Psi | \frac{d}{dt} \sum_i \log(z_i - z_0(t)) | \Psi \rangle$$

と直せる．密度演算子の期待値

$$\rho(z) = \langle \Psi | \sum_i \delta(z_i - z) | \Psi \rangle$$

を導入すると

$$\Gamma = \int dz dz^* \oint_C \rho(z) \frac{d}{dt} \log(z - z_0(t)) dt$$

と書かれる．t 積分を z_0 に関する積分に変換し，C を円周 $|z_0| = R$ にとると，コーシーの積分定理より

$$\oint_C \frac{d}{dt} \log(z - z_0(t)) dt = \oint_{|z_0|=R} \frac{1}{z_0 - z} dz_0 = -2\pi i \theta(R - |z|).$$

ここで $\theta(x)$ はステップ関数である．そこで最終的な表式は

$$\Gamma = -i \int^R 2\pi i \rho_0 d^2 r = 2\pi <N>_R = 2\pi \nu \frac{\phi}{\phi_0} \tag{9.3.5}$$

---

[4] D.Arovas, J.R.Schrieffer and F.Wilczek, Phys.Rev.Lett.**53**(1984)722.

で与えられる．ここで $<N>_R$ は半径 R の円内にある電子数の平均値である．この表式と上で与えた磁場のフラックスから生じる位相を比較すると，欠陥のもつ有効電荷は

$$e^* = \nu e = \frac{e}{m} \tag{9.3.6}$$

となる．これはボーア-ゾンマーフェルト位相を用いて導かれた結果と同じである．

　コメント：上述の欠陥を超流体における渦の励起と同じ手法で解釈しようとする試みについてコメントをしておく．これは強磁場中の2次元電子系の持つ特殊性に基づく．基本のアイデアは，2次元の電子が磁束と結合してボーズ粒子に変換され，それが凝縮するというものである．このボーズ粒子は現在までのところ，超伝導の BCS 理論における Cooper 対のように物理的な相互作用に起因するものではない．実際，Cooper 対のように実験的に観測はされていない．しかしながら理論的な仮説としては興味のあるものと言える．この理論の興味のあるところは，フェルミ粒子の磁束との結合という考えが特殊な"仮想的力"を生じるところにある．この力は荷電粒子に作用するゲージ場の形をとるのであるが，そのラグランジアンが通常の電磁場のものとは異なる形のものを与える．これがいわゆる Chern-Simons 項というものであるが，残念ながらこの力の存在に関しても直接証拠立てる実験事実は無いようである．

§9.4 補足

　第4章で昇降演算子を用いて構成した Landau 準位の波動関数を，直接にシュレーディンガー方程式を解くことによって与えよう．定磁場が (x,y) 平面に垂直に(つまり z 方向に)印加されているとする．このときのベクトルポテンシャルは中心対称なゲージをとると

$$\boldsymbol{A} = \left(-\frac{1}{2}By, \frac{1}{2}Bx\right)$$

で与えられる．するとシュレーディンガー方程式は次のようになる．

$$H\psi \equiv \left[-\frac{\hbar^2}{2m}\left(\frac{\partial^2}{\partial x^2} + \frac{\partial^2}{\partial y^2}\right) + \frac{eB}{2m}l_z + \frac{e^2B^2}{8mc^2}(x^2+y^2)\right]\psi = E\psi.$$

ここで l_z は z 方向の角運動量である．容易にわかるように l_z はハミルトニ

アンと交換する，すなわち保存量となる．ハミルトニアンの形からわかるように極座標を用いて変数分離できる．

$$\psi(r, \theta) = u_{m,n}(r) \exp[im\theta].$$

Landau 準位は 2 つの量子数 n, m で指定される．n はエネルギー量子を与え，m は角運動量量子数を与える．中心対称なベクトルポテンシャルの場合，角運動はよい量子数になる．ここで角運動量の量子数 m は n より小さいすべての整数値を取り得る．エネルギー準位は

$$\lambda_n = \left(n + \frac{1}{2}\right)\hbar\omega.$$

Landau 準位の最も特徴的な性質は，各エネルギー準位が同じ縮退度を持っていることである．それはエネルギー準位が中心座標の位置に依存しないということから来ている．それは

$$g = \frac{eBS}{h}.$$

で与えられる．ここで S は系の面積である．そこで最低 Landau 準位 $n = 0$ に全ての電子がある場合を考える．このとき波動関数は

$$\psi = Cr^m \exp\left[-\frac{1}{4l^2}r^2\right]\exp[im\phi]$$

となる．l は磁気長さと呼ばれるもので

$$l^2 = \frac{\hbar}{eB}.$$

複素数表示 $z = x + iy = re^{i\phi}$ を導入すると

$$\psi(z) = Cz^m \exp\left[-\frac{1}{4l^2}|z|^2\right].$$

確率分布 $|\psi|^2$ が最大値をとる所は

$$r_{max} = 2\sqrt{m}\, l.$$

これを半径とする円の面積は

$$\pi r_{max}^2 = 4m\pi \frac{c\hbar}{eB}.$$

$m\phi_0 = \pi r_{max}^2 B$ に注意すれば，$2m\phi_0$ は半径 r_{max} の円を貫く磁束に他ならない．

第10章
準古典量子化の非線型場への応用

　この章では，非線型場の特殊解(ソリトン解及びその類似)から準古典量子化の手法によって，"束縛状態"のエネルギースペクトルが解析的に求められる例を取り上げる．ここでの基本的なアイデアは，もともと無限自由度系である場の運動を，ソリトン解に組み込まれている少数自由度の集団運動に関する運動に帰着させ，それに対して準古典量子条件を適用することにある．具体的に4つの問題を取り上げる．(i)非アーベルモノポールのゲージ自由度に由来する運動とそれに対する位相不変量(Pontryagin 項)の効果，(ii) 2 + 1 次元模型における渦解への Chern-Simons 項の効果，(iii) 1 次元ボーズ粒子及び強磁性模型に対するソリトン解，(iv) 1 次元系の相対論拡張である sin-Gordon 方程式のソリトン解，および Gross-Neveu 模型を取り上げる．これらは数理物理の対象として非常に詳しく研究されているが，本書の主題である幾何学的量子化の観点から眺めてみる．

§10.1　非アーベル単極子と位相不変量の効果

　非アーベルゲージ場の力学をユークリッド化したとき[1]，作用関数がゲージ場の位相不変量(これを Pontryagin 項と呼ぶ)に等しくなる特殊解がある．これがインスタントンと言われるものである．インスタントン自体は，それを粒子として直接に観測されるような実体ではないが，位相不変量自体は他の現象に影響を及ぼす可能性はある．その一例として，ここではゲージ場とあ

---
[1] 虚の時間を第 4 番目の座標にとることを意味する．

る種のスカラー場（Higgs 場と呼ばれる）との結合系を考え，そこで現れる特殊解；非アーベル型磁気単極子への Pontryagin 項の影響について調べてみよう[2]．まず非アーベル単極子，別名 t'Hooft-Polyakov 単極子（モノポール）について説明しておこう．ディラックモノポールが電磁場の特異性を表現しているのに対して，これは非線形場の方程式の正則かつ安定な解として実現されるものである．残念ながらこのモノポールも現在までのところ理論的想像物にとどまっている．出発点となるのは，複素成分を持つスピノルで与えられる物質場（これを Higgs 場と呼ぶ）と非アーベルゲージ場が結合した系である．Higgs-ゲージ場の結合系を記述するラグランジアンは

$$L = -\frac{1}{4}F_{\mu\nu}F^{\mu\nu} + \frac{1}{2}(D_\mu\Phi)(D^\mu\Phi) - \frac{\lambda}{4}(\Phi^2 - \alpha^2)^2 \qquad (10.1.1)$$

で与えられる．ただし，$F_{\mu\nu}, D_\mu\Phi$ は次で定義される：

$$\begin{aligned} F_{\mu\nu} &= \partial_\mu A_\nu - \partial_\nu A_\mu + eA_\mu \times A_\nu, \\ D_\mu\Phi &= \partial_\mu\Phi + eA_\mu \times \Phi. \end{aligned} \qquad (10.1.2)$$

ここで $F_{\mu\nu}, A_\nu, \Phi$ はアイソスピン空間におけるベクトルを表し，記号 × はベクトルの外積を表す[3]．ギリシャ文字の添字は 4 次元時空の座標成分を表し，特に $\mu = 0$ は時間成分を表す．ローマ字の添字は空間成分を表す[4]．ベクト

---

[2] H.Kataoka K..Takada and H.Kuratsuji, Mod.Phys.Lett.**A7**(1992)2165.

[3] アイソベクトル Φ の表記について：$\Phi = \sum_a \phi_a \tau_a$ ここで $\Phi = (\phi_1, \phi_2, \phi_3)$ と置けば，アイソスピンの成分はベクトル成分とみなされる．共変微分 $D_\mu\Phi = \partial_\mu\Phi + ig[A_\mu, \Phi]$．

$$[A_\mu, \Phi] = [\sum_a A_a\tau_a, \sum_b \phi_b\tau_b] = \sum_{ab} A_{\mu a}\phi_b[\tau_a, \tau_b] = i\sum_{abc} A_{\mu a}\phi_b\epsilon_{abc}\tau_c$$

に注意すると

$$\sum_c \phi_\mu\partial_c\tau_c + i^2 g\sum_{abc} \epsilon_{abc}A_{\mu a}\phi_b\tau_c = \sum_c (\partial_\mu\phi_c - g\sum_{ab} \epsilon_{abc}A_{\mu a}\phi_b)\tau_c$$

および $\sum_{ab} \epsilon_{abc}A_{\mu a}\phi_b = (\boldsymbol{A}_\mu \times \boldsymbol{\dot{\phi}})_c$ より $(D_\mu\boldsymbol{\Phi})_c = \partial_\mu\phi_c - g(\boldsymbol{A}_\mu \times \boldsymbol{\Phi})_c$，すなわち

$$D_\mu\boldsymbol{\Phi} \equiv \partial_\mu\boldsymbol{\Phi} - g(\boldsymbol{A}_\mu \times \boldsymbol{\Phi})$$

とベクトル記号で表わすことができる．

[4] このラグランジアンは，SU(2)局所ゲージ対称性が自発的に破れて質量を持ったゲージ場を生ずることを示している．

10.1 非アーベル単極子と位相不変量の効果

ルポテンシャルにはゲージ変換による不定性があるが，今の場合 $A_0^a = 0$ になるようなゲージ条件をとる．静的解(時間に依存しない解)として，次のような型(これを Hedgehog 針ネズミ型と呼ぶ)が取ることができる：

$$\Phi_a(x) = \frac{x^a}{r}F(r) \equiv \Phi_a^{(m)}$$
$$A_i^a(x) = \epsilon_{aji}\frac{x^j}{r}W(r) \equiv A_i^{a(m)}. \quad (10.1.3)$$

ここで $F(r)$ と $W(r)$ は無限遠方における境界条件 $r \to \infty, F(r) \to \alpha$ と $W(r) \to \frac{1}{er}$ を満たす．ある極限においては厳密解も得られている．これは後の議論において用いられる．モノポールの力学を見るため，作用積分を $S = S_c + S_k \equiv \int(L_c + L_k)dt$ と書き直そう．対応するラグランジアンは

$$L = L_c + \int \left(\frac{1}{2}\sum_i \dot{A}_i^2 + \dot{\Phi}^2\right)d^3x \quad (10.1.4)$$

となる．ここで第 1 項は時間に依存しないモノポールからの寄与であって

$$L_c = \int \left(-\frac{1}{4}\sum_{ij}(F_{ij})^2 - \frac{1}{2}\sum_i(D_i\Phi)^2 - \frac{\lambda}{4}(\Phi^2 - \alpha^2)^2\right)d^3x \quad (10.1.5)$$

で与えられる．問題は第 2 項の運動エネルギーにあり，これからモノポールの運動が導かれる．

さて，上で見たようにインスタントンを特徴づける量は位相不変量であるが，これは同時に場の作用関数という力学的な意味も持つ．ある定数 θ を掛けたものを

$$L_\theta = \theta\frac{e^2}{32\pi^2}F_{\mu\nu}\tilde{F}_{\mu\nu} \quad (10.1.6)$$

と表す．これがいわゆる θ 項と呼ばれるものである．（この項の出所はトンネル効果によるのであるが，それの簡単な説明については補足をみよ．）今取り上げているゲージ条件 $A_0 = 0$ のもとでは，これは

$$\theta\frac{e^2}{16\pi^2}\epsilon^{ijk}\dot{A}_i F_{jk} \quad (10.1.7)$$

と書き換えられる．ベクトルポテンシャル A_i とその時間微分で定義される $E_i = -\dot{A}_i$ は互いに正準共役な変数の組を作ることに注意すれば，(10.1.7)は

$$\epsilon_{ijk}B_{ij}\dot{A}_k \qquad \left(B_{ij} \equiv \theta \frac{e^2}{16\pi^2} F_{ij}\right)$$

の形に書かれ，これはちょうど通常の磁場中の荷電粒子に対するラグランジアンのベクトルポテンシャル項

$$\frac{e}{c}\boldsymbol{A}\dot{\boldsymbol{x}}$$

に対応するものになっている．すなわち，ベクトルポテンシャルの空間(無限次元)が通常の3次元空間に対応しているとみられる[5]．以上の準備の下に，実際にモノポールの運動を構成してみよう．まず次のようにゲージ変換を考える．

$$\begin{aligned} \Phi &\rightarrow S\Phi, \\ A_i &\rightarrow SA_iS^{-1} - \frac{i}{e}(\partial_i S)S^{-1}, \\ S(x) &= \exp[i\Lambda(x)]. \end{aligned} \qquad (10.1.8)$$

ここで $\Lambda(x) = \sum_{i=1}^{3} \Lambda_i(x)\tau_i$, $(\Lambda_1, \Lambda_2, \Lambda_3) = \boldsymbol{\Lambda}(x)$ は回転角 $|\boldsymbol{\Lambda}|$, 回転軸 $\frac{\boldsymbol{\Lambda}}{|\boldsymbol{\Lambda}|}$ で与えられるアイソスピン空間でのベクトルを表している．方程式(10.1.8)は，時間に依存しないモノポール解 (Φ, A_i) に時間依存性を持たせる可能性を暗示している．系の時間発展を考えるため，(10.1.8)の代わりにそれを無限小にした変換

$$A_i \rightarrow A_i - \delta\Lambda \times A_i + \frac{1}{e}\partial_i(\delta\Lambda) \qquad (10.1.9)$$

を考える．無限小変換を生成(generate)する関数 $\delta\Lambda$ を次のように選ぶ．

$$\delta\Lambda = \delta\phi\hat{\Phi}, \quad \hat{\Phi} \equiv \frac{\Phi}{|\Phi|}. \qquad (10.1.10)$$

ここで $\frac{\Phi}{|\Phi|}$ はゲージ空間における回転の軸であり，$\delta\phi$ はその周りの無限小の回転角である．また $\hat{\Phi}$ は Higgs 場だけから定められる．この内部空間での無限小回転(10.1.10)に対する場の変数 A や Φ の変化を求めると，まずベクトルポテンシャルの変化が次のように与えられる：

$$A_i \rightarrow A_i - \delta\phi\hat{\Phi} \times A_i + \frac{\delta\phi}{e}\partial_i\hat{\Phi}. \qquad (10.1.11)$$

---

[5] Y. S. Wu and A. Zee, Nucl. Phys. **258**(1985)157.

10.1 非アーベル単極子と位相不変量の効果

一方,Higgs場 Φ は (10.1.10) の下で不変である.何故なら (10.1.10) は $\hat{\Phi}$ を軸とする回転であり,Φ 自身もまたこの回転の軸だからである.それでは内部空間の回転のパラメーター ϕ をこの系の力学変数とみなすことにしよう.すると $\delta\phi$ を無限小の時間 δt における変化とみなすことにより,角速度

$$\dot{\phi} = \lim_{\delta t \to 0} \frac{\delta\phi}{\delta t} \quad (10.1.12)$$

が得られる.モノポールの微小時間 δt における変化は

$$\delta A_i^{(m)} = -\delta\phi \hat{\Phi}^{(m)} \times A_i^{(m)} + \frac{\delta\phi}{e}\partial_i\hat{\Phi}^{(m)} \quad (10.1.13)$$

のように与えられる.一方,Higgs場の方は先に述べたように時間変化しない.$\epsilon \to 0$ の極限を取ることにより,ゲージ場の時間微分つまり速度が角速度 $\dot{\phi}$ を用いて

$$\dot{A}_i^{(m)} = \frac{1}{e}\dot{\phi}D_i\hat{\Phi}^{(m)} \quad (10.1.14)$$

のように表されることがわかる.ゲージ場の速度 (10.1.14) をラグランジアン密度 (10.1.5) に代入し,それを全空間で積分することにより,力学変数 ϕ についての有効ラグランジアンが角速度 $\dot{\phi}$ のみを用いた簡単な形

$$L_{eff} = \frac{1}{2e}M\dot{\phi}^2 + \theta\frac{e^2}{16\pi^2}N\dot{\phi} - V \quad (10.1.15)$$

で得られる.ただし L_{eff} の第2項は θ 項から得られたものであり,また係数の M や N や V は次のように与えられる.

$$\begin{aligned} M &= \frac{1}{e}\int (D_i\hat{\Phi}^{(m)})^2 d^3x, \\ N &= \int \epsilon^{ijk}(D_i\hat{\Phi}^{(m)})F_{jk}^{(m)}d^3x. \end{aligned} \quad (10.1.16)$$

V の時間に依存しないポテンシャルエネルギーの部分は

$$V = \int \left(\frac{1}{4}(F_{ij}^{(m)})^2 + \frac{1}{2}(D_i\Phi^{(m)})^2 + \frac{\lambda}{4}((\Phi^{(m)})^2-\alpha^2)^2\right)d^3x \quad (10.1.17)$$

となる.結局,場 A や Φ の時間的発展を扱う問題が,力学変数 ϕ についての簡単な力学系を扱う問題に帰着されたことになる.次にこの力学系をハミルトン形式で表してみよう.L_{eff} より ϕ に共役な運動量は次で与えられる:

$$P_\phi = \frac{\partial L}{\partial \dot{\phi}} = \frac{1}{e}M\dot{\phi} + \theta\frac{e}{16\pi^2}N. \quad (10.1.18)$$

この運動量を用いると有効ハミルトニアンが

$$H = P_\phi \dot\phi - L = \frac{e}{2M}\left(P_\phi - \theta\frac{e}{16\pi^2}N\right)^2 + V \tag{10.1.19}$$

のように得られる．このハミルトニアンは，平面上の円周に拘束された荷電粒子に，この円の中心に平面に垂直なソレノイド磁場が貫通している場合のハミルトニアンと同じ形をしている．円周上の位置を表す角度が ϕ に対応している．ここで $Q = M\dot\phi$ をもってモノポールを運ぶ電荷とみなすことができる．さて上のハミルトニアンに準古典(ボーア-ゾンマーフェルト型)量子化を適用してみると

$$\oint P_\phi d\phi = 2n\pi \qquad (n = \text{integer}) \tag{10.1.20}$$

より，次式が得られる：

$$\frac{1}{e}M\dot\phi = n - \theta\frac{e}{16\pi^2}N. \tag{10.1.21}$$

最後に N の値を具体的に計算するために，t'Hooft-Polyakov モノポールの具体的な解として適当なものを (10.1.16) に代入しよう．ある種の極限解(Prasad-Sommerfield 極限と呼ばれる)

$$\begin{aligned}W(r) &= \frac{1}{er} - \frac{\alpha}{\sinh(e\alpha r)}, \\ F(r) &= -\frac{1}{er} + \frac{\alpha}{\tanh(e\alpha r)}\end{aligned} \tag{10.1.22}$$

を用いることにする．すると

$$N = \frac{8\pi}{e} \tag{10.1.23}$$

が得られる．N は十分に大きな閉曲面を貫く磁束に他ならない．それゆえ N は電荷の逆数に比例した磁荷を与えるともいえる(これに関しては補足1を参照のこと)．いわば，SU(2)ゲージ場のゲージ空間上に現れた U(1) ゲージポテンシャルに対して定義される磁荷である．そして電磁気学で言えば，電荷の場合のガウスの法則に対応するものである．従って N は位相不変量であり，場の方程式の解の境界条件だけで定まり，その具体的な形にはよらない．つまり (10.1.23) の N の値は一般の場の配位についても同じなのであって，特定の解の形にはよらないことに注意しよう．そこで t'Hooft-Polyakov

モノポールの電荷の最終的な表式は次のように書かれる：

$$Q = \left(n - \frac{\theta}{2\pi}\right)e. \tag{10.1.24}$$

以上の議論をまとめると次のようになる．まず(10.1.18)で定義される運動量は2つの部分からなっていることに注意しよう．すなわち電磁場中の荷電粒子の場合との類推で言えば，荷電粒子自身の持つ運動量に対応する部分と，電磁場との相互作用による運動量に対応する部分である．従って後者は，Aharonov-Bohm効果の力学的な実現と見ることができる．これを物理的に言えば，Pontryagin項に由来する θ 項がモノポールの電荷に対する分数量子化を帰結することになる．このように電荷を担うモノポールをダイオンと呼ぶことがある[6]．

補足1：N が "磁束" となることの証明

$$N = \int (D_i\phi^a)\epsilon_{ijk}F_{jk}^a d^3x \qquad \left(\phi_a = \frac{\Phi_a^m}{|\Phi_a^m|}\right)$$

部分積分を行なうと

$$N = \int_{S_i} \phi^a \epsilon_{ijk}F_{jk}^a dS_i - \int \phi^a D_i(\epsilon_{ijk}F_{jk}^a)d^3x$$

となり，第2項はBianchi恒等式により0になる．第1項は表面積分であるから dS_i は i 軸に垂直方向の面積要素を表わす．$\epsilon_{jk}F_{ik}^a = B_i^a$ は "磁場" とみなせる．従って

$$N = \int_S \boldsymbol{B}^a \phi^a d\boldsymbol{S}$$

(ただし a について和をとるものとする)．ここで $\phi^a = \frac{x^a}{r}$ はアイソスピン空間における単位ベクトルの成分，つまり $\phi^a = (\hat{r}, e^a)$．故に

$$\boldsymbol{B}^a\phi^a = \sum_a (\hat{r}, \boldsymbol{B}^a e^a) = (\boldsymbol{B}\hat{r}) = \boldsymbol{B}^r$$

に注意すると，N の被積分関数はアイソスピン空間での $\hat{r}$ 方向への射影とみ

---

[6] ダイオンの電荷の分数量子化についてのオリジナルな議論は，E.Witten,Phys.Lett.**86B** (1979)283 で与えられた．

なすことができる．これは単にアイソスピン空間ではスカラー量とみてよい．結局 N は"磁場"$\boldsymbol{B}^r$ の flux になった．$\boldsymbol{B}$ の"源"はモノポールになるから $N = 4\pi g$ とかける．ここで g はモノポール磁荷である．電荷と磁荷の関係は非アーベルの場合は $eg = \kappa$ とかかれる．ただし κ は，非アーベル群によって決まる．ここでは $\kappa = 2$ と選ぶことにより $N = \frac{8\pi}{e}$ がでてくる．

補足2："回転子"に対する分配関数

以上では，非アーベルゲージ場と Higgs 場の結合系を，場の特解に含まれる集団座標[7]の力学に帰着させることによって，モノポールの電荷の問題を扱った．それは力学の問題としては単純な固定軸まわりの回転子の問題になった．それ故，非アーベルゲージ場-Higgs 場の系に対する経路積分の計算は，回転子の経路積分に帰着させられる．すなわち

$$\int \exp[\frac{i}{\hbar}\int L(A,\Phi)d^3x dt]\mathcal{D}[A,\Phi] = \int \exp[\frac{i}{\hbar}\int \{\frac{1}{2}I\dot{\phi}^2 + k\dot{\phi}\}dt]\mathcal{D}[\phi(t)] \quad (10.1.25)$$

の形になる．ここで $I = M/e, k = \frac{\theta e^2 N}{16\pi^2}$ とおいた．

ここでは少し趣きを変えて，虚数時間を用いて分配関数を求めよう．それは次で与えられる：

$$Z = \text{Tr}(\exp[-\beta \hat{H}_{\text{eff}}]) = \sum_{m=-\infty}^{+\infty} \exp[-\beta E_m]. \quad (10.1.26)$$

$E_m = \frac{(m\hbar - k)^2}{2I}$ に注意すると

$$\sum_{m=-\infty}^{+\infty} \exp[-\frac{\beta}{2I}(m\hbar - k)^2] = \exp[-\frac{\beta k^2}{2I}]\sum_{m=-\infty}^{+\infty}\exp[-\frac{\beta\hbar^2}{2I}m^2 + \frac{\beta\hbar k}{I}m] \quad (10.1.27)$$

となる．ここで

$$\frac{\beta\hbar^2}{2I} \equiv z, \quad \frac{\beta\hbar k}{2I} \equiv a$$

と置き換え，次のような関数を定義する．

---

[7] これは非線型場の特殊解に含まれるパラメーターであるが，特にモデュライパラメーターとも呼ばれる．

$$f(x) \equiv \sum_{m=-\infty}^{+\infty} \exp[-z(x+m)^2 + 2a(x+m)].$$

これは $f(x+1) = f(x)$ (つまり周期1)であるから，フーリエ級数に展開できる．第2章と同じ手法を用いると

$$f(x) = \sqrt{\frac{\pi}{z}} \sum_{n=-\infty}^{+\infty} \exp[\frac{(a-n\pi i)^2}{z}] \exp[2n\pi i x]$$

となる．元の変数に戻して $x = 0$ にとると

$$\tilde{Z} = \sum_{m=-\infty}^{+\infty} \exp[-\frac{\beta \hbar^2}{2I}m^2 + \frac{\beta \hbar k}{I}m] = \sqrt{\frac{2\pi I}{\beta \hbar^2}} \sum_{n=-\infty}^{+\infty} \exp[\frac{2I}{\beta \hbar^2}(\frac{\beta k \hbar}{2I} - n\pi i)^2] \tag{10.1.28}$$

が得られる．特に $k = 0$ のときは

$$\sum_{m=-\infty}^{+\infty} \exp[-\frac{\beta \hbar^2}{2I}m^2] = \sqrt{\frac{2\pi I}{\beta \hbar^2}} \sum_{n=-\infty}^{+\infty} \exp[-\frac{2I}{\beta \hbar^2}(n\pi)^2]. \tag{10.1.29}$$

これはテータ関数の反転公式に他ならない．この意味は，$\beta \to \frac{1}{\beta}$, $I \to \frac{1}{I}$ の置き換えに関して不変性があるということである．

補足3：θ 真空について

Pontryagin 項の出所は以下のように説明される．位相量子数 n で特徴づけられる局所的な真空の重ね合わせ

$$|\theta\rangle = \sum_{n=-\infty}^{+\infty} c_n |n\rangle$$

を考える．ここで係数 c_n は固有値問題

$$H |\theta\rangle = \lambda |\theta\rangle$$

を解くことによって決められる．左から $\langle n|$ をかけることにより，漸化式

$$M c_n + T(c_{n-1} + c_{n+1}) = \lambda c_n$$

が得られる．ここに $M = \langle n | H | n \rangle, T = \langle n | H | n+1 \rangle$．

$$c_n = \exp[in\theta]$$

とおいてみると，固有値は

$$\lambda = M + T(\exp[i\theta] + \exp[-i\theta]) = M + 2T\cos\theta$$

と求められる．対応する状態はいわゆる θ 真空と言われるもので，次のように与えられる：

$$|\theta\rangle = \sum_{n=-\infty}^{+\infty} \exp[in\theta]|n\rangle. \qquad (10.1.30)$$

上で用いた手法は周期ポテンシャル中でのエネルギースペクトル決定の問題，すなわち Bloch 電子のスペクトルを決定する問題と同じである．次に θ 真空同士を結ぶ遷移振幅は次のように書かれる．

$$K = \langle\theta|\exp[-HT]|\theta\rangle = \sum_n \exp[i\theta \times 1]\langle n|\exp[-HT]|n+1\rangle,$$

$$\langle n|\exp[-HT]|n+1\rangle = \langle 1|\exp[-HT]|0\rangle.$$

ここで，n が位相不変量であるという事実，すなわち

$$\frac{1}{8\pi^2}\int \mathrm{Tr} F\tilde{F} d^4x = n$$

に注意して，上の右辺の和を経路積分の形にすると

$$K = \int \exp[-S + \frac{i\theta}{8\pi^2}\int \mathrm{Tr} F\tilde{F} d^4x]. \qquad (10.1.31)$$

となり，さらにミンコフスキー空間の座標に直すと θ 項を含むラグランジアンが得られる[8]．

上で与えた，θ 真空の具体的な構造について，ざっと触れておこう．これは，量子色力学 (QCD) の真空構造の解明という物理的な問題に対する基礎を形成している[9]．まず，局所的な真空，$|n\rangle$ と，$|n'\rangle$ を結ぶ遷移振幅は，$A_0 = 0$ のゲージを選べば，

$$K(T) \equiv \langle n'|\exp[-\hat{H}T]|n\rangle = \int \exp[-\frac{1}{g^2}\int d^4x((\dot{A}^a_\mu)^2 + (B^a_\mu)^2]D[A^a_\mu(x)]$$

---

[8] ここで $\tilde{F}$ は F に対する双対である：$\tilde{F}_{\rho\sigma} = \sum_{\mu\nu}\frac{1}{2}\epsilon_{\mu\nu\rho\sigma}F_{\rho\sigma}$．微分形式で表せば $\mathrm{Tr} F \wedge F = \sum_{\mu\nu}\frac{1}{2}\mathrm{Tr} F_{\mu\nu}\tilde{F}_{\mu\nu}d^4x$ の関係がある．

[9] 原論文は，H.t'Hooft, Phys.Rev.**D14**(1976)3432; G.Callan, R.Dashen and D.Gross, Phys.Rev.**D17**(1978)2717.

10.1 非アーベル単極子と位相不変量の効果

と書ける．ここで，g を結合定数として，$A_\mu^a(x) \to gA_\mu^a(x)$ と置き換えた．この形から，ゲージ結合定数とプランク定数の間の対応; $g^2 \sim \hbar$ がみられる．この事実をもとに，非アーベルゲージ場の古典解が与えられると，そのまわりでの準古典近似ができることを示唆している．実際それは実行できてつぎのような特殊な古典解を用いることによってなされる．このために，つぎの関係式に注目する：

$$\int \text{Tr}(2F^2 + 2F\tilde{F})d^4x = \int \text{Tr}(F^2 + \tilde{F}^2 \pm 2F\tilde{F})d^4x$$
$$= \int \text{Tr}(F \pm \tilde{F})^2 d^4x \geq 0$$

これより，等号は，

$$F \pm \tilde{F} = 0$$

のときに成立する．この方程式の解が，インスタントン解(マイナス符号に対して)，反インスタントン解(プラス符号に対して)を与える．この解を代入すると，作用関数は

$$S_c = \int \text{Tr}F^2 d^4x = \pm \int \text{Tr}F\tilde{F}d^4x$$

で与えられる極値をとるが，

$$\int \text{Tr}F\tilde{F}d^4x = 8\pi^2 n$$

となるので，結局，

$$S_c = \frac{8\pi^2}{g^2}$$

と，非常に簡単な形でかけてしまう．インスタント解の具体的な形としては，たとえば，$G = \text{SU}(2)$ の場合，つぎのような形に与えられる：

$$\tilde{A}_\mu^a(x) = 2\frac{\eta_{a\mu\nu}x_\nu}{x^2 + \rho^2}$$

ここで，$\eta_{a\mu\nu} = \epsilon_{0a\mu\nu} + \frac{1}{2}\epsilon_{abc}\epsilon_{bc\mu\nu}$ (和の規約を用いる)．この古典解のまわりで，準古典展開を行うと，

$$K(T) = \exp[-\frac{8\pi^2}{g^2}]\int \exp[-\int \xi(x)^\dagger L^{(2)}(\tilde{A}_\mu)\xi(x)d^4x]D[\xi(x)]$$

となることがわかる．ここで，$\xi = A - \tilde{A}$ は，インスタントン解からのズレをあらわし，右辺のガウス積分は作用積分の第 2 変分からくる．この第 2 変分を計算するのは，かなり複雑な技巧を必要として，ここでは述べられないので結果だけを記す．それはゲージ場およびインスタントン解に内在する対称性の処理に関係している．すなわち，インスタントン解には，重心座標 X および，スケールパラメータ，ρ が含まれていて，それに関する第 2 変分のモードは，いわゆる，ゼロ・モードをあたえる．これから，$|0\rangle \to |1\rangle$ に対する準古典振幅は

$$\langle 1| \exp[-\hat{H}T]|0\rangle \simeq V_N \left(\frac{8\pi^2}{g^2}\right)^{2N} \int d^4X \int \frac{d\rho}{\rho^5} \exp[-\frac{8\pi^2}{g^2}] \times$$

$$\int D[\xi'(x)] \exp[-\int d^4x \xi'(x)^\dagger L^{(2)}(\tilde{A})\xi'(x)]$$

となる．ここで，$\xi'(x)$ は，ゼロ・モードを除外したものをあらわす．$\xi'(x)$ モードに関するガウス積分を計算した結果を，繰り込みの処方を適用した形に書きなおせる．すなわち，$\frac{8\pi^2}{g^2} \to \frac{8\pi^2}{\bar{g}^2}$ なる置き換えができる．ただし，繰り込まれた結合定数 $\bar{g}$ は，$\frac{1}{\rho\mu}$ の関数で与えられる．μ は，繰り込まれた質量パラメータをあらわす．この結果，

$$K(T) = VT \int \frac{d\rho}{\rho^5} \left(\frac{8\pi^2}{\bar{g}^2}\right)^{2N} \exp[-\frac{8\pi^2}{\bar{g}^2}]C$$

ここで，VT は，ユークリッド時空の体積で，C は定数である．$(\rho, \rho + d\rho)$ でトンネルする振幅は，

$$K(T) \sim DVT \exp[-\frac{8\pi^2}{\bar{g}^2}]$$
$$D = C\frac{d\rho}{\rho^5}\left(\frac{8\pi^2}{\bar{g}^2}\right)^{2N}$$

で与えられる．さらに，$\rho \ll T \ll (VD)^{-1}\exp[-\frac{8\pi^2}{\bar{g}^2}]$ のもとで，

$$\langle 1| \exp[-\hat{H}T]|0\rangle \sim \langle 1|(1-\hat{H}T)|0\rangle T$$

と近似されるので，これより

$$\langle 1|\hat{H}|0\rangle \cong -VD\exp[-\frac{8\pi^2}{\bar{g}^2}]$$

と見積もられる．これは $|n\rangle \to |n+1\rangle$ への遷移に対しても同じものを与え

ることに注意すると，θ 真空に対するハミルトニアンの期待値は，簡単な計算により

$$E(\theta) = \langle \theta | \hat{H} | \theta \rangle = E_0 - 2\cos\theta V D \exp[-\frac{8\pi^2}{\bar{g}^2}]$$

となる (E_0 はトンネル効果がないときのエネルギーである)．この表式が，インスタントンの物理量の計算を行う基礎をあたえる．

補足 4：第 2 Chern 類とインスタントンバンドル

第 5 章で触れたように，アーベルゲージ場に付随する位相不変量は，場の強さ (曲率形式) の積分で与えられた．これは第 1 Chern 類と言われるものであり，一般に特性類と言われる範疇で定式化される．ここでは特性類の一般的構成は与えずに，非アーベルゲージ場にとって重要な第 2 Chern 類を取り上げて説明する．

始めに，前に与えた $U(1)$ 群に付随するモノポールバンドルを高次元にしたバンドルについて述べる．底空間として 4 次元球面 S^4 をとる．ファイバーとして 2 次元ユニタリー群 $SU(2)$ を考える．それらの座標を

$$S^4 = (\theta, \phi, \psi, r), F = (\alpha, \beta, \gamma)$$

とする．ここで (θ, ϕ, ψ) はオイラー角を表す．第 1 Chern 類の場合を真似て S^4 を 2 つの "半球" に分け，それらを S_+, S_- とおく．S_+, S_- は境界として 3 次元球面 S^3 を持っている．これら両半球の共通部分としての "赤道" を，上で導入したオイラー角 (θ, ϕ, ψ) によってパラメトライズする．それぞれの半球上でバンドルを次のように構成する．

$$\begin{aligned} B_+ &= (\theta, \phi, \psi), (\alpha_+, \beta_+, \gamma_+), \\ B_- &= (\theta, \phi, \psi), (\alpha_-, \beta_-, \gamma_-). \end{aligned}$$

それぞれのバンドルを赤道において貼り合わす．それにはファイバー間の変換を次のように決める．

$$g(\alpha_+, \beta_+, \gamma_+) = h^n(\theta, \phi, \psi) g(\alpha_-, \beta_-, \gamma_-).$$

ここで $h^n \equiv \Phi$ は基本の変換 $h(\theta, \phi, \psi)$ の n 乗を意味する．この変換は，モ

304　第 10 章　準古典量子化の非線型場への応用

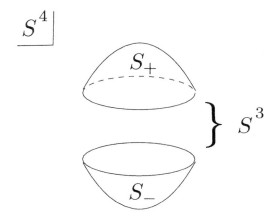

図 10.1：球面 S^4 を S^3 を縁とする 2 つの面に分割する.

ノポールバンドルの場合の $\exp[in\phi]$ の一般化である．今の場合，整数値 n はモノポールの場合の磁荷に相当する位相不変量を与える．この変換は 2 つの半球 S_+, S_- 上で定義されたゲージポテンシャル及びその曲率の間の変換

$$\begin{aligned} A_- &= \Phi^{-1} A_+ \Phi + \Phi^{-1} d\Phi, \\ F_- &= \Phi^{-1} F_+ \Phi \end{aligned} \qquad (10.1.32)$$

を与える．ここで第 2 Chern 類の表式

$$C_2 = \int_{S^4} \mathrm{Tr}(F \wedge F) = \frac{1}{8\pi^2} \Big[\int_{S_+} \mathrm{Tr}(F_+ \wedge F_+) + \int_{S_-} \mathrm{Tr}(F_- \wedge F_-) \Big] \qquad (10.1.33)$$

を，次の関係式

$$\mathrm{Tr}(F \wedge F) = d\,\mathrm{Tr}(F \wedge A - \frac{1}{3} A \wedge A \wedge A)$$

に注意して，ストークスの定理を用いて変形すると

$$C_2 = \frac{1}{8\pi^2} \Big[\int_{S^3} \mathrm{Tr}(F_+ \wedge A_+ - \frac{1}{3}(A_+)^3) - \int_{S^3} \mathrm{Tr}(F_- \wedge A_- - \frac{1}{3}(A_-)^3) \Big]$$

となり，それは

$$\frac{1}{8\pi^2} \int_{S^3} \mathrm{Tr}\Big[\frac{1}{3}\Phi^{-1} d\Phi \wedge \Phi^{-1} d\Phi \wedge \Phi^{-1} d\Phi - d(A_+ \wedge \Phi^{-1} d\Phi)\Big] = \frac{1}{24\pi^2} \int_{S_3} \mathrm{Tr}(\Phi^{-1} d\Phi)^3$$

と書けることがわかる．ここで全微分の項は境界条件より落ちる．この式は $S_+ \cap S_- \simeq S_3$ から $SU(2)$ の空間への写像度(winding number)を与える．

§10.2 (2 + 1)次元模型

　非アーベルゲージ場と Higgs 場の結合におけるモノポール解と類似の現象が，(2 + 1)次元のアーベルゲージ場と複素スカラー場との結合系においても起こる．モノポール解に対応するのは，第2種超伝導体における Abrikosov 渦解と言われるものである．この渦解に対して U(1)ゲージ変換を適用すると，渦の運ぶ電荷が量子化されることがわかるが，さらに Pontryagin 項に相当するトポロジカル項に対応するものとして Chern-Simons 項をラグランジアンに付け加えれば，この電荷が整数値からずれることが予想される．これについて見てみよう．

　ラグランジアンとして

$$\begin{aligned}
L &= L_0 + L_{CS}, \\
L_0 &= -\frac{1}{4}F^{\mu\nu}F_{\mu\nu} + \frac{1}{2}D_\mu\Phi^* D^\mu\Phi - V(|\Phi|), \\
L_{CS} &= k\epsilon_{\mu\nu\rho}A_\mu \partial_\nu A_\rho
\end{aligned} \quad (10.2.1)$$

を考える．ここで L_{CS} が Chern-Simons 項と呼ばれるものである．前と同じく $A_0 = 0$ なるゲージを採用すると，次のように書かれる：

$$\begin{aligned}
L_0 &= \frac{1}{2}\dot{A}^2 + \frac{1}{2}\dot{\Phi}^2 - \frac{1}{2}(\nabla \times A)^2 - (\frac{1}{2}D_i\Phi^* D^i\Phi + V(|\Phi|)), \\
L_{CS} &= k(A_2\dot{A}_1 - A_1\dot{A}_2).
\end{aligned} \quad (10.2.2)$$

最初の2項が運動エネルギーを与えることも前と同様である．静的渦解は，変分方程式

$$\delta \int [\frac{1}{2}(\nabla \times A)^2 + (\frac{1}{2}D_i\Phi^* D^i\Phi + V(|\Phi|)]d^2x = 0 \quad (10.2.3)$$

より導かれる Φ と A に関する連立非線形微分方程式を解くことによって得られる．この静的な解を Φ_s, A_s とおく(ただし以下の議論ではこの具体的な形は必要ない)．この解にゲージ変換を施し，力学的自由度に転化するというアイデアを再び適用しよう．まず Φ_s を U(1)ゲージ変換すると

$$\Phi' = \exp[i\alpha(x,t)]\Phi_s. \tag{10.2.4}$$

ここで注意すべきことは，モノポール解の場合のようにゲージ変換によって，Higgs 場を不変に保つことはできないことである．特に α が微小である場合，

$$\alpha(x,t) = \delta\beta(t)f \tag{10.2.5}$$

と書かれる．ここに $\delta\beta(t)$ は微小角度で，$f(x)$ は時間を含まないスカラー関数である．すると Ψ の微小変化は

$$\delta\Phi = i\delta\beta f \Phi_s \tag{10.2.6}$$

によって与えられる．一方，ベクトルポテンシャルに関しては，

$$\delta A = A' - A_s = \delta\beta \nabla f \tag{10.2.7}$$

で与えられる．この微小変化を時間に関する変化率に直すと

$$\begin{aligned} \dot\Phi &= \lim_{\epsilon \to 0} \frac{\delta\beta}{\epsilon} f\Phi_s = \dot\beta f \Phi_s, \\ \dot A &= \dot\beta \nabla f. \end{aligned} \tag{10.2.8}$$

従って場の運動エネルギーに代入すると

$$K = \frac{1}{2} I \dot\beta^2 \tag{10.2.9}$$

となる．すなわち角度 $\beta(t)$ に対する回転子の運動エネルギーに他ならない．ただし有効質量 I は

$$I = \int \{(\nabla f)^2 + f^2 \Phi_s^2\} d^2x \tag{10.2.10}$$

と書かれる．一方，Chern-Simons 項に代入すれば

$$L_{CS} = C\dot\beta. \tag{10.2.11}$$

ここで係数 C は

$$C = k[\int (A_y \frac{\partial f}{\partial x} - A_x \frac{\partial f}{\partial y}) d^2x] \tag{10.2.12}$$

で与えられる（これを仮に Chern-Simons 因子と呼ぼう）．

結局，角度 β を力学変数として有効ラグランジアン

$$L_{eff} = \frac{1}{2} I \dot\beta^2 + C\dot\beta \tag{10.2.13}$$

が得られる．この形はモノポールの回転子の場合と全く同様である．角度 β に共役な運動量は

$$P_\beta = \frac{\partial L_{eff}}{\partial \dot\beta} = I\dot\beta. \tag{10.2.14}$$

となり，準古典量子条件を使えば，これは次のように量子化される：

$$P_\beta = I\dot\beta + C = 2\pi n\hbar. \quad (n = \text{integer}) \tag{10.2.15}$$

これから電荷の量子に相当する式が得られる：

$$Q = I\dot\beta = (n - C')h, \quad C' = \frac{C}{h}. \tag{10.2.16}$$

最後に有効質量及び Chern-Simons 項から来る積分値 C を，磁束量子 h/e を単位にして書き直すと

$$Q = (n - \tilde{C})e \tag{10.2.17}$$

となって，電荷の量子化が整数値からずれることがわかる．

以上で，形式的に目的を達成できたが，有効質量と Chern-Simons 因子を与える積分の中に未知関数 f が残されたままになっている．これの f は積分値を有限になるように適当に選べばよい．Chern-Simons 因子に関しては次のような変形できる．公式

$$\{\nabla \times (fA)\}_z = (f\nabla \times A + \nabla f \times A)_z$$

を使えば

$$C = k \int (A_y \frac{\partial f}{\partial x} - A_x \frac{\partial f}{\partial y}) d^2x = k\{\int \nabla \times (fA) d^2x - \int f(\nabla \times A) d^2x\}.$$

ストークスの定理より，第 1 項は渦を囲む閉曲線に沿う線積分に変形されるが，閉曲線を十分大きくとって，その上での f の値をゼロになるように選べば

$$k \oint fA \cdot dl \to 0$$

とできる．また第 2 項は $\nabla \times A = B$（磁場）であることに注意すれば，磁場のフラックスを関数 f によって平均したものと見ることができる：

$$C = -k(\Phi_{av}).$$

§10.3 1次元ボーズ粒子系

この節及び以下の節では，準古典量子化のアイデアを1次元非線型場方程式の解に適用する問題を取り上げる[10]. 最初に1次元ボーズ系を取り上げる．これは非相対論的な非線型シュレーディンガー方程式で記述されるものである．

まず最初にボーズ粒子系に対する準古典量子化条件を，コヒーレント状態を用いて導こう．ボーズ粒子が無限個ある場合のコヒーレント状態は次のように与えられる：

$$|\{\phi(x)\}\rangle = \exp[\int \phi(x)\hat{\phi}^\dagger(x)dx]\,|0\rangle.$$

これは次の完全性関係を満たす．

$$\int |\{\phi(x)\}\rangle \langle \{\phi(x)\}| \prod_x d\phi(x) = 1.$$

これを用いて時間推進演算子のトレースを経路積分で表すと

$$\begin{aligned} K(T) &= \int \langle\{\phi_0(x)\}|\exp[-i\frac{\hat{H}T}{\hbar}]|\{\phi_0(x)\}\rangle\, d\mu\,[\phi_0(x)] \\ &= \int d\mu\,[\phi_0(x)] \int \exp\left[\frac{iS}{\hbar}\right] \prod_{x,t} d\mu\,[\phi(x,t)] \end{aligned}$$

と書かれる．ここで経路は全ての"閉じた場の配置"にわたってとられる．作用関数は

$$S = \int \left[\frac{i\hbar}{2}(\phi^*\dot\phi - c.c.) - H(\{\phi^*(x)\},\{\phi(x)\})\right] dxdt$$

となり，ハミルトニアンの期待値は $H(\{\phi^*(x)\},\{\phi(x)\}) = \langle \phi(x)|\hat{\mathcal{H}}|\phi(x)\rangle$.
フーリエ変換をして停留位相法を用いると

$$\begin{aligned} K^{sc}(E) &\sim \sum_{m=1}^{\infty} \exp\left[im\frac{W(E)}{\hbar}\right] \\ &= \exp\left[\frac{iW(E)}{\hbar}\right]\left(1 - \exp\left[\frac{iW(E)}{\hbar}\right]\right)^{-1}, \quad \text{(10.3.1)} \end{aligned}$$

が得られる．ここで $W(E)$ は，定エネルギー面 $H = E$ に乗っている"周期

---
[10] H. Kuratsuji, Prog. Theor. Phys. **74** (1985) 433.

的な場の配置 $\phi(x, t+T) = \phi(x,t)$ に沿ってとられた作用積分である：

$$W(E) = \int_0^T dt \int \left[\frac{i\hbar}{2}(\phi^*\dot\phi - c.c.)\right] dxdt.$$

極の位置から量子条件が出てくる：

$$\oint [\frac{i\hbar}{2}(\phi^*\dot\phi - c.c.)] dxdt = 2n\pi. \tag{10.3.2}$$

この表式は場 $\phi(x,t)$ を力学変数と見たときのボーア-ゾンマーフェルト条件に他ならない．場の運動方程式は

$$i\hbar\frac{\partial \phi}{\partial t} = \frac{\delta H}{\delta \phi^*}, \qquad i\hbar\frac{\partial \phi^*}{\partial t} = -\frac{\delta H}{\delta \phi}$$

によって与えられる．ここで $H = \langle\{\phi(x)\}|\hat H|\{\phi(x)\}\rangle$ である．特に，デルタ型引力相互作用をしている粒子系を考えるとハミルトニアンは次で与えられる：

$$H = -\frac{1}{2}\sum_i \frac{\partial^2}{\partial x_i^2} - g\sum_{ij}\delta(x_i - x_j). \tag{10.3.3}$$

ただし，適当にスケールをすることで $\hbar = m = 1$ とおいた．古典ハミルトニアンは

$$H = \int_{-\infty}^{+\infty}\left(\frac{1}{2}\frac{\partial \phi}{\partial x}\frac{\partial \phi^*}{\partial x} - g(\phi^*\phi)^2\right) dx \tag{10.3.4}$$

となる．これから

$$i\frac{\partial \phi}{\partial t} + \frac{1}{2}\frac{\partial^2 \phi}{\partial^2 x} + g|\phi|^2\phi = 0. \tag{10.3.5}$$

及びその複素共役が導かれる．これが非線型シュレーディンガー方程式として知られているもので，完全可積分系の典型的なものである．それはソリトン解を有するが，特に1ソリトン解に注目する．その解き方を例示するのが目的ではないので，結果だけ書くと

$$\phi(x,t) = \sqrt{\frac{1}{g}}\beta\exp[\frac{1}{2}i(\beta^2 - v^2)t - ivx]\,\text{sech}[\beta(x+vt)]. \tag{10.3.6}$$

これは2つのパラメーター β, v を含んでいる．この解を次のように書きかえる．

$$\phi(x,t) = F(x+vt)\exp[-i\alpha t]. \tag{10.3.7}$$

ここで

$$\begin{aligned} F(x+vt) &= \sqrt{\frac{1}{g}}\beta \exp[-iv(x+vt)]\operatorname{sech}[\beta(x+vt)], \\ \alpha(t) &= -\frac{1}{2}(\beta^2+v^2)t. \end{aligned} \qquad (10.3.8)$$

この形から，解は"集団座標"で特徴づけられることがわかる．すなわち，一つは重心運動で，安定波束 sech x が左向きに速度 v で走ることを表している．第1項の平面波は"ガリレイブースト"で生じるものである．もう一つは全体的な位相の回転である．α が回転角を与える．これはいわば"ゲージ"変換の自由度が力学的に転化したものとみられ，前節のモノポールがゲージ変換で回転したものの形式的類似と考えられる．ここで注目すべきは角速度

$$\omega = -\frac{1}{2}(\alpha^2+\beta^2) \qquad (10.3.9)$$

が2つのパラメータ(振幅 β と速度 v) に依存することである．この理由は後ほど明らかになる．

上のソリトン解 (**10.3.7**) の形の重要性は，作用積分に代入すればわかるように，2つの自由度，重心と位相回転の自由度に分離されることにある．すなわち

$$\frac{\partial \phi}{\partial t} = \left(\frac{\partial F}{\partial t} - i\frac{\partial \alpha}{\partial t}\right)\exp[-i\alpha] \qquad (10.3.10)$$

を用いると，作用積分は

$$W = \int_0^T dt \int_{-\infty}^{+\infty} \frac{i}{2}\left(F^*\frac{\partial F}{\partial t} - c.c\right)dx + \int_0^T N\dot{\alpha}dt \qquad (10.3.11)$$

となる．ここで

$$N = \int_{-\infty}^{+\infty} F^*F dx \qquad (10.3.12)$$

はボーズ粒子の個数を表し，それは変数 α に正準共役な座標であると見られる．

$$\frac{\partial F}{\partial t} = \frac{\partial F}{\partial x'}\frac{\partial x'}{\partial t} = \frac{\partial F}{\partial x'}\dot{X} \qquad (10.3.13)$$

(ただし $x' = x + X(t)$) を用いると

$$W = \int P\dot{X}dt \qquad (10.3.14)$$

と書かれる．P は

$$P = \int_{-\infty}^{+\infty} \frac{i}{2}\bigl(F^* \frac{\partial F}{\partial x} - c.c.\bigr) dx \qquad (10.3.15)$$

で与えられ，重心座標 X に共役な運動量と見られる．従って，ボーア-ゾンマーフェルト量子化規則は，2つの正準変数の組 (P, X) と (N, α) に対するものの和の形で書かれる：

$$\int P\dot{X} dt + \int N\dot{\alpha} dt = 2n\pi. \qquad (10.3.16)$$

これは多次元の量子化であるが，実質的に2つの自由度は分離されていると見てよい．つまり，次のように分けられる：

$$\int P\dot{X} dt = 2n_1 \pi, \qquad \int N\dot{\alpha} dt = 2n_2 \pi. \qquad (10.3.17)$$

この理由は次の通りである．以下で見るように，ハミルトニアンにソリトン解を代入すると運動量的変数 P, N しか現れない．従ってこれらは保存量となり，いわゆる2つの分離したトーラスを形成する(座標 X, α は循環座標になる)．従って上の第1式より

$$N = n_1 \qquad (10.3.18)$$

が出る．これはボーズ粒子数の量子化を与える．第2式は運動量の量子化を与えるはずだが，そのためには重心座標に周期境界条件を課す必要がある．$X(t+T) \equiv X(t) \pmod{L}$ にとると

$$\int P\dot{X} dt = PL = 2n_2 \pi \qquad (10.3.19)$$

となる．ただし $L = vT$ で，それは1周期の間に動く距離である．残る問題は，具体的に P 及び N の積分を計算することである．それによってハミルトニアンを P, N によって与えることができる．まず運動量は

$$P = \frac{\beta^2 v}{g} \int_{-\infty}^{+\infty} \operatorname{sech}^2(\beta x) dx = \frac{2\beta v}{g}, \qquad (10.3.20)$$

粒子数は

$$\frac{\beta^2}{g} \int \operatorname{sech}^2(\beta x) dx = \frac{2\beta}{g} = n_1 \qquad (10.3.21)$$

と与えられる．これから振幅 β の量子化がなされることがわかる．最後にハミルトニアンは次のように計算される：

$$H = \frac{\beta^2 v^2}{2g} \int_{-\infty}^{+\infty} \text{sech}^2(\beta x) dx + \frac{\beta^4}{2g} \int_{-\infty}^{+\infty} \left(\frac{\sinh(\beta x)}{\cosh^2(\beta)}\right)^2 dx$$
$$- \frac{\beta^4}{2g} \int_{-\infty}^{+\infty} \text{sech}^4(\beta x) dx = \frac{\beta}{g} v^2 - \frac{\beta^3}{3g}. \quad (10.3.22)$$

この表式と上で導いた P と N の量子条件を使うと，最終的に量子化されたスペクトル

$$E = \frac{P^2}{2N} - \frac{g^2}{24} N^3 \quad (10.3.23)$$

が得られる．ここで

$$P = \frac{2n_2 \pi}{L}, \ N = n_1. \quad (10.3.24)$$

すなわち重心の運動エネルギーと内部運動のスペクトルが完全に分離されていることがわかる．ハミルトニアンの式から出発点の位相角の定義 $\alpha(t) = -\frac{1}{2}(\beta^2 + v^2)lt$ がコンシステントであるかどうか確めることができる．それは正準運動方程式より

$$\begin{aligned}\frac{d\alpha}{dt} = \frac{\partial H}{\partial N} &= -\frac{1}{2}\left(\frac{P}{N}\right)^2 - \frac{1}{8}g^2 N^2 \\ &= -\frac{1}{2}(\beta^2 + v^2) \quad (10.3.25)\end{aligned}$$

となり，上の位相角の定義と一致する．

次のことに注意しておこう．1次元のデルタ引力に対する厳密な量子力学解から得られるスペクトルの束縛エネルギーは

$$E_{int} = -\frac{g^2}{24}(N^3 - N) \quad (10.3.26)$$

で与えられ，ここで得られた準古典量子化の結果とは一致しない．この不一致の原因は，単純なボーア-ゾンマーフェルト量子化の範囲内では特定することはできない．

§10.4 スピン場模型

この節では，第4章で展開した一般化された位相空間における準古典量子

化のアイデアを，スピン場模型の場合に適用する[11]．一般論から出発するハイゼンベルク模型のコヒーレント状態を使うやり方は既に前章でやられているので，ここではスピンを拡張して，n 次元の複素射影空間 $P_n(C)$ に値をとる場のコヒーレント状態を考えよう．それは形の上ではスピンと同じである．

$$|\{Z(x)\}\rangle = \prod_x |Z(x)\rangle \equiv \prod_{n=(n^1,n^2)}^\infty |Z_n\rangle.$$

これに対して成立する完全性関係を用いてボーズ場の場合同様の手続きを行うと，$K^{sc}(E)$ の極の位置から量子条件が出てくる．

$$W(E) = 2\pi \times (\text{integers}). \tag{10.4.1}$$

ここで $W(E)$ は，定エネルギー面 $H = E$ に乗っている "周期的な場の配置" $Z(x, t+T) = Z(x, t)$ に沿ってとられた作用積分で，次で与えられる：

$$W(E) = \int_0^T dt \int \left[\frac{i}{2}\left(\frac{\delta \log F}{\delta Z(x)}\frac{\delta Z}{\delta t} - c.c\right)\right] dx dt. \tag{10.4.2}$$

ハミルトニアン $\hat{H} = \int \mathcal{H} dx$ は群 $U(n+1)$ の生成子(generator)の関数で与えられる：$\mathcal{H}(\hat{\mathcal{T}}_\dashv, \nabla\hat{\mathcal{T}}_\dashv)$．停留条件 $\delta S = 0$ より古典的な場の方程式

$$i\frac{\partial z_k}{\partial t} = \sum_j g_{k\bar{j}} \frac{\delta H}{\delta z_j^*} \tag{10.4.3}$$

が得られる．ここで

$$g_{j\bar{k}} = \frac{\partial^2 \log F}{\partial z_j \partial z_k^*}.$$

これは曲がった位相空間 $P_n(C)$ の計量を表す．上の場の方程式は正準方程式の場の理論版と見られる．そこで一般論に従い，ポアソン括弧が定義される：

$$\{A, B\} = i \int \sum_{i,j} g_{i\bar{j}} \left(\frac{\delta A}{\delta z_i(x)}\frac{\delta B}{\delta z_j^*(x)} - (A \leftrightarrow B)\right) dx. \tag{10.4.4}$$

これから場の方程式は

$$\frac{\partial z_k}{\partial t} = \{z_k, H\} \tag{10.4.5}$$

---

[11] H.Kuratsuji and T.Hatsuda, "Proceedings of the 13-th International Conference on Group Theoretical Method in Physics", World Scientific, 1984.

と書かれる．

特にスピン場を考える．この場合は上の一般論で場の空間を $P_1(C)$ にすることで得られる．ボーアーゾンマーフェルト量子化は次で与えられる：

$$\int_0^T dt \int i\frac{S(z^*\dot{z} - c.c)}{1 + |z(x)|^2} dx = 2n\pi. \tag{10.4.6}$$

立体射影

$$z = \frac{S_1 + iS_2}{S + S_3} \tag{10.4.7}$$

を用いて，上式は

$$\int_0^T dt \int \frac{S_1\dot{S}_2 - S_2\dot{S}_1}{S + S_3} dx = 2n\pi \tag{10.4.8}$$

と書き直される．ハミルトニアンは前章と同じくハイゼンベルク模型を採用すると，その古典版は

$$\mathcal{H} = \frac{g}{2}\sum_{k=1}^3 \left(\frac{\partial S_k}{\partial x}\right)^2 = \frac{gS^2}{2}\left\{(\frac{\partial \theta}{\partial x})^2 + \sin^2\theta(\frac{\partial \phi}{\partial x})^2\right\}. \tag{10.4.9}$$

これから場の方程式は角度変数を用いて

$$\begin{aligned}\dot{\theta} &= -\frac{1}{S\sin\theta}\frac{\delta H}{\delta \phi} = -\frac{gS}{\sin\theta}\frac{\partial}{\partial x}\left(\sin^2\theta\frac{\partial \phi}{\partial x}\right), \\ \dot{\phi} &= \frac{1}{S\sin\theta}\frac{\delta H}{\delta \theta} = \frac{gS}{\sin\theta}\left[\sin\theta\cos\theta\left(\frac{\partial \phi}{\partial x}\right)^2 - \frac{\partial^2 \theta}{\partial x^2}\right]\end{aligned}\tag{10.4.10}$$

のように与えられる．

準古典量子化を適用するには，ボーズ場の場合同様，場の配置の具体的な形が必要である．つまりパラメーター（あるいは"集団座標"）を組み込まれた"解の族"が構成されればよい．最も簡単で重要な場合は，ガリレイ変換とスピンの"全体回転"である．それは次式で与えられる．

$$S_\pm = S \cdot \sin\theta \exp[i\phi_\pm], \quad S_3 = S \cdot \cos\theta. \tag{10.4.11}$$

ここで

$$\phi_\pm = \pm i\omega t + f(x + vt), \quad \cos\theta = g(x + vt). \tag{10.4.12}$$

すなわち，上の族は速度 v と，一斉に回転するときの角速度 ω という2つ

のパラメータによって生成されるのである．ボーズ場の場合と同じくソリトン解を想定しよう．この場合には準古典量子化は以下のような形に帰着する．まず

$$\frac{\partial S}{\partial t} = \pm i\omega S + \dot{X}\frac{\partial S}{\partial x} \tag{10.4.13}$$

の関係に注意すると（ここで $\dot{X} = v$；X はソリトンの重心座標を表す），この第1項から

$$\oint_0^T M\omega dt = 2m\pi \tag{10.4.14}$$

が出てくる．これからただちに

$$M_m = m \tag{10.4.15}$$

なる量子条件が出る．ここで M はスピンの z 成分の平衡値からのずれを与える：

$$M = \int (S_3 - S)\, dx = S\int (1 - \cos\theta)\, dx. \tag{10.4.16}$$

第2項は

$$\int_0^T P\dot{X} dt = 2n\pi \tag{10.4.17}$$

を与える．ここで P は場の運動量に他ならない．それは重心座標 X に共役なものである：

$$\begin{aligned} P &= \int (S+S_3)^{-1}\left(S_1\frac{\partial S_2}{\partial x} - S_2\frac{\partial S_1}{\partial x}\right) dx \\ &= \int S(1-\cos\theta)\frac{\partial \phi}{\partial x} dx. \end{aligned} \tag{10.4.18}$$

重心座標に周期条件 $X(t+T) = X(t)$ を課すと運動量の量子化

$$PL = 2n\pi \tag{10.4.19}$$

が得られる．ここで $L = vT$ はちょうど1辺が L の箱に入れていることに対応している．

ここで解の具体的な形を採用しよう．上の一般式で出てきた2つの関数は $f(x)$ 及び $g(x)$ として

$$f(x) = \frac{1}{2}vx + \tan^{-1}\left\{\left(\frac{\eta^2}{1-\eta^2}\right)^{\frac{1}{2}} \tanh\left[\eta\sqrt{\omega}x\right]\right\},$$
$$g(x) = 1 - 2\eta^2 \text{sech}^2\left[\eta\sqrt{\omega}x\right] \quad (10.4.20)$$

で与えられるものを考えよう[12]．ここでパラメーター η, ω は，ソリトンの速度 v, 広がりパラメーター ϵ によって次の関係で結ばれている．

$$\eta^2 = \frac{\epsilon^2}{\epsilon^2 + v^2/4}, \qquad \omega = \epsilon^2 + v^2/4. \quad (10.4.21)$$

これらを M, P の表式に代入すれば

$$M = \frac{4S\eta}{\sqrt{\omega}}, \quad (10.4.22)$$
$$P = 4S \cdot \sin^{-1}\eta \quad (10.4.23)$$

が得られる．さらにハミルトニアンに直接代入することにより

$$E = 4gS^2\eta\sqrt{\omega} \quad (10.4.24)$$

と計算される．このようにしてソリトン解に対する準古典的エネルギースペクトル

$$E_{n,m} = \frac{8gS^3\left(1 - \cos\left(\frac{P_n}{2S}\right)\right)}{M_m} \quad (10.4.25)$$

が得られる．つまり，エネルギースペクトルは量子化された運動量と量子化された磁化の2つの値によって決定されるわけである．これはよく知られたマグノン・スペクトルの拡張になっている．P が小さい極限では

$$E \propto P^2 \quad (10.4.26)$$

となり，これはよく知られたマグノンの分散関係に他ならない．

ここで上の M, P, 及び E の積分計算を与えておく．ソリトン解の特徴として，これらの積分は全て $\tanh y$ の関数の積分で与えられることがわかる．そこで $\tanh y = X$ ($y = \eta\sqrt{\omega}x$) とおくと以下のように与えられる．

(1) $\underline{E\text{ の計算}}$

$$E = \int_{-\infty}^{\infty} \mathcal{H}dx = 2g\eta^2 S^2 \frac{1}{\eta\sqrt{\omega}} \times \left[\frac{\eta^2\omega}{1-\eta^2}I_1 + (1-\eta^2)I_2\right]$$

---
[12] T.Tjon and J.Wright, Phys. Rev. **B15** (1977) 3470.

ここで,
$$I_1 = \int_{-1}^{1} \frac{X^2}{\alpha^2 X^2 + 1} dX, \qquad I_2 = \int_{-1}^{1} (\alpha^2 X^2 + 1)\left(\frac{1}{2}v + \frac{\alpha\eta\sqrt{\omega}(1-X^2)}{\alpha^2 X^2 + 1}\right)^2 dX.$$

この積分を実行することにより, $\frac{v}{2} = \frac{\eta\sqrt{\omega}}{\alpha}$ の関係に注意すると上の E の値が得られる.

(2) スピンの計算

$$\begin{aligned}M &= S \int_{-\infty}^{\infty} (1 - \cos\theta) dx \\ &= 2\eta^2 S \int_{-\infty}^{\infty} \mathrm{sech}^2 \eta\sqrt{\omega} x \, dx \\ &= \frac{2\eta^2 S}{\eta\sqrt{\omega}} \int_{-1}^{1} dX = \frac{2\eta^2 S}{\eta\sqrt{\omega}} \times 2.\end{aligned}$$

(3) P の計算

$$P = 2S\eta^2 \left[\frac{1}{2}v \frac{1}{\eta\sqrt{\omega}} \int_{-1}^{1} dX + \frac{\alpha\eta\sqrt{\omega}}{\eta\sqrt{\omega}} \times \int_{-1}^{1} \left(\frac{1-X^2}{1+\alpha^2 X^2}\right) dX\right].$$

同様に $\frac{v}{2} = \frac{\eta\sqrt{\omega}}{\alpha}$ の関係に注意すると

$$P = 4S \tan^{-1} \alpha.$$

さらに $\alpha^2 = \frac{\eta^2}{1-\eta^2}$ に注意すると

$$P = 4S \sin^{-1} \eta$$

が出てくる.

スピン系での運動量及び, 並進演算子

ここで 1 次元スピン系での運動量演算子について Haldane に従って述べる[13].

始めに通常の量子力学の並進演算子から運動量を作るやり方を思い出そう.

---

[13] F.D.Haldane, Phys.Rev.Lett.57(1986)1488.

それは
$$\exp[-ia\sum_i \hat{P}_i]f(x_1\cdots x_n) = f(x_1+a,\cdots x_n+a)$$
で与えられる．スピン系の場合には，あらわな形で運動量演算子を書き下すことは非常に複雑であろう（できるかもしれないが）．しかし間接的に定義することはできる．それは次のようになされる．周期的に配置された1次元のスピン系を考える．その配置をコヒーレント状態の直積によって次のように定義する：

$$|\{\Omega_n\}\rangle = \prod_{k=1}^N |\Omega_k\rangle \equiv |\Omega_1\cdots\Omega_N\rangle. \quad (10.4.27)$$

ただし周期性より $\Omega_1 \equiv \Omega_N$ を満たす．また並進演算子 $\hat{T}$ を次のように定義する：

$$\langle\{\Omega_n\}|\hat{T}^m|\{\Omega_n\}\rangle \equiv \prod_{k=1}^N \langle\Omega_k|\Omega_{k-m}\rangle. \quad (10.4.28)$$

m は結晶間隔 a を単位として数えたとき ma だけ動かすことを表記するための整数である．右辺は k 番目のスピンを ma だけ移動させたときのもとのスピン配置との重なりを表している．波動関数の変数に相当するものがスピンの配置を表す引数という間接的な意味しか持たないので，意味のある量を引き出すにはこのような形で導入する以外にない．この右辺を計算しないで左辺を処理することを考える．コヒーレント状態の完全性を使えば

$$\langle\{\Omega_n\}|\hat{T}^m|\{\Omega_n\}\rangle = \prod_{k=1}^N \int\cdots\int \prod_{l=k}^{k-m+1}\langle\Omega_l|\Omega_{l-1}\rangle d\mu(\Omega_l). \quad (10.4.29)$$

と書かれる．$a\to 0$ の連続極限では，停留位相の考えを使うと，中間のスピン配置の積分は一つの配置に制限できるので，

$$\int\cdots\int \prod_{l=k}^{k-m+1}\langle\Omega_l|\Omega_{l-1}\rangle d\mu(\Omega_l) \sim (\langle\Omega_k|\Omega_{k-1}\rangle)^m \quad (10.4.30)$$

と近似できる．ここでスピン配置の周期性より

$$\langle\Omega_{k+i}|\Omega_{k+i-1}\rangle = \langle\Omega_k|\Omega_{k-1}\rangle \quad (10.4.31)$$

を用いた．従って

$$\langle\{\Omega(x)\}|\hat{T}^m|\{\Omega(x)\}\rangle \simeq \exp[-2m\int\langle\Omega(x)|\frac{\partial}{\partial x}|\Omega(x)\rangle dx] \quad (10.4.32)$$

と指数関数の形に書かれる．この変形は第 4（及び 5）章で定義した微小距離だけ離れた 2 点間の接続の計算に他ならない．これを

$$\langle\{\Omega(x)\}|\hat{T}^m|\{\Omega(x)\}\rangle = \exp[-imP] \quad (10.4.33)$$

と表すことにすると P が運動量を与える．複素座標の表示を用いて書けば

$$P = \int_{-\infty}^{+\infty}\langle\Omega(x)|\frac{\partial}{\partial x}|\Omega(x)\rangle dx = \int_{-\infty}^{+\infty}\frac{iS}{2(1+|z|^2)}(z^*\frac{\partial z}{\partial x} - z\frac{\partial z^*}{\partial x})dx \quad (10.4.34)$$

となる．ここで境界条件 $z(+\infty) = z(-\infty)$ が満たされているとすると，これは複素 Bloch 球での閉曲線 C に沿った積分に変形される：

$$P = \int_C \frac{iS}{2(1+|z|^2)}(z^*dz - zdz^*). \quad (10.4.35)$$

角度表示

$$z = \tan\frac{\theta}{2}\exp[-i\phi]$$

を用いれば

$$P = S\int_C(1-\cos\theta)d\phi \quad (10.4.36)$$

と書かれる．ゲージの取り方の任意性があるので，その任意性を除くためにストークスの定理によって面積分に直しておくのがよい．すなわち

$$P = S\int \sin\theta d\theta \wedge d\phi \equiv S\omega_P. \quad (10.4.37)$$

積分は C を縁とする球面上での面の面積（あるいは C を見込む立体角）になる．ただし C を右に回るか左に回るかの 2 通りの選択があるが，それらの間に 4π の差を考慮しておけばよい．結局，並進演算子の期待値として

$$\langle\{\Omega_n\}|\hat{T}^m|\{\Omega_n\}\rangle = \exp[-iSm\int \sin\theta d\theta \wedge d\phi] = \exp[-iSm\omega_P] \quad (10.4.38)$$

が得られる．

　コヒーレント状態は並進演算子の固有状態ではないが，これから結晶運動量の分布をフーリエ変換によって作ることができる．すなわち

$$\rho(ka) = \frac{1}{2\pi} \sum_{m=-\infty}^{+\infty} \exp[imka] \langle \{\Omega_n\} | \hat{T}^m | \{\Omega_n\} \rangle. \tag{10.4.39}$$

これは上で導かれた関係(10.4.38)を用いると，次のように書かれる：

$$\begin{aligned}
\rho(ka) &= \frac{1}{2\pi} \sum_{m=-\infty}^{+\infty} \exp[imka] \exp[iSm\omega_P] \\
&= \sum_{m=-\infty}^{+\infty} \exp[im(ka + S\omega_P)] \\
&= \sum_{n=-\infty}^{+\infty} \delta(ka + S\omega_P - 2n\pi).
\end{aligned} \tag{10.4.40}$$

ここでポアソン和公式を用いた．このようにして $\rho(ka)$ は $ka = S\omega_P$ にピークを持つような周期関数となる．

ノート：ユニタリースピンへの拡張

上の構成を見ると，形式的な面からはスピンコヒーレント状態に限る必要はないように見える．格子点の各点に一般化されたコヒーレント状態が定義されているようなものを考えることはできる．もしハイゼンベルク模型を SU(3) に拡張できたとする，すなわち SU(3) の生成子によって相互作用するように構成できたとすると，スピンコヒーレント状態の代わりに SU(3) コヒーレント状態を適用できる．ただし具体的なハミルトニアンに関する情報は今のところ何もない．しかし局所的という一般的な形だけからでも，一般的なことは言える．

§10.5 sin-Gordon モデル

上で与えた 1 次元非線型可積分模型の 2 つの例では，古典的な 1 ソリトン解を与え，それにボーア-ゾンマーフェルト型量子化条件に代入すれば，スペクトルが（厳密ではないが）再現されることがわかった．場の理論においても前期量子論が適用される例である．そこでは第 3 章で苦労して導いた DHN 流の理論が使われておらず，第 4 章でのコヒーレント状態の準古典公式で十分であった．

10.5 sin-Gordon モデル

この節では DHN 流のソリトンの量子化について述べよう[14]．彼らが扱ったのは sin-Gordon 場の量子化である．古典力学系として完全可積分系であることから軌道(ソリトン解)が求められ，それから作用積分が解析的に求められることが骨子となっている．さらに2次変分の寄与を，可積分系であることの特徴，すなわち対称性をフルに活用して安定角を作用関数に繰り込むという操作が可能である．この作用積分から，準古典量子条件を用いることにより，ソリトンの束縛状態エネルギーが解析的に計算される．これは水素原子のスペクトルが準古典力学で厳密解を再現することと似ている．

完全な計算はソリトン解についての複雑な計算を必要とし，結合定数の繰り込みなど本書で扱いきれない手法などが援用される．以下ではこのような場の理論特有の微妙な問題には深入りせずに説明する．

出発点は，スカラー場 $\phi(x;t)$ に対するラグランジアンである：

$$L = \frac{1}{2}\left\{\left(\frac{\partial\phi}{\partial t}\right)^2 - \left(\frac{\partial\phi}{\partial x}\right)^2\right\} + \frac{m^4}{g}\left[\cos\left(\frac{\sqrt{g}}{m}\phi\right) - 1\right] \quad (10.5.1)$$

対応するハミルトニアン密度は

$$\begin{aligned}H &= \iint \left(p\dot{\phi} - L\right) dx\,dt \\ &= \iint \left(\frac{1}{2}\left(\frac{\partial\phi}{\partial t}\right)^2 + \frac{1}{2}\left(\frac{\partial\phi}{\partial x}\right)^2 - \frac{m^4}{g}\left[\cos\left(\frac{\sqrt{g}}{m}\phi\right) - 1\right]\right) dx\,dt.\end{aligned}$$
$$(10.5.2)$$

オイラー-ラグランジュ方程式より場の方程式は

$$\frac{\partial^2\phi}{\partial t^2} - \frac{\partial^2\phi}{\partial x^2} = -\frac{m^3}{\sqrt{g}}\sin\frac{\sqrt{g}}{m}\phi \quad (10.5.3)$$

となる．場に対するボーア-ゾンマーフェルト量子条件は連続自由度(空間座標 x でパラメトライズされる)であることから

$$\iint p(x,t)\dot{q}(x,t)\,dx\,dt = 2n\pi \quad (10.5.4)$$

となる．今の場合

$$q(x,t) \longrightarrow \phi(x,t), \qquad p(x,t) \longrightarrow \dot{\phi}(x,t)$$

---

[14] R.Dashen, B.Hasslacher and A.Neveu, Phys.Rev.**D11**(1975)3424.

であるから

$$W = \int_0^T \int_{-\infty}^{+\infty} p\dot{\phi}\, dx\, dt = \int_0^T \int_{-\infty}^{+\infty} \dot{\phi}^2\, dx\, dt = 2n\pi$$

で与えられる．ただし積分は $H = E$ の軌道上で行う．

さて sin-Gordon 方程式の特解として 2 つの典型的な特殊解を考察する．

ソリトン解

$$\phi^{(\pm)}(x,t) = \frac{4m}{\sqrt{g}} \tan^{-1}\left[\exp\left[\pm m\frac{(x-vt)}{\sqrt{1-v^2}}\right]\right]. \qquad (10.5.5)$$

$(+)$ 符号は"ソリトン"，$(-)$ 符号は"反ソリトン"を表す[15]．これは"かたまり"(lump) を表す解である．このソリトン解には集団パラメータが一つ含まれる．すなわちソリトンの中心座標 $X(t) = vt$ である．従って量子条件は，この中心座標に対する条件に帰着させられる．以下において $(+)$ 解を考える．

$$\frac{\partial \phi}{\partial t} = \frac{4m}{\sqrt{g}}\left(-\frac{mv}{\sqrt{1-v^2}}\right)\frac{\exp\left[\frac{m(x-vt)}{\sqrt{1-v^2}}\right]}{1+\exp\left[\frac{2m}{\sqrt{1-v^2}}(x-vt)\right]}$$

を代入して積分を計算すると

$$W = \int_0^T dt \int_{-\infty}^{+\infty} \dot{\phi}^2 dx = \frac{16m^4}{g}\frac{v^2}{1-v^2}T \int_{-\infty}^{\infty}\frac{\exp(cy)dy}{[1+\exp(cy)]^2}$$

$$= \frac{8m^3}{g}\frac{v^2}{\sqrt{1-v^2}}T$$

が得られる．ここで $c = \frac{2m}{\sqrt{1-v^2}}$, $y = x - vt$ とおいた．周期 T のソリトン解の場合，中心座標の運動が一辺 L の箱に閉じこめられていると考えたとき，往復運動について $L = vT$ となり，これは前節と同じである．ここで

$$M = \frac{8m^3}{g} \qquad (10.5.6)$$

---

[15] ϕ^4 模型の場合におけるキンク解に相当する．

をソリトンの質量と定義すれば[16] X に共役な運動量は

$$p = \frac{Mv}{\sqrt{1-v^2}} \tag{10.5.7}$$

で与えられ，ボーア-ゾンマーフェルト量子条件は次のようになる：

$$W = \oint pv dt = 2n\pi. \tag{10.5.8}$$

これから量子化された運動量

$$p_n = \frac{2n\pi}{L} \qquad (n=1,2,\cdots) \tag{10.5.9}$$

が得られる．次にエネルギー（ハミルトニアン）を中心座標で表そう．

$$\frac{\partial \phi}{\partial x} = \frac{4m}{\sqrt{g}} \frac{m}{\sqrt{1-v^2}} \frac{\exp\left[\frac{c}{2}y\right]}{1+\exp[cy]}$$

及び $\partial \phi/\partial t$ の表式を代入すると，運動エネルギー項は

$$\begin{aligned}
&\frac{1}{2} \int \left\{ \left(\frac{\partial \phi}{\partial t}\right)^2 + \left(\frac{\partial \phi}{\partial x}\right)^2 \right\} dx \\
&= \frac{1}{2} \frac{16m^4}{g} \left(\frac{1+v^2}{1-v^2}\right) \int_{-\infty}^{+\infty} \frac{\exp[cy]\, dy}{(1+\exp[cy])^2} \\
&= \frac{8m^4}{g} \left(\frac{1+v^2}{1-v^2}\right) \cdot \frac{\sqrt{1-v^2}}{2m} \\
&= \frac{4m^3}{g} \frac{1+v^2}{\sqrt{1-v^2}}
\end{aligned}$$

となる．一方，ポテンシャルエネルギー項は次のように計算される．

$$\theta = 2\tan^{-1}\exp\left[\frac{my}{\sqrt{1-v^2}}\right]$$

とおくと

$$\cos\frac{\sqrt{g}}{m}\phi - 1 = -2\sin^2\theta.$$

さらに $\tan\frac{\theta}{2} = \exp\left[\frac{c}{2}y\right]$ より

$$\sin^2\theta = \frac{4\exp[cy]}{(1+\exp[cy])^2}$$

---

[16] 量子揺らぎを考慮すればソリトンの質量は $-\frac{m}{\pi}$ だけずれることが知られている．DHN の原論文を参照．

324 第10章 準古典量子化の非線型場への応用

となって

$$
\begin{aligned}
\int V dx &= -\frac{8m^4}{g}\int_{-\infty}^{+\infty}\frac{\exp[cy]}{(1+\exp[cy])^2} \\
&= -\frac{8m^4}{g}\frac{1}{c} = -\frac{4m^3}{g}\sqrt{1-v^2}
\end{aligned}
$$

と計算される．従って全エネルギーは

$$
\begin{aligned}
E &= \int\left[\frac{1}{2}\left\{\left(\frac{\partial\phi}{\partial t}\right)^2+\left(\frac{\partial\phi}{\partial x}\right)^2\right\}-V(\phi)\right]dx \\
&= \frac{4m^3}{g}\left(\frac{1+v^2}{\sqrt{1-v^2}}+\sqrt{1-v^2}\right) \\
&= \frac{8m^3}{g}\frac{1}{\sqrt{1-v^2}}
\end{aligned}
\tag{10.5.10}
$$

となる．ここでソリトンの質量 $M=\frac{8m^3}{g}$ を用いると，結局

$$
E=\frac{M}{\sqrt{1-v^2}}. \tag{10.5.11}
$$

運動量 $P=\frac{Mv}{\sqrt{1-v^2}}$ とあわせて

$$
E=\sqrt{P^2+M^2} \tag{10.5.12}
$$

となり，ちょうど相対論的な運動量とエネルギーの関係が再現される．

ダブレット解

$$
\begin{aligned}
\phi_{\tau,v}(x,t) = \frac{4m}{\sqrt{g}}\tan^{-1}&\left[\left\{\left(\frac{m\tau}{2\pi}\right)^2-1\right\}^{\frac{1}{2}}\right.\\
&\left.\times\frac{\sin\frac{2\pi}{\tau}(t-vx)/\sqrt{1-v^2}}{\cosh\left(\sqrt{\left(\frac{m\tau}{2\pi}\right)^2-1}\left(\frac{2\pi}{\tau}\right)(x-vt)/\sqrt{1-v^2}\right)}\right].
\end{aligned}
\tag{10.5.13}
$$

これはソリトンと反ソリトンの結合状態と考えられる．ここでダブレット解には2つのパラメーター v と τ が現れることに注意する．v はダブレットの重心の速度．τ はダブレットの"内部運動"に関する集団変数で時間の次元を

持つ．重心運動の周期 T とは次の関係で結ばれている．

$$T = \frac{nL}{v}, \quad T = \frac{l\tau}{\sqrt{1-v^2}}. \tag{10.5.14}$$

n, l は正の整数値（$l, n = 0, 1, \cdots$）で，L はダブレットを閉じこめている箱のサイズである．第2式はダブレットの内部時間と T の間のローレンツ短縮の関係に他ならない．ダブレットの周期運動に対する作用関数を計算すると次のようになる：

$$\int_0^T dt \int_{-\infty}^{+\infty} \left\{ \frac{1}{2}\left(\frac{\partial \phi_{\tau,v}}{\partial t}\right)^2 - \frac{1}{2}\left(\frac{\partial \phi_{\tau,v}}{\partial x}\right)^2 + \frac{m^4}{g}\left[\cos\left(\frac{\sqrt{g}}{m}\phi_{\tau,v}\right) - 1\right] \right\} dx$$

$$= l\bar{S}(\tau) = l\frac{32\pi m^2}{g}\left\{\cos^{-1}\left(\frac{2\pi}{m\tau}\right) - \sqrt{\left(\frac{m\tau}{2\pi}\right)^2 - 1}\right\}. \tag{10.5.15}$$

ただし静止状態 $v=0$ に対して計算している．この計算は直接的であるが少々面倒なので補足において与える．この作用関数を用いて DHN 量子化法を適用しよう．$K(T) = \text{Tr}\left(e^{-iHT}\right)$ に対する準古典表式は次で与えられる：

$$K_{SC}(T) = \sum_{l\,n} D_{l\,n} e^{il\bar{S}(\tau)}. \tag{10.5.16}$$

$D_{l\,n}$ は2次変分（古典解からの量子揺らぎ）の寄与で

$$D_{ln} = \int \exp\left[i\int_0^T \int_{-\infty}^{+\infty}\left\{\frac{1}{2}\left(\frac{\partial \psi}{\partial x_\mu}\right)^2 - \frac{m^2}{2}\left(\cos\frac{\sqrt{g}}{m}\phi_{\tau,v}\right)\psi^2\right\} dxdt\right]\mathcal{D}\psi \tag{10.5.17}$$

で与えられる．$l, n = 0, 1, \cdots, \infty$ で基本周期運動の倍運動を表す．$D_{l\,n}$ に対する具体形は第3章の一般式を用いることにより

$$D_{l\,n} = \frac{1}{2\pi}\left[\frac{\tau}{\sqrt{l}}\left|\frac{d^2\bar{S}}{d\tau^2}\right|^{\frac{1}{2}}\right] \times \left[L\left|\frac{-d\bar{S}/d\tau}{T(1-v^2)^{\frac{3}{2}}}\right|^{\frac{1}{2}}\right] e^{il\xi(\tau)} \tag{10.5.18}$$

と計算される．始めの2つの項はゼロモードの部分から来る．その導出も直接的であるがやはり補足で与える．最後の指数関数の部分はゼロでない安定角からの寄与を与える．

$$\xi(\tau) = -\frac{1}{2}\sum_{\nu_\alpha > 0} \nu_\alpha. \tag{10.5.19}$$

その形は繰り込みの操作をすることによって，次のように与えられることが知られている．

$$\tilde{\xi} = -\frac{g}{8\pi m^2}\bar{S}(\tau). \tag{10.5.20}$$

この繰り込まれた形から結合定数が

$$g' = \frac{g}{m^2}\left(1 - \frac{g}{8\pi m^2}\right)^{-1} \tag{10.5.21}$$

によって置き換えられる．さらに τ に対する拘束を考えに入れ，かつ $\tau \to l\tau$ と置き換えると

$$\begin{aligned}2\pi K_{SC}(T) &= \sum_{l\,n}\int \tau\, d\tau \left|l\frac{d^2\bar{S}}{d\tau^2}\right|^{\frac{1}{2}}\left[L\left|\frac{-d\bar{S}/d\tau}{T\left(1-(nL/T)^2\right)^{\frac{3}{2}}}\right|\right]^{\frac{1}{2}}\\ &\quad \times \delta\left(l\tau - (T^2 - n^2L^2)^{\frac{1}{2}}\right)e^{il\bar{S}(\tau)} \end{aligned} \tag{10.5.22}$$

となる．ここで δ 関数の積分表示

$$\delta\left(l\tau - (T^2 - n^2L^2)^{\frac{1}{2}}\right) = \frac{1}{2\pi}\int_{-\infty}^{+\infty}\exp\left[iM\left(l\tau - (T^2 - n^2L^2)^{\frac{1}{2}}\right)\right]dM \tag{10.5.23}$$

及び

$$K_{SC}(E) = i\int_0^\alpha 2\pi K_{SC}(T)\exp[iET]\, dT \tag{10.5.24}$$

を用いると

$$K_{SC}(E) = \int \frac{1}{2\pi i} K^0(M,E)\bar{K}(M)\, dM \tag{10.5.25}$$

と書かれる．ここで

$$\begin{aligned}K^0(M,E) &= \left(\frac{i}{2\pi}\right)^{\frac{1}{2}}\sum_{n=0}^{\infty}\int dT\, L\left[\frac{M}{T}\left(\frac{1}{\{1-(nL/T)^2\}^{\frac{3}{2}}}\right)\right]^{\frac{1}{2}}\\ &\quad \times \exp\left[iT\left(E - M\left\{1-\left(\frac{nL}{T}\right)^2\right\}^{\frac{1}{2}}\right)\right]\end{aligned} \tag{10.5.26}$$

かつ

10.5 sin-Gordon モデル

$$\bar{K}(M) = \left(-\frac{i}{2\pi}\right)^{\frac{1}{2}} \sum_{l=0}^{\infty} \int \tau \, d\tau \, \sqrt{l} \left|\frac{d\bar{S}}{d\tau}\frac{1}{M}\right|^{\frac{1}{2}} \left|\frac{d^2\bar{S}}{d\tau^2}\right|^{\frac{1}{2}}$$
$$\times \exp\left[il\left(\bar{S} + M\tau\right)\right]. \quad (10.5.27)$$

$\bar{K}(M)$ の T 積分を停留位相法で評価しよう. 第 3 章での手法を用いると

$$\bar{K}(M) \simeq i\frac{d\bar{W}}{dM}\frac{e^{i\bar{W}(M)}}{1 - e^{i\bar{W}(M)}} \quad (10.5.28)$$

のように近似される. ここで $\bar{W}(M)$ は $\bar{S}(\tau)$ のルジャンドル変換で

$$\bar{W}(M) = \bar{S}(\tau(M)) + M\tau(M) \quad (10.5.29)$$

で与えられる. これは次のように計算される. $\frac{\partial \bar{S}}{\partial \tau} = -M$ (ハミルトン-ヤコビ) より

$$\frac{\partial \bar{S}}{\partial \tau} = \frac{\partial}{\partial \tau}(\tan^{-1}\alpha - \alpha) \quad \left(\alpha = \sqrt{\left(\frac{m\tau}{2\pi}\right)^2 - 1}\right)$$
$$= -M$$

を使うと, τ を M の関数として決める式は

$$\sqrt{\left(\frac{m\tau}{2\pi}\right)^2 - 1} = \frac{g}{32\pi m^2}M\tau \quad (10.5.30)$$

となる. 故に $\bar{W}(M)$ は次のように計算される:

$$\bar{W}(M) = \bar{S}(\tau(M)) + M(\tau(M))$$
$$= \frac{32\pi m^2}{g}\left(\tan^{-1}\sqrt{\left(\frac{m\tau}{2\pi}\right)^2 - 1} - \sqrt{\left(\frac{m\tau}{2\pi}\right)^2 - 1}\right)$$
$$+ \frac{32\pi m^2}{g}\sqrt{\left(\frac{m\tau}{2\pi}\right)^2 - 1}$$
$$= \frac{32\pi m^2}{g}\cos^{-1}\left(\frac{2\pi}{m\tau}\right). \quad (10.5.31)$$

さらにこれを書き換えると

$$\bar{W}(M) = \frac{32\pi}{g}\sin^{-1}\frac{gM}{16m^3} \quad (10.5.32)$$

が得られる. $\bar{K}(M)$ の極の位置 $\bar{W}(M) = 2n\pi$ ($n = $ 正整数) が与える質量

M を $M = M_n$ とすると，$\bar{K}(M)$ は

$$\bar{K}(M) \sim \sum \frac{1}{M - M_n} \tag{10.5.33}$$

となり，$\bar{W}(M) = 2n\pi$ を逆解きすることにより，

$$\sin^{-1}\left(\frac{gM}{16m^3}\right) = \frac{ng}{16m^2}\pi. \tag{10.5.34}$$

よって，M_n は

$$M_n = \frac{16m^3}{g} \sin \frac{ng}{16m^2} \tag{10.5.35}$$

と計算され，これから $M \leq \frac{16m^3}{g}$ を満たす．$K_{SC}(E)$ は従って次の形になる：

$$\begin{aligned}K_{SC}(E) &= \sum_n \int \frac{1}{2\pi i} \frac{1}{M - M_n} K^0(M, E) \, dM \\ &= \sum_n K^0(E, M_n) \end{aligned} \tag{10.5.36}$$

ここで，$K^0(E, M_n)$ の極の位置は，

$$W_0(E, M_n) = L\sqrt{E^2 - M_n^2} = 2N\pi \tag{10.5.37}$$

となり，これからエネルギースペクトルを得る：

$$E = \sqrt{\left(\frac{2N\pi}{L}\right)^2 + M_n^2}. \tag{10.5.38}$$

$P_N = \frac{2N\pi}{L}$ は運動量であるから，E は

$$E_{N,n} = \sqrt{P_N^2 + M_n^2} \tag{10.5.39}$$

と書かれる．この表式は，量子化された質量 M_n，運動量 P_N を持った相対論的粒子のスペクトルと解釈できる．このように，ダブレット解の場合には，単にボーア-ゾンマーフェルト条件に場の解を適用するだけではうまくいかないようである．

補足 1：作用積分の計算

$v = 0$ の場合だけを考えればよい．ダブレット解は次のように書かれる：

10.5 sin-Gordon モデル

$$\phi(x,t) = \frac{4m}{\sqrt{g}} \tan^{-1}\left[\alpha \frac{\sin\beta t}{\cosh\alpha\beta x}\right]. \tag{10.5.40}$$

ここで

$$\alpha = \sqrt{\left(\frac{m\tau}{2\pi}\right)^2 - 1}, \qquad \beta = \frac{2\pi}{\tau} \tag{10.5.41}$$

とおく.

(i) $I = \int_{-\infty}^{\infty}\int_0^T \left(\frac{\partial\phi}{\partial t}\right)^2 dx\, dt$ の計算.

$$\left(\frac{\partial\phi}{\partial t}\right)^2 = \frac{(4m)^2}{g}\beta^2 \frac{\alpha^2(1-\sin^2\beta t)\cosh^2\alpha\beta x}{\left(\alpha^2\sin^2\beta t + \cosh^2\alpha\beta x\right)^2}$$

$$= \frac{(4m)^2}{g}\beta^2\left\{\frac{\cosh^2\alpha\beta x\left(\alpha^2+\cosh^2\alpha\beta x\right)}{\left(\alpha^2\sin^2\beta t+\cosh^2\alpha\beta x\right)^2} - \frac{\cosh^2\alpha\beta x}{\alpha^2\sin^2\beta t+\cosh^2\alpha\beta x}\right\}$$

が得られ, 時間積分は

$$\int_0^T \left(\frac{\partial\phi}{\partial t}\right)^2 dt = \frac{(4m)^2}{g}\frac{\pi l\beta^2}{\beta} \times \frac{\alpha^2}{2\cosh\alpha\beta x\sqrt{\alpha^2+\cosh^2\alpha\beta x}}.$$

次に空間積分を実行すると

$$\int_{-\infty}^{\infty} \frac{dx}{2\cosh\alpha\beta x\sqrt{\alpha^2+\cosh^2\alpha\beta x}} = \frac{1}{\alpha}\tan^{-1}\alpha$$

となり,

$$\int_{-\infty}^{\infty}\int_0^T \left(\frac{\partial\phi}{\partial t}\right)^2 dt\, dx = \frac{(4m)^2}{g}\pi l \tan^{-1}\alpha \tag{10.5.42}$$

が得られる.

(ii) $\iint \left(\frac{\partial\phi}{\partial x}\right)^2 dt\, dx$ の計算.

同様の計算を行うことにより時間積分は

$$\int \left(\frac{\partial\phi}{\partial x}\right)^2 dt = \frac{(4m)^2}{g}\frac{\pi l\alpha^2}{\beta}(\alpha\beta)^2 \times \frac{\sinh^2\alpha\beta x}{2\cosh\alpha\beta x\sqrt{\left(\alpha^2+\cosh^2\alpha\beta x\right)^3}}$$

が得られ, 次に空間積分を行うと

$$\int_{-\infty}^{\infty}\int_{0}^{T}\left(\frac{\partial\phi}{\partial x}\right)^{2}dtdx = \frac{(4m)^{2}}{g}\frac{\alpha^{4}\beta^{2}}{2\beta}\frac{\pi l}{\alpha\beta}\int_{-\infty}^{\infty}\frac{\sinh^{2}\xi\cosh\xi\,d\xi}{\cosh^{2}\xi\sqrt{\left(\alpha^{2}+\cosh^{2}\xi\right)^{3}}}$$

$$= \frac{(4m)^{2}}{g}\frac{\alpha^{4}\beta^{2}}{2\beta}\frac{\pi l}{\alpha\beta}\frac{2}{\alpha^{2}}\left(1-\frac{1}{\alpha}\tan^{-1}\alpha\right).$$

従って

$$\int_{-\infty}^{\infty}\int_{0}^{T}\left(\frac{\partial\phi}{\partial x}\right)^{2}dt\,dx = \frac{(4m)^{2}}{g}\pi l\left(\alpha-\tan^{-1}\alpha\right) \qquad (10.5.43)$$

となる．故に作用積分の運動エネルギー項は

$$\frac{1}{2}\int_{-\infty}^{\infty}\int_{0}^{T}\left[\left(\frac{\partial\phi}{\partial t}\right)^{2}-\left(\frac{\partial\phi}{\partial x}\right)^{2}\right]dt\,dx = \frac{(4m)^{2}}{2g}\pi l\left(2\tan^{-1}\alpha-\alpha\right). \qquad (10.5.44)$$

(iii) $\iint V(\phi)\,dt\,dx$ の計算．

$$\cos\left(\frac{\sqrt{g}}{m}\phi\right) - 1 = -\frac{8\tan^{2}\left(\frac{\sqrt{g}}{4m}\phi\right)}{\left(\tan^{2}\left(\frac{\sqrt{g}\phi}{4m}\right)+1\right)^{2}}$$

かつ

$$\tan\left(\frac{\sqrt{g}\phi}{4m}\right) = \alpha\frac{\sin\beta t}{\cosh\alpha\beta x}$$

を用いると被積分関数は $-8\frac{m^{4}}{g}$ の因子を除いて次のようになる．

$$\frac{\alpha^{2}\sin^{2}\beta t\cosh^{2}\alpha\beta x}{\left(\alpha^{2}\sin^{2}\beta t+\cosh^{2}\alpha\beta x\right)^{2}}$$
$$= \cosh^{2}\alpha\beta x\left\{\frac{1}{\alpha^{2}\sin^{2}\beta t+\cosh^{2}\alpha\beta x}\right.$$
$$\left.-\frac{\cosh^{2}\alpha\beta x}{\left(\alpha^{2}\sin^{2}\beta t+\cosh^{2}\alpha\beta x\right)^{2}}\right\}$$

これから t 積分を行うと

$$I = \frac{\pi l\alpha^{2}}{2\beta}\frac{\cosh\alpha\beta x}{\sqrt{\left(\alpha^{2}+\cosh^{2}\alpha\beta x\right)^{3}}}.$$

次に x 積分をすると

$$\frac{\pi l\alpha^2}{2\alpha\beta^2} \int_{-\infty}^{\infty} \frac{\cosh\xi \, d\xi}{\sqrt{(\alpha^2+\cosh^2\xi)^3}} = \frac{\pi l\alpha^2}{2\alpha\beta^2} \times 2c^{-2}$$

($\xi = \alpha\beta x$). 故に

$$\begin{aligned}
\frac{m^4}{g} \int_{-\infty}^{\infty} \int_0^T & \left[\cos\left(\frac{\sqrt{g}}{m}\phi\right) - 1\right] dt\, dx \\
&= -\frac{8m^4}{g} \frac{\pi l\alpha^2}{2\alpha\beta^2} \times 2c^{-2} \\
&= -\frac{8m^2}{g} \pi l\alpha \quad (10.5.45)
\end{aligned}$$

を得る．ここで

$$c^{-2}\beta^{-2} = \left(\frac{2\pi}{m\tau}\right)^2 \left(\frac{\tau}{2\pi}\right)^2 = \frac{1}{m^2}$$

を使った．以上の計算をまとめると作用積分は

$$S(\tau) = l\bar{S}(\tau) = \frac{16m^2\pi}{g} l \left(\tan^{-1}\alpha - \alpha\right). \quad (10.5.46)$$

以上の計算で次の積分公式を用いた．

$$\int \frac{dy}{a\sin^2 y + b} = \frac{1}{\sqrt{(a+b)b}} \tan^{-1}\left(\frac{\sqrt{(a+b)b}}{b}\tan y\right),$$

$$\int \frac{dy}{(a^2\sin^2 y + b^2\cos^2 y)^2} = \frac{(a^2-b^2)\sin 2y}{4a^2b^2(a^2\sin^2 y + b^2\cos^2 y)}$$
$$+ \frac{a^2+b^2}{2a^3b^3} \tan^{-1}\left[\frac{a}{b}\tan y\right]$$

を使って

$$\int_0^T \frac{dt}{\alpha^2\sin^2\beta t + \cosh^2\alpha\beta x} = \frac{\pi l}{\beta} \frac{1}{\cosh\alpha\beta x \sqrt{\alpha^2+\cosh^2\alpha\beta x}},$$

$$\int_0^T \frac{dt}{(\alpha^2\sin^2\beta t + \cosh^2\alpha\beta x)^2} = \frac{\pi l}{\beta} \frac{(2\cosh^2\alpha\beta x + \alpha^2)}{2\cosh^3\alpha\beta x \sqrt{(\alpha^2+\cosh^2\alpha\beta x)^3}}$$

補足2：GDHN 積分 Δ_1 の計算

内部時間（intrinsic）τ と "並進時間" T の間の関係（**10.5.14**）に注目する. ゼロ固有値に付随する自由度としてソリトンの時空における拡がり L, T をとることができる. つまり集団座標として $Q \to (L, T)$ と選ぶことができる. 従って

$$\frac{\partial^2 S}{\partial Q \partial Q'} \longrightarrow \left(\frac{\partial^2 S}{\partial T^2}, \quad \frac{\partial^2 S}{\partial T \partial L}, \quad \frac{\partial^2 S}{\partial L^2} \right) \tag{10.5.47}$$

の3つの2階微分が必要になる.

$$\int \det^{\frac{1}{2}} \left| \frac{\partial^2 S}{\partial Q \partial Q'} \right| d^2 q = \left| \begin{array}{cc} \dfrac{\partial^2 S}{\partial T^2} & \dfrac{\partial^2 S}{\partial L \partial T} \\[1em] \dfrac{\partial^2 S}{\partial L \partial T} & \dfrac{\partial^2 S}{\partial L^2} \end{array} \right|^{\frac{1}{2}} \times \int d^2 q \tag{10.5.48}$$

かつ

$$\int d^2 q = \frac{LT}{nl} \tag{10.5.49}$$

（すなわち基本領域の体積）. さらに作用関数は, $S(T) = l\bar{S}(\tau)$ となることに注意すると, Δ_1 は

$$\Delta_1 = \left| \begin{array}{cc} \dfrac{\partial^2 \bar{S}}{\partial T^2} & \dfrac{\partial^2 \bar{S}}{\partial T \partial L} \\[1em] \dfrac{\partial^2 \bar{S}}{\partial L \partial T} & \dfrac{\partial^2 \bar{S}}{\partial L^2} \end{array} \right|^{\frac{1}{2}} \times \frac{TL}{n}. \tag{10.5.50}$$

で与えられる. $\bar{S}(\tau)$ は τ のみの関数となることに注意. この (2×2) の行列式の計算は直接的である.

$$\tau(T, L) = \frac{T}{l} \left[1 - \left(\frac{nL}{T} \right)^2 \right]^{\frac{1}{2}} \tag{10.5.51}$$

を用いると

$$\begin{aligned}
\frac{\partial^2 \bar{S}}{\partial T^2} &= \left(\frac{\partial \tau}{\partial T}\right)^2 \frac{d^2 \bar{S}}{d\tau^2} + \frac{\partial^2 \tau}{\partial T^2} \frac{d\bar{S}}{d\tau} \\
\frac{\partial^2 \bar{S}}{\partial L \partial T} &= \left(\frac{\partial \tau}{\partial T}\right)\left(\frac{\partial \tau}{\partial L}\right) \frac{d^2 \bar{S}}{d\tau^2} + \frac{\partial^2 \tau}{\partial L \partial T} \frac{d\bar{S}}{d\tau} \\
\frac{\partial \bar{S}}{\partial L^2} &= \left(\frac{\partial \tau}{\partial L}\right)^2 \frac{d^2 \bar{S}}{d\tau^2} + \frac{\partial^2 \tau}{\partial L^2} \frac{d\bar{S}}{d\tau}
\end{aligned}$$

となり，行列式は

$$\begin{aligned}
\left| \quad \right| &= \left\{ \left(\frac{\partial^2 \tau}{\partial T^2}\right)\left(\frac{\partial \tau}{\partial L}\right)^2 + \left(\frac{\partial^2 \tau}{\partial L^2}\right)\left(\frac{\partial \tau}{\partial T}\right)^2 - 2\left(\frac{\partial^2 \tau}{\partial L \partial T}\right) \frac{\partial \tau}{\partial T} \frac{\partial \tau}{\partial L} \right\} \\
&\quad \times \frac{d^2 \bar{S}}{d\tau^2} \frac{d\bar{S}}{d\tau} + \left\{ \frac{\partial^2 \tau}{\partial T^2} \frac{\partial^2 \tau}{\partial L^2} - \left(\frac{\partial^2 \tau}{\partial L \partial T}\right)^2 \right\} \left(\frac{d\bar{S}}{d\tau}\right)^2
\end{aligned}$$

かつ

$$\begin{aligned}
\frac{\partial \tau}{\partial T} &= \frac{1}{l}\left\{ 1 - \frac{n^2 L^2}{T^2} \right\}^{-\frac{1}{2}} \\
\frac{\partial \tau}{\partial L} &= -\frac{n^2 L}{lT}\left(1 - \frac{n^2 L^2}{T^2}\right)^{-\frac{1}{2}}
\end{aligned}$$

$$\begin{aligned}
\frac{\partial^2 \tau}{\partial T^2} &= -\frac{n^2 L^2}{l T^3}\left(1 - \frac{n^2 L^2}{T^2}\right)^{-\frac{3}{2}} \\
\frac{\partial^2 \tau}{\partial L \partial T} &= \frac{n^2}{l} \frac{L}{T^2}\left(1 - \frac{n^2 L^2}{T^2}\right)^{-\frac{3}{2}} \\
\frac{\partial^2 \tau}{\partial L^2} &= -\frac{n^2}{lT}\left(1 - \frac{n^2 L^2}{T^2}\right)^{-\frac{3}{2}}
\end{aligned}$$

より $\left(\frac{d\bar{S}}{d\tau}\right)^2$ の項は 0 になる．$\frac{d^2 \bar{S}}{d\tau^2} \frac{d\bar{S}}{d\tau}$ の係数は

$$-\left(\frac{n^6 L^4}{l^3 T^5} + \frac{n^2}{l^3 T} - \frac{2n^4 L^2}{l^3 T^3}\right) \times \left(1 - \frac{n^2 L^2}{T^2}\right)^{-\frac{5}{2}}$$

$$= -\frac{n^2}{l^3 T}\left(1 - \frac{2n^2 L^2}{T^2} + \frac{n^4 L^4}{T^4}\right) \times \left(1 - \frac{n^2 L^2}{T^2}\right)^{-\frac{5}{2}}$$

$$= -\frac{n^2}{l^3 T}\left(1 - \frac{n^2 L^2}{T^2}\right)^2 \times \left(1 - \frac{n^2 L^2}{T^2}\right)^{-\frac{5}{2}}$$

$$= -\frac{n^2}{l^3 T}\cdot\left(1 - \frac{n^2 L^2}{T^2}\right)^{-\frac{1}{2}}.$$

故に

$$\begin{aligned}\Delta_1 &= \frac{TL}{n}\sqrt{\left(-\frac{n^2}{l^3 T}\right)\left(1 - \frac{n^2 L^2}{T^2}\right)^{-\frac{1}{2}}\frac{d^2\bar{S}}{d\tau^2}\frac{d\bar{S}}{d\tau}}\\ &= \sqrt{-1}\cdot L\sqrt{\frac{T}{l^3}\frac{1}{\sqrt{1-v^2}}\frac{d^2\bar{S}}{d\tau^2}\frac{d\bar{S}}{d\tau}}.\end{aligned} \quad (10.5.52)$$

さらに,

$$\frac{T}{l^3} = \frac{1}{l}\left(\frac{T}{l}\right)^2\frac{1}{T} = \frac{1}{lT}\frac{\tau^2}{1-v^2}$$

と書き直すと

$$\frac{T}{l^3}\frac{1}{\sqrt{1-v^2}} = \frac{\tau^2}{l}(1-v^2)^{-\frac{3}{2}}\frac{1}{T}$$

となり,結局

$$\Delta_1 = \sqrt{-1}\cdot L\cdot\frac{\tau}{\sqrt{l}}\left|\frac{d^2\bar{S}}{d\tau^2}\right|^{\frac{1}{2}}\left|\frac{1}{T(1-v^2)^{-\frac{3}{2}}}\frac{d\bar{S}}{d\tau}\right|^{\frac{1}{2}} \quad (10.5.53)$$

が得られる.

§10.6 Gross-Neveu 模型の準古典量子化

(1+1) sine-Cordon 模型によって,場の理論における束縛状態という難問に対して,準古典量子化理論がきわめて有効に働くことがわかった.以下では,DHN によって展開されたおなじ(1+1)次元模型で,フェルミ粒子が自己相互作用をする模型についても準古典量子化の考えが有効であることをざっとみてみよう.フェルミ粒子ということからくる面倒さのために,細部にわ

10.6 Gross-Neveu 模型の準古典量子化

たることは説明を省略したところがある．これに関しては，DHN の原論文を参照されたし[17]．

N 種のフェルミオンがフェルミ型相互作用をする系のラグランジアン

$$L = i\bar{\psi}\partial\!\!\!/\psi + g(\bar{\psi}\psi)^2 \tag{10.6.1}$$

を考える．ここで，

$$\partial\!\!\!/ = \gamma_0\partial_0 + \gamma_1\partial_1, \quad (\bar{\psi}\psi)^2 = \sum_k \bar{\psi}^k\psi^k, \quad \psi = (\psi^1\cdots\psi^N),$$

$$\bar{\psi} = \psi^\dagger\gamma_0. \quad \gamma_0 = \sigma^y, \gamma_1 = i\sigma^z$$

である．このラグランジアンを汎関数積分を用いて平均場近似によって扱う．平均場 σ を用意して，平均場ラグランジアン

$$L_{mf} = i\bar{\psi}\partial\!\!\!/\psi - \sigma\bar{\psi}\psi - \frac{1}{2}\sigma^2, \qquad \sigma = -g\langle\bar{\psi}\psi\rangle$$

を導入する（$\langle\bar{\psi}\psi\rangle$ は，真空期待値をあらわす）．これから，

$$\mathrm{Tr}(\exp[-i\hat{H}T]) = \int \mathcal{D}[\bar{\psi},\psi]\mathcal{D}[\sigma]\exp\left[i\int L_{mf}(\bar{\psi},\psi,\sigma)d^2x\right] \tag{10.6.2}$$

が得られる．ここで，フェルミ場に対する積分はグラスマン数に関するものになって，本書では，これまで特にとりあげることはなかったが

$$\int \exp[\bar{\psi}A\psi]d\bar{\psi}d\psi = \det A$$

（ここで，A は適当なエルミート演算子）なる式を認めると，フェルミ場に対する汎関数積分は，

$$\int \exp\left[i\int \bar{\psi}(i\partial\!\!\!/-\sigma)\psi d^2x\right]\mathcal{D}[\bar{\psi},\psi] = \det(i\partial\!\!\!/-\sigma) = e^{iN\phi(\sigma)}\prod_i(1+e^{-i\alpha_i})^{2N} \tag{10.6.3}$$

と計算されることがわかる．α_i は，いわゆる Floquet 指数とおなじもので，

$$\psi_i(x,t+T) = \exp[-i\alpha_i]\psi_i(x,t)$$

によって定義される．ただし，$\alpha_i > 0$ に制限する．$\psi_i(x,t)$ は，ディラック方

---
[17] R.Dashen, B.Hasslacher and A.Neveu, Phys.Rev.**D12**(1975)2443.

程式, $(i\partial\!\!\!/-\sigma)\psi_i = 0$ を満たす.また, $\phi(\sigma) = \sum_i \alpha_i(\sigma)$ である. 2 項展開

$$\prod_i (1+e^{-i\alpha_i})^{2N} = \sum_{\{n\}} C(2N,\{n\}) \exp[-i\sum n_i\alpha_i],$$

$$C(2N,\{n\}) = \prod_i \frac{(2N)!}{(2N-n_i)!n_i!}$$

に注意すると,

$$\mathrm{Tr}(\exp[-i\hat{H}T]) = \int \mathcal{D}[\sigma] \sum_{\{n\}} C(2N,\{n\}) \exp\Big[i\int_0^T -\frac{\sigma^2}{2} dtdx$$
$$+ iN\phi(\sigma) - \sum_i n_i\alpha_i(\sigma)\Big]$$

と変形される.ここで, $\sigma(x,t+T) = \sigma(x,t)$ および, $x \to \pm\infty$ に対して, $\sigma(x) \to \sigma_0$(一定値) を満たす.また, $\sum$ は,粒子の配置についての和をあらわす.これについて,説明をくわえる.つまり, $\sigma(x)$ が与えられたときに,フェルミオン統計に従って粒子が配置されるのであるが,とくに, $n_i = 0$ である状態は,正の α_i が占められていない状態,すなわち,"真空"とみなされる.いいかえれば,位相 $\exp[iN\phi(\sigma)]$ が負の α_i がすべて占められている状態からの寄与をあらわしているともいえる.従って,上の和の中の各項は,正の α_i に,フェルミオンが n_i 個占められた状態をあらわし,当然, $n_i < 2N$ である.

この汎関数積分において,指数関数の中の最後の 2 項は,発散する量であるので,"繰り込み"の処方を施しておく必要がある.それはつぎのようになされる:系を,サイズが L の区域に閉じ込めて,紫外切断(ultra-violet) Λ を導入し, $N\phi(0)$ を引き算して, $\frac{\sigma^2}{2}$ の項に繰り込み定数 Z を掛けておく.つぎに,"粒子状態"についての和 $\sum_{\{n\}}$ を,特定の配置, $n_i = n_0$ に制限しておく.すると,

$$\mathrm{Tr}(\exp[-i\bar{H}T] = \sum_{n_0=0}^{2N} \int \mathcal{D}[\sigma] \exp\Big[-i\int_0^T \int_{-\infty}^{+\infty} \frac{Z}{2}(\sigma^2 - \sigma_0^2) dtdx$$
$$+ iN[\phi(\sigma) - \phi(\sigma_0)] - in_0\alpha_0(\sigma)\Big]$$

となる.こうしておいて,停留位相近似(SPA)を行うと,

10.6 Gross-Neveu 模型の準古典量子化

$$\frac{\delta}{\delta\sigma(x,t)}\Big[-\int_0^T\int_{-\infty}^{+\infty}\frac{Z}{2}\{\sigma^2(x't')-\sigma_0^2\}dt'dx'+N[\phi(\sigma)-\phi(\sigma_0)]-n_0\alpha_0(\sigma)\Big]=0$$
(10.6.4)

ここで,

$$\frac{\delta\alpha_i}{\delta\sigma(x,t)}=g\bar{\psi}_i(x,t)\psi_i(x,t), \qquad \int_{-\infty}^{+\infty}\psi_i^*\psi_i dx=1$$

に注意すると, うえの停留条件は, つぎのように与えられる：

$$-\frac{Z}{g}\sigma(x,t)=-N\sum_{i=0}^{N}\bar{\psi}_i(x,t)\psi_i(x,t)+n_0\bar{\psi}_0(x,t)\psi_0(x,t)$$

この方程式は, selfconsistent 方程式で, 時間依存 Hartree-Fock 方程式とみられる. この右辺の第 1 項は, "負の α の海" からの寄与をあらわすとみられる. また, 第 2 項は, α_0 状態に付け加えられた粒子状態(あるいは, 反粒子状態)からの寄与をあたえる. とくに, $\sigma(x,t)$ が, 時間に依存しない場合を考える. このとき, $\alpha_i(\sigma)=\omega_i T$ となり, 停留条件は,

$$\frac{\delta}{\delta\sigma(x)}\Big[-\int_{-\infty}^{+\infty}\frac{Z}{2}\{[\sigma(x')]^2-\sigma_0^2\}dx+N\sum_{i=0}^{\infty}[\omega_i(\sigma)-\omega_i(\sigma_0)]-n_0\omega_0(\sigma)\Big]=0$$
(10.6.5)

となる.

さて, 汎関数積分を, 準古典展開の手法で, sine-Gordon 模型と同様にできるのであるが, $\sigma(x,t)$ の古典解のまわりでのガウス型積分は複雑であるのでそれはさしあたり無視して, 古典解を用いた量子化を行う. このとき有効作用は,

$$S_{n_0}(T)=\int_0^T\int_{-\infty}^{+\infty}\Big[-\frac{Z}{2}(\sigma_{n_0 T}^2-\sigma_0^2)dtdx+N[\phi(\sigma_{n_0 T})-\phi(\sigma_0)]-n_0\alpha_0(\sigma_{n_0 T})\Big]$$
(10.6.6)

となる. ここで, $S_{n_0}(T)=S(T)-n_0\pi$ を導入しておく. これから $\frac{dS}{dT}=-E$ となり, ルジャンドル変換により, 作用積分

$$W(E)=S(T(E))+ET(E)$$

が得られて, 量子条件が導かれる：

$$W(E)=2k\pi+n_0\pi$$

ただし，$k=1\cdots:$ かつ，$n_0=0$ に対しては，$k\neq 0$ である．また，"主量子数", $n=2k+n_0$ を導入しておく．とくに，$\sigma(x,t)$ が時間に依存しない場合には，エネルギー E_{n_0} は

$$E_{n_0} = \int_{-\infty}^{+\infty} \frac{Z}{2}(\sigma_{n_0}^2 - \sigma_0^2)dx - \sum_{i=0}^{\infty}[\omega_i(\sigma_{n_0}) - \omega_i(\sigma_0)] + n_0\omega_0(\sigma_{n_0}) \quad \text{(10.6.7)}$$

で与えられる．

以下では，時間に依存しない場合に話を限定する．このときには，停留位相条件は，つぎのようになる：

$$\frac{\delta}{\delta\sigma(x)}\left[\int_{-\infty}^{+\infty} -\frac{Z}{2}\{\sigma^2(x') - \sigma_0^2\}dx' + N\sum_{i=0}^{\infty}[\omega_i(\sigma) - \omega_i(\sigma_0)] - n_0\omega_0(\sigma)\right] = 0 \quad \text{(10.6.8)}$$

古典解 $\sigma(x)$ は，"逆散乱法" を用いて求められる．すなわち，1次元シュレーディンガー方程式の境界値問題に対する漸近データから

$$\sigma(x) = F\{r(k),\ -\infty < k < +\infty\ ;\ k_l(l=1,2,\cdots)\}$$

のように，$\sigma(x)$ を逆算するのである．$r(k)$ は反射係数をあらわす．また，k_l は，束縛状態に対応する運動量である[18]．ここで問題にしているのはディラック方程式，$(i\partial\!\!\!/ - \sigma)\psi = 0$ から派生するシュレーディンガー方程式の散乱データである．すなわち，$(i\partial\!\!\!/ + \sigma)$ をかけて，$\psi(x,t) = \exp[-i\omega t]\psi(x)$ とおけば

$$\frac{d^2\psi}{dx^2} - U(x)\psi = -k^2\psi \quad \text{(10.6.9)}$$

がでてくる．ここで，

$$U(x) = g^2(\sigma^2 - \sigma_0^2) + g\sigma'\sigma^z \qquad k^2 = \omega^2 - g^2\sigma_0^2 \quad \text{(10.6.10)}$$

さて，"Trace-identity" なるもの

$$C_{2j+1} = \frac{1}{2\pi_i}\int_{-\infty}^{+\infty} k^{2j}\log(1 - |r(k)|^2)dk - \frac{1}{2j+1}(ik_0)^{2j+1} \quad \text{(10.6.11)}$$

---

[18] これは，$\psi'' + U(x)\psi = k^2\psi$ の散乱問題に対して，漸近状態；$\psi(x) \sim \exp[ikx] + r(k)\exp[-ikx](x \to -\infty, \psi(x) \sim t(k)\exp[ikx](x \to +\infty)$，にあらわれる反射係数である．

10.6 Gross-Neveu 模型の準古典量子化

により，$j=0$ に対して，

$$\frac{iC}{g^2} = \int_{-\infty}^{+\infty} -\frac{(\sigma^2 - \sigma_0^2)}{2}dx = \frac{1}{2\pi g^2}\int_{-\infty}^{+\infty}\log(1-|r(k)|^2)dk + \frac{2}{g_0^2}k_0$$ (10.6.12)

が成立する．これは，偶然にも作用関数の第1項をあたえる．一方，第2項は

$$N\Big(\sum_{i=0}^{\infty}[\omega_i(\sigma) - \omega_i(\sigma_0)]\Big) = N\Big(-\int \delta\frac{d\omega}{\pi} + \omega_0(\sigma) - g\sigma_0\Big)$$ (10.6.13)

と変形できる[19]．ただし，k_0 は，変化しうる運動量パラメータである．ここで，δ は位相のずれをあらわし，

$$\delta = \frac{1}{2\pi i}P\int_{-\infty}^{+\infty}\frac{\log(1-|r(q)|^2)}{k-q}dq + 2\tan^{-1}\frac{k_0}{k}$$ (10.6.14)

によって与えられることが知られている．P は主値をとることを意味する．従って，

$$\int_0^{\infty}\delta d\omega = \frac{1}{2\pi}\int\frac{kdk}{\sqrt{k^2+g^2\sigma_0^2}}P\int_{-\infty}^{+\infty}\frac{\log(1-|r(q)|^2)}{k-q}dq$$
$$+ 2\int\frac{kdk}{\sqrt{k^2+g^2\sigma_0^2}}\tan^{-1}\frac{k_0}{k}$$ (10.6.15)

となる．これらを用いると，作用関数は

---

[19] この式は，つぎのように導かれる：

$$\sum_{i=0}^{\infty}[\omega_i(\sigma) - \omega_i(\sigma_0)] = \sum_{i=1}^{\infty}[\sqrt{k_i^2 + (g\sigma_0)^2} - \sqrt{k_i'^2 + (g\sigma_0)^2}] - [\omega_0(\sigma_0) - \omega_0(\sigma)]$$

と書き換える．ここのところは微妙であるが，束縛状態からの寄与を分離しているものとみられる．実際，$\omega_0(\sigma_0) = g\sigma_0$ で，これはゼロ束縛エネルギー（$k_0=0$）に対応するものである．一方，$\omega_0(\sigma) = \sqrt{k_0^2 + g^2\sigma_0^2}$ となって，k_0 は，いま考えている束縛エネルギーをあたえる．$\sum_{i=1}^{\infty}$ は，ソリトン（σ で実現される）が存在するときの散乱状態（連続状態）と，ソリトンが存在しないときの散乱状態のエネルギーの和の差をあらわす．たとえば，Casimir 効果の計算と類似のものである．これはつぎのように変形される：

$$\sum_i[\frac{(k_i+k_i')(k_i-k_i')}{\sqrt{k_i^2+(g\sigma_0)^2}} + \sqrt{k_i'^2+(g\sigma_0)^2}] \simeq \sum -\frac{k_i}{\sqrt{k_i^2+(g\sigma_0)^2}}\frac{\delta}{L}$$

ここで，$Lk_i + \delta = Lk_i'$ なる関係に注意して，$L \to \infty$ において，$\frac{1}{L} \simeq \frac{dk}{2\pi}$ と近似できること，および，$d\omega/dk = k/\sqrt{k_i^2+(g\sigma_0)^2}$ からでてくる．

$$\frac{S}{NT} = \frac{Z}{N}[J_1(\sigma(r,k))] - \frac{1}{\pi}[J_2(\sigma(r.k_0))] + \omega_0(k_0) - g\sigma_0 - \frac{n_0}{N}\omega_0(k_0)$$
(10.6.16)

と計算される．J_1, J_2 は，それぞれ

$$J_1 = \frac{1}{2\pi g^2}\int_{-\infty}^{+\infty} \log(1-|r(k)|^2)dk + \frac{2}{g^2}k_0$$

$$J_2 = \frac{1}{2\pi}\int_0^{+\infty} \frac{kdk}{\sqrt{k^2+g^2\sigma_0^2}} P\int_{-\infty}^{+\infty} \frac{\log(1-|r(q)|^2)}{k-q}dq$$

$$+ 2\int_0^{+\infty} \frac{kdk}{\sqrt{k^2+g^2\sigma_0^2}} \tan^{-1}\left(\frac{k_0}{k}\right)$$
(10.6.17)

で与えられる．S に対する停留条件を用いると，$r(k)=0$ が出る．これは，反射係数がゼロ，すなわち，無反射ポテンシャルの場合である．

うえの作用関数を計算するのに，(10.6.15)の右辺第2項を，部分積分を用いて，つぎのように書き直す：

$$\int_0^{+\infty} \frac{kdk}{\sqrt{k^2+g^2\sigma_0^2}} \tan^{-1}\left(\frac{k_0}{k}\right)$$

$$= k_0 - \frac{\pi}{2}g\sigma_0 + k_0\int_0^\Lambda \frac{dk}{\sqrt{k^2+g^2\sigma_0^2}}$$

$$+ \sqrt{g^2\sigma_0^2-k_0^2}\tan^{-1}\left(\frac{\sqrt{g^2\sigma_0^2-k_0^2}}{k_0}\right)$$

ここで，$k_0 = g\sigma_0\sin\theta$ を導入すると，$\omega_0 = g\sigma_0\cos\theta$，かつ

$$\sqrt{g^2\sigma_0^2-k_0^2}\tan^{-1}\left(\frac{\sqrt{g^2\sigma_0^2-k^2}}{k_0}\right) = g\sigma_0\cos\theta\left(\frac{\pi}{2}-\theta\right)$$

に注意すると，

$$\int_0^{+\infty}\frac{kdk}{\sqrt{k^2+g^2\sigma_0^2}}\tan^{-1}\left(\frac{k_0}{k}\right) = g\sigma_0\cos\theta\left(\frac{\pi}{2}-\theta\right)$$

$$+ g\sigma_0\sin\theta\int_0^\Lambda\frac{dk}{\sqrt{k^2+g^2\sigma_0^2}} + g\sigma_0\sin\theta - \frac{\pi}{2}g\sigma_0$$

がでてくる．ここで，繰り込み定数 Z を，

$$Z = g^2\frac{N}{\pi}\int_0^\Lambda \frac{dk}{\sqrt{k^2+g^2\sigma_0^2}}$$
(10.6.18)

のように選ぶ．すると，J_2 の発散部分は，J_1 と厳密に打ち消されて[20]

$$-\frac{S}{NT} = \frac{2}{\pi}g\sigma_0\sin\theta - \frac{2}{\pi}g\sigma_0\theta\cos\theta + \frac{n_0}{N}g\sigma_0\cos\theta \qquad (10.6.19)$$

となる．θ に関して変分をとると，つぎが得られる：

$$\left(\frac{2}{\pi}\theta - \frac{n_0}{N}\right)\sin\theta = 0$$

ゆえに，$\theta = \frac{\pi}{2}\frac{n_0}{N}$．これから，エネルギーがつぎのように求められる：

$$E_{n_0} = \frac{2}{\pi}Ng\sigma_0\sin\theta = \frac{2}{\pi}Ng\sigma_0\sin\left(\frac{\pi}{2}\frac{n_0}{N}\right) \qquad (10.6.20)$$

これが，フェルミ粒子数が n_0 の状態の最低のエネルギーを与える．このうえに，励起状態の系列ができてゆくが，これは，時間依存ディラック方程式を解く必要があり，かなり技巧的な計算が必要になる．

---

[20] $\int_0^\Lambda \frac{kdk}{\sqrt{k^2+g^2\sigma_0^2}} P\int_{-\infty}^{+\infty} \frac{\log(1-|r(q)|^2)}{k-q}dq = \int_0^\Lambda \frac{dk}{\sqrt{k^2+g^2\sigma_0^2}} P\int_{-\infty}^{+\infty} \log(1-|r(k)|^2)dk$ を使う．

第11章
補遺

　この章では本論で言い残したことを補足しておく．ゼータ関数に関する話は現在のところ確定した話でないが，読者を刺激させる目論見で敢えて載せたものであることを断っておく．

§11.1　超対称量子力学とゼロモード

　第5章で取り上げた超対称量子力学の補足的議論を与える．次のような演算子を考える．
$$Q_+ = B_- a^\dagger, \quad Q_- = B_+ a. \tag{11.1.1}$$
ここで $a^\dagger, a$ はフェルミ粒子の生成消滅演算子で，行列表示をすれば
$$a^\dagger = \begin{pmatrix} 0 & 1 \\ 0 & 0 \end{pmatrix}, \quad a = \begin{pmatrix} 0 & 0 \\ 1 & 0 \end{pmatrix}.$$
一方 $B_\pm$ は
$$B_\pm = B_1 \pm i B_2$$
で定義されるボーズ型演算子である．$Q_\pm$ は次のいわゆる"ベキゼロ性"
$$Q_+^2 = Q_-^2 = 0$$
を満たすことがわかる．また $Q_\pm$ はその構成の仕方から明かなように，ボーズ自由度をフェルミ自由度に変化させる演算子であることがわかる．実際，最も簡単なものとして $B_- = b,\ B_+ = b^\dagger$ を選べば

$$Q_+ = ba^\dagger, \quad Q_- = b^\dagger a \tag{11.1.2}$$

で与えられる．系の状態をボソンとフェルミオンの直積で表し

$$|n_B, n_F\rangle \tag{11.1.3}$$

とすれば

$$\begin{aligned} Q_+ |n_B, n_F\rangle &= |n_B - 1, n_F + 1\rangle, \\ Q_- |n_B, n_F\rangle &= |n_B + 1, n_F - 1\rangle \end{aligned} \tag{11.1.4}$$

を満たすことがわかる．つまり Q_+ はボソンをフェルミオンに変え，Q_- はその逆の働きをすることを示している．一般の $Q_\pm$ の場合には，このように直接2種の粒子の相互転換という具合にはいかないが，"ボーズ的粒子"を"フェルミ的粒子"に変えることはできる．つまり $Q_\pm$ はボソンとフェルミオンの間に成立する対称性を記述する演算子とみなせるのである．その意味でこの対称性を超対称と呼ぶ．

さて超電荷 $Q_\pm$ よりハミルトニアンを次のように定義する．

$$H = Q_+ Q_- + Q_- Q_+. \tag{11.1.5}$$

これはフェルミ演算子の性質に注意すれば

$$H = \frac{1}{2}(B_- B_+ + B_+ B_-) - \frac{1}{2}[B_+, B_-]\sigma_3 \tag{11.1.6}$$

と書き直される．あるいは Q_1, Q_2 を

$$Q_1 = Q_+ + Q_-, \quad Q_2 = i(Q_+ - Q_-)$$

によって導入すると H は

$$H = Q_1^2 = Q_2^2 \tag{11.1.7}$$

とも書ける．ここで $(a, a^\dagger)$ はパウリのスピンによって

$$a^\dagger = \frac{1}{2}(\sigma_1 + i\sigma_2), \quad a = \frac{1}{2}(\sigma_1 - i\sigma_2)$$

かつ，σ_1, σ_2 は

$$\sigma_1 = \begin{pmatrix} 0 & 1 \\ 1 & 0 \end{pmatrix} \quad \sigma_2 = \begin{pmatrix} 0 & -i \\ i & 0 \end{pmatrix}$$

11.1 超対称量子力学とゼロモード

で書かれる．これから σ_3 は

$$\sigma_3 = 2\left(a^\dagger a - \frac{1}{2}\right) = \begin{pmatrix} 1 & 0 \\ 0 & -1 \end{pmatrix}$$

で与えられる．或いは，フェルミ粒子数 F は σ_3 を用いて

$$F = a^\dagger a = \frac{1}{2}(\sigma_3 + 1)$$

と表わせる．ボーズ的状態とフェルミ的状態との合成を記述する量子力学的状態は2行1列の形

$$\psi = \begin{pmatrix} \psi_1 \\ \psi_0 \end{pmatrix} = \psi_1 \begin{pmatrix} 1 \\ 0 \end{pmatrix} + \psi_0 \begin{pmatrix} 0 \\ 1 \end{pmatrix}$$

によって表すことができる．第1項を"フェルミ的状態"，第2項を"ボーズ的状態"と呼ぼう．何故ならば

$$|1\rangle \equiv \begin{pmatrix} 1 \\ 0 \end{pmatrix}$$

はフェルミ粒子が一個だけ"存在する"状態を表し，

$$|0\rangle \equiv \begin{pmatrix} 0 \\ 1 \end{pmatrix}$$

は"存在しない"状態，つまり真空を表しているからである．消滅演算子を $|0\rangle$ に作用させると，$a|0\rangle = 0$ のようにゼロになり，また

$$a^\dagger |0\rangle = |1\rangle$$

となる．すなわち $|1\rangle$ は真空からフェルミ粒子を生成した状態になっている．

H として最も簡単な，運動量演算子 p について2次式で与えられる場合について見てみよう．そのためには

$$B_\pm = \frac{1}{\sqrt{2}}(p \pm iW(x)) \tag{11.1.8}$$

と選んでおけばよい．ここで $W(x)$ は超ポテンシャルと呼ばれる．すると H は

$$H = \frac{1}{2}(p^2 + W^2(x)) + \frac{1}{2}W'(x)\sigma_3 \tag{11.1.9}$$

となることがわかる．ここで $W'(x) = \frac{dW}{dx}$ である．この例は Witten 模型と呼ばれているものである．第 2 項はボーズ自由度とフェルミ自由度の間の相互作用をミニチュア化したものと見られる．ただしこの場合のフェルミ自由度は σ_3 が担っている．

超ポテンシャルの例として最も簡単な $W(x) = x$ を選ぶと，ハミルトニアンは，$W'(x) = 1$ より

$$H = \frac{1}{2}(p^2 + x^2) + \frac{1}{2}\sigma_3 \tag{11.1.10}$$

$$= \begin{pmatrix} \frac{1}{2}(p^2 + x^2) + \frac{1}{2} & 0 \\ 0 & \frac{1}{2}(p^2 + x^2) - \frac{1}{2} \end{pmatrix} \tag{11.1.11}$$

となる．つまり単純な調和振動子から $\frac{1}{2}\sigma_3$ だけずれたものになっている．このずれの意味を考えてみる．調和振動子の量子力学は $\hbar\omega$（ここで ω は調和振動子の角振動数である）を単位として，$\frac{1}{2}$ のゼロ点エネルギーがあるのが特徴である．(11.1.11) からわかるのは，このゼロ点エネルギーが $\sigma_3 = -1$ のとき（フェルミ粒子数が $F = 0$ となるので，これをボーズセクターと呼ぶ）は，$-\frac{1}{2}$ の項によって完全に打ち消されるということである．つまりエネルギー固有値としてゼロが存在するのである．また $\sigma_3 = 1$ のとき（$F = 1$ であるから，これをフェルミセクターと呼ぶ）は，$\frac{1}{2} + \frac{1}{2}$ によってゼロ点エネルギーは"かさ上げ"されてやはり消滅している．これからわかるように，ゼロエネルギー状態を除いて，ボーズセクターとフェルミセクターの準位は完全に一致する．次に $W = -x$ の場合を考えると，ボーズセクターとフェルミセクターの準位の様相は全く入れ換わることが容易にわかる．つまりフェルミセクターにゼロエネルギー状態が現れる．この状況は視覚化すると図 11.1 のようになる．

上の議論を一般化するとボーズ状態とフェルミ状態はそれぞれ

$$Q_+|b\rangle = |f\rangle \qquad Q_-|f\rangle = |b\rangle$$

の関係を満たす．いま $E \neq 0$ のボーズ的固有状態に対して

$$H|b\rangle = E|b\rangle$$

が満たされているとすると，$Q_+|f\rangle = 0$, $Q_-|b\rangle = 0$ に注意して

11.1 超対称量子力学とゼロモード

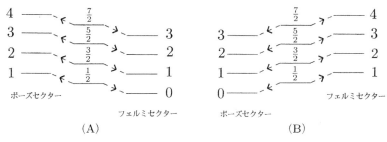

図 11.1：(A) $W(x) = -x$, (B) $W(x) = x$ に対応する

$$H|f\rangle = E|f\rangle$$

が導かれる．逆に $H|f\rangle = E|f\rangle$ であれば $H|b\rangle = E|b\rangle$ が成立することも分かる．すなわち $E \neq 0$ の状態は，フェルミ，ボーズ状態のスペクトルは完全に一致する．$E = 0$ の状態のみに非対称が現れる．

このように，超対称量子力学においては，ゼロエネルギー状態は特別の意味をもっていることが暗示される．それでは一般の場合には，超ポテンシャル $W(x)$ の様相とゼロエネルギー状態の存在の間に如何なる関係が存在するであろうか？(11.1.9)のハミルトニアンを行列の形式に書き直すと

$$H = \begin{pmatrix} H_+ & 0 \\ 0 & H_- \end{pmatrix} \tag{11.1.12}$$

となる．ここで $H_+ = B_- B_+$, $H_- = B_+ B_-$ である．従ってゼロエネルギーに対する方程式は

$$B_+ \psi = 0 \tag{11.1.13}$$

または

$$B_- \psi = 0 \tag{11.1.14}$$

にとれる．$B_\pm \psi = 0$ の解をそれぞれ ψ_+, ψ_- と記そう（以下では複合同順を用いる）．これらは σ_3 の固有状態に対応していることを示している．$B_\pm$ に (11.1.8)を使うと

$$\left(\frac{d}{dx} \mp W\right)\psi_\pm = 0. \tag{11.1.15}$$

これは 1 階の微分方程式であるから，直ちに解は求められて

$$\psi_\pm = C\exp[\pm\int_0^x W(y)dy] \tag{11.1.16}$$

で与えられる．さて，これらが実際に H のゼロ固有値を与える固有関数になるためには，量子力学の原理に従い規格化されなければならない．つまり 2 乗して x の $-\infty$ から $+\infty$ まで積分したものが有限にならなければならない．そのため超ポテンシャル $W(x)$ は勝手にとれないのである．2 つの解を別々に調べてみよう．まず ψ_- については，これが規格化可能であるためには，$x = \pm\infty$ において

$$\int_0^x \to \infty \tag{11.1.17}$$

でなければならない．一方 ψ_+ に対しては反対に

$$\int_0^x \to -\infty \tag{11.1.18}$$

となる必要がある．ここで (11.1.17) と (11.1.18) が両立しないことが決定的である．つまり関数 $W(x)$ は同時にこれら 2 つの条件を満たすことはできないのである．従ってどちらか一方が成り立つか，さもなければどちらも成り立たない．例えば前に挙げた $W(x) = x$ はちょうど (11.1.17) を満たしている．また $W(x) = x^2$ は明らかに (11.1.17)，(11.1.18) のいずれも満たさない．大ざっぱに言うと，$x \to \pm\infty$ において $W(x)$ が異なる無限大になれば，(11.1.17)，(11.1.18) のいずれかが成立する．また一方，$\pm\infty$ において符号が同一の無限大になれば，(11.1.17)，(11.1.18) のいずれも成り立たない，従ってゼロエネルギー解は存在しない．

さて，ゼロエネルギー状態のトポロジー的意味づけは何か？これについて議論するためには，上に述べたアイデアを一般的に定式化するのがよい．状態ベクトルを 2 つの部分空間に分割して，それを 2 行 1 列の形に並べてみる．

$$\psi = \begin{pmatrix} \psi_F \\ \psi_B \end{pmatrix}. \tag{11.1.19}$$

ψ_F, ψ_B はそれぞれフェルミ状態，ボーズ状態である．この表示において超対称電荷は

$$X = \begin{pmatrix} 0 & M^+ \\ M & 0 \end{pmatrix} \tag{11.1.20}$$

と行列の形で表せる．ハミルトニアンは $H = X^2$ で与えられ

$$H = \begin{pmatrix} M^+M & 0 \\ 0 & MM^+ \end{pmatrix}. \tag{11.1.21}$$

この形はちょうど(11.1.12)を一般化したものになる．ゼロエネルギーをもつフェルミ，ボーズ状態は

$$M\psi_B = 0 \tag{11.1.22}$$

と

$$M^+\psi_F = 0 \tag{11.1.23}$$

を満たす．ここでこの2つのゼロエネルギー状態の解の数をそれぞれ n_B, n_F とする．その差を M の"Witten 指数"とよび

$$\text{Ind}\, M = n_B - n_F \tag{11.1.24}$$

と記す．この差がトポロジー的不変量の一種になるのである．Witten 指数は，次のように別の表示をすることもできる．すなわちフェルミオン数 F を用いて

$$\text{Ind}\, M = \text{Tr}(-1)^F \tag{11.1.25}$$

と表わす．このトレースが上の表式と一致することは次のようにしてわかる．明らかに $(-1)^F$ の固有値は

$$(-1)^F = \begin{cases} +1 & (\text{ボソン状態}) \\ -1 & (\text{フェルミオン状態}) \end{cases}$$

となる．トレースは H の固有値にわたってとられるので

$$\text{Tr}(-1)^F = \sum \langle f|(-1)^F|f\rangle + \sum \langle b|(-1)^F|b\rangle$$

となり，$E \neq 0$ の状態に対してはフェルミとボーズの対称性よりキャンセルすることがわかる．従って，

$$\text{Tr}(-1)^F = n_B - n_F$$

となることがわかる．これが Witten 指数の別の表現である．演算子 M は一

般にパラメーターを含んでいる．例えば前に挙げた例の場合には，超ポテンシャルを通じてパラメーターを含んでいる．そこでこのパラメーターを少々変化させても，ポテンシャルが急激な変化をしない限り，ゼロエネルギーの個数は変化しない．この事実は次のように確かめられる．上で与えたポテンシャル問題の場合，t をパラメータとして $W \to tW$ と置き換えて t を変化させても，ゼロ固有値の個数は変わらない．これを一般化すると Ind$M$ は不変にとどまるのである．これは一種の断熱不変量とも見られる．

超対称量子力学のモース理論への応用

上に述べた超対称量子力学のアイディアを多様体上の関数の極値に関するモース指数に応用しよう[1]．

$(x_1, \ldots, x_n)$ を座標とする n 次元多様体 M を表わす "高さ関数" $h(x_1, \ldots, x_n)$ を考える．例えば，図のようなハンドルを持つ曲線上の点を (x_1, x_2) の関数として高さを $h(x_1, x_2)$ にとる．超対称電荷として

$$Q_+ = \frac{1}{\sqrt{2}} \sum_{i=1}^{n} a_i^\dagger p_i, \quad Q_- = \frac{1}{\sqrt{2}} \sum_{i=1}^{n} a_i p_i \tag{11.1.26}$$

$p_i = -i\frac{\partial}{\partial x_i}$ $(i = 1 \sim n)$ を定義する．t をパラメータとして次のような Q の変形を考える：

$$Q_\pm(t) \equiv e^{\mp th} Q_\pm e^{\pm th} \tag{11.1.27}$$

(複合同順)．これは

$$\begin{aligned} Q_+(t) &= -\frac{i}{\sqrt{2}} \sum_{i=1}^{n} a_i^\dagger \left(\frac{\partial}{\partial x_i} + \frac{\partial h}{\partial x_i} \right) \\ Q_-(t) &= -\frac{i}{\sqrt{2}} \sum_{i=1}^{n} a_i \left(\frac{\partial}{\partial x_i} - \frac{\partial h}{\partial x_i} \right) \end{aligned} \tag{11.1.28}$$

と書ける．この変形された超電荷からハミルトニアンを作ると

---

[1] 原論文は，E.Witten J.Diff.Geom.17(1982)661．以下の話は江口徹氏の解説に基づく．数理科学 NO.325,JULY 1990 p45．

11.1 超対称量子力学とゼロモード **351**

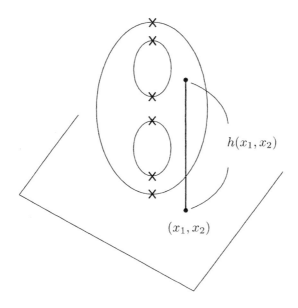

図 11.2：× は極値の位置

$$H_t = Q_+(t)Q_-(t) + Q_-(t)Q_+(t)$$
$$= \sum_{i=1}^n \frac{1}{2}\Big(-\frac{\partial^2}{\partial x_i^2} + t^2\Big(\frac{\partial h}{\partial x_i}\Big)^2 + t\sum_{j=1}^n \frac{\partial^2 h}{\partial x_i \partial x_j}[\hat{a}_i^\dagger, \hat{a}_j]\Big) \quad (11.1.29)$$

となる．特に $n=1$ の場合は

$$H_t = -\frac{1}{2}\frac{\partial^2}{\partial x^2} + \frac{t^2}{2}\Big(\frac{\partial h}{\partial x}\Big)^2 + \frac{t}{2}\frac{\partial^2 h}{\partial x^2}[\hat{a}^\dagger, \hat{a}]$$

となり，$W(x) = \frac{\partial h}{\partial x}$ とおけば，上で与えた1変数の超対称モデルと一致する．

t が非常に大きいときは $\frac{\partial h}{\partial x_i} \simeq 0$ のところ，つまり h の極値をとるところで H_t の固有関数が局在することが定性的に分る．その点を $x_0 = (x_1^0, \cdots, x_n^0)$ として，そのまわりで

$$h(x_1, \cdots, x_n) \simeq h(x_1^0, \cdots, x_n^0) + \frac{1}{2}\sum_{i,j}\frac{\partial^2 h}{\partial x_i \partial x_j}\Big|_{x=x_0}(x_i - x_i^0)(x_j - x_j^0)$$

と展開できる．故に

$$\frac{\partial h}{\partial x_i} \simeq \sum_j \frac{\partial^2 h}{\partial x_i \partial x_j}\Big|_{x=x_0}(x_j - x_j^0)$$

座標を適当に取り換えて，2次偏微分係数の行列 $\frac{\partial^2 h}{\partial x_i \partial x_j}\Big|_{x=x_0} \equiv H_{ij}$ を対角化する：このときの対角要素，つまり k_{ij} の固有値 λ_i $(i = 1 \sim n)$ のうちで負のものの個数を m とする．新しい座標を $(y_1, \cdots, y_n)$ とすると

$$H_t = \sum_{i=1}^n \frac{1}{2}\Big(-\frac{\partial^2}{\partial y_i^2} + t^2 \lambda_i^2 y_i^2 + \lambda_i t[\hat{a}_i^\dagger, \hat{a}_i]\Big) \tag{11.1.30}$$

できる．負の固有値を $k = 1 \sim m$，正のものを $j = m+1 \sim n$ とする番号づけをすると最後の項は

$$t \sum_i^n \lambda_i(2N_i - 1) = \frac{t}{2}\Big(-\sum_{k=1}^m \lambda_k(2N_k - 1) + \sum_{j=m+1}^n \lambda_j(2N_j - 1)\Big)$$

と書ける．ただし $\lambda_k, \lambda_j > 0$，また $N_i = a_i^\dagger a_i$ である．従って $t \to \infty$ において H_t がゼロの固有値を有するためには $N_k = 1, N_j = 0$ であればよい．つまり $|0\rangle$ をフェルミ粒子数がゼロの状態として H_t の基底状態は

$$|\psi_0\rangle = a_1^\dagger \cdots a_m^\dagger |0\rangle \tag{11.1.31}$$

(ただし $|0\rangle = |0_1, \cdots, 0_m; 0_{m+1}, \cdots, 0_n\rangle$) にとればよいことがわる．実際このとき，確かにエネルギー固有値はゼロになる：

$$E_0 = \frac{t}{2}\Big(\sum_{i=1}^n |\lambda_i| - \sum_{k=1}^m \lambda_k - \sum_{j=m+1}^n \lambda_j\Big) = 0$$

従って，一般論に従うと

$$\text{Tr}(-1)^F = \sum_{\text{critical}} (-1)^m = \sum_{m=0}^n (-1)^m M_m \tag{11.1.32}$$

とかける．$\sum_{critical}$ は全ての極値についての和を意味し，M_m は負の固有値の数が m である極値の個数を表わす．ここでは証明を与えることはできないが，この右辺の和は，多様体 M のオイラー標数となることがわかっている（モースの基本定理）．

ここで述べた理論が現実の物理現象に適用できるかどうかはいまのところわからないが，もしできるとすれば非常に興味があることである．

§11.2　フェルミ多体系の平均場理論

第8, 9章でなされた多体系の考察への補足として，ここではフェルミオン多体系の平均場理論を取り上げる．出発点はフェルミオンの多粒子系に対するスレーター行列式である．それは第4章で示したように，ユニタリー群のコヒーレント状態として書かれる．すなわち行列式状態は

$$\langle x_1 \cdots x_n | z \rangle = \langle x_1 \cdots x_n | \prod_{i=1}^{n} a_i^\dagger | 0 \rangle = \det \phi_k(x_j) \tag{11.2.1}$$

によって与えられる．これに第4章の最後で与えられた準古典量子化理論を適用すると，次の準古典量子化条件が得られる：

$$\frac{i\hbar}{2} \int_0^T dt \int \sum_{k=1}^{n} (\phi_k^* \dot{\phi}_k - c \cdot c) dx = 2n\pi\hbar. \tag{11.2.2}$$

ここで，$\phi_k(x,t)$ は平均場の中での時間に依存する1体波動関数で，周期条件

$$\phi_k(x, t+T) = \phi_k(x,t)$$

を満たす．波動関数は変分方程式

$$\delta \int dt [\int \frac{i\hbar}{2} (\sum_k \phi_k^* \dot{\phi}_k - c \cdot c) dx - H(\phi, \phi^*)] = 0$$

から導かれる．$H(\{\phi_i\}, \{\phi_i\})$ は平均場ハミルトニアンで

$$H(\phi, \phi^*) = \int \frac{\hbar^2}{2m} \sum_k \nabla \phi_k^* \nabla \phi_k dx + \frac{1}{2} \int \int \sum_{k,l} V(x,y) |\phi_k(x)|^2 |\phi_l(y)|^2 dx dy$$

$$- \frac{1}{2} \int \int \sum_{k,l} V(x,y) \phi_k^*(x) \phi_k(y) \phi_l^*(x) \phi_l(y) dx dy$$

で与えられる．最後の項は交換エネルギーを与える．$H(\{\phi_i\}, \{\phi_i\})$ は第2量子化の表式

$$\hat{H} = \sum_{ij} \langle i | \hat{H} | j \rangle \hat{a}_i^\dagger \hat{a}_j + \frac{1}{2} \sum_{ijkl} \hat{a}_i^\dagger \hat{a}_j^\dagger \langle ij | \hat{V} | kl \rangle \hat{a}_l \hat{a}_k,$$

$$\langle i | \hat{H} | j \rangle = \int \phi_i^*(x) \left(-\frac{\hbar^2}{2m} \nabla^2 \right) \phi_j(x) dx,$$

$$\langle ij | \hat{V} | kl \rangle = \int \int \phi_i^*(x) \phi_j^*(y) V(x,y) \phi_k(y) \phi_l(x) dx dy$$

を用いて基底状態 $|\psi\rangle = \prod_{i=1}^{n} a_i^{\dagger}|0\rangle$ での期待値 $\langle\psi|\hat{H}|\psi\rangle$ を計算すると得られる．これからいわゆる時間依存 Hartree-Fock 方程式が導かれる：

$$i\hbar\dot{\phi}_k = \frac{\delta H}{\delta \phi_k^*} = -\frac{\hbar^2}{2m}\nabla^2\phi_k + \int \sum_l |\phi_l(y)|^2 V(x,y)\phi_k(x)dy$$
$$- \int \sum_l \phi_l^*(x)\phi_l(y)V(x,y)\phi_k(y)dy. \quad (11.2.3)$$

これは非線型シュレーディンガー方程式の連立となっている．(11.2.3) の最後の項は非局所的な形をしていることに注意せよ．

極形式への書き換え

上で構成した Hartree-Fock 場の量子化を，第 9 章のボーズ流体の所で述べたような流体力学的方程式の形で書き直してみる．そうすることにより多体系の集団運動の記述が容易になる．出発点は波動関数 $\hat{\phi}_k$ に対する極表示

$$\phi_k = \hat{\phi}_k \exp\left[\frac{im\alpha(\boldsymbol{x},t)}{\hbar}\right] \quad (11.2.4)$$

である．ここで (i) $\hat{\phi}_k$ と $\alpha(x)$ はともに実関数である．(ii) 位相関数 α は各粒子のラベル k によらない；この事実はフェルミ流体全体の運動を支配するということの反映であると見られる．さらに次のように $\hat{\phi}_k$ から

$$\rho = \sum_k \hat{\phi}_k^2$$

として密度関数を導入する．この 2 つの力学量を用いて平均場ラグランジアンは

$$L = -m\int \rho\dot{\alpha}dx - H(\rho,\alpha) \quad (11.2.5)$$

のように書かれる．ここでハミルトニアンは

$$H = \int \left[\frac{1}{2}m\rho(\nabla\alpha)^2 + U(\rho)\right]dx$$

で与えられる．第 2 項はポテンシャル項であるが，密度関数 ρ のみで書かれると仮定した（いわゆる "局所密度近似"（local density approximation）であるがこれについての詳細は省く）．このラグランジアンよりオイラー-ラグランジュ方程式が次のように得られる．

$$\dot{\alpha} + \frac{1}{2}(\nabla\alpha)^2 + \frac{1}{m}\frac{\delta U}{\delta \rho} = 0,$$
$$\dot{\rho} + \nabla \cdot (\rho \nabla \alpha) = 0. \qquad (11.2.6)$$

これらはそれぞれオイラー方程式と連続方程式に他ならない．ちなみに ρ と α を互いに正準共役変数と見れば，正準方程式とみることができる．ポアソン括弧式は ρ, α を使って

$$\{A(x), B(y)\} = \int \left(\frac{\delta A(x)}{\delta \rho(z)}\frac{\delta B(y)}{\delta \alpha(z)} - (A \leftrightarrow B)\right) dz$$

と定義されるので，上の方程式は

$$m\dot{\rho} = \{\rho, H\}, \quad m\dot{\alpha} = \{\alpha, H\} \qquad (11.2.7)$$

と書くことができる．ボーア-ゾンマーフェルト量子化は

$$-\oint dt \int m\rho\dot{\alpha}\, dx = 2n\pi\hbar. \qquad (11.2.8)$$

あるいは部分積分を行ない，ρ, α に対する周期条件 $\rho(t+T) = \rho(t), \alpha(t+T) = \alpha(t)$ を課せば

$$\oint dt \int m\alpha\dot{\rho}\, dx = 2n\pi\hbar \qquad (11.2.9)$$

とも書ける．さらに連続方程式を使えば

$$-\oint dt \int m\alpha\nabla\cdot(\rho\nabla\alpha)\, dx = \oint dt \int m\rho(\nabla\alpha)^2 dx = 2n\pi\hbar. \qquad (11.2.10)$$

ここで境界条件 $|x| \to \infty$ のとき $\rho \to 0$ 及び $\alpha \to 0$ を使う．

伸縮運動への応用

上で与えた一般論を座標の伸縮変換(dilatation)に付随する集団運動に適用することを考える．Hartree-Fock 方程式の適当な定常解 $\bar{\phi}_k$ を考え，位相を除いた時間に依存する波動関数 $\hat{\phi}_k$ が次のような依存性を持つとする．

$$\hat{\phi}_k(\boldsymbol{x}, t) = \lambda^{\frac{3}{2}} \bar{\phi}_k(\lambda \boldsymbol{x}) \qquad (11.2.11)$$

$\lambda^{\frac{3}{2}}$ は規格化から来る．ここで λ に時間依存性を持たせる．言い換えれば λ を伸縮運動の力学変数と考える．位相 α は未知関数で，それは連続方程式を

用いて決定される．つまりここで密度 ρ と "流れ" $\boldsymbol{j}$ は

$$\rho = \lambda^3 \sum_k \bar{\phi}_k^2 = \lambda^3 \bar{\rho}, \quad \boldsymbol{j} = \lambda^3 \bar{\rho} \nabla \alpha$$

で与えられる．これを上の連続方程式に代入すると

$$\lambda \nabla^2 \alpha + 3\dot{\lambda} = 0, \quad \lambda \nabla \alpha + \dot{\lambda} \boldsymbol{x} = 0$$

が得られ，これから

$$\alpha = -\frac{1}{2}\frac{d}{dt}(\log \lambda)\boldsymbol{x}^2 = -\frac{1}{2}\dot{Q}\boldsymbol{x}^2. \tag{11.2.12}$$

ここでよくやるように $\lambda = \exp Q$ に書き換えた．この位相の形を使えば

$$\int dt \int \lambda^3 \bar{\rho}(\lambda x)(\dot{Q}x)^2 dx = \int M(Q)\dot{Q}^2 dt \tag{11.2.13}$$

と書き直される．$M(Q)$ は質量パラメータと呼ばれるもので次で与えられる．

$$M(Q) = m e^{-2Q} \int x'^2 \bar{\rho}(x') dx'. \tag{11.2.14}$$

ここで $x' = \lambda x$．変数 Q に共役な運動量として

$$P = \frac{i\hbar}{2} \int \sum_k (\bar{\phi}_k^* \frac{\partial \bar{\phi}_k}{\partial x} - c \cdot c) dx \tag{11.2.15}$$

が得られる．これから $P = M(Q)\dot{Q}$ が出てきて，実際，$M(Q)$ が質量パラメータであることが確認される．従って量子化条件は集団座標を用いて

$$\oint P\dot{Q} dt = 2n\pi\hbar \tag{11.2.16}$$

と書かれることがわかる．最後にハミルトニアンは

$$H = \frac{p^2}{2M(Q)} + U(Q) \tag{11.2.17}$$

となり，ポテンシャルエネルギーは

$$U(Q) = \frac{\hbar^2}{2m}\lambda^2 \int \sum_k \frac{\partial \bar{\phi}_k}{\partial x}\frac{\partial \bar{\phi}_k}{\partial x} dx + \frac{1}{2}\int\int \sum_{kl} \bar{\phi}_k^2(x) V(\frac{x}{\lambda}, \frac{y}{\lambda}) \bar{\phi}_l^2(y) dx dy$$
$$- \frac{1}{2}\int\int_{kl} \bar{\phi}_k^*(x) \bar{\phi}_k(y) V(\frac{x}{\lambda}, \frac{y}{\lambda}) \bar{\phi}_l^*(x) \bar{\phi}_l(y) dy$$

で与えられる．従って，量子化条件は次のようになる．

$$\int_\alpha^\beta \sqrt{2M(Q)(E-U(Q))}dQ = 2n\pi\hbar. \tag{11.2.18}$$

α 及び β は $E = U(Q)$ の根で与えられる転回点である．特に $n=1$ に対しては量子化された伸縮モードの励起エネルギーを与える．これを具体的に計算するためには，結局，2体相互作用の知識をもとに静的な Hartree-Fock 解 $\bar{\phi}_k$ を求める必要がある．

§11.3 経路積分とゼータ関数

この節の内容はいまだ確定したものではない．将来への研究へのきっかけになればというくらいの軽いものである．

話のきっかけは，経路積分とはどういうものかという素朴な疑問に関係する．これはその定義を文字通り解釈すれば，経路の汎関数である作用関数を指数関数の肩に乗せ，それをすべての経路について足しあげるというものである．すべての経路（連続無限個ある）について和をとるということは大変困難な考えであるが，それを可算無限個にして通常の意味の無限の和というふうにさしあたり考えてみる．ただし無限和とは何かという面倒な問題はさておく．

ところで経路積分で和をとるという操作と似たものとして，ゼータ関数というものがそれに近い対象のように見える．リーマンゼータは，数学のうちでおそらく最も深遠な対象物のようであるが，これは正の整数 n に n^{-s} という指数関数を与えて，それを全ての正整数について足し上げる．リーマンゼータに類似の関数も，現在，非常に沢山構成されているようであるが，これらはいずれもある整数のような集合（整数論の対象としては代数体というものが最も興味があるのであるが）に対してノルムをというものを定義し，その集合の "すべての要素" について和をとるという形になっている．経路積分に対しては，準古典近似という近似法を除き，一般的にうまく計算する方法は知られていない．そこでゼータ関数のようなものとしてとらえるやりかたは，ひとつの発展の方向であるかもしれない．もっともこのような発想は今のところ現実の物理の問題から要求されるようなものでなく，数理的な興味だけ

である．以下このような可能性について"ハッタリ"を述べる．

ゼータ関数の原型はリーマンゼータ関数である：

$$\zeta(s) = \sum_{n=1}^{\infty} \frac{1}{n^s}.$$

ここで s は複素変数である．この一見簡単に見える関数が多くの神秘を内臓している．この神秘を解明する目論見の過程で多くのゼータ関数が作られている．ゼータ関数の特質の中で際立った性質はオイラー積分解を持つことである．それは

$$\zeta(s) = \prod_p \frac{1}{1-p^{-s}}$$

と書かれる．$\prod_p$ は全ての素数にわたる積を表す．逆に素なるものの無限積というものを持たなければゼータ関数の資格は無いとも言える．解析接続をして複素関数と見たとき，"$\mathrm{Re}\, s = \frac{1}{2}$ の線上において非自明なゼロ点を持つ"というのがリーマン予想で，これは現在でも未解決問題である．

オイラー積というものを手がかりに，ゼータ関数に似たものが量子現象において現れることを示そう．適当な境界をもつ空洞(cavity)の中に閉じ込められた輻射を考える．そのハミルトニアンを第2量子化で書くと

$$\hat{H} = \sum_i \epsilon_i a_i^\dagger a_i \tag{11.3.1}$$

となる．ここで $(a^\dagger, a)$ は i 番目のモードの生成消滅演算子で，そのスペクトルは ϵ_i で与えられる．次の分配関数を考える．

$$Z(\beta) = \mathrm{Tr}(\exp[-\beta \sum_i \epsilon_i a_i^\dagger a_i]). \tag{11.3.2}$$

ここで光子数演算子 $\hat{n}_i \equiv a_i^\dagger a_i$ の固有値は $n_i = 0, 1, \cdots,$ で与えられ，これから分配関数は

$$\begin{aligned}
Z(\beta) &= \sum_{n_1=0}^{\infty} \cdots \sum_{n_i=0}^{\infty} \prod_i \exp[-\beta \epsilon_i n_i] \\
&= (\sum_{n_1} \exp[-\beta n_1]) \cdots (\sum_{n_i} \exp[-\beta n_i]) \cdots \\
&= \prod_{i=1}^{\infty} \frac{1}{1-\exp[-\beta \epsilon_i]}
\end{aligned} \tag{11.3.3}$$

となる．これを β の関数と見てプランク関数と呼ぼう．この形はまさにオイラー積

$$\zeta(s) = \prod_p \frac{1}{1-p^{-s}}$$

を思わせる．対応関係

$$p \to e^\epsilon, \quad \beta \to s$$

に注意すると，素数についての積に対応するのが固有モードについての積である．ゼータ関数とプランク関数の対応関係は，素数分布と固有モードの分布の間に対応関係があることを示唆している．素数分布は $1 < p < x$ にある素数の数が

$$M(x) \sim \frac{x}{\log x}$$

で与えられるというものである．さらに有理整数にわたる和を代数体における整数，すなわち代数的整数に置き換えるとデデキントゼータ関数が得られる．それは

$$\begin{aligned}\zeta(s) &= \sum_{\boldsymbol{a}} \frac{1}{N(\boldsymbol{a})^s} \\ &= \prod_p \frac{1}{1-N(\boldsymbol{p})^{-s}}\end{aligned}$$

で書かれる．今度は素数のかわりに"素イデアル"にわたる和で書かれる．イデアルは次のように素イデアル分解される：

$$\boldsymbol{a} = \boldsymbol{p}_1^{n_1} \cdots \boldsymbol{p}_i^{n_i} \cdots.$$

ここで $N(\boldsymbol{p}_i)$ はノルムであって，プランク関数では $\exp[\epsilon_i]$ が対応する．

無限自由度可積分系の経路積分とゼータ関数

プランク関数は，無限個の振動モードが素数あるいは素イデアル分解と同じ構造を持つことを示唆している．つまり

$$\exp[n_1\epsilon_1]\exp[n_2\epsilon_2]\cdots \to 2^{l_1}3^{l_2}\cdots \tag{11.3.4}$$

の対応関係がある．今度は経路積分に話を移す．本論で見たように，特に時間推進演算子のトレースを考えたとき，その虚時間への解析接続は分配関数

を与える．それは

$$\sum_n \exp[-\beta E_n] = \sum_C \exp[-S(C)] \qquad (11.3.5)$$

と書かれる．左辺はエネルギースペクトルにわたる和である．問題は右辺の全ての周期軌道にわたる和を計算することに帰着され，これは一般に大変困難な問題である．

ここで特別な状況に議論を限定しよう．すなわち輻射の場合との類似で，振動子の自由度に相当して無限自由度の"可積分系"を考える．それは無限個のトーラスで記述され，各トーラスが振動子に相当しているのである．これを記号的に

$$H = \prod_i T_i \qquad (11.3.6)$$

と表わそう．T_i は i 番目のトーラスを表わし $i = 1 \sim \infty$ とする．そこで任意の周期軌道はこのトーラスから形式的積（あるいは和）で

$$C = T_1^{l_1} T_2^{l_2} \cdots \equiv \sum_i l_i T_i \qquad (11.3.7)$$

と表される．$l_i = 0, 1, 2 \cdots$ である．$T_i^{l_i}$ の意味は基本トーラス T_i を l_i 回まわるということである．それで $\mathrm{Tr}(e^{-\beta \hat{H}})$ は全ての C についての和で書かれる：

$$Z(C) = \sum_C \exp[-sL(C)]. \qquad (11.3.8)$$

これは $\sum \exp[i/\hbar \cdot L(C)]$ において，$\frac{i}{\hbar}$ を複素変数 s で置き換えたものである．$L(C)$ は作用積分で

$$L(C) = \int_C \omega. \qquad (11.3.9)$$

ω は無限次元の１次微分形式を表す．この積分は ω の，エネルギーが一定の面 $H = E$ 上のサイクル C における積分である．ω の一般式の具体系は書けないが，その形は今の場合必要がない．C の基本トーラスへの分解に注意すると

$$\int_C \omega = \sum_i l_i \int_{T_i} = \sum_{i=1}^{\infty} l_i \Omega_i \qquad (11.3.10)$$

(ここで $\Omega_i = \int_{T_i} \omega$),

$$\begin{align}
Z(C) &= \sum_{l_1=0}^{\infty} \cdots \sum_{l_i=0}^{\infty} \exp[-sL(C)] \\
&= \sum_{l_1=0}^{\infty} \exp[-sl_1\Omega_1] \cdots \sum_{l_i=0}^{\infty} \exp[-sl_1\Omega_i] \cdots \\
&= \prod_i \frac{1}{1-\exp[-s\Omega_i]} \tag{11.3.11}
\end{align}$$

が得られる．これはプランク関数と同じ形をしている．これで新しい形のゼータ関数の類似が得られた．

● 非可積分系の準古典伝播関数との関係

上のゼータ類似関数から引数 s について対数微分をとろう（ただしこの微分をとる意味は定かではないが）．それは

$$\begin{align}
\frac{d}{ds}\log Z(s) &= \frac{Z'(s)}{Z(s)} \\
&= \sum_{i=1}^{\infty} \frac{\Omega_i \exp[-s\Omega_i]}{1-\exp[-s\Omega_i]} \\
&= \sum_{i=1}^{\infty} \frac{\Omega_i}{\exp[s\Omega_i]-1} \tag{11.3.12}
\end{align}$$

となる．この式はある種の有限自由度の非可積分系に対する準古典トレース公式と類似している．例えば負の一定曲率リーマン多様体に対する Selberg トレース公式は最も有名なものである．この対応関係に注目すると，添え字 i（これはもともとは素のトーラスをラベルする番号であった）が非可積分系での素周期軌道に転化する．そして Ω_i はこの素周期軌道に対する作用積分と読み替えるのである．つまり有限非可積分系での（不安定）素周期軌道が無限次元可積分系のトーラスに写像されると考えられる．

● 拡張：無限自由度可積分系に対して定義されたゼータ類似関数は，デデキントのゼータの類似とも見られる．そこでそれを少し拡張して，ディリクレの L 関数の類似も構成できることを示そう．これには幾何学的位相 $\chi(C)$ を付けることによって得られる：

第 11 章 補遺

$$Z^D(C) = \sum_C \chi(C) \exp[-sL(C)].$$

ここでトーラスの分解に対応する因数分解

$$\chi(C) = \prod_i [\chi(T_i)]^{l_i}$$

が成立したとすれば "オイラー積" が得られる.

$$Z^D(s) = \prod_i \frac{1}{1 - \chi(T_i)\exp[-s\Omega_i]}.$$

これは $\chi(T_i)$ を指標に対応させたときのディリクレ L 関数の類似とみられる. ただし, 以上の議論は全て筋書きの域を出ない.

付録A
リー群と等質空間

まずリー群について簡単に述べる．典型的な例として2次元特殊ユニタリー群について説明する．それは

$$U = \begin{pmatrix} a & b \\ c & d \end{pmatrix}$$

と書かれユニタリーという条件より，複素数の行列要素は次の関係を満たす．

$$aa^* + bb^* = 1, \quad ac^* + bd^* = 0,$$
$$cc^* + dd^* = 1, \quad ca^* + db^* = 0.$$

これは行列要素が作る関係式の表す曲面である．このマトリックスが群としての資格をもつことは明らかである．変換群としては，Uは2次元複素ベクトル空間におけるベクトルの変換として実現される．物理学上，これはきわめて重要な変換であって，素粒子論におけるアイソスピン空間，すなわち陽子と中性子を記述する内部空間における変換がその典型的な例である．上の曲面は実数で表すと4次元空間中での3次元球面となる．球面は体積が有限であるからコンパクトと言われる．もっと一般にn次元ユニタリー群$U(n)$が考えられる．特に$U(3)$群は，アイソスピンを拡張したユニタリースピン対称性の記述にとって重要な役割をする．

等質空間の概念

空間Xの点xを移動させる変換g；$x \to g \cdot x$が$g_1(g_2 \cdot x) = (g_1 g_2) \cdot x$及

び $1 \cdot x = x$ を満たすとき g の全体 G は群を形成する．これを"変換群"と呼ぶ．(量子力学に出てくる群はほとんど全て変換群である)．

X の任意の点 x, y をとり，$y = g \cdot x$ となる変換 g が常に存在するとき，G は X に"推移的"に作用すると言われる．このとき X を等質空間と呼ぶ．

X の点 x_0 を動かさない($g \cdot x_0 = x_0$)元 g の全体 $\{g\}$ は，G の部分群を作る．これをアイソトロピー(isotropy)部分群と呼ぶ．

ここで剰余類の概念を導入する．これは物理の学生にとっては，始めはわかりにくいかも知れないが，後の例をみれば理解できると思う．ここで次の命題を述べる．

"アイソトロピー部分群 H の(左)剰余類は，等質空間 X の点と 1 対 1 対応する．言い換えれば，剰余類の空間はもとの等質空間と一致する．"

この説明をする．G の 2 つの元 g_1, g_2 が固定点 x_0 を同一の点 x に移動する ($g_1 \cdot x_0 = g_2 \cdot x_0$) と $g_2^{-1} g_1 \cdot x_0 = x_0$ より $g_2^{-1} g_1 \in H$, すなわち $g_1 H = g_2 H$ となる．これは"$g_1 H$ を代表とする剰余類と $g_2 H$ を代表とする剰余類が一致する"ことを意味する．逆に $g_1 H = g_2 H$ ならば $g_1 \cdot x_0 = g_2 H \cdot x_0$ より $g_1 \cdot x_0 = g_2 \cdot x_0$. すなわち x_0 を同一点 x に移動させる g の全体は，gH の全体と一致する．そしてこの対応は 1 対 1 である．

$$x \leftrightarrow gH.$$

つまり X の全体と gH の全体は同等になる．

例として $SO(3)$ を考える．2 次元球面 X 上の点 $(0, 0, 1)$ を同一の点に写す 2 つの回転 g, g' に対して

$$\begin{pmatrix} g_{11} & g_{12} & g_{13} \\ g_{21} & g_{22} & g_{23} \\ g_{31} & g_{32} & g_{33} \end{pmatrix} \begin{pmatrix} 0 \\ 0 \\ 1 \end{pmatrix} = \begin{pmatrix} g_{13} \\ g_{23} \\ g_{33} \end{pmatrix} = \begin{pmatrix} g'_{13} \\ g'_{23} \\ g'_{33} \end{pmatrix} = \begin{pmatrix} g'_{11} & g'_{12} & g'_{13} \\ g'_{21} & g'_{22} & g'_{23} \\ g'_{31} & g'_{32} & g'_{33} \end{pmatrix} \begin{pmatrix} 0 \\ 0 \\ 1 \end{pmatrix}.$$

直交群の性質 ${}^t g \cdot g = I$ より $g_{13}^2 + g_{23}^2 + g_{33}^2 = 1$ を満たし，これは球面の点を表す．これで $SO(3)/O(2) \simeq S^2$ を表すことが確認できる．

剰余類

物理で現れるリー群(連続群)に付随する剰余類は，初学者にはとっつきに

くいかもしれないので簡単な例を挙げる．整数全体の集合 (Z) を素数 p (例えば 2) を法として分類する．もっと端的に言えば，素数で割った余りで整数全体を分ける．これを記号で $R \equiv Z/(p)$ と書く．(p) は p の整数倍全体である．R の元は従って $n - mp = q$ と書かれ，これは $n = mp + q$ で，剰余が q となり，$(0, \cdots, p-1)$ なる p 個の値を取り得る．この p 個の各々が剰余類の "代表元" を表す．すなわち q という剰余類は，集合として考えたとき $mp + q$ で書かれる整数全体を表している．そこでこれを一般の群の場合にあてはめると，群 G が整数全体に対応し，部分群 H が素数の倍数 (p) に対応するという対応関係と見れば，剰余類 gH というのは，余りが q を表す剰余類に相当する．それは一般には無限の要素を持っているが，代表元をあたかも 1 点の如くみなせば，空間の点という意味がつけられる．ただしここでの説明はあくまで感覚的な言い方にとどまるが．

複素射影空間

n 次元複素ベクトル空間 C^{n+1} から複素射影空間をユニタリー群の等質空間として実現する．C^{n+1} の点を $Z = (z_0, \cdots, z_n)$ と表す．ここで λ をある複素数として，$Z' = \lambda Z$ なる関係にある 2 点を同一視した空間を n 次元複素射影空間と呼ぶ．この同一視はいわゆる "同値類別" とみなされる．これを記号で $\{\equiv\}$ と記そう．そこで

$$C^{n+1}/\{\equiv\} \simeq P_n(C).$$

これを $n = 2$ の場合に例示しよう．この場合には

$$\frac{z_1}{z_0} = \frac{z'_1}{z'_0} = \lambda$$

ゆえ，これは (z_0, z_1) において，"傾き" が λ の直線を 1 点とみなすことになる (図を参照)．$z_0 = 0$ がいわゆる無限遠点になる．ここで $z_0 \neq 0$ に対して

$$z = \frac{z_1}{z_0}$$

を定義しよう．これを非同次座標と呼ぶ．n 次元の場合には

$$z = \left(\frac{z_1}{z_0}, \cdots, \frac{z_{n+1}}{z_0} \right).$$

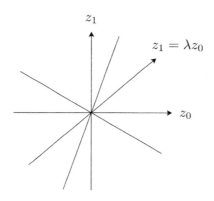

図 A.1：傾きが一定の直線が射影空間の点に対応する．

等質空間としての射影空間

同次座標の間のユニタリー変換

$$Z' = UZ$$

を考えると $U = SU(n+1)$ にとれる．ここで固定点 $Z_0 = (1, 0, \cdots, 0)$ を固定する変換は

$$(1, 0, \cdots, 0)U^\dagger = (1, 0, \cdots, 0).$$

これは $\sum_{j=1}^n U_{ij} z_j = U_{i1} = 0$ 及びその共役から $U_{1i}^* = 0$. 故に

$$U = \begin{pmatrix} 1 & 0 & \cdots & 0 \\ \hline 0 & & & \\ \vdots & & \tilde{U} & \\ 0 & & & \end{pmatrix}.$$

ここで，$\tilde{U}\tilde{U}^\dagger = 1$ を満すことから，$\tilde{U}$ は $Z_0 = (1, 0, \cdots, 0)$ を固定する変換 $\tilde{U}$ は部分群 $U(n+1)$ の部分群 $U(n)$ になる．従って，上の一般論より

$$P_n(C) \sim SU(n+1)/U(n).$$

複素射影空間を一般化したものがグラスマン多様体である．すなわち $G = U(m+n), H = U(m) \times U(n)$ となり

$$U(m+n)/U(m) \times U(n) \simeq G_{m,n}.$$

ハール測度

　群という抽象的な対象に体積要素というのは考えにくいが，連続群の場合，要素は連続パラメーターでパラメトライズされ，それが群空間を作っている．例えば 2 次元回転あるいは $U(1)$ 群は円周とみなされ，また 3 次元回転は 3 次元球面と同一視されることから，これらを通常の意味での体積要素が定義される空間とみなすことが可能になる．

　そこでこのような群空間を認めて群要素の関数というものを考え，その関数に対して積分を定義することができる．それを

$$I = \int f(g) d\mu(g) \tag{A.1}$$

と書く．この積分に対して要求されるのは，群要素を別の群要素に変換しても不変であることである．例えば一次元直線 R の上での関数 $f(x)$ の通常の積分

$$I = \int_{-\infty}^{+\infty} f(x) dx$$

は平行移動 $x \to x+a$ に対して不変である．これは dx がこの移動に関して不変であることから来る．この考えを一般化して，体積要素が群要素の間の変換 $g' = ag$ の下で不変になるように要求する．つまり

$$\int f(g) d\mu(g) = \int f(ag) d\mu(ag). \tag{A.2}$$

このような測度 $d\mu(g)$ をハール測度と呼ぶ．

　例として一般 1 次変換 $GL(nR)$ の不変測度を求める．これは $\det \neq 0$ の行列全体である．行列要素を g_{ij} とすると，群要素の間の変換 $g' = ag$ は

$$g'_{ij} = \sum_k a_{ik} g_{kj}$$

となり，これは行列の直積の定義 (A は $m \times m$, B は $n \times n$ の正方行列)

$$(A \otimes B)_{ij,mn} = A_{im} B_{jn}$$

から

付録 A　リー群と等質空間

と書けることに注意すると,

$$g'_{ij} = \sum_{mn}(a \otimes 1)_{ij,mn} g_{mn}$$

と書けることに注意すると,

$$\prod_{ij} dg'_{ij} = \det(a \otimes 1) \prod_{ij} dg_{ij}.$$

さらに

$$\det(A \otimes B) = (\det A)^n (\det B)^m$$

を用いると

$$\prod_{ij} dg'_{ij} = \det(a)^n \prod_{ij} dg_{ij}.$$

従って

$$\frac{\prod_{ij} dg_{ij}}{(\det g)^n} = \frac{\prod_{ij} dg'_{ij}}{(\det g')^n}.$$

これから不変測度は

$$d\mu(g) = \frac{\prod_{ij} dg_{ij}}{(\det g)^n} \tag{A.3}$$

となることがわかる.

　この例では簡単に求められたが，ユニタリー群などの場合は，ユニタリーの条件から来る要素間の関係式が多様体を形成しており，その多様体の体積要素を求めることになる．これは一般には面倒な問題である．

付録B
リー代数と微分形式

ゲージ場に関する微分形式について述べる．A_i（i は空間の添字）はリー代数に値を持つ場を表す．これから 1 次微分形式

$$A = \sum_i A_i dx^i$$

を定義する．リー代数の適当な基底 $\{e_a\}$ を用いて A_i を

$$A_i = \sum_a A_i^a e_a$$

と表す．$\{e_a\}$ は次の変換関係を満たす．

$$[e_a, e_b] = f_{abc} e_c$$

ここで f_{abc} は構造定数である．A の外微分は

$$dA = \sum_{ij} \frac{1}{2}\Big(\frac{\partial A_j}{\partial x_i} - \frac{\partial A_i}{\partial x_j}\Big) dx_i \wedge dx_j$$

で与えられる．また A と B より次のような積を定義する．

$$A \wedge B + B \wedge A = \Big(\sum_i A_i dx^i\Big) \wedge \Big(\sum_j B_j dx^j\Big) + \Big(\sum_j B_j dx^j\Big) \wedge \Big(\sum_i A_i dx^i\Big)$$
$$= \sum_{ij} [A_i, B_j] dx^i \wedge dx^j.$$

特に $A = B$ のとき

$$A \wedge A = \frac{1}{2} \sum_{ij} [A_i, A_j] dx^i \wedge dx^j$$

となる．A より曲率を作ると

$$F = dA + A \wedge A.$$

これを成分で書くと

$$\frac{1}{2}\sum_{ij} F_{ij} dx^i \wedge dx^j = \frac{1}{2}\sum_{ij}\Big[\Big(\frac{\partial A_j}{\partial x_i} - \frac{\partial A_i}{\partial x_j}\Big) + [A_i, A_j]\Big] dx^i \wedge dx^j.$$

これから

$$F_{ij} = \frac{\partial A_j}{\partial x_i} - \frac{\partial A_i}{\partial x_j} + [A_i, A_j]$$

が出てくる．微分形式 Φ に対して

$$D\Phi = d\Phi + [A, \Phi] \tag{B.1}$$

によって共変微分を定義する．特に

$$DF = 0 \tag{B.2}$$

が導かれる．これは Bianchi の恒等式である．

第2 Chern 類に対する微分形式[1]

$\text{Tr}(F \wedge F)$ の外微分を作ると

$$d\text{Tr}(F \wedge F) = \text{Tr}(F \wedge dF + dF \wedge F) = 2\text{Tr}(F \wedge DF).$$

これは $\text{Tr}([F, A] \wedge F) = 0$ を用いると得られる．$DF = 0$ から

$$d\text{Tr}(F \wedge F) = 0.$$

この式は

$$\text{Tr}(F \wedge F) = d\omega \tag{B.3}$$

なる ω が存在することを示す．ω の具体的な形を求めるために，次のような技法を用いる．δ を場に対する変分として $\text{Tr}(F \wedge F)$ の変分を考えると，そ

---

[1] たとえば，以下の文献を参照．伊藤光弘，茂木勇，微分幾何学とゲージ理論，共立出版，1986; B.Zumino, in "Current Algebra and Anonamlies", S.Treiman, R.Jackiw, B.Zumino and E.Witten eds, World Scientific, Singapore, 1985.

れは次のように計算できる.

$$\delta\text{Tr}(F \wedge F) = 2\text{Tr}(\delta F \wedge F) = 2\text{Tr}([D(\delta A)] \wedge F)$$
$$= 2D\text{Tr}(\delta A \wedge F) = 2d\text{Tr}(\delta A \wedge F).$$

(トレースがスカラー量であるから共変微分が通常の微分に置き換えられることに注意.) 次に t をパラメータとして

$$A_t = tA, \quad F_t = dA_t + A_t \wedge A_t \tag{B.4}$$

なる量を導入する. F_t は

$$F_t = t(dA + A \wedge A) + (t^2 - t)A \wedge A$$

と書ける. ここで

$$\delta\text{Tr}(F_t \wedge F_t) = 2d\text{Tr}(\delta A_t \wedge F_t)$$

かつ $\delta A_t = A\delta t$, $\delta = \delta t \frac{d}{dt}$ に注意すると

$$\int_0^1 \Big(\frac{d}{dt}\text{Tr}(F_t \wedge F_t)\Big)\delta t = 2d\int_0^1 (\text{Tr}(A \wedge F_t))\delta t.$$

F_t の表式を代入して t について積分すると

$$\int_0^1 \text{Tr}(\delta A \wedge F_t) = \Big(\int_0^1 t\delta t\Big) A \wedge F + \Big(\int_0^1 (t^2 - t)dt\Big) A \wedge A \wedge A$$
$$= \frac{1}{2} A \wedge F - \frac{1}{6} A \wedge A \wedge A \tag{B.5}$$

と計算される. 故に,

$$\text{Tr}(F \wedge F) = \int_0^1 \Big(\frac{d}{dt}(F_t \wedge F_t)\Big)\delta t$$

に注意すると

$$\text{Tr}(F \wedge F) = d\text{Tr}\Big(A \wedge F - \frac{1}{3} A \wedge A \wedge A\Big) \tag{B.6}$$

が得られる.

付録C
$SU(3)$ コヒーレント状態

　ここでは第4章で与えたコンパクト半単純リー群のコヒーレント状態で，ユニタリー群の場合を考察する．アーベル群 $U(1)$ のいくつかの直積を部分群として持っていることがこの群の特徴である．これは極大トーラスと呼ばれるものである．この部分群による剰余類は $SU(n)/U(1)\times\cdots\times U(1)$ で，旗多様体と呼ばれる．以下では具体的に $SU(3)$ 群をとりあげる．以下の構成は小倉による[1]．

　複素リー群はこの場合 $SL(3C)$ というものになる．この群要素をガウス分解すると
$$g = \xi\delta z.$$
ここで

$$\xi = \begin{pmatrix} 1 & 0 & 0 \\ \xi_1 & 1 & 0 \\ \xi_2 & \xi_3 & 1 \end{pmatrix}, \delta = \begin{pmatrix} \delta_1 & 0 & 0 \\ 0 & \delta_2 & 0 \\ 0 & 0 & \delta_3 \end{pmatrix} \quad (\delta_1\delta_2\delta_3 = 1), \quad z = \begin{pmatrix} 1 & z_1 & z_2 \\ 0 & 1 & z_3 \\ 0 & 0 & 1 \end{pmatrix}.$$

$SL(3C)$ 代数の基底を次の 3×3 行列によって表現する．まずカルタン部分代数は2つの行列で書かれる．

$$\Lambda_1 = \begin{pmatrix} 1 & 0 & 0 \\ 0 & 0 & 0 \\ 0 & 0 & -1 \end{pmatrix}, \Lambda_2 = \begin{pmatrix} 0 & 0 & 0 \\ 0 & 1 & 0 \\ 0 & 0 & -1 \end{pmatrix}.$$

---

[1] H.Ogura, Aportacones Mathematicas **20**(1997)157, Sociedad Mathematica Mexico.

残りの $(E_{\pm\alpha})$ に対して

$$E_1 = \begin{pmatrix} 0 & 1 & 0 \\ 0 & 0 & 0 \\ 0 & 0 & 0 \end{pmatrix}, E_2 = \begin{pmatrix} 0 & 0 & 1 \\ 0 & 0 & 0 \\ 0 & 0 & 0 \end{pmatrix}, E_3 = \begin{pmatrix} 0 & 0 & 0 \\ 0 & 0 & 1 \\ 0 & 0 & 0 \end{pmatrix}$$

かつ

$$E_{-1} = \begin{pmatrix} 0 & 0 & 0 \\ 1 & 0 & 0 \\ 0 & 0 & 0 \end{pmatrix}, E_{-2} = \begin{pmatrix} 0 & 0 & 0 \\ 0 & 0 & 0 \\ 1 & 0 & 0 \end{pmatrix}, E_{-3} = \begin{pmatrix} 0 & 0 & 0 \\ 0 & 0 & 0 \\ 0 & 1 & 0 \end{pmatrix}.$$

(ただし添字 $\pm n(n=1,2,3)$ はルートベクトルを表しているのではないことに注意.) これから

$$\Lambda_i^\dagger = \Lambda_i, \quad E_i^\dagger = E_{-i}$$

が成立する．上の行列表示から対応する群の行列表示が得られる．

$$\xi = \exp[\sum_{i=1}^3 \beta_i E_{-i}], \quad \delta = \exp[\sum_{i=1}^2 \epsilon_i \Lambda_i], \quad z = \exp[\sum_{i=1}^3 \alpha_i E_i].$$

ここに $(\alpha_i, \beta_i, \epsilon_i)$ は複素数を表す．ここで行列表現 $E_{\pm i}, \Lambda_k$ を一般の線型演算子に写して，これを $\hat{E}_{\pm i}, \hat{\Lambda}_k$ とおく．これからコヒーレント状態の構成を行う．ただし $SL(3C)$ の表現から $SU(3)$ の表現を得るためにユニタリー制限を設けておく必要がある．つまり $g \to T_g$ を $SL(3C)$ の表現とする．表現がユニタリーであれば $T_g^\dagger = T_g^{-1} = T_{g^{-1}}$．そこで g が $SU(3)$ であれば $T_g^\dagger = T_{g^\dagger}$．これから $SU(3)$ に制限しても $g \to T_g$ はユニタリーである．そこで以下では $T_{g^\dagger} = T_g^\dagger$ を満たすものに制限する．従って $T_z^\dagger = T_{z^\dagger}, T_\delta^\dagger = T_{\delta^\dagger}$ が成立して，これから実条件 $\hat{\Lambda}^\dagger = \hat{\Lambda}, \hat{E}^\dagger = \hat{E}$ が出る．さて出発の状態として $SL(3C)$ の最高ウェイト状態をとる．

$$|0\rangle = |m_1, m_2\rangle.$$

これは

$$\begin{aligned} \hat{E}_i |0\rangle &= 0, (i=1,2,3) \\ \hat{\Lambda}_i |0\rangle &= m_i |0\rangle \, (i=1,2) \end{aligned}$$

を満たす．これから指数写像によって次が得られる：

$$\begin{aligned} T_{\xi\dagger}|0\rangle &= |0\rangle \quad (\xi \in \Xi), \\ T_{z\dagger}|0\rangle &= |0\rangle \quad (z \in Z), \\ T_\delta|0\rangle &= \delta_1^{m_1}\delta_2^{m_2}|0\rangle \quad (\delta \in \Lambda). \end{aligned} \quad \text{(C.1)}$$

これでコヒーレント状態は

$$\langle z| = \frac{1}{N(z)}\langle 0|T_z \quad \text{(C.2)}$$

あるいは

$$|z\rangle = \frac{1}{N(z)}T_{z^*}|0\rangle$$

が定義される．この形から重なり積分を求めると次のようになる：

$$\langle z'|z\rangle = \frac{1}{N(z')N(z)}\langle 0|T_{z'}T_{z\dagger}|0\rangle. \quad \text{(C.3)}$$

ここで表現の性質から $T_{z'}T_{z\dagger} = T_{z'z\dagger}$ に注意して，ガウス分解 $z'z^\dagger = \tilde{\xi}\tilde{\delta}\tilde{z}$ を用いると

$$\langle 0|T_{z'z\dagger}|0\rangle = \langle 0|T_{\tilde\xi}T_{\tilde\delta}T_{\tilde z}|0\rangle = \tilde\delta_1^{m_1}\tilde\delta_2^{m_2} \quad \text{(C.4)}$$

が得られる．行列の掛け算より

$$z'z^\dagger = \begin{pmatrix} 1 + z_1'z_1^* + z_2'z_2^* & z_1' + z_2'z_3^* & z_2' \\ z_1^* + z_3'z_2^* & 1 + z_3'z_3^* & z_3' \\ z_2^* & z_3^* & 1 \end{pmatrix}.$$

これから補足で与えた命題 (a), (b) を使うと

$$\begin{aligned} \tilde\delta_1 &= 1 + z_1'z_1^* + z_2'z_2^* \\ \tilde\delta_1\tilde\delta_2 &= 1 + z_3'z_3^* + (z_2' - z_1'z_3')(z_2' - z_1'z_3')^* \end{aligned}$$

が得られる．特に $z' = z$ のとき

$$N(z) = (1 + z_1 z_1^* + z_2 z_2^*)^{(m_1-m_2)/2}(1 + z_3 z_3^* + (z_2 - z_1 z_3)(z_2 - z_1 z_3)^*)^{m_2/2}.$$

これからコヒーレント状態間の重なりが求められる．

$$\langle z'|z\rangle = \frac{1}{N(z')N(z)}(1+z'_1 z_1^* + z'_2 z_2^*)^{(m_1-m_2)}$$
$$\times\ (1+z'_3 z_3^* + (z'_2 - z'_1 z'_3)(z'_2 - z'_1 z'_3)^*)^{m_2}. \quad \text{(C.5)}$$

さらに完全性関係は次式で与えられる．

$$\int |z\rangle d\mu(z)\langle z| = \lambda \times I. \quad \text{(C.6)}$$

ここで $du(z)$ は等質空間上の不変測度で，次式のように与えられる．

$$d\mu(z) = \frac{1}{(1+|z_1|^2+|z_2|^2)^2(1+|z_3|^2+|z_2-z_1 z_3|^2)^2} d\nu(z). \quad \text{(C.7)}$$

ただし

$$d\nu(z) = \prod_{k=1}^{3} dx_k dy_k, \quad z_k = x_k + i y_k \quad \text{(C.8)}$$

かつ λ は既約表現の次元と関係した量である（具体的な形は省略する）．

GCS の $SL(3C)$ 群の作用による変換と不変測度の構成

等質空間としての Z の点 z に g を作用して，そのガウス分解を

$$zg = \tilde{g} = \tilde{\xi}\tilde{\delta}\tilde{z} \quad \text{(C.9)}$$

とおく．この関係に注意するとコヒーレント状態の変換が構成できる．

$$\langle z|T_g = \frac{1}{N(z)}\langle 0|T_{zg} = \frac{1}{N(z)}\langle 0|T_{\tilde{\xi}\tilde{\delta}\tilde{z}} = \frac{1}{N(z)}\langle 0|T_{\tilde{\xi}}T_{\tilde{\delta}}T_{\tilde{z}} = \{*\}. \quad \text{(C.10)}$$

次に $\langle 0|T_{\tilde{\xi}} = \langle 0|$ を使うと

$$\{*\} = \frac{1}{N(z)}\langle 0|T_{\tilde{\delta}}T_{\tilde{z}} = \frac{1}{N(z)}(\tilde{\delta}_1)^{m_1}(\tilde{\delta}_2)^{m_2}\langle 0|T_{\tilde{z}} = \frac{N(\tilde{z})}{N(z)}(\tilde{\delta}_1)^{m_1}(\tilde{\delta}_2)^{m_2}\langle \tilde{z}|. \quad \text{(C.11)}$$

これから次の補題が成立する．

補題 1

$$T_{g^\dagger}|z\rangle\langle z|T_g = \Big(\frac{N(\tilde{z})}{N(z)}\Big)^2 \times (\tilde{\delta}_1)^{2(m_1-m_2)}(\tilde{\delta}_1\tilde{\delta}_2)^{2m_2}|\tilde{z}\rangle\langle\tilde{z}|$$

$$= \Big(\frac{1+|\tilde{z}_1|^2+|\tilde{z}_2|^2}{1+|z_1|^2+|z_2|^2}|\tilde{\delta}_1|^2\Big)^{m_1-m_2}$$

$$\times \Big(\frac{1+|\tilde{z}_3|^2+|\tilde{z}_2-\tilde{z}_1\tilde{z}_3|^2}{1+|z_3|^2+|z_2-z_1z_3|^2}|\tilde{\delta}_1\tilde{\delta}_2|^2\Big)^{m_2}|\tilde{z}\rangle\langle\tilde{z}|. \quad \text{(C.12)}$$

補題 2

$$\frac{1+|\tilde{z}_1|^2+|\tilde{z}_2|^2}{1+|z_1|^2+|z_2|^2}|\tilde{\delta}_1|^2 = 1$$

$$\frac{1+|\tilde{z}_3|^2+|\tilde{z}_2-\tilde{z}_1\tilde{z}_3|^2}{(1+|z_3|^2+|z_2-z_1z_3|^2)}|\tilde{\delta}_1\tilde{\delta}_2|^2 = 1. \quad \text{(C.13)}$$

補題 1 と補題 2 を用いると次の定理が得られる．

定理 1

$$T_{g^\dagger}|z\rangle\langle z|T_g = |\tilde{z}\rangle\langle\tilde{z}|. \quad \text{(C.14)}$$

次に不変測度を構成する．そのために命題 (b) を使ってヤコビアンを計算すると

$$\frac{\partial(\tilde{z}_1,\tilde{z}_2,\tilde{z}_3)}{\partial(z_1,z_2,z_3)} = \frac{1}{\tilde{\delta}_1^2(\tilde{\delta}_1\tilde{\delta}_2)^2} \quad \text{(C.15)}$$

となり，これから

$$d\nu(\tilde{z}) = \Big|\frac{1}{\tilde{\delta}_1^2(\tilde{\delta}_1\tilde{\delta}_2)^2}\Big|^2 d\nu(z) \quad \text{(C.16)}$$

が得られる．これに補題 2 を適用すると

定理 2

$$d\nu(\tilde{z}) = \Big(\frac{1+|\tilde{z}_1|^2+|\tilde{z}_2|^2}{1+|z_1|^2+|z_2|^2}\Big)^2\Big(\frac{1+|\tilde{z}_3|^2+|\tilde{z}_2-\tilde{z}_1\tilde{z}_3|^2}{1+|z_3|^2+|z_2-z_1z_3|^2}\Big)^2 d\nu(z)$$

あるいは

$$d\mu(z) = \frac{d\nu(z)}{(1+|z_1|^2+|z_2|^2)^2(1+|z_3|^2+|z_2-z_1z_3|^2)^2} \quad \text{(C.17)}$$

が導かれる．これが上で与えた不変測度に他ならない．これより

$$T^{-1}PT = \int T_{g^\dagger} |z\rangle \langle z| T_g d\mu(z)$$
$$= \int |\tilde{z}\rangle \langle \tilde{z}| d\mu(\tilde{z}) = P \tag{C.18}$$

となり，Schur の補題により $|z\rangle$ の完全性関係が示される．

補足

(命題 a) $g = \xi\delta z$ より行列要素 (ξ_i, δ_i, z_i) が行列要素 g_{ij} によって唯一に決定される．

$$\xi_1 = \frac{g_{21}}{g_{11}}, \quad \xi_2 = \frac{g_{31}}{g_{11}}, \quad \xi_3 = \frac{\Delta_{23}(g)}{\Delta_{33}(g)}.$$

及び $\delta_1 = g_{11}, \delta_2 = \frac{\Delta_{33}(g)}{g_{11}}$,

$$z_1 = \frac{g_{12}}{g_{11}}, \quad z_2 = \frac{g_{13}}{g_{11}}, \quad z_3 = \frac{\Delta_{32}(g)}{\Delta_{33}(g)}.$$

(命題 b) $zg = \tilde{g} = \tilde{\xi}\tilde{\delta}\tilde{z}$ から左右の行列要素を等値することにより

$$\begin{aligned}
\tilde{\delta}_1 &= g_{11} + z_1 g_{21} + z_2 g_{31}, \\
\tilde{\delta}_2 &= \frac{\Delta_{33}(g) + z_3 \Delta_{23}(g) - \Delta_{13}(g)(z_2 - z_1 z_3)}{\tilde{\delta}_1}, \\
\tilde{z}_1 &= \frac{g_{12} + z_1 g_{22} + z_2 g_{32}}{\tilde{\delta}_1}, \\
\tilde{z}_2 &= \frac{g_{13} + z_1 g_{23} + z_2 g_{33}}{\tilde{\delta}_1}, \\
\tilde{z}_3 &= \frac{\Delta_{32}(g) + z_3 \Delta_{22}(g) - \Delta_{12}(g)(z_2 - z_1 z_3)}{\tilde{\delta}_1 \tilde{\delta}_2}.
\end{aligned}$$

ここで $\Delta_{ij}(g)$ は g の (i,j) 成分の余因子である．

(補題 2 の命題(a), (b)を用いた証明)：まず

$$\tilde{g}_{1i} = \sum_{j=1}^{3} y_j g_{ji}, \quad (y_1, y_2, y_3) = (1, z_1, z_2).$$

これと次の関係

$$1 + |\tilde{z}_1|^2 + |\tilde{z}_2|^2 = \frac{\sum_{j=1}^3 |g_{1j}|^2}{|\tilde{\delta}_1|^2}$$

に注意すると g が $SU(3)$ に制限されていれば $\sum g_{ik} g_{kj}^* = \delta_{ij}$ 故

$$\sum_{j=1}^3 |\tilde{g}_{1j}|^2 = \sum_{i=1}^3 |y_i|^2 = 1 + |z_1|^2 + |z_2|^2.$$

従って

$$\frac{1 + |\tilde{z}_1|^2 + |\tilde{z}_2|^2}{1 + |z_1|^2 + |z_2|^2} |\tilde{\delta}_1|^2 = 1$$

を得る. これで補題 2 の前半の証明は終わる. 次に命題 (a) より

$$\tilde{z}_3 = -\frac{\Delta_{32}(\tilde{g})}{\Delta_{33}(\tilde{g})},$$
$$\tilde{z}_2 - \tilde{z}_2 \tilde{z}_3 = \frac{\tilde{g}_{13} \Delta_{33}(\tilde{g}) + \tilde{g}_{12} \Delta_{32}(\tilde{g})}{\tilde{\delta}_1 \Delta_{33}(\tilde{g})}$$

が得られ, $\sum_{k=1}^3 \tilde{g}_{ik} \Delta_{jk}(\tilde{g}) = \delta_{ij}$ に注意すれば次のようになる:

$$\tilde{z}_2 - \tilde{z}_2 \tilde{z}_3 = -\frac{\Delta_{31}(\tilde{g})}{\Delta_{33}(\tilde{g})}.$$

これから

$$1 + |\tilde{z}_3|^2 + |\tilde{z}_2 - \tilde{z}_1 \tilde{z}_3|^2 = \frac{\sum_{j=1}^3 |\Delta_{3j}(\tilde{g})|^2}{|\delta_1 \delta_2|^2}.$$

さらに

$$\Delta_{3j}(\tilde{g}) = \sum_{j=1}^3 \eta_i \Delta_{ij}(g), \quad (\eta_1 = -(z_2 - z_1 z_3),\ \eta_2 = -z_2,\ \eta_3 = 1).$$

かつ $\Delta_{ji}(g) = \tilde{g}_{ji}$. 故に

$$\sum_{j=1}^3 |\Delta_{3j}(\tilde{g})|^2 = 1 + |\tilde{z}_3|^2 + |\tilde{z}_2 - \tilde{z}_1 \tilde{z}_3|^2$$

となり, 従って

$$\frac{1 + |\tilde{z}_3|^2 + |\tilde{z}_2 - \tilde{z}_1 \tilde{z}_3|^2}{1 + |z_3|^2 + |z_2 - z_1 z_3|^2} |\tilde{\delta}_1 \tilde{\delta}_2|^2 = 1.$$

これで補題 2 の後半が示された.

付録 D

BCS 理論速成コース

対ハミルトニアンと BCS 波動関数

　Bardeen, Cooper, Schrieffer によって完成された BCS 理論は，電子間の相互作用として「フェルミ面の付近で電子-格子振動間の相互作用＋クーロン斥力 = 有効引力」になるという観点が要になっている．この相互作用の結果として，2 つの電子は"束縛"状態を形成する．これが Cooper 対である．ただし束縛状態といっても実際に分子を作っているというようなものではない．フェルミ面付近で $(\bm{k}\uparrow, -\bm{k}\downarrow)$ を持った対が，運動量空間で相関 (correlate) しているというのが正確である．

　第二量子化を用いてフェルミオンの生成 (消滅) 演算子を $C_{\bm{k}\sigma}^\dagger (C_{\bm{k}\sigma})$ とおく．Cooper 対

$$C_{\bm{k}\uparrow}^\dagger C_{-\bm{k}\downarrow}^\dagger$$

をもとにして N 電子多体系としての基底状態の波動関数を構成することを考える．それは

$$\sum_{k_1\cdots k_{\frac{N}{2}}} f(\bm{k}_1,\cdots \bm{k}_{\frac{N}{2}}) C_{\bm{k}_1\uparrow}^\dagger C_{-\bm{k}_1\downarrow}^\dagger C_{\bm{k}_2\uparrow}^\dagger C_{-\bm{k}_2\downarrow}^\dagger \cdots |0\rangle = \left(\sum_{\bm{k}} g(\bm{k}) C_{\bm{k}\uparrow}^\dagger C_{-\bm{k}\downarrow}^\dagger\right)^{N/2} |0\rangle$$

と書かれるのであろうが，一見して実用にはならない．BCS の最終的な形は

$$|\psi\rangle_{\text{BCS}} = \prod_{\bm{k}} (u_{\bm{k}} + v_{\bm{k}} C_{\bm{k}\uparrow}^\dagger C_{-\bm{k}\downarrow}^\dagger)|0\rangle \tag{D.1}$$

となる．これが BCS 波動関数である．ここで u, v は変分パラメータで $u_{\bm{k}}^2 + v_{\bm{k}}^2 = 1$ を満たす．この形は Cooper 対を模型化したハミルトニアンから出発して，平均場近似の範囲で導ける．これを説明するために次のような対ハミ

ルトニアンを採用する.

$$H = \sum_{k,\sigma} \tilde{\epsilon}(k) C_{k\sigma}^\dagger C_{k\sigma} - g \sum_{k,k'} C_{k\uparrow}^\dagger C_{-k\downarrow}^\dagger C_{-k'\downarrow} C_{k'\uparrow}. \tag{D.2}$$

ここで2体の有効相互作用 $V(\bm{k},\bm{k}')$ はフェルミ面付近で一定の引力をとるものとする．すなわち

$$V(\bm{k},\bm{k}') = -g \qquad (\text{ for } \ |\epsilon - E_F| \leq \hbar\omega_D \ ). \tag{D.3}$$

ただし $g > 0$, ω_D は Debye 振動数である．ここで $\sigma = \pm 1$ は電子スピンの自由度を表す．また $\tilde{\epsilon}(k) = \epsilon(k) - E_F$, E_F は粒子数一定という拘束条件から来る未定乗数で化学ポテンシャルと呼ばれる．Cooper 対は次のような準スピンによって記述される．

$$\begin{aligned}
C_{k\uparrow}^\dagger C_{-k\downarrow}^\dagger &= \sigma_+(\bm{k}), \\
C_{-k\downarrow} C_{k\uparrow} &= \sigma_-(\bm{k}), \\
C_{k\uparrow}^\dagger C_{k\uparrow} + C_{-k\downarrow}^\dagger C_{-k\downarrow} - 1 &= \sigma_3(\bm{k}).
\end{aligned} \tag{D.4}$$

ここで交換関係

$$\begin{cases} [\sigma_3(\bm{k}), \sigma_\pm(\bm{k}')] = \pm \delta_{kk'} \sigma_\pm(\bm{k}) \\ [\sigma_+(\bm{k}), \sigma_-(\bm{k}')] = \delta_{kk'} 2\sigma_3(\bm{k}) \end{cases} \tag{D.5}$$

から $(\sigma_+, \sigma_-, \sigma_3) = $ 準スピンは運動量空間の各点に置かれている．以上より対ハミルトニアンは準スピンを用いて

$$H = 2 \sum_k \tilde{\epsilon}(\bm{k}) \bigl(1 + \sigma_3(\bm{k})\bigr) - g \sum_{k,k'} \sigma_+(\bm{k}) \sigma_-(\bm{k}') \tag{D.6}$$

と書かれる．ここで平均場近似を行う．すなわち2体ハミルトニアンを1体ハミルトニアンへとすり替える．

$$\Delta = g \sum_{k'} \langle \sigma_-(\bm{k}') \rangle \quad \Delta^* = g \sum_{k'} \langle \sigma_+(\bm{k}') \rangle.$$

ただし $\langle \ \rangle$ は基底状態での期待値を意味する．これで1体ハミルトニアンは

$$\tilde{H} = 2\sum_k \tilde{\epsilon}(\bm{k}) + 2\sum_k \tilde{\epsilon}(\bm{k}) \sigma_3(\bm{k}) - \Delta \sum_k \sigma_+(\bm{k}) - \Delta^* \sum_k \sigma_-(\bm{k})$$

となり第1項は定数なので

$$\tilde{H}' = \sum_{\boldsymbol{k}} \left[2\tilde{\epsilon}(\boldsymbol{k})\sigma_3(\boldsymbol{k}) - \Delta\sigma_+(\boldsymbol{k}) - \Delta^*\sigma_-(\boldsymbol{k}) \right]$$

とおく．Δ はギャップパラメータである．ここで

$$\sigma_3 = \begin{pmatrix} 1 & 0 \\ 0 & -1 \end{pmatrix}, \sigma_+ = \begin{pmatrix} 0 & 1 \\ 0 & 0 \end{pmatrix}, \sigma_- = \begin{pmatrix} 0 & 0 \\ 1 & 0 \end{pmatrix}$$

と行列表示すると

$$\tilde{H}' = \begin{pmatrix} 2\tilde{\epsilon}(\boldsymbol{k}) & -\Delta \\ -\Delta^* & -2\tilde{\epsilon}(\boldsymbol{k}) \end{pmatrix}.$$

ここで，$|0\rangle = |\downarrow\rangle$ は粒子がない状態，$\sigma_+(\boldsymbol{k})|0\rangle = |\uparrow\rangle$ は Cooper-pair が 1 個ある状態とすると，$\tilde{H}'$ の固有状態は次で与えられる：

$$\begin{aligned} & \cos\theta_k|\downarrow\rangle + \sin\theta_k e^{i\phi_k}|\uparrow\rangle \\ =& \left(\cos\theta_k + \sin\theta_k e^{i\phi_k}\sigma_+(\boldsymbol{k})\right)|0\rangle \\ =& \cos\theta_k \left(1 + \tan\theta_k e^{i\phi_k}\sigma_+(\boldsymbol{k})\right)|0\rangle \\ =& \cos\theta_k e^{z_k \sigma_+(\boldsymbol{k})}|0\rangle. \end{aligned}$$

ただし $z_k = \tan\theta_k e^{i\phi_k}, \cos\theta_k = (1 + |z_k|^2)^{-1/2}$ である．実際

$$\begin{aligned} & \frac{1}{\sqrt{1+|z_k|^2}} e^{z_k \sigma_+}|0\rangle \\ =& \cos\theta_k (1 + \tan\theta_k e^{i\phi}\sigma_+)|0\rangle \\ =& (\cos\theta_k + \sin\theta_k e^{i\phi} C^\dagger_{k\uparrow} C^\dagger_{-k\downarrow})|0\rangle \\ =& (u_k + v_k C^\dagger_{k\uparrow} C^\dagger_{-k\downarrow})|0\rangle \end{aligned}$$

となり，固有状態を表していることがわかる．電子対が $N/2$（電子が N 個）の場合には k について積をとればよいから

$$|\psi\rangle_{\text{BCS}} = \prod_{\boldsymbol{k}} (u_{\boldsymbol{k}} + v_{\boldsymbol{k}} C^\dagger_{\boldsymbol{k}\uparrow} C^\dagger_{-\boldsymbol{k}\downarrow})|0\rangle$$

が出てくる．これは BCS 波動関数に他ならない．上の導き方からわかるように，BCS 状態はスピンコヒーレント状態になっていることに注意しよう．

Bogoliubov 変換

BCS 波動関数の特殊な形から，基底状態の決定と励起状態の記述を同時に行うことができる．次のような変換を考える．

$$\begin{cases} \hat{\alpha}_k = u_k \hat{C}_{k\uparrow} - v_k \hat{C}^\dagger_{-k\downarrow} \\ \hat{\beta}_k = v_k \hat{C}^\dagger_{k\uparrow} + u_k \hat{C}_{-k\downarrow} \end{cases} \quad (D.7)$$

ここでパラメータ (u_k, v_k) は，上の構成からわかるように複素数であるが，以下では実数値にとる．これはゲージ固定の一種である．反交換関係と，$u_k^2 + v_k^2 = 1$ に注意すると

$$[\hat{\alpha}_k, \hat{\alpha}^\dagger_{k'}]_+ = \delta_{kk'}, \quad [\hat{\beta}_k, \hat{\beta}^\dagger_{k'}]_+ = \delta_{kk'} \quad (D.8)$$

となることがわかる．その他の反交換関係は全て 0 となる．さらに

$$\hat{\alpha}_k |\psi\rangle_{\text{BCS}} = 0, \quad \hat{\beta}_k |\psi\rangle_{\text{BCS}} = 0 \quad (D.9)$$

となることもわかる．これは $|\psi\rangle_{\text{BCS}}$ が準粒子に対する真空になっていることを表している．逆変換は

$$\begin{aligned} \hat{C}_{k\uparrow} &= u_k \hat{\alpha}_k + v_k \hat{\beta}^\dagger_k \\ \hat{C}_{-k\downarrow} &= u_k \hat{\beta}_k - v_k \hat{\alpha}^\dagger_k \end{aligned} \quad (D.10)$$

で与えられる．これを用いて対ハミルトニアンを $(\hat{\alpha}, \hat{\alpha}^\dagger, \hat{\beta}, \hat{\beta}^\dagger)$ で書き表すと $H = H_0 + H_{int}$ で H_0 は 1 体，H_{int} は 2 体である．H_0 は

$$H_0 = \sum_k 2\tilde{\epsilon}(k) v_k^2 + \sum \tilde{\epsilon}(k)(u_k^2 - v_k^2)(\hat{\alpha}^\dagger_k \hat{\alpha}_k + \hat{\beta}^\dagger_k \hat{\beta}_k) \\ + \sum 2\tilde{\epsilon}(k) u_k v_k (\hat{\alpha}^\dagger_k \hat{\beta}^\dagger_k + \hat{\beta}_k \hat{\alpha}_k)$$

となり，2 体相互作用の部分 H_{int} は，場の量子化で知られている Wick の定理を用いると $(\hat{\alpha}, \hat{\alpha}^\dagger, \cdots)$ に関して 0 次，2 次，4 次の項の部分に分けられる．0 次及び 2 次の部分を H_2 とすると

$$H_2 = -g \sum_k \left(\sum_{k'} u_{k'} v_{k'} \right) \{ u_k v_k - 2 u_k v_k (\hat{\alpha}^\dagger_k \hat{\alpha}_k + \hat{\beta}^\dagger_k \hat{\beta}_k) \\ + (u_k^2 - v_k^2)[\hat{\alpha}^\dagger_k \hat{\beta}^\dagger_k + \hat{\beta}_k \hat{\alpha}_k] \}$$

と書かれ，$(\hat{\alpha}^\dagger_k \hat{\beta}^\dagger_k + \hat{\beta}_k \hat{\alpha}_k)$ は "危険" な項と呼ばれる．$H_0 + H_{int}$ の中の危険な項をまとめて，それが消えるべしという条件を課す．その条件は次式で

与えられる．
$$[2\tilde{\epsilon}(k)u_k v_k - \Delta(u_k^2 - v_k^2)] = 0. \tag{D.11}$$

これと $u_k^2 + v_k^2 = 1$ を連立させて u_k, v_k を求めると

$$\begin{cases} u_k^2 = \frac{1}{2}\left(1 + \frac{\tilde{\epsilon}(k)}{\sqrt{\tilde{\epsilon}(k)^2 + \Delta^2}}\right) \\ v_k^2 = \frac{1}{2}\left(1 - \frac{\tilde{\epsilon}(k)}{\sqrt{\tilde{\epsilon}(k)^2 + \Delta^2}}\right) \end{cases} \tag{D.12}$$

が得られる．さらにこれをギャップパラメータの定義式に代入すると

$$\Delta = g\sum_k u_k v_k = \frac{g}{2}\sum_k \frac{\Delta}{\sqrt{\tilde{\epsilon}(k)^2 + \Delta^2}} \tag{D.13}$$

が得られるが，これはギャップ方程式と呼ばれる．その解は 2 つに分類される．(i) $\Delta = 0$ (trivial)．このとき BCS 状態は正常状態(単にフェルミ面が占有された状態)に帰着する．(ii) $\Delta \neq 0$ → 超伝導状態(フェルミ面の概念が崩れる)．この場合 Δ を決める式(Cooper 対の束縛エネルギーを求める問題と同等である)は

$$\sum_k \frac{1}{2\sqrt{\tilde{\epsilon} + \Delta^2}} = \frac{1}{g} \tag{D.14}$$

となり，状態密度を導入して運動量の和をエネルギーについての積分に書き換えると

$$N(0)\int_0^{\hbar\omega_D} \frac{d\epsilon}{\sqrt{\epsilon^2 + \Delta^2}} = \frac{1}{g} \tag{D.15}$$

となり，積分を実行すると

$$\frac{1}{g} = N(0)\log\left(\frac{\hbar\omega_D + \sqrt{(\hbar\omega_D)^2 + \Delta^2}}{\Delta}\right) \tag{D.16}$$

が得られる．ここで $\hbar\omega_D \ll \Delta$ の近似のもとではギャップパラメーター Δ は次のように概算できる．

$$\Delta \cong 2\hbar\omega_D \exp\left[-\frac{1}{N(0)g}\right]. \tag{D.17}$$

ただし $N(0)$ はフェルミ面での状態密度を表す．この Δ の表式から $g = 0$ が真性特異点となっているので，摂動論が適用不可能であるということがわか

る($e^{-1/x}$ は $x=0$ の周りでは展開できないことに注意).まとめると

$$H = E_0 + \sum E_k(\hat{\alpha}_k^\dagger \hat{\alpha}_k + \hat{\beta}_k^\dagger \hat{\beta}_k) + (\hat{\alpha}, \hat{\alpha}^\dagger, \hat{\beta}, \hat{\beta}^\dagger) \text{の 4 体部分} + \cdots,$$
$$E_k = \sqrt{\tilde{\epsilon}(k)^2 + \Delta^2}. \tag{D.18}$$

準粒子の 1 体部分は励起エネルギースペクトルを与えるが,E_k は $\tilde{\epsilon}=0$ の所でギャップ Δ を持つ.準粒子は最も簡単な励起状態を作る.

Bogoliubov 方程式

単純な BCS 理論は自由電子描像に基づいている.すなわち電子はフェルミ面付近でのみ有効引力を感じることで電子対が作られ,それをもとにして基底状態の波動関数が BCS 型に書けるのである.以下ではこの単純な模型から,外場が加わるという非一様な場合に拡張することを考える.この場合,準粒子のスペクトルは単純に運動量の関数では書けず,シュレーディンガー方程式を拡張した方程式で記述されることになる.

まず 1 体の外場 $U(x)$ が存在する場合,エネルギーギャップの概念を拡張して空間に依存するように定義する.それはフェルミ場の演算子の基底状態における期待値

$$\Delta(x) = g\langle \hat{\psi}_\uparrow(x)\hat{\psi}_\downarrow(x) \rangle \tag{D.19}$$

によって与える.これを対ポテンシャルと呼ぶ.平均場ハミルトニアンは場の演算子を用いて

$$\hat{H}_{mf} = \int \sum_\sigma \hat{\psi}_\sigma^\dagger(x)[-\frac{\hbar^2}{2m}\nabla^2 - E_F + U(x)]\hat{\psi}_\sigma(x)dx$$
$$+ \int [\Delta^*(x)\hat{\psi}_\downarrow(x)\hat{\psi}_\uparrow(x) + \text{h.c.}]dx. \tag{D.20}$$

次に Bogoliubov 変換を次のように拡張する.外場 $U(x)$ のみがある場合の 1 粒子状態 $\phi_n(x)$ について,場の演算子を展開すると

$$\hat{\psi}_\sigma(x) = \sum_n \hat{C}_{n\sigma}\phi_n.$$

さらに ϕ_n に対して Bogoliubov 変換を次のように定義する.

$$\hat{C}_{n\uparrow} = U_n \hat{\alpha}_n + V_n \hat{\beta}_n^\dagger,$$
$$\hat{C}_{\bar{n}\downarrow} = U_n \hat{\beta}_n - V_n \hat{\alpha}_n^\dagger \qquad \text{(D.21)}$$

(U_n, V_n) は $U_n^* U_n + V_n^* V_n = 1$ を満たす複素数である．$\bar{n}$ は時間反転状態を表す．これを上の場の演算子に代入すると，場の演算子の準粒子状態による展開が得られる．

$$\hat{\psi}_\uparrow(x) = \sum_n \{u_n(x)\hat{\alpha}_n + v_n^*(x)\hat{\beta}_n^\dagger\}. \qquad \text{(D.22)}$$

ここに $u_n(x) \equiv U_n \phi_n(x), v_n^*(x) \equiv V_n \phi_n(x)$ とおいた．$(u_n(x), v_n(x))$ に対するシュレディンガー方程式は，場のハイゼンベルク運動方程式を使って導かれる．すなわち

$$i\hbar \frac{d\hat{\psi}_\uparrow}{dt} = [\hat{\psi}_\uparrow, \hat{H}_{mf}] = (-\frac{\hbar^2}{2m}\nabla^2 - E_F + U(x))\hat{\psi}_\uparrow + \Delta(x)\hat{\psi}_\downarrow^\dagger(x)$$

及びエルミート共役である．これに上の準粒子展開を代入することにより次式が得られる：

$$i\hbar \frac{d\hat{\psi}_\uparrow}{dt} = \sum_n (i\hbar \dot{u}_n \hat{\alpha}_n + i\hbar \dot{v}_n^* \hat{\beta}_n^\dagger)$$

及び

$$(-\frac{\hbar^2}{2m}\nabla^2 - E_F + U(x))\hat{\psi}_\uparrow + \Delta(x)\hat{\psi}_\downarrow^\dagger$$
$$= \sum_n [\{-\frac{\hbar^2}{2m}\nabla^2 - E_F + U(x)\}u_n \hat{\alpha}_n$$
$$+ \{-\frac{\hbar^2}{2m}\nabla^2 - E_F + U(x)\}v_n^* \hat{\beta}_n^\dagger] + \sum_n \{\Delta(x)u_n^* \hat{\beta}_n^\dagger - \Delta(x)v_n \hat{\alpha}_n\}.$$

これらから $(\hat{\alpha}, \hat{\beta}^\dagger)$ の係数を比較すると，次のようになる：

$$\begin{aligned}
i\hbar \frac{\partial u_n}{\partial t} &= (-\frac{\hbar^2}{2m}\nabla^2 - E_F + U(x))u_n - \Delta(x)v_n, \\
i\hbar \frac{\partial v_n^*}{\partial t} &= (-\frac{\hbar^2}{2m}\nabla^2 - E_F + U(x))v_n^* + \Delta(x)u_n^*.
\end{aligned} \qquad \text{(D.23)}$$

最後の方程式の複素共役をとってまとめると

$$ i\hbar \frac{\partial}{\partial t} \begin{pmatrix} u_n \\ v_n \end{pmatrix} = \begin{pmatrix} -\frac{\hbar^2}{2m}\nabla^2 - E_F + U(x) & \Delta(x) \\ \Delta^*(x) & \frac{\hbar^2}{2m}\nabla^2 + E_F - U(x) \end{pmatrix} \begin{pmatrix} u_n \\ v_n \end{pmatrix} $$
(D.24)

となる．これが Bogoliubov 方程式である．

He3 超流動の秩序変数

うえで定義されたギャップパラメータは，対凝縮をあらわすオーダ・パラメータをあらわす．それは，複素数で与えられるスカラー関数である．このことは，クーパー対が合成スピンがゼロで，軌道角運動量もゼロに組んだ状態とみることができる．

軌道角運動量がゼロでなく，合成スピンが，$S=1$ に組んだクーパー対というものが BCS 理論がでてからしばらく後に，Anderson たちによって理論的に展開されていたが，実際に，液体ヘリウム3のミリケルビン温度において超流動が観測されたことで，その理論的研究が爆発的に進展した．とくに，対の相対軌道角運動量が $l=1$ に組む p-波超流動であることが著しい性質である．第8章では，その一つの相である A 相における渦を分析したが，ここでは，p-波超流動のオーダ・パラメータの構成について簡単に触れておく．

まず，Δ は単純な BCS の場合をまねると

$$ \Delta_{ab}(\mathbf{k}) = \sum_{\mathbf{k}'} V(\mathbf{k}, \mathbf{k}') \langle C^\dagger_{\mathbf{k}'a} C^\dagger_{-\mathbf{k}'b} \rangle \tag{D.25} $$

と書ける．ここで，添え字の (a,b) は可能なスピンの組，($\{\uparrow\uparrow\}, \{\uparrow\downarrow\}, \{\downarrow\uparrow\}, \{\downarrow\downarrow\}$) を意味する．$S=1$ であることに注意すれば，

$$ \hat{\Delta}(\mathbf{k}) = \Delta_{\uparrow\uparrow} \begin{pmatrix} 1 & 0 \\ 0 & 0 \end{pmatrix} + \Delta \begin{pmatrix} 0 & 1 \\ 1 & 0 \end{pmatrix} + \Delta_{\downarrow\downarrow} \begin{pmatrix} 0 & 0 \\ 0 & 1 \end{pmatrix} $$

と，2×2 の行列で展開される．ここで，$\Delta_{\uparrow\downarrow} = \Delta_{\downarrow\uparrow} \equiv \Delta$ と仮定する．ここにあらわれた，2×2 の行列を，パウリ行列によってつぎのように表示する；

$$ -g\sigma_3 = \begin{pmatrix} 0 & 1 \\ 1 & 0 \end{pmatrix}, \quad -\frac{1}{2}g\sigma_+ = \begin{pmatrix} 1 & 0 \\ 0 & 0 \end{pmatrix}, \quad -\frac{1}{2}g\sigma_- = \begin{pmatrix} 0 & 0 \\ 0 & 1 \end{pmatrix} $$

ただし，

$$ g = \begin{pmatrix} 0 & 1 \\ -1 & 0 \end{pmatrix} $$

ここで,
$$\chi_{1\mu} = \frac{1}{2}g\sigma_\mu$$
を導入する($\mu = 1, 0, -1$; $\sigma_3 \equiv \sigma_0$ とおく). これは, $S = 1$ の 3 個のスピン状態に対応する. さらに,
$$A_\mu = -\Delta_\mu$$
によって, A_μ を定義すると,
$$\hat{\Delta}(\mathbf{k}) = \sum_\mu A_\mu(k)\chi_{1\mu} \tag{D.26}$$
と表すことができる.

つぎに, 軌道角運動量が $l = 1$ にであることを考慮して A_μ を k-空間での $l = 1$ に対応する球面調和関数, $Y_{1\mu}$ を用いて,
$$A_\mu(\mathbf{k}) = \sum_\nu a_{\mu\nu}Y_{1\nu}$$
と展開できる. ここで,
$$Y_{10} = \hat{k}_z, Y_{1,\pm 1} = \hat{k}_x \pm i\hat{k}_y$$
ただし, $\hat{k}_i = \frac{k_i}{k_F}$ で, $\mathbf{k}$ はフェルミ面上での運動量をあらわす. 従って,
$$\hat{\Delta}(k) = \sum_{\mu\nu} a_{\mu\nu}Y_{1\mu}\chi_{1\nu}$$
となる. 別の表示をすると,
$$\hat{\Delta}(k) = \sum_{\alpha i} A_{\alpha i}\chi_{1\alpha}\hat{k}_i \equiv \sum_\alpha d_\alpha \chi_{1\alpha} \tag{D.27}$$
と表すことができる. ここで, i は, 運動量空間での直交軸の方向, (x, y, z) をあらわす. また d_α は次のように与えられる
$$d_\alpha = \sum_i A_{\alpha i}\hat{k}_i \tag{D.28}$$
この形が, 第 8 章で用いられた秩序変数のもとになるものである.

付録E
文献

以下の文献は，著者の比較的なじみのあるもの，あるいは，目にとまったものである．それゆえ，もとより完全なものではないことをことわっておく．

第2章

経路積分のテキストとして

2-1. 崎田文二，吉川圭二，径路積分による多自由度の量子力学，岩波書店，1986．

2-2. L. Schulman, Techiniques and Application of Path Integration, John Wiley & Sons New York 1981.

ゲージ場の量子化に関しては，以下のものを参考にした．

2-3. P. Ramond, Field Theory: A Modern Primer, Addison-Wesley Publishing 1990.

第3章

準古典量子化のDHN理論の解説と非線型場への応用に関しては

3-1. R. Rajarman, Soliton and Instantons, North-Holland 1996.

トレース公式に関しては，以下文献に記述がある．

3-2. M. C. Gutzwiller, Chaos in Classical and Quantum Mechanics, Springer-Verlag 1990.

第2変分に関する数学的文献として以下のものがある．

3-3. 長野正，大域変分法（共立講座：現代の数学），共立出版 1971.

第4章

一般のリー群に対するコヒーレント状態については，つぎの文献が最も完備されている．

4-1. A. Perelomov, Generalized Coherent States and Their Applications, Springer-Verlag 1986.

コヒーレント状態の経路積分への応用の論文選集としては，つぎのものがある．

4-2. J. R. Klauder and B. S. Skargerstam, Coherent States, reprint volume, World Scientific Singapore 1985.

多様体あるいは等質空間などのテキストとして

4-3. S. Kobayashi and K. Nomizu, Foundations of Differential Geometry, Interscience Publishers New York 1963.

リー代数の表現に関しては

4-4. 松島与三，リー環論（現代数学講座），共立出版 1956.

第5章

幾何学的位相の簡便な記述に関しては，つぎの文献をあげておく．

5-1. 倉辻比呂志，トポロジーと物理（パリティ物理学コース　クローズアップ），丸善出版 1995.

初期のオリジナルな論文の選集として

5-2. A. Shapere and F. Wilczeck, eds. Geometric Phase in Physics, World Scientific Singapore 1989.

第6章

整数量子ホール効果の文献として

6-1. R. E. Prange, S. M. Girvin eds. The Quantum Hall Effect, Springer Verlag 1986.
6-2. 吉岡大二郎, 量子ホール効果（新物理学選書）, 岩波書店 1998.

第7章

場の理論のテキストとして,

7-1. C. Itzykson and J. Zuber, Quantum Field theory, McGraw-Hill New York 1985.
7-2. J. Zinn-Justin, Quantum Field Theory and Critical Phenomena, Oxford University Press 2002.

場の理論のアノマリーの専門的文献として, つぎのものがある.

7-3. 藤川和男, 経路積分と対称性の量子的破れ（新物理学選書）, 岩波書店 2001.

第8章

量子統計物理のテキストとして, 以下のものをあげておく.

8-1. Statistical Physics Part 2, Landau and Lifshitz: Course of Theoretical Physics Vol.9. （碓井恒丸訳, 量子統計物理学, 岩波書店 1982）.
8-2. リフシッツ, ピタエフスキー, 量子統計物理学, 岩波書店, 1982.

超流体 He3 のテキストとして

8-3. G. Volovik, Exotic Properties of Superfluid Helium 3, World Scientic Singapore 1992.

8-4. D. Vollhardt and P. Wölfle, The Superfluid Phases of Helium 3, Taylor & Francis 1990.

超伝導のテキストは列挙するには多すぎる．原著は古いが，以下のものをひとつだけあげておく．

8-5. P. G. de Gennes, Superconductivity of Metals and Alloys, Perseus Books, 1999.

第9章

量子ホール流体の素励起に関する専門的文献として以下をあげておく．

9-1. 吉岡大二郎, 量子ホール効果（新物理学選書），岩波書店 1998.

9-2. R. E. Prange, S. M. Girvin, eds. The Quantum Hall Effect, Springer Verlag, 1990.

9-3. 青木秀夫, 中島龍也, 分数量子ホール効果（多体電子論 III），東京大学出版会 1999.

第10章

インスタントン，特性類の記述を微分幾何の観点から明快に与えているものとして，本文でも引用したもの

10-1. T. Eguchi, P. B. Gilkey and A. J. Hanson, Phys. Rep. $\underline{66}$ 213, 1980.

10-2. 茂木勇, 伊藤光弘, 復刊　微分幾何学とゲージ理論, 共立出版 2001.

付録 A, B, C, D

リー群の表現についての内外の古典をあげておく．

A-1. 山内恭彦, 杉浦光夫, 連続群論入門　新数学シリーズ 18, 培風館 1960.
A-2. H. Weyl, The Classical Groups, Princeton University Press, 1953 (蛭江幸博訳, 古典群 - 不変式と表現, シュプリンガー数学クラシックス, シュプリンガーフェラーク東京　2005).

その他のもの

M-1. P. A. M. Dirac, Lectures on Quantum Mechanics, Dover Publications, 2001.
M-2. 河野俊丈, 場の理論とトポロジー (岩波講座：現代数学の展開 22), 岩波書店 1998.
M-3. R. Bott and L. W. Tu, Differential Forms in Algebraic Topology, Springer Verlag 1982 (三村護訳, 微分形式と代数トポロジー, シュプリンガーフェアラーク東京, 2001).

索　引

■ア行
アイソトロピー群　119
アノマリー　6, 9
Abrikosov 渦解　305
AT vortex　263
安定角　77, 87, 98
案内中心　36, 106
鞍部点法　7

異常交換関係　223
位相欠陥　245
位相的場の理論　4
位相不変量　2
一般化されたコヒーレント状態　5
インスタントン　2, 291
インスタントンバンドル　303

Van-Vleck 行列式　3, 74
Witten 指数　349
Witten 模型　346
ウェイト　126
ウェイトベクトル　126
渦電荷　248
渦の力学　10, 245

A 相　260
エルミート計量　120
l ベクトル　262
Ehrenfest 断熱定理　161

オイラー標数　46, 352
Onsager の量子化　9

■カ行
解析接続　199

カイラリティ指数　231
カイラルアノマリー　10, 223
ガウス型汎関数積分　7
ガウス拘束条件　239
ガウス分解　127, 372
カルタン部分代数　125, 372

幾何学的位相　4
Cambell-Hausdorff 公式　104
強結合　75
強磁性体　245
局所ゲージ変換　28
極大トーラス　128, 372

グラスマン多様体　8
グリーン関数　95
Gross-Neveu 模型　11, 291
群測度　29

経路順序積　156
ゲージアノマリー　223
ゲージ場　6
ゲージ不変性　9
ゲージ変換群　226
Kähler 条件　145
Kähler 多様体　145
Keller-Maslov 指数　7, 69
Keller 量子化　63

コサイクル　240
コヒーレント状態　5
コホモロジー　239

■サ行
サイクロトロン運動　131

394 索引

最低 Landau 準位　278
sin-Gordon 模型　11

磁気的ブリルアン域　207
磁気並進演算子　207
磁束量子　207
theta 項　4
GDHN 理論　3
弱結合　75
Jastrow 型波動関数　278
Schur の補題　118
準位交差　166
準古典近似　3
準古典量子条件　8
剰余類　117, 364
芯なし渦　260
シンプレクティック形式　141
シンプレクティック構造　5, 10

squeezing operator　116
Stiefel 類　170
Sturm-Liouville 型微分作用素　48
ステレオ投影　110
スナップショット方程式　161
スピン渦　254
スピンコヒーレント状態　11
スピン場　256
スペクトル流　7, 69

正準項　250
正準力学系　5
整数量子ホール効果　9
積分可能条件　145
積分の局所化　43
ゼータ関数　11
接続　29
接続の場　162
Selberg 跡公式　8, 90
ゼロモード　80, 343
漸近理論　1
線型応答理論　220

相対論的 LG 方程式　11
素な周期軌道　84
ソリトン解　6, 10, 321

■夕行
第 1 Chern 類　9, 170
第 2 Chern 類　303
ダイオン　11, 297
対数ポテンシャル　249

多重連結空間　7, 58
WKB 法　1
ダブレット解　324
断熱接続　10, 199
断熱定理　8, 69
断熱不変量　350

秩序変数　9, 245
Chern-Simons 項　5, 289, 291
Chern 類　9
中心対称のゲージ　278
超対称量子力学　9, 11, 189, 343
超ポテンシャル　345
超流体　9
超流動ヘリウム 4　10

ディラックの紐　157
ディラックの量子化　160
ディラック方程式　227
ディラックモノポール　154, 292
停留位相　80
texture 構造　262
テータ関数　7

等質空間　11, 117, 127, 363
t'Hooft-Polyakov 単極子　292

■ハ行
ハイゼンベルク模型　11, 254
ハイゼンベルク-ワイル群　119
Bergmann 表示　8
ハミルトン-ヤコビ理論　7, 17
ハール測度　29, 367
半単純リー群　8, 125

非アーベル異常項　236
非アーベル型磁気単極子　292
Bianchi の恒等式　370
非可換ゲージ場　2
非可積分位相因子　4
Higgs 場　292
非コンパクトリー群　8
BCS 理論　11
非線型シュレーディンガー方程式　28, 309
B 相　260
非分離可積分系　7

ファイバー-バンドル　4
Faddeev-Popov 行列式　32
複素グラスマン多様体　120

複素射影空間　*120, 365*
複素スカラー場　*26*
複素多様体　*119*
複素リー群　*127*
Brilloun ゾーン　*9*
Bloch 球　*141*
Bloch 定理　*100*
分数量子ホール効果　*277*

Berry の位相　*4*
偏差方程式　*98*

ポアソン括弧　*20*
ポアソンの和公式　*56*
ボーア-ゾンマーフェルト量子化条件　*9, 21*
Bogoliubov 方程式　*273*
ボーズ-アインシュタイン凝縮　*267*
Born-Oppenheimer 近似　*69*
ホロノミー　*162*
Pontryagin 項　*11, 291*

■マ行
Magnus 力　*266*
マグノン・スペクトル　*316*
Maslov 指数　*77, 85*
Madelung 表示　*247*
MH vortex　*263*

Morse 指数　*69*
Morse 理論　*2*
モノドロミー行列　*83*
モノポール　*3, 157*
モノポール・バンドル　*170*

■ヤ行
ヤコビ場　*67*
Yang-Mills 場　*156*
有効作用関数　*174*
ユニタリー表現　*8, 117*

■ラ行
Laughlin 波動関数　*10, 279*
Landau-Ginzburg 理論　*273*
Landau 準位　*35, 132*
リー群　*11*
リー代数　*11*
量子変分原理　*6*
量子ホール効果　*203*
量子ホール流体　*10*

ルジャンドル変換　*79*
ルートベクトル　*125*

【著者】
倉辻　比呂志（くらつじ　ひろし）
京都大学理学部物理学科卒業
同大学院理学研究科博士課程修了
立命館大学理工学部教授
専門分野：量子理論物理学
著書：『トポロジーと物理』（パリティ物
理学コース・クローズアップ，丸善出版）

シュプリンガー現代理論物理学シリーズ
【編者】
稲見　武夫（いなみ　たけお）
中央大学理工学部物理学科教授

川上　則雄（かわかみ　のりお）
大阪大学大学院工学研究科応用物理学
専攻教授

幾何学的量子力学

　　　　　　　　平成 24 年 3 月 30 日　発　　　行
　　　　　　　　令和 5 年 8 月 25 日　第 8 刷発行

著　者　　倉　辻　比呂志

編　集　　シュプリンガー・ジャパン株式会社

発行者　　池　田　和　博

発行所　　丸善出版株式会社
　　　　　〒101-0051 東京都千代田区神田神保町二丁目17番
　　　　　編集：電話 (03) 3512-3263／FAX (03) 3512-3272
　　　　　営業：電話 (03) 3512-3256／FAX (03) 3512-3270
　　　　　https://www.maruzen-publishing.co.jp

© Maruzen Publishing Co., Ltd., 2012

印刷・製本／大日本印刷株式会社

ISBN 978-4-621-06563-1　C3042　　　　Printed in Japan

本書の無断複写は著作権法上での例外を除き禁じられています。

本書は，2005年9月にシュプリンガー・ジャパン株式会社より
出版された同名書籍を再出版したものです。